博碩文化

徹底研究 C語言指標
POINTERS ON C
經典修復版

Kenneth A. Reek —— 著

徐波 —— 譯　博碩文化 —— 審校

本書如有破損或裝訂錯誤，請寄回本公司更換

作　者：Kenneth A. Reek
譯　者：徐波
審　校：博碩文化
責任編輯：盧國鳳、魏聲圩

董 事 長：陳來勝
總 編 輯：陳錦輝

出　版：博碩文化股份有限公司
地　址：221 新北市汐止區新台五路一段 112 號 10 樓 A 棟
　　　　電話 (02) 2696-2869　傳真 (02) 2696-2867

發　行：博碩文化股份有限公司
郵撥帳號：17484299　戶名：博碩文化股份有限公司
博碩網站：http://www.drmaster.com.tw
讀者服務信箱：dr26962869@gmail.com
訂購服務專線：(02) 2696-2869 分機 238、519
（週一至週五 09:30 ～ 12:00；13:30 ～ 17:00）

版　次：2023 年 11 月初版一刷

建議零售價：新台幣 980 元
I S B N：978-626-333-612-4
律師顧問：鳴權法律事務所 陳曉鳴律師

國家圖書館出版品預行編目資料

徹底研究 C 語言指標 / Kenneth A. Reek 著；徐波譯 . --
初版 . -- 新北市：博碩文化股份有限公司，2023.11
　面；　公分
經典修復版
譯自：Pointers on C

ISBN 978-626-333-612-4(平裝)

1.CST: C(電腦程式語言)

312.32C　　　　　　　　　　　　　112016015

Printed in Taiwan

商標聲明

本書中所引用之商標、產品名稱分屬各公司所有，本書引用
純屬介紹之用，並無任何侵害之意。

有限擔保責任聲明

雖然作者與出版社已全力編輯與製作本書，唯不擔保本書及
其所附媒體無任何瑕疵；亦不為使用本書而引起之衍生利益
損失或意外損毀之損失擔保責任。即使本公司先前已被告知
前述損毀之發生。本公司依本書所負之責任，僅限於台端對
本書所付之實際價款。

著作權聲明

博碩粉絲團　歡迎團體訂購，另有優惠，請洽服務專線
(02) 2696-2869 分機 238、519

獻給我的妻子 Margaret

前言

為什麼需要這本書？

市面上已經有了許多講述 C 語言的優秀書籍，為什麼我們還需要這一本呢？我在大學裡教授 C 語言程式設計已有 10 個年頭，但至今尚未發現一本書是按照我所喜歡的方式來講述指標（pointer）的。許多書籍用一章的篇幅專門講述指標，而且往往出現在全書的後半部分。但是，僅僅描述指標的語法，並用一些簡單的例子展示其用法是遠遠不夠的。我在授課時，很早便開始講授指標，而且在後續的授課過程中也經常討論指標。我會描述它們在各種不同的上下文環境（context，情境）中的有效用法，展示使用指標的程式設計習慣用法（programming idiom）。我還討論了一些相關的課題，例如程式設計效率和程式可維護性之間的權衡。指標是本書的線索所在，融會貫通於全書之中。

指標為什麼如此重要？我的信念是：正是指標使 C 語言威力無窮。有些任務用其他語言也可以完成，但 C 語言能夠更有效地實作；有些任務無法用其他語言實作，例如直接存取硬體，但 C 語言卻可以。要想成為一名優秀的 C 語言程式設計師，對指標有一個深入而完整的理解是先決條件。

然而，指標雖然很強大，與之相伴的風險卻也不小。跟指甲銼刀相比，鏈鋸（電鋸）可以更快地切割木材，但鏈鋸更容易讓人受傷，而且傷害常常來得極快，後果也非常嚴重。指標就像鏈鋸一樣，如果使用得當，它們可以簡化演算法的實作，並使其更富效率；如果使用不當，它們就會引起錯誤，導致細微而令人困惑的症狀，

並且極難發現原因。對指標只是略知一二便放手使用是件非常危險的事。如果那樣的話，它給你帶來的總是痛苦而不是歡樂。本書提供了你所需要的、深入而完整的「關於指標的知識」，足以讓你避開指標可能帶來的痛苦。

為什麼要學習 C 語言？

為什麼 C 語言依然如此流行？歷史上，由於種種原因，業界選擇了 C，其中最主要的原因就在於它的效率。優秀 C 程式的效率幾乎和組合語言程式（assembly language program）一樣高，但 C 程式明顯比組合語言程式更易於開發。和許多其他語言相比，C 給予程式設計師更多的控制權，例如控制資料的儲存位置和初始化過程等。C 缺乏「安全網」（safety net）特性，這雖有助於提高它的效率，但也增加了出錯的可能性。例如，C 對陣列索引參照和指標存取並不進行有效性檢查，這可以節省時間，但在使用這些特性時就必須特別小心。如果在使用 C 語言時能夠嚴格遵守相關規定，就可以避免這些潛在的問題。

C 提供了豐富的運算子集合，它們可以讓程式設計師有效地執行一些底層（low-level）的計算，例如移位（shifting）和遮罩（masking）等，而不必求助組合語言。C 的這個特點使很多人把 C 稱為「高層」（high-level，高階）的組合語言。但是，當需要的時候，C 程式可以很方便地提供組合語言的介面（interface）。這些特性使 C 成為實作「作業系統」和「嵌入式控制器（embedded controller）軟體」的良好選擇。

C 流行的另一個原因是它的普遍存在性（ubiquity）。C 編譯器在許多機器上實作。另外，ANSI 標準提高了 C 程式在不同機器之間的可攜性（portability，可移植性）。

最後，C 是 C++ 的基礎。C++ 提供了一種和 C 不同的程式設計和實作的觀點。然而，如果你對 C 的知識和技巧（如指標和標準函式庫等）成竹在胸，將非常有助於你成為一名優秀的 C++ 程式設計師。

為什麼應該閱讀這本書？

本書並不是一本關於程式設計的入門圖書。它的目標讀者應該已經具備了一些程式設計經驗，或者是一些想學習 C，但又不想被諸如「為什麼迴圈很重要」以及「何時需要使用 if 陳述式」等基礎問題耽誤進度的人。

另外，本書並不要求讀者以前學習過 C。本書涵蓋了 C 語言所有方面的內容，這種內容的廣泛覆蓋性使得本書不僅適用於學生，也適用於專業人員。也就是說，本書適用於首次學習 C 的讀者，以及那些經驗更豐富，但希望進一步提高語言使用技巧的使用者。

優秀的 C++ 書籍會把關注點集中在與「物件導向（Object-Oriented，OO）範式」有關的課題上，例如類別的設計，而不是專注於基本的 C 技巧，這樣做是對的。但 C++ 是建立在 C 的基礎之上的，C 的基本技巧依然非常重要，特別是那些能夠實作可重用類別（reusable class）的技巧。誠然，C++ 程式設計師在閱讀本書時可以跳過一些熟悉的內容，但他們依然會在本書中找到許多有用的 C 工具和技巧。

本書的組織形式

本書按照教學（tutorial）的形式組織，它的目標讀者是已經具有程式設計經驗的人。它的編寫風格類似於導師在你的身後注視著你的工作，時不時給你一些提示和警告。本書的寫作目標是把通常需要多年實踐才能獲得的知識和觀點傳授給讀者。這種組織形式也影響到書中內容的順序——通常在一個地方引入一個話題，並進行完整的講解。因此，本書也可以當作參考手冊（a reference）。

在這種組織形式中，存在兩個顯著的例外之處。首先是指標，它貫穿全書，將在許多不同的情境中進行討論。然後就是「第 1 章」，它對語言的基礎知識提供了一個快速的介紹。這種介紹有助於你很快掌握編寫簡單程式的技巧。「第 1 章」所涉及的主題將在後續章節中深入講解。

較之其他書籍，本書在許多領域著墨更多，這主要是為了讓每個主題更具深度，向讀者傳授通常只有實踐才能獲得的經驗。另外，我使用了一些在現實程式中不太常見的例子，雖然有些不太容易理解，但這些例子顯示了 C 在某些方面的趣味所在。

ANSI C

本書使用的 ANSI C 是由 ANSI/ISO 9899-1990 [ANSI 90] 進行定義並由 [KERN 89] 進行描述的。之所以選擇這個版本的 C，有兩個原因：首先，它是舊式 C（有時被稱為 Kernighan 和 Ritchie [KERN 78]，或稱為 K&R C）的後繼者，並已在根本上取代了後者；其次，ANSI C 是 C++ 的基礎。本書中的所有例子都是用 ANSI C 編寫的，因此本書經常把 ANSI C 標準文件（standard document）簡稱為「標準」（the Standard，即程式語言「標準」）。

排版說明

語法描述格式如下：

```
if( expression )
        statement
else
        statement
```

本書在語法描述中使用了 4 種字體，其中必需的程式碼（如此例中的關鍵字 if）將如上所示設置為 Courier New 字體。必要程式碼的抽象描述（abstract descriptions，如此例中的 expression）則用斜體 Courier New 表示。有些陳述式（statement，或稱程式敘述、語句）具有可選部分，如果決定使用可選部分（如此例中的 else 關鍵字），它將嚴格按上面的例子以粗體 Courier New 表示。可選部分的抽象描述（如第 2 個 statement）將以粗斜體 Courier New 表示。每次引入新術語時，本書將以粗體字表示。

完整程式將標上號碼，以程式 0.1 這樣的格式顯示。標題給出了程式的名稱，包含原始程式碼的檔案名稱則顯示在後方，例如：

程式 0.1 範例程式清單（filename.c）

```
/*
** Comment describing what the function or program does.
*/

void
function(){
        /* something or other */
}
```

文中有**提示**部分。這些提示中的許多內容都是對良好程式設計技巧的討論——就是使程式更易編寫、更易閱讀，並在以後更易理解。當一個程式初次寫成時，稍微多做些努力，就能夠節約以後修改程式的大量時間。其他一些提示能幫助你把程式碼寫得更加緊湊或更有效率。

另外還有一些提示涉及軟體工程的話題。C 的誕生遠早於現代軟體工程原則的形成。因此，有些語言特性和通用技巧不為這些原則所提倡。這些話題通常涉及到某種特定結構的效率與程式碼的可讀性、可維護性之間的利弊權衡。這方面的討論將向你提供一些背景知識，幫助你判斷效率上的收益是否抵得上其他品質上的損失。

當你看到**警告**時就要特別小心：這裡將要指出的是 C 程式設計師新手（有時甚至是老手）經常出現的錯誤之一，或者程式碼將不會如你所預想的那樣執行。這個警告區塊將使提示內容不易被忘記，而且以後回過頭來尋找也更容易一些。

K&R C 表示本書正在討論 ANSI C 和 K&R C 之間的重要區別。儘管絕大多數以 K&R C 寫成的程式僅需極微小的修改即可在 ANSI C 環境下執行，但有時仍可能碰到一個 ANSI 之前的編譯器，或者遇到一個更老的程式。如此一來，兩者的區別便非常重要。

每章問題和程式設計練習

本書每章的最後兩節是「問題」和「程式設計練習」。問題難簡不一，從簡單的語法問題到更為複雜的問題（諸如效率和可維護性之間的權衡等），不一而足。程式設計練習按等級區分難度：★的練習最為簡單；★★★★★的練習難度最大。這些練習有許多作為課堂測驗已沿用多年。在問題或程式設計練習的前方，如果有一個 ⚟ 符號，表示在「附錄」中可以找到它的參考答案。[1]

---

1 編按：本書另有 Instructor's Guide，它包含了書上未給出答案的問題和程式設計練習的所有答案，但僅提供美國教師向 Addison-Wesley 出版社申請。讀者可以直接造訪作者的主頁，https://www.cs.rit.edu/~kar/ 或是 https://www.cs.rit.edu/~kar/pointers.on.c/index.html，他的網站包含本書所有完整程式的原始程式碼，以章為單位分類。網站上也有作者提供的勘誤表。讀者也可以到博碩文化官網搜尋書名或書號，下載完整程式的原始程式碼：https://www.drmaster.com.tw/bookinfo.asp?BookID=MP11915。

致謝

儘管無法列出對本書做出貢獻的所有人，但依然向他們表示感謝。我的妻子 Margaret 對我的寫作鼓勵有加，為我提供精神上的支持，而且她默默承受著由於我寫作本書而給她帶來的生活上的孤獨。

感謝我在 RIT 的同事 Warren Carithers 教授，他閱讀並審校了本書的初稿。他真誠的批評，幫助我從一大堆講課稿和例子中產生了一份清晰、連貫的手稿。

非常感謝我 C Programming Seminar（C 語言程式設計課程）的學生，他們幫助我發現 typo（拼字錯誤），提出改進意見，並在學習過程中忍受著草稿形式的教材。他們對我的作品的反應，向我提供了有益的回饋，幫助我進一步改進了本書的品質。

還要感謝 Steve Allan、Bill Appelbe、Richard C. Detmer、Roger Eggen、Joanne Goldenberg、Dan Hinton、Dan Hirschberg、Keith E. Jolly、Joseph F. Kent、Masoud Milani、Steve Summit 和 Kanupriya Tewary，他們在本書出版前對它做出評價。他們的建議和觀點對我進一步改善本書的表達形式助益頗多。

最後，我要向 Addison-Wesley 的編輯 Deborah Lafferty 女士、產品編輯 Amy Willcutt 女士表示感謝。正是由於她們的幫助，本書才從一本手稿成為一本正式的書籍。她們不僅給了我很多有價值的建議，而且鼓勵我改進原先自我感覺良好的排版。現在我已經看到了結果，她們的意見是正確的。

現在是開始學習的時候了，預祝大家在學習 C 語言的過程中找到快樂！

Kenneth A. Reek

kar@cs.rit.edu

Churchville, New York

參考文獻

[ANSI 90] 1990. *American National Standard for Programming Languages - C.* ANSI/ ISO 9899 - 1990. New York, NY: American National Standard Institute.

[KERN 89] Kernighan, Brian and Dennis Ritchie. 1989. *The C Programming Language, Second Edition.* Englewood Cliffs, NJ: Prentice Hall.

[KERN 78] Kernighan, Brian and Dennis Ritchie. 1978. *The C Programming Language.* Englewood Cliffs, NJ: Prentice Hall.

[REEK 89] Reek, Kenneth A. 1989. "The Try System - or - How to Avoid Testing Student Programs." *Proceedings of the Twentieth SIGCSE Technical Symposium on Computer Science Education* Volume 21: 112 - 116.

[REEK 96] Reek, Kenneth A. 1996. "A Software Infrastructure to Support Introductory Computer Science Courses." *Proceedings of the Twenty Seventh SIGCSE Technical Symposium on Computer Science Education* Volume 28: 125 - 129.

目錄

前言   iii

為什麼需要這本書？ iii

為什麼要學習 C 語言？ iv

為什麼應該閱讀這本書？ v

本書的組織形式 v

ANSI C vi

排版說明 vi

每章問題和程式設計練習 vii

致謝 viii

參考文獻 ix

1   快速上手   001

1.1   簡介 001

       1.1.1 空白和註解 004

       1.1.2 預處理指令 005

       1.1.3 main 函數 007

       1.1.4 read_column_numbers 函數 010

       1.1.5 rearrange 函數 016

1.2 補充說明 019

1.3 編譯 020

1.4 總結 020

1.5 警告的總結 021

1.6 程式設計提示的總結 021

1.7 問題 021

1.8 程式設計練習 022

2 　基本概念　　　025

2.1 環境 025

　　2.1.1 翻譯 025

　　2.1.2 執行 028

2.2 詞法規則 029

　　2.2.1 字元 029

　　2.2.2 註解 031

　　2.2.3 自由形式的原始程式碼 032

　　2.2.4 識別字 032

　　2.2.5 程式的形式 033

2.3 程式風格 033

2.4 總結 035

2.5 警告的總結 036

2.6 程式設計提示的總結 036

2.7 問題 036

2.8 程式設計練習 038

3 　資料　　　039

3.1 基本資料類型 039

　　3.1.1 整數型家族 039

　　3.1.2 浮點類型 044

　　3.1.3 指標 045

3.2 基本宣告 047

    3.2.1 初始化 049

    3.2.2 宣告簡單陣列 049

    3.2.3 宣告指標 050

    3.2.4 隱式宣告 051

3.3 typedef 052

3.4 常數 053

3.5 作用域 054

    3.5.1 程式碼區塊作用域 055

    3.5.2 檔案作用域 056

    3.5.3 原型作用域 056

    3.5.4 函數作用域 057

3.6 連結屬性 057

3.7 儲存類別 059

    3.7.1 初始化 061

3.8 static 關鍵字 062

3.9 作用域、儲存類別範例 062

3.10 總結 065

3.11 警告的總結 066

3.12 程式設計提示的總結 066

3.13 問題 066

4 陳述式 071

4.1 空陳述式 072

4.2 表達式陳述式 072

4.3 程式碼區塊 073

4.4 if 陳述式 073

4.5 while 陳述式 075

    4.5.1 break 和 continue 陳述式 075

    4.5.2 while 陳述式的執行過程 076

4.6 for 陳述式 077

4.6.1 for 陳述式的執行過程 078

4.7 do 陳述式 079

4.8 switch 陳述式 080

4.8.1 switch 中的 break 陳述式 081

4.8.2 default 子句 082

4.8.3 switch 陳述式的執行過程 083

4.9 goto 陳述式 084

4.10 總結 086

4.11 警告的總結 087

4.12 程式設計提示的總結 087

4.13 問題 087

4.14 程式設計練習 089

5 運算子和表達式 093

5.1 運算子 093

5.1.1 算術運算子 093

5.1.2 移位運算子 094

5.1.3 位元運算子 096

5.1.4 賦值運算子 097

5.1.5 一元運算子 100

5.1.6 關係運算子 103

5.1.7 邏輯運算子 104

5.1.8 條件運算子 106

5.1.9 逗號運算子 107

5.1.10 索引參照、函數呼叫和結構成員 108

5.2 布林值 109

5.3 左值和右值 111

5.4 表達式求值 112

5.4.1 隱式類型轉換 112

5.4.2 算術轉換 113

5.4.3 運算子的屬性 113

　　　　5.4.4　優先順序和求值的順序 115

5.5　總結 119

5.6　警告的總結 120

5.7　程式設計提示的總結 121

5.8　問題 121

5.9　程式設計練習 124

6　指標　127

6.1　記憶體和位址 127

　　　　6.1.1 位址與內容 128

6.2　值和類型 129

6.3　指標變數的內容 130

6.4　間接存取運算子 131

6.5　未初始化和非法的指標 133

6.6　NULL 指標 134

6.7　指標、間接存取和左值 135

6.8　指標、間接存取和變數 136

6.9　指標常數 137

6.10　指標的指標 138

6.11　指標表達式 139

6.12　範例 146

6.13　指標運算 149

　　　　6.13.1 算術運算 150

　　　　6.13.2 關係運算 154

6.14　總結 155

6.15　警告的總結 157

6.16　程式設計提示的總結 157

6.17　問題 157

6.18　程式設計練習 160

7 函數　　163

7.1　函數定義 163

　　7.1.1 return 陳述式 165

7.2　函數宣告 166

　　7.2.1 原型 166

　　7.2.2 函數的預設認定 169

7.3　函數的參數 170

7.4　ADT 和黑盒 174

7.5　遞迴 177

　　7.5.1 追蹤遞迴函數 179

　　7.5.2 遞迴與迭代 183

7.6　可變參數列表 186

　　7.6.1 stdarg 巨集 187

　　7.6.2 可變參數的限制 188

7.7　總結 190

7.8　警告的總結 191

7.9　程式設計提示的總結 192

7.10　問題 192

7.11　程式設計練習 193

8 陣列　　195

8.1　一維陣列 195

　　8.1.1 陣列名稱 195

　　8.1.2 索引參照 197

　　8.1.3 指標與索引 200

　　8.1.4 指標的效率 201

　　8.1.5 陣列和指標 207

　　8.1.6 作為函數參數的陣列名稱 208

　　8.1.7 宣告陣列參數 210

　　8.1.8 初始化 210

　　8.1.9 不完整的初始化 211

　　　8.1.10　自動計算陣列長度 212

　　　8.1.11　字元陣列的初始化 212

8.2　多維陣列 213

　　　8.2.1　儲存順序 214

　　　8.2.2　陣列名稱 215

　　　8.2.3　索引 216

　　　8.2.4　指向陣列的指標 219

　　　8.2.5　作為函數參數的多維陣列 220

　　　8.2.6　初始化 221

　　　8.2.7　陣列長度自動計算 224

8.3　指標陣列 225

8.4　總結 229

8.5　警告的總結 230

8.6　程式設計提示的總結 230

8.7　問題 231

8.8　程式設計練習 235

9　字串、字元和位元組　　241

9.1　字串基礎 241

9.2　字串長度 242

9.3　不受限制的字串函數 243

　　　9.3.1　複製字串 243

　　　9.3.2　連接字串 245

　　　9.3.3　函數的返回值 245

　　　9.3.4　字串比較 246

9.4　長度受限的字串函數 247

9.5　字串搜尋基礎 248

　　　9.5.1　搜尋一個字元 248

　　　9.5.2　搜尋幾個任意字元 249

　　　9.5.3　搜尋一個子字串 249

9.6　進階字串搜尋 250

9.6.1 搜尋一個字串前綴 251

9.6.2 搜尋 token 251

9.7 錯誤資訊 253

9.8 字元操作 253

9.8.1 字元分類 253

9.8.2 字元轉換 254

9.9 記憶體操作 255

9.10 總結 256

9.11 警告的總結 258

9.12 程式設計提示的總結 259

9.13 問題 259

9.14 程式設計練習 260

10 結構與聯合 269

10.1 結構基礎知識 269

10.1.1 結構宣告 270

10.1.2 結構成員 272

10.1.3 結構成員的直接存取 272

10.1.4 結構成員的間接存取 273

10.1.5 結構的自參照 274

10.1.6 不完整的宣告 275

10.1.7 結構的初始化 276

10.2 結構、指標和成員 276

10.2.1 存取指標 277

10.2.2 存取結構 278

10.2.3 存取結構成員 279

10.2.4 存取巢狀結構的結構 281

10.2.5 存取指標成員 282

10.3 結構的儲存分配 284

10.4 作為函數參數的結構 285

10.5 位元欄位 288

10.6 聯合 292

　　10.6.1 變體記錄 293

　　10.6.2 聯合的初始化 295

10.7 總結 295

10.8 警告的總結 297

10.9 程式設計提示的總結 297

10.10 問題 297

10.11 程式設計練習 301

11　動態記憶體分配　　　　　　　　305

11.1 為什麼使用動態記憶體分配？ 305

11.2 malloc 和 free 306

11.3 calloc 和 realloc 307

11.4 使用動態分配的記憶體 308

11.5 常見的動態記憶體錯誤 309

　　11.5.1 記憶體洩漏 312

11.6 記憶體分配範例 312

11.7 總結 319

11.8 警告的總結 319

11.9 程式設計提示的總結 320

11.10 問題 320

11.11 程式設計練習 321

12　使用結構和指標　　　　　　　　323

12.1 連結串列 323

12.2 單向連結串列 323

　　12.2.1 在單向連結串列中插入 325

　　12.2.2 其他連結串列操作 335

12.3 雙向連結串列 335

　　12.3.1 在雙向連結串列中插入 336

12.3.2 其他連結串列操作 346

12.4 總結 346

12.5 警告的總結 347

12.6 程式設計提示的總結 347

12.7 問題 347

12.8 程式設計練習 349

13 進階指標技巧 351

13.1 進一步探討指向指標的指標 351

13.2 高階宣告 353

13.3 函數指標 356

13.3.1 回呼函數 358

13.3.2 轉換表 361

13.4 命令列參數 363

13.4.1 傳遞命令列參數 363

13.4.2 處理命令列參數 365

13.5 字串常數 369

13.6 總結 372

13.7 警告的總結 373

13.8 程式設計提示的總結 373

13.9 問題 373

13.10 程式設計練習 377

14 預處理器 381

14.1 預定義符號 381

14.2 #define 382

14.2.1 巨集 383

14.2.2 #define 替換 386

14.2.3 巨集與函數 387

14.2.4 帶副作用的巨集參數 388

14.2.5 命名約定 389

14.2.6 #undef 390

14.2.7 命令列定義 391

14.3 條件編譯 392

14.3.1 是否被定義 393

14.3.2 巢套指令 394

14.4 檔案引入（檔案包含） 395

14.4.1 函式庫檔案引入 396

14.4.2 本地檔案引入 396

14.4.3 巢狀檔案引入 397

14.5 其他指令 399

14.6 總結 400

14.7 警告的總結 401

14.8 程式設計提示的總結 401

14.9 問題 402

14.10 程式設計練習 404

15 輸入／輸出函數 407

15.1 錯誤報告 407

15.2 終止執行 408

15.3 標準 I/O 函式庫 409

15.4 ANSI I/O 概念 410

15.4.1 串流 410

15.4.2 檔案 411

15.4.3 標準 I/O 常數 412

15.5 串流 I/O 總覽 413

15.6 打開串流 414

15.7 關閉串流 416

15.8 字元 I/O 418

15.8.1 字元 I/O 巨集 419

15.8.2 撤銷字元 I/O 419

15.9 未格式化的列 I/O 420

15.10 格式化的列 I/O 422

    15.10.1 scanf 家族 422

    15.10.2 scanf 格式碼 423

    15.10.3 printf 家族 428

    15.10.4 printf 格式碼 429

15.11 二進位 I/O 434

15.12 刷新和定位函數 435

15.13 改變緩衝方式 437

15.14 串流錯誤函數 438

15.15 暫存檔案 439

15.16 檔案操縱函數 439

15.17 總結 440

15.18 警告的總結 443

15.19 程式設計提示的總結 443

15.20 問題 444

15.21 程式設計練習 445

16 標準函式庫   451

16.1 整數型函數 451

    16.1.1 算術 <stdlib.h> 451

    16.1.2 隨機數 <stdlib.h> 452

    16.1.3 字串轉換 <stdlib.h> 454

16.2 浮點型函數 455

    16.2.1 三角函數 <math.h> 456

    16.2.2 雙曲函數 <math.h> 456

    16.2.3 對數和指數函數 <math.h> 456

    16.2.4 浮點表示形式 <math.h> 457

    16.2.5 冪 <math.h> 457

    16.2.6 向下取整、向上取整、絕對值和餘數 <math.h> 458

    16.2.7 字串轉換 <stdlib.h> 458

16.3 日期和時間函數 459

    16.3.1 處理器時間 <time.h> 459

    16.3.2 當天時間 <time.h> 459

    16.3.3 日期和時間的轉換 <time.h> 460

16.4 非本地跳轉 <setjmp.h> 463

    16.4.1 範例 464

    16.4.2 何時使用非本地跳轉 466

16.5 訊號 466

    16.5.1 訊號名稱 <signal.h> 467

    16.5.2 處理訊號 <signal.h> 468

    16.5.3 訊號處理函數 469

16.6 列印可變參數列表 <stdarg.h> 472

16.7 執行環境 472

    16.7.1 終止執行 <stdlib.h> 472

    16.7.2 斷言 <assert.h> 473

    16.7.3 環境 <stdlib.h> 474

    16.7.4 執行系統命令 <stdlib.h> 474

16.8 排序和尋找 <stdlib.h> 475

16.9 locale 477

    16.8.1 數值和貨幣格式 <locale.h> 478

    16.8.2 字串和 locale<string.h> 481

    16.8.3 改變 locale 的效果 481

16.10 總結 482

16.11 警告的總結 484

16.12 程式設計提示的總結 484

16.13 問題 484

16.14 程式設計練習 486

17　經典抽象資料類型　491

17.1 記憶體分配 491

17.2 堆疊 492

17.2.1　堆疊介面 492

17.2.2　實作堆疊 493

17.3　佇列 502

17.3.1　佇列介面 502

17.3.2　實作佇列 504

17.4　樹 509

17.4.1　在二元搜尋樹中插入 510

17.4.2　從二元搜尋樹刪除節點 511

17.4.3　在二元搜尋樹中尋找 511

17.4.4　樹的巡訪 512

17.4.5　二元搜尋樹介面 513

17.4.6　實作二元搜尋樹 514

17.5　實作的改進 522

17.5.1　擁有超過一個的堆疊 522

17.5.2　擁有超過一種的類型 523

17.5.3　名稱衝突 523

17.5.4　標準函式庫的 ADT 524

17.6　總結 527

17.7　警告的總結 528

17.8　程式設計提示的總結 529

17.9　問題 529

17.10　　程式設計練習 531

18　執行時環境　　　　　　　　　　　　　　**533**

18.1　判斷執行時環境 533

18.1.1　測試程式 534

18.1.2　靜態變數和初始化 537

18.1.3　堆疊幀 538

18.1.4　暫存器變數 539

18.1.5　外部識別字的長度 540

18.1.6　判斷堆疊幀佈局 541

    18.1.7 表達式的副作用 548

18.2 C 和組合語言的介面 549

18.3 執行時效率 551

    18.3.1 提高效率 552

18.4 總結 554

18.5 警告的總結 555

18.6 程式設計提示的總結 555

18.7 問題 555

18.8 程式設計練習 556

A 附錄：部分問題與程式設計練習的答案　　557

第 1 章：問題 557

第 1 章：程式設計練習 558

第 2 章：問題 560

第 2 章：程式設計練習 561

第 3 章：問題 562

第 4 章：問題 563

第 4 章：程式設計練習 564

第 5 章：問題 566

第 5 章：程式設計練習 567

第 6 章：問題 569

第 6 章：程式設計練習 569

第 7 章：問題 570

第 7 章：程式設計練習 571

第 8 章：問題 572

第 8 章：程式設計練習 574

第 9 章：問題 576

第 9 章：程式設計練習 577

第 10 章：問題 581

第 10 章：程式設計練習 582

第 11 章：問題 583

第 11 章：程式設計練習 584

第 12 章：問題 586

第 12 章：程式設計練習 587

第 13 章：問題 589

第 13 章：程式設計練習 590

第 14 章：問題 592

第 14 章：程式設計練習 593

第 15 章：問題 594

第 15 章：程式設計練習 594

第 16 章：問題 596

第 16 章：程式設計練習 597

第 17 章：問題 601

第 17 章：程式設計練習 602

第 18 章：問題 605

第 18 章：程式設計練習 605

1.1　簡介

從頭開始介紹一門程式語言總是顯得很困難，因為讀者必須在腦海中有足夠清晰的輪廓，才能了解小細節所具有的意義。在本章中，我將向大家介紹一個範例程式，並逐一解釋它的運作過程，以便使各位對 C 語言的整體有一個大概的印象。這個範例程式同時也示範了你所熟悉的程序（procedure），在 C 語言中是如何完成的。這些資訊再加上本章所討論的其他主題，可以帶領你學習 C 語言的基礎知識，這樣你就可以自己編寫有用的 C 語言程式了。

我們所要分析的這個程式從標準輸入（standard input）讀取文字並對其進行修改，然後把它寫到標準輸出（standard output）。**程式 1.1** 首先讀取到索引數字（column number）列表。這些數字成對出現，表示輸入列（input line）中要讀取的範圍。這串數列以一個負值結尾，作為結束旗標。剩餘的輸入列將被程式讀取並列印，印出的部分即是它們被選中的範圍。注意，每列第 1 個字元的索引數字為零。例如，如果輸入是：

```
4 9 12 20 -1
abcdefghijklmnopqrstuvwxyz
Hello there, how are you?
I am fine, thanks.
See you!
Bye
```

則程式的輸出如下：

```
Original input : abcdefghijklmnopqrstuvwxyz
Rearranged line: efghijmnopqrstu
Original input : Hello there, how are you?
Rearranged line: o ther how are
Original input : I am fine, thanks.
Rearranged line:  fine,hanks.
Original input : See you!
Rearranged line: you!
Original input : Bye
Rearranged line:
```

這個程式的重要之處在於，它示範了當你要開始編寫 C 語言程式時，所需要知道的絕大多數基本技巧。

程式 1.1　重排字元（rearrang.c）

```c
/*
** 這個程式從標準輸入中讀取輸入列，
** 並在標準輸出中列印。
** 列印時只擷取其中的一部分。
**
** 輸入的第 1 列是索引數字列表，數列最後以一個負數結尾。
** 這些數字成對出現，用來標記輸入列的列印範圍。
** 例如 0 3 10 12 -1 表示要列印第 0 個到第 3 個字元，
** 以及第 10 個到第 12 個字元。
*/


#include <stdio.h>
#include <stdlib.h>
#include <string.h>
#define MAX_COLS  20     /* 能夠處理的最多索引數量 */
#define MAX_INPUT 1000   /* 每個輸入列的最大長度 */

int  read_column_numbers( int columns[], int max );
void rearrange( char *output, char const *input,
     int n_columns, int const columns[] );

int main( void )
{
    int     n_columns;          /* 進行處理的索引數字 */
    int     columns[MAX_COLS]; /* 需要處理的索引數字 */
    char  input[MAX_INPUT];    /* 容納輸入列的陣列 */
    char  output[MAX_INPUT];   /* 容納輸出列的陣列 */

    /*
    ** 讀取索引數字列表。
    */
    n_columns = read_column_numbers( columns, MAX_COLS );
```

```
    /*
    ** 讀取、處理和列印剩餘的輸入列。
    */
    while( gets( input ) != NULL ){
        printf( "Original input : %s\n", input );
        rearrange( output, input, n_columns, columns );
        printf( "Rearranged line: %s\n", output );
    }

    return EXIT_SUCCESS;
}


/*
** 讀取索引數字列表，如果超出規定範圍則不予理會。
*/
int read_column_numbers( int columns[], int max )
{
    int   num = 0;
    int   ch;

    /*
    ** 取得索引數字列表，如果所讀取的數字小於 0 則停止。
    */
    while( num < max && scanf( "%d", &columns[num] ) == 1
        && columns[num] >= 0 )
        num += 1;

    /*
    ** 確認已讀取的數字為偶數個，因為它們是以成對的形式出現。
    */
    if( num % 2 != 0 ){
        puts( "Last column number is not paired." );
        exit( EXIT_FAILURE );
    }

    /*
    ** 丟棄該列中含有最後一個數字的該部分內容。
    */
    while( (ch = getchar()) != EOF && ch != '\n' )
        ;

    return num;
}


/*
** 將指定位置的字元串連起來並加以處理，輸出列以 NUL 做結尾。
*/
void rearrange( char *output, char const *input,
    int n_columns, int const columns[] )
{
    int    col;          /* 作為數字陣列的索引 */
```

```
int    output_col; /* 輸出字元計數器 */
int    len;        /* 輸入列的長度 */

len = strlen( input );
output_col = 0;

/*
** 處理每對索引數字。
*/
for( col = 0; col < n_columns; col += 2 ){
    int nchars = columns[col + 1] - columns[col] + 1;

    /*
    ** 如果輸入列沒那麼長或輸出列陣列已滿，就結束任務。
    */
    if( columns[col] >= len ||
        output_col == MAX_INPUT - 1 )
            break;

    /*
    ** 如果輸出列資料空間不夠，只複製可以容納的資料。
    */
    if( output_col + nchars > MAX_INPUT - 1 )
        nchars = MAX_INPUT - output_col - 1;

    /*
    ** 複製相關的資料。
    */
    strncpy( output + output_col, input + columns[col],
        nchars );
    output_col += nchars;
}

output[output_col] = '\0';
}
```

1.1.1 空白和註解

現在，讓我們仔細觀察這個程式。首先需要注意的是程式的空白：空行將程式的不同部分分隔開來；Tab 用於縮排陳述式，更加突顯出程式的結構等等。C 是一種自由形式的語言（free form language），並沒有規則要求你必須怎樣編寫陳述式。然而，如果你在編寫程式時能夠遵守一些規範還是非常值得的，它可以使程式碼更加容易閱讀和修改，千萬不要小看了這點。

清晰地顯示程式的結構固然重要，但告訴讀者程式能做些什麼以及怎樣做更為重要。**註解**（comment）就是用於實作這個功能。

```
/*
** 這個程式從標準輸入中讀取輸入列，
** 並在標準輸出中列印。
** 列印時只擷取其中的一部分。
**
** 輸入的第 1 列是索引數字列表，數列最後以一個負數結尾。
** 這些數字成對出現，用來標記輸入列的列印範圍。
** 例如 0  3  10  12  -1 表示要列印第 0 個到第 3 個字元，
** 以及第 10 個到第 12 個字元。
*/
```

這段文字就是**註解**。註解以符號 /* 開始，以符號 */ 結束。在 C 語言程式中，凡是可以插入空白的地方都可以插入註解。然而，註解不能做巢狀結構，也就是說，第 1 個 /* 符號和第 1 個 */ 符號之間的內容都會視為是註解，不管裡面還有多少個 /* 符號。

在有些語言中，註解有時用於把一段程式碼「註解掉（comment out）」，也就是使這段程式碼在程式中不起作用，但並不真正從原始檔案（source file）中刪除。在 C 語言中，這可不是個好主意，如果你試圖在一段程式碼的首尾分別加上 /* 和 */ 符號來「註解掉」這段程式碼，你不一定能如願。如果這段程式碼內部原先就有註解存在，這樣做就會出問題。要從邏輯上刪除一段 C 語言程式碼，更好的辦法是使用 #if 指令。只要像下面這樣使用：

```
#if  0
    statements
#endif
```

在 #if 和 #endif 之間的程式區段就可以有效地從程式中去除，即使這段程式碼之間原先存在註解也無妨，所以這是一種更為安全的方法。預處理指令的作用遠比你想像的要大，我將在「第 14 章」詳細討論這個問題。

1.1.2 預處理指令

```
#include <stdio.h>
#include <stdlib.h>
#include <string.h>
#define MAX_COLS   20      /* 能夠處理的最多索引數量 */
#define MAX_INPUT 1000    /* 每個輸入列的最大長度 */
```

這 5 行稱為**預處理指令**（preprocessor directives），因為它們是由**預處理器**（preprocessor）直譯的。預處理器讀取原始程式碼，根據預處理指令對其進行修改，然後把修改過的原始程式碼遞交給編譯器。

在我們的範例程式中，預處理器用名叫 stdio.h 的函式庫標頭檔（library header）的內容，替換第 1 條 #include 的指令陳述式，其結果就彷彿是 stdio.h 的內容被逐字寫到原始檔案的那個位置。第 2、3 條指令的功能類似，只是它們所替換的標頭檔分別是 stdlib.h 和 string.h。

stdio.h 標頭檔使我們可以存取**標準 I/O 函式庫**（Standard I/O Library）中的函數，這組函數用於執行輸入和輸出。stdlib.h 定義了 EXIT_SUCCESS 和 EXIT_FAILURE 符號。我們需要 string.h 標頭檔提供的函數來操作字串。

提示

如果你有一些宣告（declaration）需要用於幾個不同的原始檔案，這個技巧也是一種方便的方法——你在一個單獨的檔案中編寫這些宣告，然後用 #include 指令把這個檔案包含到「需要使用這些宣告的原始檔案」中。如此一來，你就只需要這些宣告的一份複本，用不著貼在許多不同的地方，避免了在維護這些程式碼時出現錯誤的可能性。

提示

另一種預處理指令是 #define，它把名為 MAX_COLS 的變數定義為 20，把 MAX_INPUT 定義為 1000。當這個變數以後出現在原始檔案的任何地方時，它就會被替換為定義的值。由於它們被定義為字面常數（literal constant），所以這些變數不能出現於有些普通變數可以出現的場合（例如賦值運算子（assignment operator）的左邊）。這些變數一般都大寫，用於提醒它們並非普通的變數。#define 指令和其他語言中符號常數（symbolic constant）的作用類似，其出發點也相同。如果以後你覺得 20 個不夠，你可以簡單地修改 MAX_COLS 的定義，這樣你就用不著在整個程式中到處尋找並修改所有的 20，也可以避免不小心漏掉一個，或者把表示不同意義的 20 也修改了。

```
int   read_column_numbers( int columns[], int max );
void rearrange( char *output, char const *input,
      int n_columns, int const columns[] );
```

這些宣告稱之為**函數原型**（function prototype）。它們告訴編譯器原始檔案將定義的函數特徵。如此一來，當這些函數被呼叫時，編譯器就能對它們進行準確性檢查。每個原型以一個類型名稱開頭，表示函數返回值的類型。跟在返回類型名稱後面的是函數的名稱，再後面是函數預期接受的參數（argument）。所以，函數 read_column_numbers 返回一個整數，接受兩個類型分別是整數型陣列（an array of integers）和整數型純量（an integer scalar）的參數。函數原型中參數的名稱並非必需，這裡提供參數名稱的目的是提示它們的作用。

rearrange 函數接受 4 個參數。其中第 1 個和第 2 個參數都是**指標**（pointer）。指標指定一個儲存於電腦記憶體中某個值的位址，類似於門牌號碼來指定某個特定的住家是位於街道的某處。指標賦予 C 語言強大的威力，我將在「第 6 章」詳細講解指標。第 2 個和第 4 個參數被宣告為 const，這表示函數將不會修改函數呼叫者所傳遞的這兩個參數。關鍵字 void 表示函數並不返回任何值，在其他語言裡，這種無返回值的函數稱之為**程序**（procedure）。

提示

假如這個程式的原始程式碼由幾個原始檔案所組成，那麼使用該函數的原始檔案都必須寫明該函數的原型。把原型放在標頭檔中並使用 #include 指令引入它們，可以避免由於同一個宣告的多份複製而導致的維護性問題。

1.1.3 main 函數

```
int main( void )
{
```

這幾行構成了 main 函數定義的起始部分。每個 C 語言程式都必須有一個 main 函數，因為它是程式執行的起點。關鍵字 int 表示函數返回一個整數類型的值，關鍵字 void 表示函數不接受任何參數。main 函數的函數體（body），包括左大括號和與之匹配的右大括號之間的任何內容。

請觀察一下縮排是如何使程式的結構顯得更加清晰：

```
int     n_columns;         /* 進行處理的索引數字 */
int     columns[MAX_COLS]; /* 需要處理的索引數字 */
char    input[MAX_INPUT];  /* 容納輸入列的陣列 */
char    output[MAX_INPUT]; /* 容納輸出列的陣列 */
```

這幾行宣告了 4 個變數：一個整數型純量，一個整數型陣列，以及兩個字元陣列。這 4 個變數都是 main 函數的局部變數，其他函數不能用它們的名稱存取它們。當然，它們可以作為參數傳遞給其他函數。

```
/*
** 讀取索引數字列表。
*/
n_columns = read_column_numbers( columns, MAX_COLS );
```

這條陳述式呼叫函數 read_column_numbers。而陣列 columns 和 MAX_COLS 所代表的常數（20）作為參數傳遞給這個函數。在 C 語言中，陣列參數是以**參照（reference）**的形式進行傳遞，也就是傳址呼叫，而純量和常數則是按**值（value）**傳遞的（分別類似於 Pascal 和 Modula 中的 var 參數和值參數）。在函數中對「純量參數」的任何修改，都會在函數返回時丟失，因此，「被呼叫函數」無法修改呼叫函數以傳值形式傳遞給它的參數。然而，當「被呼叫函數」修改「陣列參數」的其中一個元素時，呼叫函數所傳遞的陣列就會被實際地修改。

事實上，關於 C 函數的參數傳遞規則可以表述如下：**所有傳遞給函數的參數都是按值傳遞的。**

但是，當陣列名稱作為參數時，就會產生按參照傳遞的效果，如上所示。規則和現實行為之間似乎存在明顯的矛盾之處，「第 8 章」會對此做出詳細解釋。

```
    /*
    ** 讀取、處理和列印剩餘的輸入列。
    */
    while( gets( input ) != NULL ){
        printf( "Original input : %s\n", input );
        rearrange( output, input, n_columns, columns );
        printf( "Rearranged line: %s\n", output );
    }

    return EXIT_SUCCESS;
}
```

用於描述這段程式碼的註解看上去似乎有些多餘。但是，如今軟體開銷的最大之處並非在於編寫，而是在於維護。在修改一段程式碼時所遇到的第 1 個問題，就是要搞清楚程式碼的功能。所以，如果你在程式碼中插入一些東西，能使其他人（或許就是你自己！）在以後更容易理解它，那就非常值得這樣做。但是，要注意編寫正確的註解，並且在你修改程式碼時，要注意註解的更新。註解如果不正確那還不如沒有！

這段程式碼包含了一個 while 迴圈。在 C 語言中，while 迴圈的功能和它在其他語言中一樣。它首先判斷表達式（expression，又譯運算式）的值，如果是假（false）的（0）就跳過迴圈體。如果表達式的值是真（true）的（非 0），就執行迴圈體內的程式碼，然後再重新判斷表達式的值。

這個迴圈代表了這個程式的主要邏輯。簡而言之，它表示：

```
while  我們還可以讀取另一列輸入時
          列印輸入列
          對輸入列進行重新整理，把它儲存於 output 陣列
          列印輸出結果
```

gets 函數從標準輸入讀取一列文字（one line of text），並把它儲存於陣列，以作為參數傳遞。一行輸入由一串字元組成，並以一個換行字元（newline）結尾。gets 函數丟棄換行字元，並在該行的末尾儲存一個 NUL 位元組[1]（一個 NUL 位元組是指「位元全為 0」的位元組，類似 '\0' 這樣的字元常數）。然後，gets 函數返回一個非 NULL 值，表示該行已被成功讀取[2]。當 gcts 函數被呼叫但事實上不存在輸入列時，它就返回 NULL 值，表示它到達了輸入的末尾（檔案尾端）。

在 C 語言程式中，處理字串是常見的任務之一。儘管 C 語言並不存在「string」資料類型，但在整個語言中，存在一項規範（convention）：字串就是一連串以 NUL 位元組結尾的字元。NUL 是作為字串終止符號（terminator），它本身並不被看作是字串的一部分。**字串常數**（string literal）就是原始程式（source program）中被雙引號括起來的一串字元。例如，字串常數：

```
"Hello"
```

在記憶體中佔據 6 個位元組的空間，按順序分別是 H、e、l、l、o 和 NUL。

printf 函數執行格式化的輸出。C 語言的格式化輸出（formatted output）比較簡單，如果你是 Modula 或 Pascal 的使用者，你肯定會對此感到愉快。printf 函數接受多個參數，其中第一個參數是一個字串，描述輸出的格式，剩餘的參數就是需要列印的值。格式常常以字串常數的形式出現。

格式字串（format string）包含格式指定符號（format designator，格式碼）以及一些普通字元。這些普通字元將按照原樣逐字列印出來，但每個格式指定符號將使「後續參數的值」按照「它所指定的格式」列印。表 1.1 列出了一些常用的格式指定符號。如果陣列 input 包含字串 Hi friends!，那麼下面這條陳述式

---

[1]　NUL 是 ASCII 字元集中 '\0' 字元的名稱，它的位元全為 0。NULL 指一個其值為 0 的指標。它們都是整數型值，其值也相同，所以它們可以互換使用。然而，你還是應該使用適當的常數，因為它不僅能告訴閱讀程式的人 0 這個值，還有使用這個值的目的。

[2]　符號 NULL 在標頭檔 otdio.li 中定義。另一方面，並不存在預先定義的符號 NUL，所以如果你想使用它而不是字元常數 '\0'，你必須自行定義。

```
printf( "Original input : %s\n", input);
```

的列印結果是：

```
Original input : Hi friends!
```

後面以一個換行字元終止。

表 1.1：常用 printf 格式碼

格式	涵義
%d	以十進位形式列印一個整數型值
%o	以八進位形式列印一個整數型值
%x	以十六進位形式列印一個整數型值
%g	列印一個浮點值
%c	列印一個字元
%s	列印一個字串
\n	換行

範例程式接下來的一條陳述式呼叫 rearrange 函數。後面 3 個參數是傳遞給函數的
值，第 1 個參數則是函數將要建立並返回給 main 函數的答案。記住，這種參數是
唯一可以返回答案的方法，因為它是一個陣列。最後一個 printf 函數顯示輸入列重
新整理後的結果。

最後，當迴圈結束時，main 函數返回值 EXIT_SUCCESS。該值向作業系統提示程
式成功執行。右大括號標示著 main 函數體的結束。

1.1.4 read_column_numbers 函數

```
/*
** 讀取索引數字列表，如果超出規定範圍則不予理會。
*/
int
read_column_numbers( int columns[], int max )
{
```

這幾行構成了 read_column_numbers 函數的起始部分。注意，這個宣告和早先出現
在程式中，該函數原型的參數個數和類型，以及函數的返回值完全匹配。如果出現
不匹配的情況，編譯器就會顯示錯誤。

在函數宣告的陣列參數中，並未指定陣列的長度。這種格式是正確的，因為無論呼
叫函數的程式傳遞給它的陣列參數的長度是多少，這個函數都將照收不誤。這是
一個了不起的特性，它允許單一函數操作任意長度的一維陣列。這個特性不利的一

面，是函數無法得知該陣列的長度。如果需要這部分的資訊，它的值必須作為一個單獨的參數傳遞給函數。

當本例的 read_column_numbers 函數被呼叫時，傳遞給函數的其中一個參數的名稱碰巧與上面提供的形式參數名稱相同。但是，其餘幾個參數的名稱與對應的形式參數名稱並不相同。和絕大多數語言一樣，C 語言中形式參數的名稱（the formal parameter name）和實際參數的名稱（the actual argument name）並沒有什麼關係。你可以讓兩者相同，但這並非必須。

```
int    num = 0;
int    ch;
```

這裡宣告了兩個變數，它們是該函數的局部變數。第 1 個變數在宣告時被初始化為 0，但第 2 個變數並未初始化。更準確地說，它的初始值將是一個不可預料的值，有可能會是垃圾（garbage）。在這個函數裡，它沒有初始值並不礙事，因為函數對這個變數所執行的第 1 個操作就是對它賦值。

```
/*
** 取得索引數字列表，如果所讀取的數字小於 0 則停止。
*/
while( num < max && scanf( "%d", &columns[num] ) == 1
      && columns[num] >= 0 )
      num += 1;
```

這又是一個迴圈，用於讀取索引數字（column number）。scanf 函數從標準輸入讀取字元，並根據格式字串對它們進行轉換——類似於 printf 函數的逆操作。scanf 函數接受幾個參數，其中第 1 個參數是一個格式字串，用於描述預期的輸入類型。剩餘幾個參數都是變數，用於儲存函數所讀取的輸入資料。scanf 函數的返回值是函數成功轉換並儲存於參數中的值之個數。

警告

對於這個函數，你必須要特別小心，理由有二。首先，由於 scanf 函數的實作原理，所有純量參數的前面必須加上一個「&」符號。關於這點，「第 8 章」我會解釋清楚。陣列參數前面不需要加上「&」符號[3]。但是，陣列參數中如果出現了索引參照，也就是說實際參數是陣列的某個特定元素，那麼它的前面也必須加上「&」符號。在「第 15 章」，我會解釋在純量參數前面加上「&」符號的必要性。現在，你只要知道必須加上這個符號就行了，因為如果沒有它們的話，程式就無法正確執行。

---

[3] 但是，即使你在它前面加上一個「&」也沒有什麼不對，所以如果你喜歡，也可以加上它。

我們現在可以說明表達式：

```
scanf("%d", &columns[num] )
```

格式碼 %d 表示需要讀取一個整數型值。字元是從標準輸入讀取，前置空白將被跳過。然後這些數字被轉換為一個整數，其結果儲存於指定的陣列元素中。我們需要在參數前加上一個「&」符號，因為陣列索引選擇的是一個單一的陣列元素，它是一個純量。

while 迴圈的判斷條件（測試條件）由 3 個部分組成：

```
num < max
```

這個判斷條件確保函數不會讀取過多的值，進而導致陣列溢出（overflow）。如果 scanf 函數轉換了一個整數之後，它就會返回 1 這個值。最後，

```
columns[num] >= 0
```

這個表達式確保函數所讀取的值是正數。如果兩個判斷條件之一的值為假（false），迴圈就會終止。

表 1.2：常用 scanf 格式碼

格式	涵義	變數類型
%d	讀取一個整數型值	int
%ld	讀取一個長整數型值	long
%f	讀取一個實數型值（浮點數）	float
%lf	讀取一個雙精度實數型值	double
%c	讀取一個字元	char
%s	從輸入中讀取一個字串	char 型陣列

&& 是「邏輯 AND」（邏輯與）運算子。要使整個表達式為真（true），&& 運算子兩邊的表達式都必須為真。然而，如果左邊的表達式為假（false），右邊的表達式便不再進行求值，因為不管它是真是假，整個表達式都一定是假的。在這個例子中，如果 num 到達了它的最大值，迴圈就會終止[4]，而表達式

```
columns[num]
```

便不再被求值。

scanf 函數每次呼叫時都從標準輸入讀取一個十進位整數。如果轉換失敗，不管是因為檔案已經讀完還是因為下一次輸入的字元無法轉換為整數，函數都會返回 0，這樣就會使整個迴圈終止。如果輸入的字元可以合法地轉換為整數，那麼這個值就會轉換為二進位並儲存於陣列元素 columns[num] 中。然後，scanf 函數返回 1。

---

[4] 「迴圈終止」（the loop break）這句話的意思是迴圈結束而不是它突然出現了毛病。這句話源自於 break 陳述式，我們將在「第 4 章」討論它。

接下來的 && 運算子是確保 scanf 函數成功讀取了一個數字之後，判斷該數字是否
為負值。陳述式

```
num += 1;
```

使變數 num 的值增加 1，它相當於下面這個表達式：

```
num = num + 1;
```

以後我會解釋為什麼 C 語言提供了兩種不同的方式來增加一個變數的值[6]。

```
/*
** 確認已讀取的數字為偶數個，因為它們是以成對的形式出現。
*/
if( num % 2 != 0 ){
    puts( "Last column number is not paired." );
    exit( EXIT_FAILURE );
}
```

這個條件判斷檢查程式所讀取的整數是否為偶數個，這是程式規定的，因為這些數
字要求成對出現。% 運算子執行整數的除法，但它提供的結果是除法的餘數而不是
商。如果 num 不是一個偶數，它除以 2 之後的餘數將不會是 0。

puts 函數是 gets 函數的輸出版本，它把指定的字串寫到標準輸出，並在末尾添上一
個換行字元。程式接著呼叫 exit 函數，終止程式的執行，而 EXIT_FAILURE 這個
值則是錯誤發生時用來傳遞給作業系統的訊息。

---

[5] 有些較新的編譯器在發現 if 和 while 表達式中使用賦值運算子時會發出警告訊息，因為理論上在這樣
的上下文環境中，使用者會使用比較操作的可能性，要遠大於賦值操作。

[6] 加上前綴和後綴的 ++ 運算子，事實上共有 4 種方法可以增加一個變數的值。

```
/*
**  丟棄該列中含有最後一個數字的該部分內容。
*/
while( (ch = getchar()) != EOF && ch != '\n' )
    ;
```

當 scanf 函數對輸入值進行轉換時，它只讀取需要讀取的字元。如此一來，該輸入列中包含了最後一個值的剩餘部分仍會留在那裡，等待被讀取。它可能只包含作為終止符號的換行字元，也可能包含其他字元。無論如何，while 迴圈將讀取並丟棄這些剩餘的字元，防止它們被直譯為第 1 行資料（the first line of data）。

下面這個表達式

```
(ch = getchar() ) != EOF && ch != '\n'
```

值得花點時間討論。首先，getchar 函數從標準輸入讀取一個字元並返回它的值。如果輸入中不再存在任何字元，函數就會返回常數 EOF（在 stdio.h 中定義），用於提示檔案的結尾（end-of-line）。

從 getchar 函數返回的值被賦給變數 ch，然後把它與 EOF 進行比較。在賦值表達式兩端加上括號用於確保「賦值操作」先行於「比較操作」。如果 ch 等於 EOF，整個表達式的值就為假，迴圈將終止。若非如此，再把 ch 與換行字元進行比較，如果兩者相等，迴圈也將終止。因此，只有當輸入尚未到達檔案尾端並且輸入的字元並非換行字元，表達式的值才是真的（迴圈將繼續執行）。如此一來，這個迴圈就能剔除目前輸入列最後的剩餘字元。

現在讓我們進入有趣的部分。在大多數其他語言中，我們將像下面這個樣子編寫迴圈：

```
ch = getchar();
while( ch != EOF && CH != '\n' )
    ch = getchar();
```

它將讀取一個字元，接下來，如果我們尚未到達檔案的末尾，或讀取的字元並不是換行字元，它將繼續讀取下一個字元。注意下面這條陳述式在這裡出現了兩次：

```
ch = getchar();
```

C 可以把賦值操作蘊含於 while 陳述式內部，這樣就允許程式設計師消除多餘陳述式。

一個經常問到的問題是：為什麼 ch 被宣告成整數型，而我們事實上是用它來讀取字元？答案是 EOF 是一個整數型值（integer value），它的位元數比字元類型要多，把 ch 宣告為整數型可以防止「從輸入讀取的字元」意外地被解釋為 EOF。但同時，這也意味著接收字元的 ch 必須足夠大，足以容納 EOF，這就是 ch 使用整數型值的原因。正如「第 3 章」所討論的那樣，字元只是比較小的整數而已，所以用一個整數型變數（integer variable）容納字元值（character values）並不會引起任何問題。

```
    return num;
}
```

return 陳述式就是函數向呼叫它的表達式返回一個值。在這個例子裡，變數 num 的值返回給呼叫該函數的程式，後者把這個返回值賦值給主程式的 n_columns 變數。

1.1.5 rearrange 函數

```
/*
** 將指定位置的字元串連起來並加以處理，輸出列以 NUL 做結尾。
*/
void rearrange( char *output, char const *input,
    int n_columns, int const columns[] )
{
```

```
int    col;        /* 作為數字陣列的索引 */
int    output_col; /* 輸出字元計數器 */
int    len;        /* 輸入列的長度 */
```

這些陳述式定義了 rearrange 函數並宣告了一些局部變數（local variable，又譯區域變數）。此處最有趣的一點是：前兩個參數被宣告為指標，但在函數實際呼叫時，傳給它們的參數卻是陣列名稱。當陣列名稱作為實際參數時，傳給函數的實際上是一個指向陣列起始位置的指標，也就是陣列在記憶體中的位址。正因為實際傳遞的是一個指標而不是一份陣列的複製，才使陣列名稱作為參數時具備了傳址呼叫的語義。函數可以按照操作指標的方式來操作實際參數，也可以像使用陣列名稱一樣用索引來參照陣列的元素。「第 8 章」將對這些技巧進行更詳細的說明。

但是，由於它的傳址呼叫語義（the call by reference semantics），如果函數修改了形式參數陣列的元素，它實際上將修改實際參數陣列的對應元素。因此，範例程式把 columns 宣告為 const 就有兩方面的作用。首先，它宣告該函數作者的意圖是這個參數不能被修改。其次，它使編譯器去驗證是否違反了該意圖。因此，這個函數的呼叫者不必擔心它在範例程式之中，作為第 4 個參數傳遞給函數的陣列，其元素會被修改。

```
len = strlen( input );
output_col = 0;

/*
** 處理每對索引數字。
*/
for( col = 0; col < n_columns; col += 2 ){
```

這個函數的真正作用是從這裡開始的。我們首先獲得輸入字串的長度，要是索引數字超出了輸入列的範圍，我們就忽略它們。C 語言的 for 陳述式跟它在其他語言中不太相似，它更像是 while 陳述式的一種常用風格的簡約寫法。for 陳述式包含 3 個表達式（順帶一提，這 3 個表達式都是可選的）。第一個表達式是**初始部分**（initialization），它只在迴圈開始前執行一次。第二個表達式是**條件判斷部分**（測試部分），它在迴圈每跑完一次之後都要執行一次。第三個表達式是**調整部分**（adjustment），它在每次迴圈執行完畢後都要執行一次，但它在條件判斷部分之前執行。為了清楚起見，上面這個 for 迴圈可以改寫為如下所示的 while 迴圈：

```
col = 0;
while( col < n_columns ) {
    /*
    ^^ 迴圈體
```

```
          */
          col += 2;
      }


          int nchars = columns[col + 1] - columns[col] + 1;

          /*
          ** 如果輸入列沒那麼長或輸出列陣列已滿，就結束任務。
          */
          if( columns[col] >= len ||
              output_col == MAX_INPUT - 1 )
                  break;

          /*
          ** 如果輸出列資料空間不夠，只複製可以容納的資料。
          */
          if( output_col + nchars > MAX_INPUT - 1 )
              nchars = MAX_INPUT - output_col - 1;

          /*
          ** 複製相關的資料。
          */
          strncpy( output + output_col, input + columns[col],
              nchars );
          output_col += nchars;
```

這是 for 迴圈的迴圈體，它一開始計算目前索引範圍內字元的個數，然後決定是否繼續進行迴圈。如果輸入列（input line）比起始索引（starting column）短，或者輸出列（output line）已滿，它便不再執行任務，使用 break 陳述式立即退出迴圈。

接下來的一個條件判斷檢查這個範圍內的所有字元，是否都能放入輸出列中，如果不行，它就把 nchars 調整為陣列能夠容納的大小。

提示

像這樣不執行陣列邊界檢查，只是簡單地讓陣列「足夠大」進而使其不溢出的做法，在「一次性（throwaway）程式」之中是很常見的。不幸的是，這種方法有時也應用於實際產品程式碼中。這種做法在絕大多數情況下將導致大部分陣列空間被浪費，而且即使這樣有時仍會出現溢出，進而導致程式失敗[7]。

---

[7] 精明的讀者會注意到，如果遇到特別長的輸入列，我們並沒有辦法防止 gets 函數溢出。這個漏洞確實是 gets 函數的缺陷，所以應該改用 fgets（將在「第 15 章」中說明）。

最後，strncpy 函數把選中的字元從輸入列複製到輸出列中可用的下一個位置。strncpy 函數的前兩個參數分別是目標字串（destination）和來源字串（source）的位址。在這個呼叫中，目標字串的位置是「輸出陣列的起始位址」向後偏移 output_col 行的位址，來源字串的位置則是「輸入陣列起始位址」向後偏移 columns[col] 個位置的位址。第 3 個參數則指定需要複製的字元數量[8]。輸出列計數器接著向後移動 nchars 個位置。

```
    }

    output[output_col] = '\0';
}
```

迴圈結束之後，輸出字串將以一個 NUL 字元作為終止符號。注意，在迴圈體中，函數經過精心設計，確保陣列仍有空間容納這個終止符號。然後，程式的執行流便到達函數的末尾，於是執行一條隱式（implicit）的 return 陳述式。由於這裡沒有顯式（explicit）的 return 陳述式，所以沒有任何值返回給呼叫這個函數的表達式。此處不存在返回值並不會有問題，因為這個函數宣告為 void（亦即不返回任何值），並且當它被呼叫時，並不對它的返回值進行比較操作或把它賦值給其他變數。

1.2　補充說明

本章的範例程式描述了許多 C 語言的基礎知識。但在你親自動手編寫程式之前，你還應該知道一些東西。首先是 putchar 函數，它與 getchar 函數相對應，它接受一個整數型參數，並在標準輸出中列印該字元（如前所述，字元在本質上也是整數型）。

同時，在函式庫裡存在許多操作字串的函數。這裡我將簡單地介紹幾個最有用的。除非特別說明，這些函數的參數既可以是字串常數，也可以是字元型陣列名稱，還可以是一個指向字元的指標。

strcpy 函數與 strncpy 函數類似，但它並沒有限制需要複製的字元數量。它接受兩個參數：第 2 個字串參數將被複製到第 1 個字串參數，第 1 個字串原有的字元將被覆蓋。strcat 函數也接受兩個參數，但它把第 2 個字串參數添加到第 1 個字串參數的

---

[8] 如果來源字串的字元數量少於第 3 個參數所指定的複製數量，目標字串將以 NUL 位元組填滿至適當的長度。

末尾。在這兩個函數中，它們的第 1 個字串參數不能是字串常數。而且，確保目標字串有足夠的空間是程式設計師的責任，函數並不對其進行檢查。

在字串內進行搜尋的函數是 strchr，它接受兩個參數，第 1 個參數是字串，第 2 個參數是一個字元。這個函數在字串參數內搜尋字元參數「第 1 次出現的位置」，如果搜尋成功就返回指向「這個位置」的指標，如果搜尋失敗，就返回一個 NULL 指標。strstr 函數的功能類似，但它的第 2 個參數也是一個字串，它搜尋第 2 個字串在第 1 個字串中「第 1 次出現的位置」。

1.3　編譯

你編譯和執行 C 語言程式的方法，取決於你所使用的系統類型。在 UNIX 系統中，要編譯一個儲存於檔案 testing.c 的程式，要使用以下命令：

```
cc testing.c
a.out
```

在 PC 中，你需要知道你所使用的是哪一種編譯器。如果是 Borland C++，在 MS-DOS 指令模式中，可以使用以下的命令：

```
bcc testing.c
testing
```

1.4　總結

本章的目的是介紹足夠的 C 語言基礎知識，使你對 C 語言有一個整體的概念。有了這方面的基礎，在接下來章節的學習中，你會更加容易理解。

本章的範例程式說明了許多要點。註解以 /* 開始，以 */ 結束，用於在程式中添加一些描述性的說明。#include 預處理指令可以使一個函式庫標頭檔的內容由編譯器進行處理，#define 指令允許你給字面常數取個符號名稱（symbolic name）。

所有的 C 語言程式必須有一個 main 函數，它是程式執行的起點。函數的純量參數透過傳值的方式進行傳遞，而陣列名稱參數則具有傳址呼叫的語義。字串是一串由 NUL 位元組結尾的字元，並且有一組函式庫以不同的方式專門用於操作字串。printf 函數執行格式化輸出，scanf 函數用於格式化輸入，getchar 和 putchar 分別執

行非格式化字元的輸入和輸出。if 和 while 陳述式在 C 語言中的用途，與它們在其他語言當中相去不遠。

觀察範例程式的執行之後，你或許想親自編寫一些程式。你可能覺得 C 語言所包含的內容應該遠遠不止這些，確實如此。但是，這個範例程式應該足以讓你上手了。

1.5　警告的總結

1. 沒有在 scanf 函數的純量參數前方添加 & 字元。

2. 在 scanf 函數中照用 printf 函數的格式碼。

3. 在應該使用 && 運算子的地方誤用了 & 運算子。

4. 誤用 = 運算子來判斷相等性而不是使用 == 運算子。

1.6　程式設計提示的總結

1. 使用 #include 指令避免重覆宣告。

2. 使用 #define 指令替常數值取名。

3. 在 #include 檔案中放置函數原型。

4. 在使用索引（subscript，又譯下標）前先檢查它們的值。

5. 可以在 while 或 if 表達式中蘊含賦值操作。

6. 如何編寫一個空迴圈體。

7. 始終要進行檢查，以確保陣列不越界。

1.7　問題

1. C 是一種自由形式的語言，也就是說，並沒有規則規定它的外觀究竟應該怎麼樣[9]。但本章的範例程式遵循了一定的空白使用規則。你對此有何想法？

---

[9]　但預處理指令則有較嚴格的規則。

2. 把宣告（如函數原型的宣告）放在標頭檔中，並在需要時用 #include 指令把它們包含於原始檔案中，這種做法有什麼好處？

3. 使用 #define 指令為字面常數取名有什麼好處？

4. 依次列印一個十進位整數、字串和浮點數，你應該在 printf 函數中分別使用什麼格式碼？試編一例，讓這些列印值以空格分隔，並在輸出列的末尾添加一個換行字元。

5. 編寫一條 scanf 陳述式，它需要讀取兩個整數，分別保存於 quantity 和 price 變數，然後再讀取一個字串，保存在一個名叫 department 的字元陣列中。

6. C 語言並不執行陣列索引的有效性檢查（validity）。你覺得為什麼這個明顯的安全手段會從語言中省略？

7. 本章描述的 rearrange 程式包含下面的陳述式：

```
strncpy( output + output_col,
    input + columns[col], nchars );
```

strcpy 函數只接受兩個參數，所以它實際上所複製的字元數由第 2 個參數指定。在本程式中，如果用 strcpy 函數取代 strncpy 函數會出現什麼結果？

8. rearrange 程式包含下面的陳述式：

```
while( gets( input ) != NULL ){
```

你認為這段程式碼可能會出現什麼問題？

1.8 程式設計練習

★ 1. 「Hello world!」程式常常是 C 語言程式設計新手所編寫的第 1 個程式。它在標準輸出中列印 Hello world!，並在後面添加一個換行字元。當你希望摸索出如何在自己的系統中執行 C 編譯器時，這個小程式往往是一個很好的測試範例。

★★ 2. 編寫一個程式，從標準輸入讀取幾行輸入。每行輸入都要列印到標準輸出上，前面要加上行號。在編寫這個程式時要試圖讓程式能夠處理的輸入列的長度沒有限制。

★★ 3. 編寫一個程式，從標準輸入讀取一些字元，並把它們寫到標準輸出上。它同時應該計算 checksum 值，並寫在字元的後面。

checksum（校驗和）用一個 signed char 類型的變數進行計算，它初始化為 -1。當每個字元從標準輸入讀取時，它的值就被加到 checksum 中。如果 checksum 變數產生溢出，那麼這些溢出就會被忽略。當所有的字元均被寫入後，程式便以十進位整數的形式列印出 checksum 的值，它有可能是負值。注意在 checksum 後面要添加一個換行字元。

在使用 ASCII 碼的電腦上，用包含「Hello world!」這幾個詞並以換行字元結尾的檔案來執行這個程式，應該會產生下列輸出：

```
Hello world!
102
```

★★ 4. 編寫一個程式，一行行地讀取輸入列，直至到達檔案尾端。算出每個輸入列的長度，然後把最長的那個列印出來。為了簡單起見，你可以假定所有的輸入列均不超過 1000 個字元。

✍ ★★★ 5. rearrange 程式中的下列陳述式：

```
if( columns[col] >= len ... )
        break;
```

當字元的索引範圍超出輸入列的末尾時就停止複製。這條陳述式只有當索引範圍以遞增順序出現時才是正確的，但事實上並不一定如此。請修改這條陳述式，即使索引範圍不是按順序讀取時，也能正確完成任務。

★★★ 6. 修改 rearrange 程式，去除輸入中索引數字的個數必須是偶數的限制。如果讀取的索引數字為奇數個，函數就會把最後一個索引範圍，設置為最後一個索引數字所指定的位置到行尾之間的範圍。從最後一個索引數字直至行尾的所有字元都將被複製到輸出字串。

基本概念

毫無疑問，學習一門程式語言的基礎知識不如編寫程式有趣。但是，不知道語言的基礎知識會使你在編寫程式時缺少樂趣。

2.1 環境

在 ANSI C 的任何一種實作中，存在兩種不同的**環境**。第 1 種是**翻譯環境**（translation environment），在這個環境裡，原始程式碼被轉換為可執行的機器指令。第 2 種是**執行環境**（execution environment），它用於實際執行程式碼。「標準」明確說明，這兩種環境不必位於同一台機器上。例如，**交叉編譯器**（cross compiler，**又譯跨平台編譯器**）就是在一台機器上執行，但它所產生的「可執行程式碼」執行於不同類型的機器上。作業系統也是如此。「標準」也同時提到**獨立環境**（freestanding environment），就是不存在作業系統的環境。你可能會在嵌入式系統（如微波爐的控制面板）遇到這種類型的環境。

2.1.1 翻譯

翻譯階段由幾個步驟組成，組成一個程式的每個（可能會有許多）原始檔案透過「編譯流程」分別轉換為**目的碼**（object code）。然後，各個目標檔案（object file）由**連結器**（linker）捆綁在一起，形成一個單一而完整的可執行程式（executable program）。連結器同時也會引入標準 C 函式庫中任何被該程式所用到

的函數，而且它也可以搜尋程式設計師個人的程式庫，將其中需要使用的函數也連結到程式。圖 2.1 描述了這個流程。

編譯流程本身也由幾個階段組成，首先是**預處理器**（preprocessor）進行處理。在這個階段，預處理器在原始程式碼上執行一些文字操作。例如，用實際值代替由 #define 指令定義的符號以及讀取由 #include 指令包含的檔案的內容。

然後，原始程式碼經過**解析**（parse，又譯剖析），判斷它的陳述式的意思。第 2 個階段是產生絕大多數錯誤和警告資訊的地方。隨後，便產生目的碼。目的碼是機器指令的初步形式，用於實作程式的陳述式。如果我們在編譯程式的命令列中加入了要求進行最佳化的選項，**優化器**（optimizer）就會對目的碼進一步進行處理，使它效率更高。最佳化過程需要額外的時間，所以在程式除錯完畢並準備產生正式產品之前，一般不進行這個過程。至於目的碼是直接產生的，還是先以組合語言陳述式的形式存在，然後再經過一個獨立的階段編譯成目標檔案，對我們來說並不重要。

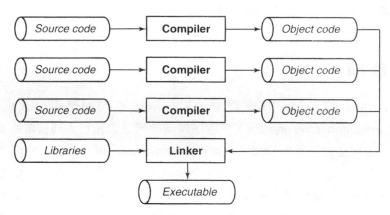

圖 2.1：編譯流程（compilation process）

一、檔案名稱命名規範

儘管「標準」並沒有制定檔案的取名規則，但大多數環境都存在你必須遵守的檔案名稱命名規範（filename conventions）。C 原始程式碼通常儲存在以 .c 副檔名命名的檔案中。由 #include 指令引入到 C 原始程式碼的檔案稱之為標頭檔（header files），通常具有副檔名 .h。

至於目標檔案名稱，不同的環境可能具有不同的規範。例如，在 UNIX 系統中，它們的副檔名是 .o，但在 MS-DOS 系統中，它們的副檔名是 .obj。

二、編譯和連結

用於編譯（compile）和連結（link）C 語言程式的特定命令，在不同的系統中各不相同，但許多都和這裡所描述的兩種系統差不多。在絕大多數 UNIX 系統中，C 編譯器被稱為 cc，它可以用多種不同的方法來呼叫。

1. 編譯並連結一個完整包含一個原始檔案的 C 語言程式：

   ```
   cc program.c
   ```

   這條命令產生一個稱為 a.out 的可執行程式。中間會產生一個名為 program.o 的目標檔案，但它在連結過程完成後會被刪除。

2. 編譯並連結幾個 C 原始檔案：

   ```
   cc main.c sort.c lookup.c
   ```

   當編譯的原始檔案超過一個時，目標檔案便不會被刪除。這就允許你對程式進行修改後，只對那些進行過變動的原始檔案進行重新編譯，如下一條命令所示。

3. 編譯一個 C 原始檔案，並把它和現存的目標檔案連結在一起：

   ```
   cc main.o lookup.o sort.c
   ```

4. 編譯單一 C 原始檔案，並產生一個目標檔案（本例中為 program.o），以後再進行連結：

   ```
   cc -c program.c
   ```

5. 編譯幾個 C 原始檔案，並為每個檔案產生一個目標檔案：

   ```
   cc -c main.c sort.c lookup.c
   ```

6. 連結幾個目標檔案：

   ```
   cc main.o sort.o lookup.o
   ```

上面那些可以產生可執行程式的命令均可以加上「-o name」這個選項，它可以使連結器把可執行程式儲存在「name」檔案之中，而不是「a.out」。在預設情況下，連結器會在標準 C 函式庫中搜尋。如果在編譯時加上「-lname」旗標（flag），連結器就會同時在「name」的函式庫中進行搜尋。這個選項應該出現在命令列的最後。除此之外，編譯和連結命令還有許多選項，請查閱你所使用的系統文件。

用於 MS-DOS 和 Windows 的 Borland C/C++ 5.0 有兩種使用者介面，你可以分別選用。Windows 整合式開發環境是一個完整的獨立程式設計工具，它包括原始程式碼編輯器、除錯器和編譯器。它的具體使用不在本書的範圍之內。MS-DOS 命令列介面則與 UNIX 編譯器差不多，只是有下面幾點不同：

1. 它的名稱是 bcc。

2. 目標檔案的名稱是 file.obj。

3. 當單一原始檔案被編譯並連結時，編譯器並不刪除目標檔案。

4. 在預設情況下，可執行檔案的命名是根據命令列中第一個原始程式或目標檔案名稱，不過你可以使用「-ename」選項把可執行程式檔案命名為「name.exe」。

2.1.2 執行

程式的執行過程也需要經歷幾個階段。首先，程式必須載入到記憶體中。在宿主環境中（hosted environment，也就是具有作業系統的環境），這個任務由作業系統完成。那些不是儲存在堆疊中且尚未初始化的變數，將在這個時候得到初始值。在獨立環境中，程式的載入必須由手動安排，也可能是把「可執行程式碼」置入唯讀記憶體（ROM）來完成。

於是，程式的執行便開始了。在宿主環境中，通常一個小型的啟動程式（a small startup routine）與程式連結在一起。它負責處理一系列日常事務，如收集命令列參數以便使程式能夠存取它們。接著，便呼叫 main 函數。

你的程式碼現在開始執行了。在絕大多數機器裡，程式將使用一個**執行時期堆疊**（runtime stack），它用於儲存函數的局部變數和返回位址。程式同時也可以使用**靜態記憶體**（static memory），儲存於靜態記憶體中的變數，在程式的整個執行過程中將一直保留它們的值。

程式執行的最後一個階段就是程式的終止，它可以由多種不同的原因引起。「正常」終止就是 main 函數返回 [1]。有些執行環境允許程式返回一個代碼，提示程式為什麼停止執行。在宿主環境中，啟動程式將再次取得控制權，並可能執行各種不同

---

[1] 或者當有些程式執行了 exit，將在「第 16 章」說明。

的日常任務，如關閉一些可能被程式使用過，但並未顯式關閉的任何檔案。除此之外，程式也可能是由於使用者按下 break 鍵或者切斷電話的連線而終止，另外也可能是由於執行過程中出現錯誤而自行中斷。

2.2　詞法規則

詞法規則（lexical rule）就像英語中的拼寫規則，規範你在原始程式中如何構成個別的片段，亦即 token（句元）。

一個 ANSI C 語言程式由宣告（declaration）和函數（function）組成。函數定義了需要執行的工作，而宣告則描述了函數和（或）函數將要操作的資料類型（有時候是資料本身）。註解（comment）可以散佈於原始檔案的各個地方。

2.2.1　字元

「標準」並沒有規定 C 環境必須使用哪種特定的字元集（character set），但它規定字元集必須包括英語所有的大寫和小寫字母，數字 0 到 9，以及下面這些符號：

```
!  "  #  %  '  (  )  *  +  ,  -  .  /  :
;  <  >  =  ?  [  ]  \  ^  _  {  }  |  ~
```

換行字元用於標記原始程式碼每一行的結束，當正在執行的程式的字元輸入就緒時，它也用於標記每個輸入列的末尾。如果執行時環境需要，換行字元也可以是一串字元，但它們被當作「單一字元」處理。字元集還必須包括空格、水平 Tab、垂直 Tab 和換頁字元。這些字元加上換行字元，通常稱之為空白字元（white space character），因為當它們被列印出來時，在頁面上呈現的是空白而不是各種記號。

「標準」還定義了幾個**三字元組**（trigraph），三字元組就是幾個字元的序列，合起來表示另一個字元。三字元組使 C 環境可以在某些缺少必需字元的字元集上實作。這裡列出了一些三字元組以及它們所代表的字元。

```
??(  [      ??<  {      ??=  #
??)  ]      ??>  }      ??/  \
??!  |      ??'  ^      ??-  ~
```

兩個問號開頭再尾隨一個字元的形式，一般不會出現在其他表達形式中，所以把三字元組用這種形式來表示，就不致於引起誤解。

當你編寫某些 C 原始程式碼時，你在一些上下文環境裡想使用某個特定的字元，卻可能無法如願，因為該字元在這個環境裡有特別的意義。例如，雙引號 " 用於定界字串常數，你如何在一個字串常數內部包含一個雙引號呢？K&R C 定義了幾個**跳脫序列**（escape sequences）或**跳脫字元**（character escapes），用於克服這個難題。ANSI C 在它的基礎上又增加了幾個跳脫序列。跳脫序列由一個反斜線 \ 加上一或多個其他字元組成。下面列出的每個跳脫序列，代表反斜線後面的那個字元，但並未給這個字元增加特別的意義。

- \? 在書寫連續多個問號時使用，防止它們被解釋為三字元組。

- \" 用於表示一個字串常數內部的雙引號。

- \' 用於表示字元常數 '。

- \\ 用於表示一個反斜線，防止它被解釋為一個跳脫序列。

有許多字元並不在原始程式碼中出現，但它們在格式化程式輸出或操作終端顯示器時非常有用。C 語言也提供了一些這方面的跳脫字元，方便你在程式中引入它們。在選擇字元作為跳脫字元時，還特地考慮了它們是否有助於記憶它們所代表的功能。

- \a：† 警告字元（alert character）。它使終端鈴發出聲響，或產生其他一些可聽見或可看見的訊號。

- \b：退格鍵（backspace）。

- \f：換頁字元（formfeed character）。

- \n：換行字元（newline character）。

- \r：Enter 字元。

- \t：水平 Tab。

- \v：† 垂直 Tab。

- \ddd：ddd 表示 1 ～ 3 個八進位數字。這個跳脫字元所表示的字元，就是該八進位數字所代表的字元。

- \xddd：† 與上例類似，只是八進位改成了十六進位。

請注意，任何十六進位數字都有可能包含在 \xddd 序列中，但如果結果值的大小超出了表示字元的範圍，其結果就是未定義的。

2.2.2 註解

C 語言的註解以字元 /* 開始，以字元 */ 結束，中間可以包含除 */ 之外的任何字元。在原始程式碼中，一個註解可能跨越多行，但它不能巢套（nest）於另一個註解中。請注意，/* 或 */ 如果出現在字串字面值內部，就不再發揮註解定界符號的作用。

所有的註解都會被預處理器拿掉，取而代之的是一個空格。因此，註解可以出現於任何空格可以出現的地方。

警告

註解從註解起始符號 /* 開始，到註解終止符號 */ 結束，其間的所有東西均作為註解的內容。這個規則看上去一目瞭然，但對於編寫了下面這段看上去很單純的程式碼的學生而言，情況可就不一定了。你能看出來為什麼只有第 1 個變數才被初始化嗎？

```
x1=0;        /*********************
x2=0;        ** Initialize the    **
x3=0;        ** counter variables. **
x4=0;        *********************/
```

警告

注意中止註解用的是 */ 而不是 *?（編按：一個 * 和一個任意字元）。如果你敲鍵速度太快或者按住 shift 鍵的時間太長，就可能誤輸入為後者。這個錯誤在指出來以後是一目瞭然，但在現實的程式中這種錯誤卻很難發現。

2.2.3 自由形式的原始程式碼

C 是一種自由形式的語言（free form language），也就是說，並沒有規定什麼地方可以編寫陳述式、一行中可以出現多少條陳述式、什麼地方應該留下空白以及應該出現多少空白等[2]。唯一的規則就是相鄰的 token（句元）之間必須出現一或多個空白字元（或註解），不然它們可能被解釋為單一句元（a single long token）。因此，下列陳述式是等價的：

```
y=x+1;

y = x + 1;

y = x
+
1;
```

至於下面這組陳述式，前 3 條陳述式是等價的，但第 4 條陳述式卻是非法的：

```
int
x;

int    x;

int/*comment*/x;

intx;
```

這種程式碼編寫的極度自由有利有弊。很快你就將聽到一些關於這個話題的討論。

2.2.4 識別字

識別字（identifier，又譯識別碼）就是變數、函數、類型等的名稱。它們由大小寫字母、數字和下底線組成，但不能以數字開頭。C 是一種大小寫敏感的語言，所以 abc、Abc、abC 和 ABC 是 4 個不同的識別字。識別字的長度沒有限制，但「標準」允許編譯器忽略第 31 個以後的字元。「標準」同時允許編譯器對用於表示外部名稱（也就是由連結器操作的名稱）的識別字進行限制，只識別前 6 位不區分大小寫的字元。

---

[2]　預處理指令是個例外，「第 14 章」將對此進行說明，它是以列（line）導向的。

下列 C 語言關鍵字（keyword）是被保留的，它們不能作為識別字使用：

```
auto       do         goto       signed     unsigned
break      double     if         sizeof     void
case       else       int        static     volatile
char       enum       long       struct     while
const      extern     register   switch
continue   float      return     typedef
default    for        short      union
```

2.2.5 程式的形式

一個 C 語言程式可能儲存在一個或多個原始檔案中。雖然一個原始檔案可以包含超過一個的函數，但每個函數都必須完整地出現於同一個原始檔案中[3]。「標準」並沒有明確規定，但一個 C 語言程式的原始檔案應該包含一組相關的函數，這才是較為合理的組織形式。這種做法還有一個額外的優點，就是它使實作抽象資料類型（abstract data type）成為可能。

2.3　程式風格

這裡依序列出一些有關程式設計風格（style）的評論。像 C 這種自由形式的語言很容易產生懶散的程式，就是那種寫起來很快很容易，但以後很難閱讀和理解的程式。人們一般憑藉視覺線索進行閱讀，所以你的原始程式碼如果井然有序，將有助於別人以後閱讀（閱讀的人很可能就是你自己）。**程式 2.1** 就是一個例子，雖然有些極端，但它說明了這個問題。這是一個可以執行的程式，執行一些多少有點用處的功能。問題是，你能明白它是做什麼的嗎[4]？更糟的是，如果你要修改這個程式，該從何處著手呢？儘管在時間充裕的情況下，經驗豐富的程式設計師能夠推斷出它

---

[3]　從技術上說，使用 #include 指令，一個函數可以分別在兩個原始檔案中定義，只要把第二個引入到第一個就可以了，但這個方法可不是 #include 指令的合理用法。

[4]　不管你相信與否，它會列印出歌曲 *The Twelve Days of Christmas* 的歌詞。這個程式由 Cambridge Consultants Ltd. 的 Ian Phillipps 編寫，用於參加國際 C 混亂程式碼大賽（International Obfuscated C Code Contest，參見 http://reality.sgi.com/csp/ioccc）。我在徵得同意後把它列於本書中，做了少許修改。Copyright © 1988, Landon Curt Noll & Larry Bassel。保留所有權利。允許個人、教育或非營利目的的使用，但必須完整且不做修改地加上版權宣告。其他使用者若要使用本程式，必須事先徵得 Landon Curt Noll 和 Larry Bassel 的書面許可。

的意思，但恐怕很少會有人樂意這麼做。把它扔在一邊，自己從頭寫一個要方便快速得多。

程式 2.1 神秘程式（mystery.c）

```
#include <stdio.h>
main(t,_,a)
char *a;
{return!0<t?t<3?main(-79,-13,a+main(-87,1-_,
main(-86, 0, a+1 )+a)):1,t<_?main(t+1, _, a ):3,main ( - 94, -27+t, a
)&&t == 2 ?_<13 ?main ( 2, _+1, "%s %d %d\n" ):9:16:t<0?t<-72? main(_,
t,"@n'+,#'/*{}w+/w#cdnr/+,{}r/*de}+,/*{*+,/w{%+,/w#q#n+,/#{l,+,/n{n+\
,/+#n+,/#;#q#n+,/+k#;*+,/'r :'d*'3,}{w+K w'K:'+}e#';dq#'l q#'+d'K#!/\
+k#;q#'r}eKK#}w'r} eKK{nl}'/#;#q#n'}{}#}w'}{}{nl}'/+#n';d}rw' i;# }{n\
l}!/n{n#'; r{#w'r nc{nl}'/#{l,+'K {rw' iK{;[{nl}'/w#q#\
n'wk nw' iwk{KK{nl}!/w{%'l##w#' i; :{nl}'/*{q#'ld;r'} {nlwb!/*de}'c \
;;{nl'-{}rw}'/+,} ##'*}#nc,',#nw]'/+kd'+e}+;\
#'rdq#w! nr'/ ') }+}{rl#'{n' '}# }'+}##(!!/")
:t<-50?_==*a ?putchar(a[31]):main(-65,_,a+1):main((*a == '/')+t,_,a\
+1 ):0<t?main ( 2, 2 , "%s"): *a=='/'|| main(0, main(-61,*a, "!ek;dc \
i@bK'(q)-[w]*%n+r3#l,{} :\nuwloca-O; m .vpbks,fxntdCeghiry"),a+1);}
```

> **提示**
>
> 不良的風格和不良的文件，是軟體生產和維護代價高昂的兩個重要原因。良好的程式設計風格能夠大幅提高程式的可讀性。良好的程式設計風格的直接結果就是程式更容易正確執行，間接結果是它們更容易維護，這將節省大筆資金成本。

本書範例程式所使用的風格，是適度使用空格，以強調程式的結構。我在下面列出了這個風格的幾個特徵，並說明為什麼使用它們。

1. 空行（blank line）用於分隔不同邏輯的程式碼區段，它們是按照功能（functionality）來分段的。如此一來，讀者一眼就能看到某個邏輯程式碼區段的結束，而不必仔細閱讀每行程式碼來找出它。

2. if 之中和陳述式相關的括號是陳述式的一部分，而不是判斷式的一部分。所以，我在括號和判斷式之間留下一個空格，使判斷式看上去更突出一些。函數的原型也是如此。

3. 在絕大多數運算子的使用中，中間都會隔以空格，這可以使表達式的可讀性更佳。有時在複雜的表達式中，我會省略空格，這有助於顯示子表達式的分組（the grouping of the subexpressions）。

4. 在其他陳述式之中的巢狀陳述式，會用縮排來顯示它們之間的層次。縮排時，使用 Tab 鍵而不是空格，會很容易地將相關聯的陳述式排列整齊。當整頁都是程式碼時，使用足夠長度的縮排有助於在視覺上判斷跨頁的程式區段應該對齊的位置，只使用兩到三個空格是不夠的。

   有些人避免使用 Tab 鍵，因為他們認為 Tab 鍵會使陳述式縮排太多。在複雜的函數裡，巢狀結構的層次往往很深，使用較大的 Tab 縮排意味著，在一列之內編寫陳述式的空間會很小。但是，如果函數確實如此複雜，你最好還是把它分割成幾個小函數，而其中一個包含原先那個巢狀結構太深的部分陳述式。

5. 絕大部分註解都是寫成一個區塊（block），這樣會讓它們在程式碼中更容易突顯出來。如此可以更容易找到或是跳過它們。

6. 在定義函數時，將返回類型（return type）放在獨立的一列，而將函數名稱放在下一列的起始處。如此一來，若要尋找函數的定義，你可以在列的起始處尋找函數名稱。

在你研究這些程式碼範例時，你還將看到很多其他特徵。每個程式設計師都有自己喜歡的個人風格。你到底要不要採用這種風格還是選擇其他其實並不重要，關鍵是要始終如一地堅持使用同一種合理的風格。如果你始終如一，任何有相對程度的讀者會比較容易讀懂你的程式碼。

2.4　總結

一個 C 語言程式的原始程式碼儲存在一個或多個原始檔案之中，但一個函數只能完整地出現在同一個原始檔案裡。把相關函數放在同一個檔案是一種好的策略。每個原始檔案都分別編譯，產生對應的目標檔案。接著目標檔案被連結在一起，形成可執行程式。編譯和最終執行程式的機器有可能相同，也有可能不同。

程式必須載入到記憶體中才能執行。在宿主式環境中，這個任務由作業系統完成。在自由式環境中，程式常常永久儲存於 ROM 中。經過初始化的靜態變數在程式執行前能獲得它們的值。你的程式執行的起點是 main 函數。絕大多數環境使用堆疊來儲存局部變數和其他資料。

C 編譯器所使用的字元集必須包括某些特定的字元。如果你使用的字元集缺少某些字元，可以使用三字元組來代替。跳脫序列可以使某些無法列印的字元得以表達，例如程式中的某些空白字元。

註解以 /* 開始，以 */ 結束，它不允許巢狀結構。註解將被預處理器去除。識別字由字母、數字和下底線組成，但不能以數字開頭。在識別字中，大寫字母和小寫字母是不一樣的。關鍵字由系統保留，不能作為識別字使用。C 是一種自由形式的語言。但是，用清楚的風格來編寫程式有助於程式的閱讀和維護。

2.5　警告的總結

1. 字串常數中的字元被錯誤地直譯為三字元組。

2. 編寫得糟糕的註解可能會意外地中止陳述式。

3. 註解的不適當結束。

2.6　程式設計提示的總結

1. 良好的程式風格和文件，將使程式更容易閱讀和維護。

2.7　問題

1. 在 C 語言中，註解不允許巢狀結構。在下面的程式碼區段中，用註解來「註解掉」一段陳述式會導致什麼結果？

```
void
squares ( int limit )
{
/* Comment out this entire function
        int     i;    /* loop counter */

        /*
        ** Print table of squares
        */
        for( i = 0; i < limit; i += 1 )
            printf("%d %d0, i, i * i);
End of commented-out code */
}
```

2. 把一個大型程式放入一個單一的原始檔案中有什麼優點？有什麼缺點？

3. 你需要用 printf 函數列印出下面這段文字（包括兩邊的雙引號）。你應該使用什麼樣的字串常數參數？

   ```
   "Blunder??!??"
   ```

4. \40 的值是多少？\100、\x40、\x100、\0123、\x0123 的值又分別是多少？

5. 下面這條陳述式的結果是什麼？

   ```
   int   x/*blah blah*/y;
   ```

6. 下面的宣告存在什麼錯誤（如果有的話）？

   ```
   int   Case, If, While, Stop, stop;
   ```

7. 是非題：因為 C（除了預處理指令之外）是一種自由形式的語言，唯一規定程式應如何編寫的規則就是語法規則，所以程式實際看上去的樣子無關緊要。

8. 下面程式中的迴圈是否正確？

   ```
   #include <stdio.h>

   int
   main( void )
   {
   int     X, Y;

   x = 0;
   while( x < 10 ) {
           y = x * x;
           printf("%d\t%d\n", x, y);
           x += 1;
   }
   ```

   這個程式中的迴圈是否正確？

   ```
   #include <stdio.h>

   int
   main( void )
   {
           int     X, Y;
           x = 0;
           while( x < 10 ) {
                   y = x * x;
                   printf("%d\t%d\n", x, y);
                   x += 1;
   }
   ```

哪個程式更易於檢查其正確性？

9. 假設你有一個 C 語言程式，它的 main 函數位於檔案 main.c，它還有一些函數位於檔案 list.c 和 report.c。在編譯和連結這個程式時，你應該使用什麼命令？

10. 接上題，如果你想使程式連結到 parse 函式庫，你應該對命令做何修改？

✍ 11. 假設你有一個 C 語言程式，它由幾個單獨的檔案組成，而這幾個檔案又分別包含其他檔案，如下所示：

檔案	引入檔案
main.c	stdio.h、table.h
list.c	list.h
symbol.c	symbol.h
table.c	table.h
table.h	symbol.h、list.h

如果對 list.c 做了修改，應該用什麼命令進行重新編譯？如果是 list.h 或者 table.h 做了修改，又分別應該使用什麼命令？

2.8 程式設計練習

★ 1. 編寫一個程式，它由 3 個函數組成，每個函數分別儲存在一個單獨的原始檔案中。函數 increment 接受一個整數型參數，它的返回值是該參數的值加 1。increment 函數應該位於檔案 increment.c 中。第 2 個函數稱為 negate，它也接受一個整數型參數，它的返回值是該參數的負值（如果參數是 25，函數返回 -25；如果參數是 -612，函數返回 612）。最後一個函數是 main，儲存於檔案 main.c 中，它分別用參數 10、0 和 -10 呼叫另外兩個函數，並列印出結果。

✍★★ 2. 編寫一個程式，它從標準輸入讀取 C 原始程式，並驗證所有的大括號都正確地成對出現。注意：不必擔心註解內部、字串常數內部和字元常數形式的大括號。

資料

程式會對資料進行操作，因此本章將對資料進行說明。介紹它的各種類型、它的特點以及如何宣告它。本章還將描述變數的三個屬性——作用域、連結屬性和儲存類別。這三個屬性決定了一個變數的「可視性」（visibility，又譯可見度或能見度，也就是它可以在什麼地方使用）和「生命期」（lifetime，即它的值將保持多久）。

3.1　基本資料類型

在 C 語言中，僅有 4 種基本資料類型（data types）——整數型（integer）、浮點型（floating point）、指標（pointer）和聚合類型（aggregate，如陣列和結構等）。其他所有的類型，都是從這 4 種基本類型的某種組合衍生而來。首先讓我們來介紹整數型和浮點型。

3.1.1　整數型家族

整數型家族包括字元（character）、短整數型（short integer）、整數型（integer）和長整數型（long integer），它們都分為**有符號**（signed）和**無符號**（unsigned）兩種版本。

乍聽之下「長整數型」所能表示的值，應該比「短整數型」所能表示的值要大，但這個假設並不一定正確。規定整數型值相對大小的規則很簡單：**長整數型至少應該和整數型一樣長，而整數型至少應該和短整數型一樣長。**

表 3.1：變數的最小範圍

類型	最小範圍
char	0 到 127
signed char	-127 到 127
unsigned char	0 到 255
short int	-32767 到 32767
unsigned short int	0 到 65535
int	-32767 到 32767
unsigned int	0 到 65535
long int	-2147483647 到 2147483647
unsigned long int	0 到 4294967295

short int 至少 16 位元，long int 至少 32 位元。至於預設的 int 究竟是 16 位元還是 32 位元，或者是其他值，則由編譯器設計者決定。通常這個選擇的預設值，是對於機器最為自然（高效率）的位元數。同時你還應該注意到「標準」也沒有規定這 3 個值必須不一樣。如果某種機器環境的字長是 32 位元，而且沒有什麼指令能夠更有效地處理更短的整數型值，它可能把這 3 個整數型值都設置為 32 位元。

標頭檔 limits.h 說明了各種不同的整數類型的特點。它定義了表 3.2 所示的各個名稱。limits.h 同時定義了下列名稱：CHAR_BIT 是字元型的位元數（至少 8 位元）；CHAR_MIN 和 CHAR_MAX 定義了預設字元類型的範圍，它們或者應該與 SCHAR_MIN 和 SCHAR_MAX 相同，或者應該與 0 和 UCHAR_MAX 相同；最後，MB_LEN_MAX 規定了一個多位元組字元（multibyte character）最多允許的字元數量。

類型	signed		unsigned
	最小值	最大值	最大值
字元（character）	SCHAR_MIN	SCHAR_MAX	UCHAR_MAX
短整數型（short integer）	SHRT_MIN	SHRT_MAX	USHRT_MAX
整數型（integer）	INT_MIN	INT_MAX	UINT_MAX
長整數型（long integer）	LONG_MIN	LONG_MAX	ULONG_MAX

儘管設計「char 型變數」的目的是為了讓它們容納字元型值，但字元在本質上是小整數型值（tiny integer value）。預設的 char 不是 signed char，就是 unsigned char，這取決於編譯器。這個事實意味著不同機器上的 char 可能擁有不同範圍的值。所以，只有當程式所使用的「char 型變數」的值位於 signed char 和 unsigned char 的交集中，這個程式才是可攜（可移植）的。例如，ASCII 字元集中的字元都是位於這個範圍之內。

在一個把字元當作小整數型值的程式中，如果顯式地把這類變數宣告為 signed 或 unsigned，可以提高這類程式的可攜性。這類做法可以確保不同機器，在「字元是否為有符號數（signed）」上保持一致。另一方面，有些機器在處理 signed char 時得心應手，如果硬把它改成 unsigned char，效率可能會受損，所以把所有的 char 變數統一宣告為 signed 或 unsigned 未必是上上之策。同樣的，許多處理字元的函式庫把它們的參數宣告為 char，如果你把參數顯式宣告為 unsigned char 或 signed char，可能會帶來相容性問題。

提示

當可攜性問題比較重要時，字元是否為有符號數就會帶來兩難的境地。最佳妥協方案就是把儲存於 char 型變數的值限制在 signed char 和 unsigned char 的交集內，這可以獲得最大程度的可攜性，同時又不犧牲效率。並且，只有當 char 型變數顯式宣告為 signed 或 unsigned 時，才對它執行算術運算。

一、整數型字面值

字面值（literal）[1] 這個術語是字面常數（literal constant）的縮寫——這是一種實體（entity），指定了自身的值，並且不允許發生改變。這個特點非常重要，因為

---

[1] 譯注：在本書中，literal 這個詞有時譯為字面值，有時譯為常數，它們的涵義相同，只是表達的習慣不同。其中，string literal 和 char literal 分別譯為「字串常數」和「字元常數」，其他的 literal 一般譯為「字面值」。

ANSI C 允許建立命名常數（named constant，宣告為 const 的變數），它與普通變數極為類似。區別在於，當它被初始化以後，它的值便不能改變。

當一個程式內出現整數型字面值時，它是屬於整數型家族 9 種不同類型中的哪一種呢？答案取決於字面值是如何編寫的，但是你可以在有些字面值的後面添加一個後綴（suffix）來改變預設的規則。在整數字面值後面添加字元 L 或 l（這是字母 l，不是數字 1），可以使這個整數被解釋為 long 整數型值，字元 U 或 u 則用於把數值指定為 unsigned 整數型值。如果在一個字面值後面添加這兩個字元，那麼它就被解釋為 unsigned long 整數型值。

在原始程式碼中，用於表示整數型字面值（integer literal）的方法有很多。其中最自然的方式是十進位整數型值，諸如：

```
123     65535     -275 
```
[2]

十進位整數型字面值可能是 int、long 或 unsigned long。在預設情況下，它是最短類型但能完整容納這個值。

整數也可以用八進位來表示，只要在數值前面以 0 開頭。整數也可以用十六進位來表示，它以 0x 開頭。例如：

```
0173     0177777     000060
0x7b     0xFFFF      0xabcdef00
```

在八進位字面值中，數字 8 和 9 是非法的。在十六進位字面值中，可以使用字母 ABCDEF 或 abcdef。八進位和十六進位字面值可能的類型是 int、unsigned int、long 或 unsigned long。在預設情況下，字面值的類型就是上述類型中最短，但足以容納整個值的類型。

另外還有字元常數。它們的類型總是 int。你不能在它們後面添加 unsigned 或 long 後綴。字元常數就是一個用單引號包圍起來的單一字元（或字元跳脫序列或三字元組），諸如：

```
'M'     '\n'     '??('     '\377'
```

---

[2] 從技術上來說，-275 並非字面常數，而是常數表達式（constant expression）。負號被直譯為一元運算子而不是數值的一部分。但是在實際應用上，這個歧義性基本上沒什麼意義。這個表達式總是被編譯器按照你所預想的方法計算。

「標準」也允許諸如 'abc' 這類多位元組的字元常數，但它們的實作在不同的環境中可能不一樣，所以不鼓勵使用。

最後，如果一個多位元組字元常數的前面有一個 L，那麼它就是**寬字元常數**（wide character literal）。如：

```
L'X'      L'e^'
```

當執行時環境支援一種寬字元集時，就有可能使用它們。

提示

儘管對於讀者而言，整數型字面值的編寫形式看上去可能相差甚遠。但當你在程式中使用它們時，編譯器並不介意你的編寫形式。你將採用何種編寫方式，應該取決於這個字面值使用時的上下文環境。絕大多數字面值寫成十進位的形式，因為這是人們閱讀起來最為自然的形式。但這也不盡然，這裡就有幾個例子，此時採用其他類型的整數型字面值會更為合適。

當字面值用於確定一個字（word）中，某些特定位元的位置時，將它寫成十六進位或八進位值更為合適，因為這種寫法更清晰地顯示了這個值的特殊本質。例如，983040 這個值在第 16 ~ 19 位元都是 1，如果它採用十進位寫法，你絕對看不出這點。但是，如果將它寫成十六進位的形式，它的值就是 0xF000，清晰地顯示出哪幾位元都是 1 而剩餘的位元都是 0。如果在某種上下文環境中，這些特定的位元非常重要時，那麼把字面值寫成十六進位形式，可以使操作的意義對於讀者而言更為清晰。

如果一個值被當作字元使用，那麼把這個值表示為字元常數（character literal）可以使這個值的意思更為清楚。例如，下面兩條陳述式

```
value = value - 48;
value = value - 060;
```

和下面這條陳述式

```
value = value - '0';
```

的涵義完全一樣，但最後一條陳述式的涵義更為清晰，它用於表示把一個字元轉換為二進位值。更為重要的是，不管你所採用的是何種字元集，使用字元常數所產生的總是正確的值，所以它能提高程式的可攜性（可移植性）。

二、列舉類型

列舉（enumerated）類型就是指它的值為符號常數（symbolic constant），而不是字面值的類型，它們以下面這種形式宣告：

```
enum Jar_Type { CUP, PINT, QUART, HALF_GALLON, GALLON };
```

這條陳述式宣告了一個類型，稱之為 Jar_Type。這種類型的變數依下列方式宣告：

```
enum Jar_Type milk_jug, gas_can, medicine_bottle;
```

如果只用一個特定列舉類型的變數宣告，你可以把上面兩條陳述式組合成下面的樣子：

```
enum { CUP, PINT, QUART, HALF_GALLON, GALLON }
     milk_jug, gas_can, medicine_bottle;
```

這種類型的變數實際上以整數的方式儲存，這些符號名稱的實際值都是整數型值。例如 CUP 是 0，PINT 是 1，依此類推。適當的時候，你可以為這些符號名稱指定特定的整數型值，如下所示：

```
enum Jar_Type { CUP = 8, PINT = 16, QUART = 32,
        HALF_GALLON = 64, GALLON = 128 };
```

只對部分符號名稱用這種方式進行賦值也是合法的。如果某個符號名稱未顯式指定一個值，那麼它的值就比前面一個符號名稱的值大 1。

提示

符號名稱（symbolic name）被當作整數型常數（integer constant）處理，宣告為列舉類型的變數實際上也是整數類型。這個事實意味著你可以給 Jar_Type 類型的變數賦予諸如 -623 這樣的字面值，你也可以把 HALF_GALLON 這個值賦予給任何整數型變數。但是，你要避免以這種方式使用列舉，因為把列舉變數與整數無差別地混合使用，會削弱它們值的涵義。

3.1.2 浮點類型

諸如 3.14159 和 $6.023×10^{23}$ 這樣的數值無法以整數的形式儲存。第一個數並非整數，而第二個數遠遠超出了電腦之中整數所能表達的範圍。但是，它們可以用浮點數（floating-point value）的形式儲存。它們通常以一個小數與一個指數組成，而該指數是以「某個假設的數」為底數，例如：

$$.3243F×16^1 \qquad .1100100100000111111×2^2$$

它們所表示的值都是 3.14159。用於表示浮點值的方法有很多，「標準」並未規定必須使用某種特定的格式。

浮點數家族包括 float、double 和 long double 類型。通常，這些類型分別提供單精度（single precision）、雙精度（double precision）以及在某些支援擴展精度的機器

上提供擴展精度（extended precision）。「ANSI 標準」僅僅規定 long double 至少和 double 一樣長，而 double 至少和 float 一樣長。「標準」同時規定了一個最小範圍：所有浮點類型至少能夠容納從 10^{-37} 到 10^{37} 之間的任何值。

標頭檔 float.h 定義了 FLT_MAX、DBL_MAX 和 LDBL_MAX 等名稱，分別表示 float、double 和 long double 所能儲存的最大值。而 FLT_MIN、DBL_MIN 和 LDBL_MIN 則分別表示 float、double 和 long double 能夠儲存的最小值。這個檔案另外還定義了一些名稱，與浮點值實作的某些特性有關，例如浮點數所使用的底數、不同長度浮點數的有效位數等等。

浮點數字面值總是寫成十進位的形式，它必須有一個小數點或一個指數，也可以兩者都有。這裡有一些例子：

```
 3.14159    1E10    25.    .5    6.023e23
```

浮點數字面值在預設情況下都是 double 類型的，除非它的後面跟著一個 L 或 l 表示它是 long double 類型，或者跟著一個 F 或 f 表示它是 float 類型的值。

3.1.3 指標

指標是 C 語言為什麼如此流行的一個重要原因。指標可以有效地實作諸如 tree 和 list 這類進階資料結構。其他有些語言，如 Pascal 和 Modula-2，也實作了指標，但它們不允許在指標上執行算術或比較操作，也不允許以任何方式建立指標，去指向已經存在的資料物件。正是由於不存在這方面的限制，所以，用 C 語言可以比其他語言編寫出更為緊湊和有效的程式。同時，C 對指標的不加限制，正是許多令人欲哭無淚和咬牙切齒的錯誤根源。無論是初學者還是經驗老道的程式設計師，都曾深受其害。

變數的值儲存於電腦的記憶體中，每個變數都佔據一個特定的位置。每個記憶體位置都有一個位址（address）來作為辨識與參照，就像一條街道上的房子可以由它們的門牌號碼來定位一樣。指標只是位址的另一個名稱罷了。指標變數（pointer variable）就是一個其值為另外一個（一些）記憶體位址的變數。C 語言擁有一些運算子，你可以獲得一個變數的位址，也可以透過一個指標變數取得它所指向的值或資料結構。不過，我們將在「第 5 章」才討論這方面的內容。

透過位址而不是名稱來存取資料的觀念，常常會引起混淆，事實上你不該被搞混，因為在日常生活中，有很多東西都是這樣的。例如用門牌號碼來標記一條街道上的

房子就是如此，沒有人會把房子的門牌號碼和房子裡面的東西搞混，也不會有人錯誤地寫信給居住在「羅伯特•史密斯」的「埃爾姆赫斯特大街 428 號先生」。

指標也是完全一樣。你可以把電腦的記憶體想像成一條長街上一間間的房子，每間房子都用一個唯一的號碼進行辨識。每個位置都包含一個值，這個值和它的位址是彼此獨立且顯著不同的，即使它們都是數字。

一、指標常數（pointer constant）

指標常數與非指標常數在本質上是不同的，因為編譯器負責把變數賦值給電腦記憶體中的位置，程式設計師事先無法知道某個特定的變數，將儲存到記憶體中的哪個位置。因此，你透過運算子獲得一個變數的位址，而不是直接把它的位址寫成字面常數的形式。舉例來說，如果我們希望知道變數 xyz 的位址，我們無法編寫一個類似 0xff2044ec 這樣的字面值，因為我們不知道這是不是編譯器實際存放這個變數的記憶體位置。事實上，當一個函數每次被呼叫時，它的自動變數（局部變數）可能每次分配的記憶體位置都不相同。因此，把指標常數用數值字面值的形式來表達幾乎沒有用處，所以 C 語言內部並沒有特地定義這個概念[3]。

二、字串常數（string literal）

許多人對 C 語言不存在字串類型感到奇怪，不過 C 語言提供了字串常數。事實上，C 語言對字串的概念是：一串以 NUL 位元組結尾的零個或多個字元。字串通常儲存在字元陣列中，這也是 C 語言沒有顯式的字串類型的原因。由於 NUL 位元組是用於終結字串，所以在字串內部不能有 NUL 位元組。不過，在一般情況下，這個限制並不會造成問題。之所以選擇 NUL 作為字串的終止符號（terminator），是因為它不是一個可列印的字元。

字串常數的編寫方式是用一對雙引號包圍一串字元，如下所示：

```
"Hello"    "\aWarning!\a"    "Line 1\nLine2"    ""
```

最後一個例子說明字串常數（不像字元常數）可以是空的。儘管如此，即使是空字串，依然存在作為終止符號的 NUL 位元組。

---

[3] 有一個例外：NULL 指標，它可以用零值來表示。更多的資訊請參見「第 16 章」。

我之所以把「字串常數」和「指標」放在一起討論，是因為在程式中使用「字串常
數」會產生一個「指向字元的常數指標（constant pointer）」。當一個字串常數出
現在一個表達式中，表達式所使用的值就是這些字元所儲存的位址，而不是這些字
元本身。因此，你可以把「字串常數」賦值給一個「指向字元的指標」，後者指向
這些字元所儲存的位址。但是，你不能把「字串常數」賦值給一個「字元陣列」，
因為字串常數的直接值（immediate value）是一個指標，而不是這些字元本身。

如果你覺得不能賦值或複製字串顯得很不方便，那麼你必須知道標準 C 函式庫包含
了一組函數，可以用於操作字串，包括對字串進行複製、連接、比較、計算字串長
度和在字串中搜尋特定字元的函數。

3.2　基本宣告

只知道基本的資料類型還遠遠不夠，你還應該知道怎樣宣告變數。變數宣告的基本
形式是：

描述子（一個或多個）宣告表達式列表
specifier(s)　declaration_expression_list

對於簡單的類型，「宣告表達式列表」就只是「已宣告識別字的列表」。對於更為
複雜的類型，「宣告表達式列表」中的每個條目實際上是一個表達式，顯示宣告的
名稱可能的用途。如果你覺得這個概念過於模糊，不必擔憂，我很快將對此進行詳
細解說。

描述子（specifier）包含了一些關鍵字，用於描述被宣告的識別字的基本類型。描述子也可以用於改變識別字的預設儲存類別和作用域。我們馬上就將討論這些話題。

在「第 1 章」的範例程式裡，你已經看到了一些基本的變數宣告，這裡還有幾個：

```
int     i;
char    j, k, l;
```

第 1 個宣告提示變數 i 是一個整數。第 2 個宣告表示 j、k 和 l 是字元型變數。

描述子也可能是一些用於修改變數的長度，或是否為有符號數的關鍵字。這些關鍵字是：

```
short    long    signed    unsigned
```

同時，在宣告整數型變數時，如果宣告中已經至少有一個其他的描述子，那麼關鍵字 int 可以省略。因此，下面兩個宣告的效果是相等的：

```
unsigned short int      a;
unsigned short          a;
```

表 3.3 顯示了所有這些變數宣告的變化形態（variations）。同一個框內的所有宣告都是等同的。signed 關鍵字一般只用於 char 類型，因為其他整數型類型在預設情況下都是有符號數（signed by default）。至於 char 是否是 signed，則因編譯器而異。所以，char 可能等同於 signed char，也可能等同於 unsigned char，表 3.3 中並未列出這方面的相等性。

浮點類型在這方面要簡單一些，因為除了 long double 之外，其餘幾個描述子（short、signed、unsigned）都是不可用的。

表 3.3：相等的整數型宣告

short	signed short	unsigned short
short int	signed short int	unsigned short int
int	signed int	unsigned int
	signed	unsigned
long	signed long	unsigned long
long int	signed long int	unsigned long int

3.2.1 初始化

在一個宣告中，你可以給一個純量變數（scalar variable）指定一個初始值，方法是在變數名稱後面加一個等號（賦值號），接著是你想要賦給變數的值。例如：

```
int     j = 15;
```

這條陳述式宣告 j 為一個整數型變數，其初始值為 15。在本章後面，我們還將探討初始化的問題。

3.2.2 宣告簡單陣列

為了宣告一個一維陣列，在陣列名稱後面要跟一對中括號，中括號裡面是一個整數，指定陣列中元素的個數。這是早先提到的宣告表達式的第 1 個例子。例如，考慮下面這個宣告：

```
int     values[20];
```

對於這個宣告，顯而易見的解釋是：我們宣告了一個整數型陣列，陣列包含 20 個整數型元素。這種解釋是正確的，但我們有一種更好的方法來閱讀這個宣告。名稱 values 加上一個索引，產生一個類型為 int 的值（共有 20 個整數型值）。這個「宣告表達式」顯示了這條表達中使用了一個識別字而其類型為基本類型的值，在本例中為 int。

陣列的索引總是從 0 開始，最後一個元素的索引是元素的數量減 1。我們沒有辦法修改這個屬性（property），但如果你一定要讓某個陣列的索引從 10 開始，那也並不困難，只要在實際參照時把索引值減去 10 即可。

C 陣列另一個值得關注的地方是，編譯器並不檢查程式對陣列索引的參照，是否在陣列的合法範圍之內 [4]。這種不加檢查的行為有好處也有壞處。好處是不需要浪費時間對有些已知是正確的陣列索引進行檢查。壞處是這樣做將使無效的索引參照無法被檢測出來。一個良好的經驗法則是：

> 如果索引值是從那些已知是正確的值計算得來，那麼就無需檢查它的值。如果一個作為索引的值是根據某種方法從使用者輸入的資料產生而來，那麼在使用它之前必須進行檢測，以確保它們位於有效的範圍之內。

---

[4] 從技術上說，讓編譯器準確地檢查「索引值是否有效」是做得到的，但這樣做將帶來極大的額外負擔。有些後期的編譯器，如 Borland C++5.0，把索引檢查作為一種除錯工具，你可以選擇是否啟用它。

我將在「第8章」討論陣列的初始化。

3.2.3 宣告指標

宣告表達式也可用於宣告指標。在 Pascal 和 Modula 的宣告中，先提供各個識別字，隨後才是它們的類型。在 C 語言的宣告中，先提供一個基本類型，緊隨其後的是一個識別字列表，這些識別字組成表達式，用於產生基本類型（base type）的變數。例如：

```
int    *a;
```

這條陳述式表示表達式 *a 產生的結果類型是 int。知道 * 運算子執行的是間接存取的操作 [5] 之後，我們可以推斷 a 肯定是一個指向 int 的指標 [6]。

警告

C 在本質上是一種自由形式的語言，這很容易誘使你把星號寫在靠近類型的那一側，如下所示：

```
int*    a;
```

這個宣告與上一個宣告具有相同的意思，而且看上去更為清楚，a 被宣告的類型為 int* 的指標。但是，這並不是一個好技巧，原因如下：

```
int*    b, c, d;
```

人們很自然地以為這條陳述式把這三個變數，都宣告為指向整數型的指標，但事實上並非如此。我們被它的形式愚弄了。星號實際上是表達式 *b 的一部分，只對這個識別字有用。b 是一個指標，但其餘兩個變數只是普通的整數型。要宣告三個指標，正確的陳述式如下：

```
int    *b, *c, *d;
```

在宣告指標變數時，你也可以為它指定初始值。這裡有一個例子，它宣告了一個指標，並用一個字串常數對其進行初始化：

```
char    *message = "Hello world!";
```

這條陳述式把 message 宣告為一個指向字元的指標，並用字串常數中第 1 個字元的位址對該指標進行初始化。

---

[5] 譯注：indirection，也有譯作「間接尋址」，本書譯為「間接存取」。

[6] 間接存取操作只對指標變數才是合法的。指標指向結果值。對指標進行間接存取操作可以獲得這個結果值。更多的細節請參見「第6章」。

3.2.4 隱式宣告

C 語言中有幾種宣告,它的類型名稱可以省略。例如,函數如果不顯式地宣告返回值的類型,它就預設返回整數型。當你使用舊風格來宣告函數的形式參數(formal parameters)時,如果省略了參數的類型,編譯器就會預設它們為整數型。最後,如果編譯器可以得到充足的資訊,推斷出一條陳述式實際上是一個宣告,那麼編譯器也會把遺漏的類型預設為整數型。

試觀察下列的程式:

```
int      a[10];
int      c;
b[10];
d;

f( x )
{
        return x + 1;
}
```

這個程式的前面兩列都很尋常,但第 3 列和第 4 列在 ANSI C 中卻是非法的。第 3 列缺少類型名稱,但對於 K&R 編譯器而言,它已經擁有足夠的資訊判斷出這條陳述式是一個宣告。但令人驚奇的是,有些 K&R 編譯器還能正確地把第 4 列也按照宣告的方式進行處理。函數 f 缺少返回類型,於是編譯器就預設它返回整數型。參數 x 也沒有類型名稱,同樣被預設為整數型。

3.3　typedef

C 語言支援一種叫作 typedef 的機制，它允許你為各種資料類型定義新名稱。typedef 宣告的寫法和普通的宣告基本相同，只是讓 typedef 這個關鍵字出現在宣告的前面。例如，下面這個宣告：

```
char     *ptr_to_char;
```

把變數 ptr_to_char 宣告為一個指向字元的指標。但是，在你添加關鍵字 typedef 後，宣告變為：

```
typedef char     *ptr_to_char;
```

這個宣告把識別字 ptr_to_char 作為指向字元的指標類型的新名稱。你可以像下面的宣告一樣使用這個新名稱，就像你使用任何預先定義的名稱一樣。例如：

```
ptr_to_char     a;
```

宣告 a 是一個指向字元的指標。

使用 typedef 宣告類型，可以減少宣告變得又臭又長的風險，尤其是那些複雜的宣告[7]。而且，如果你以後覺得應該修改程式所使用的一些資料的類型時，修改一個 typedef 宣告，比修改程式中與這種類型有關的所有變數（和函數）的所有宣告，要容易得多。

提示

你應該使用 typedef 而不是 #define 來建立新的類型名稱，因為後者無法正確地處理指標類型。例如：

```
 #define  d_ptr_to_char     char *
 d_ptr_to_char     a, b;
```

它正確地宣告了 a，但是 b 卻被宣告為一個字元。在定義更為複雜的類型名稱時，如函數指標或指向陣列的指標，使用 typedef 更為合適。

---

[7]　typedef 在結構中特別有用，「第 10 章」有這方面的一些例子。

3.4　常數

ANSI C 允許你宣告常數（constant），常數的樣子和變數完全一樣，只是它們的值不能修改。你可以使用 const 關鍵字來宣告常數，如下面例子所示：

```
int     const    a;
const   int      a;
```

這兩條陳述式都把 a 宣告為一個整數，它的值不能被修改。你可以選擇自己覺得容易理解的那一種，並一直堅持使用同一種形式。

當然，由於 a 的值無法被修改，所以你無法賦值它任何東西。如此一來，你怎樣才能讓它在一開始就擁有一個值呢？有兩種方法。首先，你可以在宣告時對它進行初始化，如下所示：

```
int     const    a = 15;
```

其次，在函數中宣告為 const 的形式參數，在函數被呼叫時會得到實際參數的值。

當涉及指標變數時，情況就變得更加有趣，因為有兩樣東西都有可能成為常數——指標變數和它所指向的實體。下面是幾個宣告的例子：

```
int     *pi;
```

pi 是一個普通的指向整數型的指標（an ordinary pointer to an integer）。而變數 pci

```
int     const    *pci;
```

則是一個指向整數型常數的指標（a pointer to a constant integer）。你可以修改指標的值，但你不能修改它所指向的值。相比之下：

```
int     * const cpi;
```

則是宣告 cpi 為一個指向整數型的常數指標（a constant pointer to an integer）。此時指標是常數，它的值無法修改，但你可以修改它所指向的整數型值。

```
int     const    * const cpci;
```

最後，在 cpci 這個例子裡，無論是指標本身還是它所指向的值都是常數，不允許修改。

提示

當你宣告變數時，如果變數的值不會修改，你應當在宣告中使用 const 關鍵字。這種做法不僅使你的意圖在其他閱讀你程式的人面前得到更清晰的展現，而且當這個值被意外修改時，編譯器能夠發現這個問題。

#define 指令是另一種建立具名常數（named constant）的機制 [8]。例如，下面這兩個宣告都為 50 這個值建立了具名常數。

```
#define MAX_ELEMENTS    50
int      const    max_elements = 50;
```

在這種情況下，使用 #define 比使用 cosnt 變數更好。因為只要允許使用「字面常數」的地方都可以使用前者，例如宣告陣列的長度。const 變數只能用於允許使用「變數」的地方。

提示

具名常數非常有用，因為它們可以替「數值」取符號名稱，否則它們就只能寫成字面值的形式。用具名常數定義陣列的長度或限制迴圈的計數器，能夠提高程式的可維護性——如果一個值必須修改，只需要修改宣告就可以了。修改一個宣告比搜尋整個程式去修改字面常數的所有實體（instances，又譯實例）要容易得多，特別是當相同的字面值用於兩個或更多不同目的的時候。

3.5　作用域

當變數在程式的某個部分宣告時，它只有在程式的一定區域才能被存取。這個區域由識別字的作用域（scope）決定。識別字的作用域，就是程式中該識別字可以被使用的區域。例如，函數的局部變數的作用域侷限於該函數的函數體。這個規則意味著兩點。首先，其他函數都無法透過這些變數的名字存取它們，因為這些變數在它們的作用域之外便不再有效。其次，只要分屬不同的作用域，你可以替不同的變數取同一個名稱。

編譯器可以確認 4 種不同類型的作用域——檔案作用域（file scope）、函數作用域（function scope）、程式碼區塊作用域（block scope）和原型作用域（prototype scope）。識別字宣告的位置決定它的作用域。圖 3.1 的程式骨架（program skeleton）說明了所有可能的位置。

---

[8]　「第 14 章」有完整的描述。

3.5.1 程式碼區塊作用域

一對大括號之間的所有陳述式稱之為一個程式碼區塊（block）。任何在程式碼區塊的開始位置宣告的識別字，都具有**程式碼區塊作用域**（block scope），表示它們可以被這個程式碼區塊中的所有陳述式存取。圖 3.1 中標記為 6、7、9、10 的變數，都具有程式碼區塊作用域。函數定義的形式參數（宣告 5）在函數體內部也具有程式碼區塊作用域。

當程式碼區塊處於巢狀結構狀態時，宣告於內層程式碼區塊的識別字，其作用域到達該程式碼區塊的尾部便告終止。然而，如果內層程式碼區塊有一個識別字的名稱，與外層程式碼區塊的一個識別字同名，那麼「內層識別字」就會隱藏「外層識別字」——「外層識別字」無法在內層程式碼區塊中透過「名稱」存取。「宣告 9 的 f」和「宣告 6 的 f」是不同的變數，後者無法在內層程式碼區塊中透過「名稱」來存取。

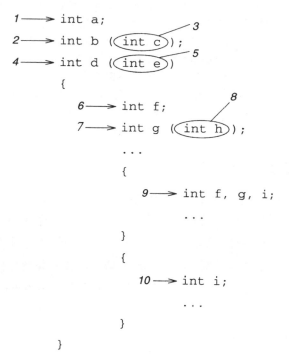

圖 3.1：識別字作用域範例

不是巢狀結構的程式碼區塊則稍有不同。宣告於每個程式碼區塊的變數無法被另一
個程式碼區塊存取，因為它們的作用域並無重疊之處。由於兩個程式碼區塊的變數
不可能同時存在，所以編譯器可以把它們儲存在同一個記憶體位址。例如，「宣告
10 的 i」可以和「宣告 9 的任何一個變數」共享同一個記憶體位址。這種共享並不
會帶來任何危害，因為在任何時刻，兩個非巢狀結構的程式碼區塊最多只有一個處
於活動狀態。

3.5.2　檔案作用域

任何所有在程式碼區塊之外宣告的識別字，都具有**檔案作用域**（file scope），它
表示這些識別字從它們的宣告之處，直到它所在的原始檔案結尾的地方，都是可以
存取的。圖 3.1 中的「宣告 1」和「宣告 2」都屬於這個類型。在檔案中定義的函
數名稱也具有檔案作用域，因為函數名稱本身並不屬於任何程式碼區塊（如「宣告
4」）。我要特別說明一下，在標頭檔中所編寫並透過 #include 指令引入到其他檔
案中的宣告，應該要視為它們是直接寫在「被引入的檔案」裡頭一樣。它們的作用
域並不侷限於標頭檔的檔案尾端。

3.5.3　原型作用域

原型作用域（prototype scope）只適用於在函數原型中宣告的參數名稱，如圖 3.1
中的「宣告 3」和「宣告 8」。在原型中（與函數的定義不同），參數的名稱並非

必需。但是，如果出現參數名稱，你可以隨意替它們取任何名字，它們不必與「函數定義中的形式參數名稱」匹配，也不必與「函數實際呼叫時所傳遞的實際參數」匹配。原型作用域防止這些參數名稱與程式其他部分的名稱衝突。事實上，唯一可能出現的衝突就是在同一個原型中不止一次地使用同一個名稱。

3.5.4 函數作用域

最後一種作用域的類型是**函數作用域**（function scope）。它只適用於陳述式標籤（statement label），且該陳述式標籤用於 goto 陳述式上。基本上，函數作用域可以簡化為一條規則——一個函數中的所有陳述式標籤必須唯一。我希望你永遠不要用到這項知識。

3.6 連結屬性

當組成一個程式的各個原始檔案分別被編譯之後，所有的目標檔案以及那些從一個或多個函式庫中參照的函數連結在一起，形成可執行程式。然而，如果相同的識別字出現在幾個不同的原始檔案中時，它們是像 Pascal 那樣表示同一個實體？還是表示不同的實體？識別字的**連結屬性**（linkage）決定如何處理在不同檔案中出現的識別字。識別字的作用域與它的連結屬性有關，但這兩個屬性並不相同。

連結屬性一共有 3 種—— external（外部）、internal（內部）和 none（無）。沒有連結屬性的識別字（none）總是被當作單獨的個體，也就是說，該識別字的多個宣告被當作獨立不同的實體。屬於 internal 連結屬性的識別字在同一個原始檔案內的所有宣告中都指同一個實體，但位於不同原始檔案的宣告則分屬不同的實體。最後，屬於 external 連結屬性的識別字不論宣告多少次、不管位於幾個原始檔案，都表示同一個實體。

圖 3.2 的程式骨架使用不同的宣告方式，示範了連結屬性的作用。在預設情況下，識別字 b、c 和 f 的連結屬性為 external，其餘識別字的連結屬性則為 none。因此，如果另一個原始檔案也包含了「識別字 b 的類似宣告」並呼叫函數 c，它們實際上存取的是這個原始檔案所定義的實體。f 的連結屬性之所以是 external，是因為它是個函數名稱。在這個原始檔案中呼叫函數 f，它實際上將連結到其他原始檔案所定義的函數，甚至這個函數的定義可能來自於某個函式庫。

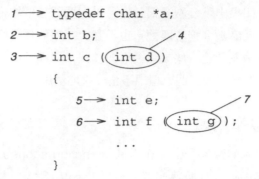

圖 3.2：連結屬性範例

關鍵字 extern 和 static 用於在宣告中修改識別字的連結屬性。如果某個宣告在正常情況下具有 external 連結屬性，在它前面加上 static 關鍵字，可以使它的連結屬性變為 internal。例如，如果「宣告 2」像下面這樣編寫：

```
static  int  b;
```

那麼變數 b 就將為這個原始檔案所私有。在其他原始檔案中，如果也連結到一個叫做 b 的變數，那麼它所參照的是另一個不同的變數。同樣的，你也可以把函數宣告為 static，如下：

```
static  int  c( int d )
```

這可以防止它被其他原始檔案呼叫。

static 只對「預設連結屬性為 external 的宣告」才有改變連結屬性的效果。例如，儘管你可以在「宣告 5」前面加上 static 關鍵字，但它的效果完全不一樣，因為 e 的預設連結屬性並不是 external。

extern 關鍵字的規則更為複雜。一般而言，它把一個識別字指定為 external 連結屬性，這樣就可以存取在其他地方所定義的實體。請觀察圖 3.3 的例子。「宣告 3」將 k 指定為 external 連結屬性。如此一來，該函數就可以存取在其他原始檔案宣告的外部變數了。

> **提示**
>
> 從技術上來說，這個關鍵字只有在宣告時才會用到，如圖 3.3 中的「宣告 3」，且它的預設連結屬性並不是 external。當用於具有檔案作用域的宣告時，這個關鍵字是可選的。然而，如果你在一個地方定義變數，並在使用這個變數的其他原始檔案的宣告中添加 external 關鍵字，可以使讀者更容易理解你的意圖。

當 extern 關鍵字用於原始檔案中一個識別字的「第 1 次宣告」時，它指定該識別字具有 external 連結屬性。但是，如果它用於該識別字的「第 2 次或以後的宣告」時，它並不會更改由「第 1 次宣告」所指定的連結屬性。例如，圖 3.3 中的「宣告 4」並不會修改由「宣告 1」所指定的變數 i 的連結屬性。

```
1 ─────▶  static int i;
          int func()
          {
2 ─────▶    int j;
3 ─────▶    extern int k;
4 ─────▶    extern int i;
              ...
          }
```

圖 3.3：使用 extern

3.7　儲存類別

變數的儲存類別（storage class）是指儲存變數值的記憶體類型（the type of memory）。變數的儲存類別決定變數何時建立、何時銷毀以及它的值將保持多久。有三個地方可以用於儲存變數：普通記憶體（ordinary memory）、執行時期堆疊（runtime stack）、硬體暫存器（hardware registers）。在這三個地方儲存的變數具有不同的特性。

變數的預設儲存類別取決於它的宣告位置。凡是在任何程式碼區塊之外宣告的變數總是儲存於靜態記憶體（static memory）中，也就是不屬於堆疊的記憶體，這類變數稱之為靜態變數（static variable）。對於這類變數，你無法為它們指定其他儲存類別。靜態變數在程式執行之前建立，在程式的整個執行時期間始終存在。它始終保持原先的值，除非給它賦一個不同的值或者程式結束。

在程式碼區塊內部宣告的變數，其預設儲存類別是自動的（automatic），也就是說它儲存於堆疊之中，稱為自動變數（auto variable）。有一個關鍵字 auto 就是用於修飾這種儲存類別的，但它極少使用，因為程式碼區塊中的變數在預設情況下就是自動變數。在程式執行到「宣告自動變數的程式碼區塊」時，自動變數才被建立，當程式的執行流離開該程式碼區塊時，這些自動變數便自行銷毀。如果該程式碼區

塊被數次執行，例如一個函數被反覆呼叫，這些自動變數每次都將重新建立。在程式碼區塊再次執行時，這些自動變數在堆疊中所佔據的記憶體位置有可能和原先的位置相同，也可能不同。即使它們所佔據的位置相同，你也不能保證這塊記憶體同時不會有其他的用途。因此，我們可以說，自動變數在程式碼區塊執行完畢後就消失。當程式碼區塊再次執行時，它們的值一般並不是上次執行時的值。

對於在程式碼區塊內部宣告的變數，如果給它加上關鍵字 static，可以使它的儲存類別從「自動」變為「靜態」。具有靜態儲存類別（static storage class）的變數，在整個程式執行過程中會一直存在，而不僅僅在「宣告它的程式碼區塊」的執行時存在。請注意，修改變數的儲存類別，並不表示修改該變數的作用域，它仍然只能在該程式碼區塊內部依照「名稱」存取。函數的形式參數不能宣告為靜態，因為實際參數總是在堆疊中傳遞給函數，用於支援遞迴（recursion）。

最後，關鍵字 register 可以用於自動變數的宣告，提示它們應該儲存於機器的「硬體暫存器」而不是「記憶體」中，這類變數稱為暫存器變數（register variable）。通常暫存器變數比儲存於記憶體的變數，存取起來效率更高。但是編譯器並不一定要理睬 register 關鍵字，如果有太多的變數宣告為 register，它只會選取前幾個實際儲存於暫存器中，其餘的就以普通自動變數的形式來處理。如果一個編譯器自己具有一套暫存器最佳化方法，它也可能徹底忽略 register 關鍵字，理由是編譯器比人腦更擅長決定哪些變數應該儲存於暫存器之中。

在典型情況下，你希望把使用頻率最高的那些變數宣告為暫存器變數。在有些電腦中，如果把指標宣告為暫存器變數，程式的效率將能得到提升，尤其是那些頻繁執行間接存取（indirection）操作的指標。你可以把函數的形式參數宣告為暫存器變數，編譯器會在函數的起始位置產生指令，把這些值從「堆疊」複製到「暫存器」中。但是這個最佳化措施所節省的時間和空間，很可能還抵不上複製這幾個值所用的開銷。

暫存器變數的建立和銷毀時間和自動變數相同，但它需要一些額外的工作。在一個使用暫存器變數的函數返回之前，這些暫存器先前儲存的值必須恢復，確保「呼叫者的暫存器變數」未被破壞。許多機器使用「執行時期堆疊」來完成這個任務。當函數開始執行時，它把需要使用的所有暫存器的內容都儲存到堆疊中，當函數返回時，這些值再複製回暫存器裡。

在許多機器的硬體實作中，並不為暫存器指定位址。而且暫存器的值常常儲存及恢復，使得一個特定的暫存器在不同的時刻所保存的值不一定相同。因為這些理由，機器並不提供暫存器變數的位址。

3.7.1 初始化

現在我們把話題返回到變數宣告中，變數的初始化問題（initialization）。自動變數和靜態變數的初始化作用存在一個重要的差別。在靜態變數的初始化中，我們可以把可執行程式檔案「想要初始化的值」放在當程式執行時變數將會使用的位置。當可執行檔案載入到記憶體時，這個已經保存了正確初始值的位置將賦值給那個變數。完成這個任務並不需要額外的時間，也不需要額外的指令，變數將會得到正確的值。如果不顯式地指定其初始值，靜態變數將初始化為 0。

自動變數的初始化需要更多的開銷，因為當程式連結時，還無法判斷自動變數的儲存位置。事實上，函數的局部變數在函數的每次呼叫中可能佔據不同的位置。基於這個理由，自動變數沒有預設的初始值，而顯式的初始化將在程式碼區塊的起始處插入一條隱式的賦值陳述式（an invisible assignment statement）。

這個技巧造成 4 種後果。首先，自動變數的初始化比起賦值陳述式，在效率上並沒有提升。除了宣告為 const 的變數之外，「在宣告變數的同時進行初始化」和「先宣告後賦值」只有風格上的差異，並無效率之別。其次，這條隱式的賦值陳述式，使自動變數在程式執行到它們所宣告的函數（或程式碼區塊）時，每次都將重新初始化。這個行為與靜態變數大不相同，後者只是在程式開始執行前初始化一次。第三個後果則是個優點，由於初始化在執行時進行，你可以用任何表達式來做初始化，例如：

```
int
func( int a )
{
        int    b = a + 3;
```

最後一個後果是，除非你對自動變數進行顯式的初始化，否則當自動變數建立時，它們的值總是垃圾（garbage）。

3.8 static 關鍵字

當用於不同的上下文環境時，static 關鍵字具有不同的意思。這確實很糟糕，因為這總是給 C 語言程式設計師新手帶來混淆。本節對 static 關鍵字做了總結，再加上後續的範例程式，應該能夠幫助你釐清這個問題。

當它用於函數定義時，或用於程式碼區塊之外的變數宣告時，static 關鍵字用於修改識別字的連結屬性，從 external 改為 internal，但識別字的儲存類別和作用域不受影響。用這種方式宣告的函數或變數，只能在宣告它們的原始檔案中存取。

當它用於程式碼區塊內部的變數宣告時，static 關鍵字用於修改變數的儲存類別，從自動變數修改為靜態變數，但變數的連結屬性和作用域不受影響。用這種方式宣告的變數在程式執行之前建立，並在程式的整個執行時期間一直存在，而不是每次在程式碼區塊開始執行時建立，在程式碼區塊執行完畢後銷毀。

3.9 作用域、儲存類別範例

圖 3.4 是一個範例程式，說明了作用域和儲存類別。屬於檔案作用域的宣告在預設情況下為 external 連結屬性，所以第 1 行（line 1）的 a 的連結屬性為 external。如果 b 的定義在其他地方，第 2 行的 extern 關鍵字在技術上並非必需，但在風格上卻是加上這個關鍵字比較妥當。第 3 行的 static 關鍵字修改了 c 的預設連結屬性，把它改為 internal。宣告了變數 a 和 b（具有 external 連結屬性）的其他原始檔案，在使用這兩個變數時，實際所存取的是「宣告於此處的這兩個變數」。但是，變數 c 只能由這個原始檔案存取，因為它具有 internal 連結屬性。

```
1        int                 a = 5;
2        extern    int       b;
3        static    int       c;

4        int d( int e )
5        {
6                int                 f = 15;
7                register int        b;
8                static    int       g = 20;
9                extern    int       a;
10               ...
11               {
12                       int                 e;
13                       int                 a;
14                       extern    int       h;
15                       ...
16               }
17               ...
18               {
19                       int       x;
20                       int       e;
21                       ...
22               }
23       ...
24       }

25       static    int   i()
26          {
27                  ...
28          }

29       ...
```

圖 3.4：作用域、連結屬性和儲存類別範例

變數 a、b、c 的儲存類別為靜態，表示它們並不是儲存於堆疊中。因此，這些變數在程式執行之前建立，並一直保持它們的值，直到程式結束。當程式開始執行時，變數 a 將初始化為 5。

這些變數的作用域一直延伸到這個原始檔案結束為止，但第 7 行和第 13 行宣告的局部變數 a 和 b 在那部分程式中，將隱藏同名的靜態變數。因此，這 3 個變數的作用域為：

   a   第 1 行至 12 行，第 17 行至 29 行
   b   第 2 行至 6 行，第 25 行至 29 行
   c   第 3 行至 29 行

第 4 行宣告了 2 個識別字。d 的作用域從第 4 行直到檔案結束。函數 d 的定義對於這個原始檔案中「任何以後想要呼叫它的函數」而言發揮了函數原型的作用。作為函數名稱，d 在預設情況下具有 external 連結屬性，所以其他原始檔案只要在檔案

上存在 d 的原型[9]，就可以呼叫 d。如果我們將函數宣告為 static，就可以把它的連結屬性從 external 改為 internal，但這樣做將使其他原始檔案不能存取這個函數。對於函數而言，儲存類別並不是問題，因為程式碼總是儲存於靜態記憶體中。

參數 e 不具有連結屬性，所以我們只能從函數內部透過名稱存取它。它具有自動儲存類別，所以它在函數被呼叫時被建立，當函數返回時消失。由於與局部變數衝突，它的作用域限於第 6 行至 11 行，第 17 行至 19 行，以及第 23 行至 24 行。

第 6 行至 8 行宣告局部變數，所以它們的作用域到函數結束為止。它們不具有連結屬性，所以它們不能在函數的外部透過名稱存取（這是它們稱之為「局部變數」的原因）。f 的儲存類別是自動的，當函數每次被呼叫時，它透過隱式賦值被初始化為 15。b 的儲存類別是暫存器類型，所以它的初始值是垃圾（garbage）。g 的儲存類別是靜態，所以它在程式的整個執行過程中一直存在。當程式開始執行時，它被初始化為 20。當函數每次被呼叫時，它並不會被重新初始化。

第 9 行的宣告並不需要。這個程式碼區塊，位於第 1 行宣告的作用域之內。

第 12 行和 13 行為程式碼區塊宣告局部變數。它們都具有自動儲存類別，不具有連結屬性，它們的作用域延伸至第 16 行。這些變數和先前宣告的 a 和 e 不同，而且由於名稱衝突，在這個程式碼區塊中，之前宣告的同名變數是不能被存取的。

第 14 行使全域變數 h 在這個程式碼區塊內可以被存取。它具有 external 連結屬性，儲存於靜態記憶體中。這是唯一一個必須使用 extern 關鍵字的宣告，如果沒有它，h 將變成另一個局部變數。

第 19 行和 20 行用於建立局部變數（自動、無連結屬性、作用域限於本程式碼區塊）。這個 e 和參數 e 是不同的變數，它和第 12 行宣告的 e 也不相同。在這個程式碼區塊中，從第 11 行到第 18 行並無巢狀結構，所以編譯器可以使用相同的記憶體來儲存兩個程式碼區塊中不同的變數 e。如果你想讓這兩個程式碼區塊中的 e 表示同一個變數，那麼你就不應該把它宣告為局部變數。

最後，第 25 行宣告了函數 i，它具有靜態連結屬性。靜態連結屬性（static linkage）可以防止它被這個原始檔案之外的任何函數呼叫。事實上，其他的原始檔案也可能宣

---

[9] 實際上，只有當 d 的返回值不是整數型時，才需要原型。推薦為「你呼叫的所有函數」添加原型，因為它減少了發生難以檢測的錯誤的機會。

告它自己的函數 i，它與這個原始檔案的 i 是不同的函數。i 的作用域從它宣告的位置直到這個原始檔案結束。函數 d 不可以呼叫函數 i，因為在 d 之前不存在 i 的原型。

3.10　總結

具有 external 連結屬性的實體在其他語言的術語裡稱之為全域（global）實體，原始檔案中所有函數均可以存取它。只要變數並非宣告於程式碼區塊或函數定義內部，它在預設情況下的連結屬性即為 external。如果一個變數宣告於程式碼區塊內部，在它前面添加 extern 關鍵字將使它所參照的是全域變數而非局部變數。

具有 external 連結屬性的實體總是具有靜態儲存類別。全域變數在程式開始執行前建立，並在程式整個執行過程中始終存在。從屬於函數的局部變數在函數開始執行時建立，在函數執行完畢後銷毀，但用於執行函數的機器指令在程式的生命期內一直存在。

局部變數由函數內部使用，不能被其他函數透過名稱參照。它在預設情況下的儲存類別為自動，這是根據兩個原因：其一，當這些變數需要時才為它們分配儲存，這樣可以減少記憶體的總需求量。其二，在堆疊上為它們分配儲存可以有效地實作遞迴。如果你覺得讓「變數的值」在函數的多次呼叫中始終保持「原先的值」非常重要的話，你可以修改它的儲存類別，把它從自動變數改為靜態變數。

這些資訊在表 3.4 中進行總結。

表 3.4：作用域、連結屬性和儲存類別總結

變數類型	宣告的位置	是否儲存於堆疊	作用域	如果宣告為 static
全域	所有程式碼區塊之外	否[1]	從宣告處到檔案尾端	不允許從其他原始檔案存取
局部	程式碼區塊起始處	是[2]	整個程式碼區塊[3]	變數不儲存於堆疊中，它的值在程式整個執行時期一直保持
形式參數	函數標頭	是[2]	整個函數[3]	不允許

[1] 儲存於堆疊的變數只有當該程式碼區塊處於活動期間，它們才能保持自己的值。當程式的執行流離開該程式碼區塊時，這些變數的值將丟失。

[2] 沒有儲存於堆疊的變數在程式開始執行時建立，並在整個程式執行時期間一直保持它們的值，不管它們是全域變數還是局部變數。

[3] 有一個例外，就是在巢狀結構的程式碼區塊中，分別宣告了相同名稱的變數。

3.11　警告的總結

1. 在宣告指標變數（pointer variables）時採用容易誤導的寫法。

2. 誤解指標宣告（pointer declarations）中初始化的涵義。

3.12　程式設計提示的總結

1. 為了保持最佳的可攜性（可移植性），把字元的值限制在有符號和無符號字元範圍的交集之內，或者不要在字元上執行算術運算。

2. 用它們在使用時最自然的形式來表示字面值。

3. 不要把整數型值和列舉值混在一起使用。

4. 不要依賴隱式宣告。

5. 在定義類型的新名稱時，使用 typedef 而不是 #define。

6. 用 const 宣告其值不會修改的變數。

7. 使用具名常數而不是字面常數。

8. 不要在巢狀結構的程式碼區塊之間使用相同的變數名稱。

9. 除了實體（entity）的具體定義位置之外，在它的其他宣告位置都使用 extern 關鍵字。

3.13　問題

1. 在你的機器上，字元的範圍有多大？有哪些不同的整數類型？它們的範圍又是如何？

2. 在你的機器上，各種不同類型的浮點數的範圍是怎樣的？

✎ 3. 假設你正編寫一個程式，它必須執行於兩台機器之上。這兩台機器的預設整數型長度並不相同，一個是 16 位元，另一個是 32 位元。而這兩台機器的長整數型長度分別是 32 位元和 64 位元。程式所使用的有些變數的值並不太大，足以儲存於任何一台機器的預設整數型變數中，但有些變數的值卻較大，必須是 32 位元的整數型變數才能容納它。一種可行的解決方案是用

長整數型（long integer）表示所有的值，但在 16 位元機器上，對於那些用 16 位元就足以容納的值而言，時間和空間的浪費不可小覷。在 32 位元機器上，也存在時間和空間的浪費問題。

如果想讓這些變數在任何一台機器上的長度都適合的話，你該如何宣告它們呢？正確的方法是，不應該在任何一台機器中編譯程式之前，對程式進行修改。**提示**：試試引入一個標頭檔（header file），裡面包含每台機器特定的宣告。

4. 假設你有一個程式，它把一個 long 整數型變數賦值給一個 short 整數型變數。當你編譯程式時會發生什麼情況？當你執行程式時會發生什麼情況？你認為其他編譯器的結果是否也是如此？

5. 假設你有一個程式，它把一個 double 變數賦值給一個 float 變數。當你編譯程式時會發生什麼情況？當你執行程式時會發生什麼情況？

6. 編寫一個列舉宣告，用於定義硬幣（coin）的值。請使用符號 PENNY、NICKEL 等。

✍ 7. 請問下列程式碼區段會列印出什麼？

```
enum Liquid { OUNCE = 1, CUP = 8, PINT = 16,
    QUART = 32, GALLON = 128 };

enum    Liquid jar;
...
jar = QUART;
printf( "%s\n", jar );
jar = jar + PINT;
printf( "%s\n", jar );
```

8. 你所使用的 C 編譯器是否允許程式修改字串常數？是否存在編譯器選項，允許或禁止你修改字串常數？

9. 如果整數類型在正常情況下是有符號類型，那麼 signed 關鍵字的目的何在呢？

✍ 10. 一個無符號變數（unsigned variable），可不可以比「相同長度的有符號變數（signed variable）」容納更大的值？

✍ 11. 假如 int 和 float 類型都是 32 位元長，你覺得哪種類型所能容納的值「精度」更大一些？

12. 下面是兩個程式碼片段，取自一個函數的起始部分。

```
int  a  =  25;          int  a;
                        a = 25;
```

它們完成任務的方式有何不同？

13. 如果「問題 12」中，程式碼片段的宣告裡包含 const 關鍵字，它們完成任務的方式又有何不同？

14. 在一個程式碼區塊內部宣告的變數，可以從該程式碼區塊的任何位置根據名稱來存取。這句話是對還是錯？

15. 假設函數 a 宣告了一個自動整數型變數 x，你可以在其他函數記憶體存取變數 x，只要你使用了下面這樣的宣告：

```
extern  int  x;
```

這個是對還是錯？

16. 假設「問題 15」中的變數 x 宣告為 static。你的答案會不會有所變化？

17. 假設檔案 a.c 的開始部分有以下這樣的宣告：

```
int     x;
```

如果你希望從同一個原始檔案之中，後面出現的函數裡存取這個變數，需不需要添加額外的宣告？如果需要的話，應該添加什麼樣的宣告？

18. 假設「問題 17」中的宣告包含了關鍵字 static。你的答案會不會有所變化？

19. 假設檔案 a.c 的開始部分有以下這樣的宣告：

```
int     x;
```

如果你希望從不同原始檔案的函數裡存取這個變數，需不需要添加額外的宣告？如果需要的話，應該添加什麼樣的宣告？

20. 假設「問題 19」中的宣告包含了關鍵字 static。你的答案會不會有所變化？

21. 假設一個函數包含了一個自動變數，這個函數在同一行中被呼叫了兩次。試問，在函數「第 2 次呼叫」開始時，該變數的值和函數「第 1 次呼叫」即將結束時的值有沒有可能相同？

22. 當下面的宣告出現於某個程式碼區塊內部，以及出現在任何程式碼區塊外部時，它們在行為上有何不同？

```
int     a = 5;
```

23. 假設你想在同一個原始檔案中編寫兩個函數 x 和 y，需要使用下面的變數：

名稱	類型	儲存類別	連結屬性	作用域	初始化為
a	int	static	external	x 可以存取，y 不能存取	1
b	char	static	none	x 和 y 都可以存取	2
c	int	automatic	none	x 的局部變數	3
d	float	static	none	x 的局部變數	4

你應該怎樣編寫這些變數？應該在什麼地方編寫？請注意：所有初始化必須在宣告中完成，而不是透過函數中的任何可執行陳述式（executable statements）來完成。

24. 確認下面程式中存在的任何錯誤（你可能想動手編譯一下，這樣能夠踏實一些）。在去除所有錯誤之後，確定所有識別字的儲存類別、作用域和連結屬性。每個變數的初始值會是什麼？程式中存在許多同名的識別字，它們所代表的是相同的變數還是不同的變數？程式中的每個函數從哪個位置起可以被呼叫？

```
1       static int  w = 5;
2       extern int  x;

3       static float
4       func1( int a, int b, int c )
5       {
6               int   c, d, e = 1;
7               ...
8               {
9                       int   d,e,w;
10                      ...
11                      {
12                              int       b, c, d;
13                              static    int        y = 2;
14                              ...
15                      }
16              }
17              ...
18              {
19                      register int      a, d, x;
20                      extern int  y;
21                      ...
22              }
23      }

24      static int  y;

25      float
26      func2( int a )
27      {
28              extern int  y;
29              static int  z;
30              ...
31      }
```

陳述式

在本章中，你將會發現 C 實作了其他現代高階語言所具有的所有陳述式（statement）。
而且，它們之中絕大多數都是按照你所預期的方式工作的。if 陳述式用於在幾段備
選程式碼中選擇執行其中一段，而 while、for 和 do 陳述式則用於實作不同類型的
迴圈。

但是，和其他語言相比，C 的陳述式還是存在一些不同之處。例如，C 並不具備專門
的賦值陳述式（assignment statement），而是統一用「表達式陳述式」（expression
statement）代替。switch 陳述式實作了其他語言中 case 陳述式的功能，但其實作的
方式卻非比尋常。

不過，在討論 C 陳述式的細節之前，首先讓我們回顧一下「前言」的「排版說明」
中提到的不同類型的字體。其中你需要完全照寫的程式碼將以 Courier New 表示，
抽象描述的部分用*斜體 Courier New* 表示。有些陳述式還具有可選部分。當你在選
擇使用的時候，必須照寫的部分將以**粗體 Courier New** 表示。可選部分的描述將以
粗斜體 Courier New 表示。此外，我在說明陳述式的語法時所採用的縮排，將與程
式範例所使用的縮排相同。這些空白對編譯器而言無關緊要，但對閱讀程式碼的人
來說卻異常重要（可能就是你自己）。

4.1　空陳述式

C 最簡單的陳述式就是**空陳述式**（empty statement），它本身只包含一個分號（semicolon）。空陳述式本身並不執行任何任務，但有時還是有用。它所適用的場合就是語法要求出現一條完整的陳述式，但並不需要它執行任何任務。本章後面有些例子就包含了一些空陳述式。

4.2　表達式陳述式

既然 C 並不存在專門的「賦值陳述式」，那麼它如何進行賦值呢？答案是賦值就是一種操作（operation），就像加法和減法一樣，所以賦值就在表達式（expression）內進行。

你只要在表達式後面加上一個分號，就可以把表達式轉變為陳述式。所以，下面這兩個表達式

```
x = y + 3;
ch = getchar();
```

實際上是表達式陳述式，而不是賦值陳述式。

警告

理解這點區別非常重要，因為像下列這樣的陳述式也是完全合法的：

```
y + 3;
getchar();
```

當這些陳述式執行時，表達式便會求值，但它們的結果並不儲存於任何地方，因為它們並未使用賦值運算子（assignment operator）。因此，第 1 條陳述式並不具備任何效果，而第 2 條陳述式則讀取輸入中的下一個字元，但接著便將其丟棄[1]。

如果你覺得編寫一條沒有任何效果的陳述式看上去有些奇怪，請考慮下面這條陳述式：

```
printf( "Hello world!\n" );
```

---

[1]　實際上，它有可能影響程式的結果，但其方式過於微妙，我不得不等到「第 18 章」討論執行時環境（runtime environment）時才對它進行解釋。

printf 是一個函數，函數將會返回一個值，但 printf 函數的返回值（它實際所列印的字元數）我們通常並不關心，所以棄之不理也很正常。所謂陳述式「沒有效果」（has no effect）只是表示「表達式的值」被忽略。printf 函數所執行的是有用的工作，這類作用稱之為**副作用**（side effect）。

這裡還有一個例子：

```
a++;
```

這條陳述式並沒有賦值運算子，但它卻是一條非常合理的表達式陳述式。++ 運算子將增加變數 a 的值，這就是它的副作用。另外還有一些具有副作用的運算子，我將在下一章討論它們。

4.3　程式碼區塊

程式碼區塊（block）就是位於一對大括號之內的可選的宣告和陳述式列表。程式碼區塊的語法是非常直截了當的：

```
{
        declarations
        statements
}
```

程式碼區塊可以用於「要求出現陳述式的地方」，它允許你在語法要求只出現一條陳述式的地方使用多條陳述式。程式碼區塊還允許讓「資料的宣告」非常靠近使用它的地方。

4.4　if 陳述式

C 的 if 陳述式和其他語言的 if 陳述式相差不大。它的語法如下：

```
if( expression )
        statement
else
        statement
```

括號是 if 陳述式的一部分，而不是表達式的一部分，因此它是必須出現的，即使是那些極為簡單的表達式也是如此。

如果 expression 的值為真，那麼就執行第 1 個 statement，否則就跳過它。如果存在 else 子句，它後面的 statement 只有當 expression 的值為假的時候才會執行。

在 C 的 if 陳述式和其他語言的 if 陳述式中，只存在一個差別。C 並不具備布林類型（Boolean type），而是用整數型來代替。這樣，expression 可以是任何能夠產生整數型結果的表達式——零值表示「假」（false），非零值表示「真」（true）。

C 擁有所有你期望的關係運算子（relational operator），但它們的結果是整數型值 0 或 1，而不是布林值「真」或「假」。關係運算子就是用這種方式，來實作其他語言的關係運算子的功能。

```
if( x > 3 )
        printf( "Greater\n" );
else
        printf( "Not greater\n" );
```

在上面這條 if 陳述式中，表達式 x > 3 的值將是 0 或 1。如果值是 1，它就列印出 Greater；如果值是 0，它就列印出 Not greater。

整數型變數也可以用於表示布林值，如下所示：

```
result = x > 3;
...
if( result )
        printf( "Greater\n" );
else
        printf( "Not greater\n" );
```

這個程式碼區段的功能和前一個程式碼區段完全相同，它們的唯一區別是比較的結果（0 或 1）首先儲存於一個變數中，以後才進行判斷。這裡存在一個潛在的陷阱，儘管所有的非零值都被認為是「真」，但把兩個不同的非零值進行相等比較，其結果卻是「假」。我將在下一章詳細討論這個問題。

當 if 陳述式巢狀結構出現時，就會出現「懸置 else（dangling else）」問題。例如，在下面的例子中，你認為 else 子句從屬於哪一個 if 陳述式呢？

```
if( i > 1 )
      if( j > 2 )
              printf( "i > 1 and j > 2\n" );
   else
          printf( "no they're not\n" );
```

我這裡故意把 else 子句以奇怪的方式縮排，就是不給你任何提示。這個問題的答案和其他絕大多數語言一樣，就是 else 子句從屬於最靠近它的不完整的 if 陳述式。如果你想讓它從屬於「第 1 個 if 陳述式」，你可以把「第 2 個 if 陳述式」補充完整，加上一條空的 else 子句，或者用一個大括號把它包圍在一個程式碼區塊之內，如下所示：

```
if( i > 1 ){
      if( j > 2 )
              printf( "i > 1 and j > 2\n" );
}
else
      printf( "no they're not\n" );
```

4.5　while 陳述式

C 的 while 陳述式也和其他語言的 while 陳述式有許多相似之處。唯一真正存在差別的地方就是它的 expression 部分，這和 if 陳述式類似。下面是 while 陳述式的語法：

```
while( expression )
      statement
```

迴圈的判斷（測試）在迴圈體開始執行之前進行，所以如果判斷（測試）的結果一開始就是假，迴圈體就根本不會執行。同樣的，當迴圈體需要多條陳述式來完成任務時，可以使用程式碼區塊來實作。

4.5.1　break 和 continue 陳述式

在 while 迴圈中可以使用 break 陳述式，用於永久終止迴圈。在執行完 break 陳述式之後，執行流下一條執行的陳述式，就是迴圈正常結束後應該執行的那條陳述式。

在 while 迴圈中也可以使用 continue 陳述式，它用於永久終止當下的那次迴圈。在執行完 continue 陳述式之後，執行流接下來就是重新判斷表達式的值，決定是否繼續執行迴圈。

這兩條陳述式的任何一條如果出現於巢狀結構的迴圈內部，它只對「最內層的迴圈」起作用，你無法使用 break 或 continue 陳述式影響外層迴圈的執行。

4.5.2 while 陳述式的執行過程

我們現在可以用圖的形式說明 while 迴圈中的控制流。考慮到有些讀者可能以前從沒見過流程圖，所以這裡略加說明。菱形表示判斷（a decision），方框表示需要執行的動作（an action），箭頭表示它們之間的控制流（flow of control）。圖 4.1 說明了 while 陳述式的操作程序。它的執行從頂部開始，就是計算表達式 expr 值。如果它的值是 0，迴圈就終止。否則就執行迴圈體，然後控制流回到頂部，重新開始下一個迴圈。例如，下面的迴圈從「標準輸入」複製字元到「標準輸出」，直至找到檔案尾端結束旗標。

```
while((ch=getchar())!=EOF)
        putchar(ch);
```

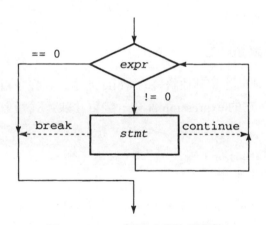

圖 4.1：while 陳述式的執行過程

如果迴圈體內執行了 continue 陳述式，迴圈體內的剩餘部分便不再執行，而是立即開始下一輪迴圈。當迴圈體只有遇到某些值才會執行的情況下，continue 陳述式相當有用。

```
while( (ch = getchar()) != EOF ){
        if( ch < '0' || ch > '9' )
                continue;
        /* process only the digits */
}
```

另一種方法是把判斷（測試）轉移到 if 陳述式中，讓它來控制整個迴圈的流程。這兩種方法的區別僅在於風格，在執行效率上並無差別。

如果迴圈體內執行了 break 陳述式，迴圈就將永久性地退出。例如，我們需要處理一列以一個負值作為結束旗標的值：

```
while( scanf( "%f", &value ) == 1 ){
        if( value < 0 )
                break;
        /* process the nonnegative value */
}
```

另一種方法是把這個判斷（測試）加入到 while 表達式中，如下所示：

```
while( scanf( "%f", &value ) == 1 && value >= 0 ) {
```

然而，如果在值能夠判斷（測試）之前必須執行一些計算，使用這種風格就顯得比較困難。

提示

偶爾，while 陳述式在表達式中就可以完成整個陳述式的任務，於是迴圈體就無事可做。在這種情況下，迴圈體就用空陳述式來表示。單獨用一行來表示一條空陳述式是比較好的做法，如下面的迴圈所示，它丟棄目前輸入列的剩餘字元。

```
while( (ch = getchar() ) != EOF && ch != '\n' )
        ;
```

這種形式清楚地顯示了迴圈體是空的，不至於使人誤以為程式接下來的一條陳述式才是迴圈體。

4.6　for 陳述式

C 的 for 陳述式比其他語言的 for 陳述式更為常用。事實上，C 的 for 陳述式是 while 迴圈的一種極為常用的陳述式組合形式的簡寫法。for 陳述式的語法如下所示：

```
for( expression1; expression2; expression3 )
        statement
```

其中的 statement 稱為迴圈體（body）。expression1 稱為**初始化部分**（initialization），它只在迴圈開始時執行一次。expression2 稱為**條件部分**（condition），它在迴圈體每次執行前都要執行一次，就像 while 陳述式中的表達式一樣。expression3 稱為**調整部分**（adjustment），它在「迴圈體每次執行完畢，且在條件部分即將執行之

前」執行。這三個表達式都是可選的，都可以省略。如果省略條件部分，表示判斷的值始終為「真」。

在 for 陳述式中也可以使用 break 陳述式和 continue 陳述式。break 陳述式立即退出迴圈，而 continue 陳述式把控制流直接轉移到調整部分。

4.6.1 for 陳述式的執行過程

for 陳述式的執行過程幾乎和下面的 while 陳述式一模一樣：

```
expression1;
while( expression2 ){
        statement
        expression3;
}
```

圖 4.2 描述了 for 陳述式的執行過程。你能發現它和 while 陳述式有什麼區別嗎？

for 陳述式和 while 陳述式執行過程的區別在於出現 continue 陳述式時。在 for 陳述式中，continue 陳述式跳過迴圈體的剩餘部分，直接回到調整部分。在 while 陳述式中，調整部分是迴圈體的一部分，所以 continue 也會把它跳過。

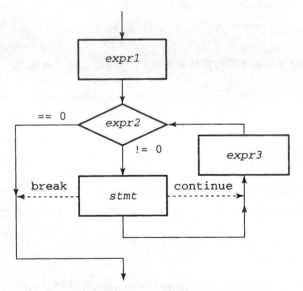

圖 4.2：for 陳述式的執行過程

4.7　do 陳述式

C 語言的 do 陳述式非常像其他語言的 repeat 陳述式。它很像 while 陳述式，只是它的判斷式在迴圈體執行之後才進行，而不是先於迴圈體執行。所以，這種迴圈的迴圈體至少執行一次。下面是它的語法。

```
do
        statement
while( expression );
```

和往常一樣，如果迴圈體內需要多條陳述式，可以以程式碼區塊的形式出現。圖 4.3 顯示了 do 陳述式的執行流。

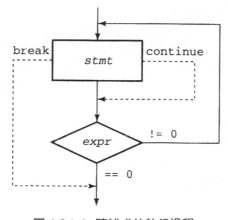

圖 4.3：do 陳述式的執行過程

我們如何在 while 陳述式和 do 陳述式之間進行選擇呢？

當你需要迴圈體至少執行一次時，選擇 do。

下面的迴圈描述了這個執行過程，它會依次列印 1 至 8 個空格，用於進到下一個定位點（tab stop，設定每 8 欄（column）為一個單位）。

```
do{
        column+=1;
        putchar('');
}while(column%8!=0);
```

4.8　switch 陳述式

C 的 switch 陳述式頗不尋常。它類似於其他語言的 case 陳述式，但有一個方面存在重要的區別。首先，讓我們來看看它的語法，其中 expression 的結果必須是整數型值。

```
switch( expression )
        statement
```

儘管在 switch 陳述式體內「只使用一條單一的陳述式」也是合法的，但這樣做顯然毫無意義。實際使用中的 switch 陳述式一般如下所示：

```
switch( expression ){
        statement-list
}
```

貫穿於陳述式列表之間的是一個或多個 case 標籤（label），形式如下：

```
case constant-expression:
```

每個 case 標籤必須具有一個唯一的值。**常數表達式（constant expression）**是指在編譯期間進行求值的表達式，它不能是任何變數。這裡的不尋常之處是 case 標籤並不把陳述式列表劃分為幾個部分，它們只是確定陳述式列表的進入點（entry point）。

讓我們來追蹤 switch 陳述式的執行過程。首先是計算 expression 的值；然後，執行流轉到陳述式列表中其 case 標籤值與 expression 的值匹配的陳述式。從這條陳述式起，直到陳述式列表的結束（也就是 switch 陳述式的底部），它們之間所有的陳述式均被執行。

4.8.1 switch 中的 break 陳述式

如果在 switch 陳述式的執行中遇到了 break 陳述式，執行流就會立即跳到陳述式列表的末尾。在 C 語言所有的 switch 陳述式中，有 97% 在每個 case 中都有一條 break 陳述式。下面的範例程式檢查使用者輸入的字元，並呼叫該字元選定的函數，說明了 break 陳述式的這種用途。

```
switch( command ){
case 'A':
        add_entry();
        break;

case 'D':
        delete_entry();
        break;

case 'P':
        print_entry();
        break;

case 'E':
        edit_entry();
        break;
}
```

break 陳述式的實際效果是把陳述式列表劃分為不同的部分。如此一來，switch 陳述式就能夠按照更為直覺的方式工作。

那麼，在最後一個 case 的陳述式後面加上一條 break 陳述式，又有什麼用意呢？它在執行時並沒有什麼效果，因為它後面不再有任何陳述式，不過這樣做也沒什麼害處。之所以要加上這條 break 陳述式，是為了以後維護方便。如果以後有人決定在這個 switch 陳述式中再添加一個 case，可以避免出現「在以前的最後一個 case 陳述式後面忘了添加 break 陳述式」這個情況。

在 switch 陳述式中，continue 陳述式沒有任何效果。只有當 switch 陳述式位於某個迴圈內部時，你才可以把 continue 陳述式放在 switch 陳述式內。在這種情況下，與其說 continue 陳述式作用於 switch 陳述式，還不如說它作用於迴圈。

為了使同一組陳述式在有兩個或更多個不同的表達式值時都能夠執行，可以使它與多個 case 標籤對應，如下所示：

```
switch( expression ){
case 1:
case 2:
case 3:
        statement-list
        break;
case 4:
case 5:
        statement-list
        break;
}
```

這個技巧能夠達到目的，因為執行流將貫穿這些並列的 case 標籤。C 沒有任何簡便的方法指定某個範圍的值，所以該範圍內的每個值都必須以「單獨的 case 標籤」提供。如果這個範圍非常大，你可能應該改用一系列巢狀結構的 if 陳述式。

4.8.2　default 子句

接下來的一個問題是，如果「表達式的值」與「所有的 case 標籤的值」都不匹配怎麼辦？其實這也沒什麼——只不過所有的陳述式都被跳過而已。程式並不會終止，也不會提示任何錯誤，因為這種情況在 C 中並不認為是個錯誤。

但是，如果你並不想忽略不匹配所有 case 標籤的表達式值時，又該怎麼辦呢？你可以在陳述式列表中增加一條 default 子句，把下面這個標籤

```
default:
```

寫在任何一個 case 標籤可以出現的位置。當 switch 表達式的值並不匹配所有 case 標籤的值時，這個 default 子句後面的陳述式就會執行。所以，每個 switch 陳述式中只能出現一條 default 子句。但是，它可以出現在陳述式列表的任何位置，而且陳述式流會像貫穿一個 case 標籤一樣貫穿 default 子句。

4.8.3 switch 陳述式的執行過程

為什麼 switch 陳述式以這種方式實作？許多程式設計師認為這是一種錯誤，但偶爾
確實也需要讓執行流從一個陳述式組貫穿到下一個陳述式組。

例如，考慮一個程式，它計算程式輸入中「字元」（character）、「單詞」
（word）和「列」（line）的個數。每個字元都必須計數，但空格和 Tab 同時也作
為單詞的終止符號使用。所以在數到它們時，「字元計數器的值」和「單詞計數器
的值」都必須增加。另外還有換行字元，這個字元是列的終止符號，同時也是單詞
的終止符號。所以當出現換行字元時，三個計數器的值都必須增加。現在請觀察一
下這條 switch 陳述式：

```
switch( ch ) {
case '\n':
        lines += 1;
        /* FALL THRU */

case ' ':
case '\t':
        words += 1;
        /* FALL THRU */

default:
        chars += 1;
}
```

與現實程式中可能出現的情況相比，上面這種邏輯過於簡單。舉例來說，如果有好
幾個空格連在一起出現，只有「第 1 個空格」能作為單詞的終止符號。然而，這個
例子實作了我們需要的功能：換行字元增加所有三個計數器的值，空格和 Tab 增加
兩個計數器的值，而其餘所有的字元都只增加字元計數器的值。

上面例子中的 FALL THRU 註解可以使讀者清楚，執行流此時將貫穿 case 標籤。如
果沒有這個註解，一個不夠細心去找 bug 的維護程式設計師，可能會覺得這裡缺少
break 陳述式是個錯誤，並且將它視為 bug，而停止繼續尋錯。畢竟「要讓 switch

陳述式的執行流貫穿 case 標籤」的情況非常罕見，所以當真的出現這種情況時，就很容易使人誤以為這是個錯誤。但是在「修正」這個問題時，他不僅會錯過原先的 bug，而且還將引入新的 bug。所以現在花點力氣寫條註解，以後在維護程式時可能會節省很多的時間。

4.9　goto 陳述式

最後，讓我們介紹一下 goto 陳述式，它的語法如下：

```
goto statement-label;
```

要使用 goto 陳述式，你必須在你希望跳轉的陳述式前面加上陳述式標籤（statement label）。陳述式標籤就是識別字後面加個冒號（colon）。包含這些標籤的 goto 陳述式可以出現在同一個函數中的任何位置。

goto 是一種危險的陳述式，因為在學習 C 的過程中，很容易形成對它的依賴。經驗欠缺的程式設計師有時使用 goto 陳述式來避免考慮程式的設計。這樣寫出來的程式，比起細心編寫的程式，總是難以維護得多。例如這裡有一個程式，它使用 goto 陳述式來執行陣列元素的交換排序（exchange sort）。

```
        i = 0;
outer_next:
        if( i >= NUM_ELEMENTS - 1 )
                goto outer_end;
        j = i + 1;
inner_next:
        if( j >= NUM_ELEMENTS )
                goto inner_end;
        if( value[i] <= value[j] )
                goto no_swap;
        temp = value[i];
        value[i] = value[j];
        value[j] = temp;
no_swap:
        j += 1;
        goto inner_next;
inner_end:
        i += 1;
        goto outer_next;
outer_end:
        ;
```

這是一個很小的程式，但你必須花相當長的時間來研究它，才能搞清楚它的結構。

下面是一個功能相同的程式，但它不使用 goto 陳述式。你很容易看清它的結構。

```
for( i = 0; i < NUM_ELEMENTS - 1; i += 1 ){
        for( j = i + 1; j < NUM_ELEMENTS; j += 1 ){
                if( value[i] > value[j] ){
                        temp = value[i];
                        value[i] = value[j];
                        value[j] = temp;
                }
        }
}
```

但是在某一種情況下，goto 陳述式也可能非常適合用在結構良好的程式裡——就是跳出多層巢狀結構的迴圈。由於 break 陳述式只影響包圍它的最內層迴圈，想要立即從深層巢狀結構的迴圈中退出，只有使用一個辦法，就是使用 goto 陳述式。如下例所示：

```
        while( condition1 ){
                while( condition2 ){
                        while( condition3 ){
                                if( some disaster )
                                        goto quit;
                        }
                }
        }
quit: ;
```

想要在這種情況下避免使用 goto 陳述式，有兩種方案。第一個方案是當你希望退出（exit）所有迴圈時，設置一個狀態旗標（status flag），但這個旗標在每個迴圈中都必須進行判斷：

```
enum { EXIT, OK } status;
...
status = OK;
while( status == OK && condition1 ){
        while( status == OK && condition2 ){
                while( condition3 ){
                        if( some disaster ){
                                status = EXIT;
                                break;
                        }
                }
        }
}
```

這個技巧能夠達到「退出所有迴圈」的目的，但情況弄得非常複雜。另一種方案是把所有的迴圈都放到一個單獨的函數裡，當災難（disaster）降臨到最內層的迴圈時，你可以使用 return 陳述式離開（leave）這個函數。「第 7 章」將討論 return 陳述式。

4.10　總結

C 的許多陳述式的行為，和其他語言中類似的陳述式相似。if 陳述式是根據「條件」來執行陳述式，while 陳述式則是陳述式的重覆執行。由於 C 並不具備布林類型，所以這些陳述式在判斷值的時候，用的都是整數型表達式。零值被解釋為假，非零值被解釋為真。for 陳述式是 while 迴圈的一種常用組合形式的便捷寫法，它把控制迴圈的表達式收集起來，放在同一個地方，以便尋找。do 陳述式與 while 陳述式類似，但前者能夠確保迴圈體至少執行一次。最後，goto 陳述式把程式的執行流，從一條陳述式轉移到另一條。在一般情況下，我們應該避免 goto 陳述式。

C 還有一些陳述式，它們的行為與其他語言中的類似陳述式稍有不同。賦值操作是在表達式陳述式中執行的，而不是在專門的賦值陳述式中進行。switch 陳述式完成的任務和其他語言的 case 陳述式差不多，但 switch 陳述式在執行時會貫穿所有的 case 標籤。想要避免這種行為，你必須在每個 case 的陳述式後面增加一條 break 陳述式。switch 陳述式的 default 子句用於捕捉「所有表達式的值，與所有 case 標籤的值都不匹配」的情況。如果沒有 default 子句，當表達式的值與所有 case 標籤的值均不匹配時，整個 switch 陳述式體將被跳過而不執行。

當需要出現一條陳述式但並不需要執行任何任務時，可以使用空陳述式。程式碼區塊則是允許你在語法要求上只出現一條陳述式的地方，編寫多條陳述式。當在迴圈內部執行 break 陳述式時，迴圈就會退出。當在迴圈內部執行 continue 陳述式時，迴圈體的剩餘部分便被跳過，立即開始下一次迴圈。在 while 和 do 迴圈中，下一次迴圈開始的位置是表達式判斷部分（測試部分）。但在 for 迴圈中，下一次迴圈開始的位置是調整部分。

就是這些了！C 並不具備任何輸入 / 輸出陳述式（input/output statements）；I/O 是透過呼叫函式庫實作的。C 也不具備任何異常處理陳述式（exception handling statements），它們也是透過呼叫函式庫來完成的。

4.11　警告的總結

1. 編寫不會產生任何結果的表達式。

2. 別忘了在 if 陳述式中的陳述式列表前後加上大括號。

3. 在 switch 陳述式中，執行流意外地從一個 case 串連到下一個 case。

4.12　程式設計提示的總結

1. 在一個沒有迴圈體的迴圈中，用一個分號表示空陳述式，並讓它獨佔一行。

2. for 迴圈的可讀性比 while 迴圈強，因為它把用於控制迴圈的表達式收集起來放在同一個地方。

3. 在每個 switch 陳述式中都使用 default 子句。

4.13　問題

1. 下面的表達式是否合法？如果合法，它執行了什麼任務？

   ```
   3 * x * x - 4 * x + 6;
   ```

2. 賦值陳述式的語法是什麼？

3. 用下面這種方法使用程式碼區塊是否合法？如果合法，你是否曾經想這樣使用？

   ```
   ...
   statement
   {
           statement
           statement
   }
   statement
   ```

4. 當你編寫 if 陳述式時，如果在 then[2] 子句中沒有陳述式，但在 else 子句中有陳述式，你該如何編寫？你還能改用其他形式來達到同樣的目的嗎？

---

[2]　譯註：C 並沒有 then 關鍵字，這裡所說的 then 子句就是緊跟 if 表達式後面的陳述式。相當於其他語言的 then 子句部分。

5. 下面的迴圈將產生什麼樣的輸出？

```
int          i;
...
for( i = 0; i < 10; i += 1 )
            printf( "%d\n", i );
```

6. 什麼時候使用 while 陳述式比使用 for 陳述式更加適合？

7. 下面的程式碼片段用於把「標準輸入」複製到「標準輸出」，並計算字元的 checksum（校驗和），它有什麼錯誤嗎？

```
while( (ch = getchar()) != EOF )
        checksum += ch;
        putchar( ch );

printf( "Checksum = %d\n", checksum );
```

8. 什麼時候使用 do 陳述式比使用 while 陳述式更加合適？

✎ 9. 下面的程式碼片段將產生什麼樣的輸出？請注意：位於左運算元（left operand）和右運算元（right operand）之間的 % 運算子用於產生兩者相除的餘數。

```
for( i = 1; i <= 4; i += 1 ){
        switch( i % 2 ){
        case 0:
                printf( "even\n" );
        case 1:
                printf( "odd\n" );
        }
}
```

10. 編寫一些陳述式，從標準輸入讀取一個整數型值，然後列印一些空白行，空白行的數量由這個值指定。

11. 編寫一些陳述式，用於對一些已經讀入的值進行檢驗並報告。如果 x 小於 y，則列印單詞 WRONG。同樣的，如果 a 大於或等於 b，也列印 WRONG。在其他情況下，列印 RIGHT。請注意：|| 運算子表示邏輯 OR（邏輯或），你可能要用到它。

✎ 12. 能夠被 4 整除的年份是閏年，但其中能夠被 100 整除的卻不是閏年，除非它同時能夠被 400 整除。請編寫一些陳述式，判斷 year 這個年份是否為閏年，如果它是閏年，把變數 leap_year 設置為 1，如果不是，把 leap_year 設置為 0。

13. 新聞記者都受過訓練，善於提問誰（who）？什麼（what）？何時（when）？何地（where）？為什麼（why）？請編寫一些語句，如果變數 which_word 的值是 1，就列印 who；如果值為 2，列印 what，依此類推。如果變數的值不在 1 到 5 的範圍之內，就列印 don't know。

14. 假設有一個「程式」在控制你，而且這個程式包含兩個函數：eat_hamberger() 用於讓你吃漢堡，hungry() 函數根據你是否饑餓返回真值（true）或假值（false）。請編寫一些陳述式，允許你在饑餓感得到滿足之前愛吃多少漢堡就吃多少。

15. 修改你對「問題 14」的答案，使它能夠讓你的阿嬤滿意——有一種餓，叫你阿嬤覺得你餓！——不管你餓不餓，你至少得吃一個漢堡。

16. 編寫一些陳述式，根據變數 precipitating 和 temperature 的值，來列印目前天氣的簡單總結。

如果 precipitating 為 ...	而且 temperature 是 ...	那就列印 ...
true	<32	snowing
	>=32	raining
false	<60	cold
	>=60	warm

4.14 程式設計練習

✍★ 1. 正數 n 的平方根（square root）可以透過一連串的計算近似值來取得，每個近似值（approximation）都比前一個更加接近精準值。第一個近似值是 1，接下來的近似值則透過下面的公式來取得：

$$a_{i+1} = \frac{a_i + \frac{n}{a_i}}{2}$$

編寫一個程式來讀取一個值，計算並列印出它的平方根。如果你將所有的近似值都列印出來，你會發現這種方法獲得準確結果的速度有多快。原則上，這種計算可以永遠進行下去，它會不斷產生更加精確的結果。但在實際中，由於浮點數上的精度限制，程式無法一直計算下去。當某個近似值與前一個近似值相等時，你就可以讓程式停止繼續計算了。

★ 2. 一個整數如果只能被它本身和 1 整除，它就被稱為質數（prime）。請編寫一個程式，列印出 1 ～ 100 之間所有的質數。

★★ 3. 等邊三角形（equilateral triangle）的三條邊長度都相等，但等腰三角形（isosceles triangle）只有兩條邊的長度是相等的。如果三角形的三條邊長度都不等，那就稱為不等邊三角形（scalene）。請編寫一個程式，提示使用者輸入三個數，分別表示三角形三條邊的長度，然後由程式判斷它是什麼類型的三角形。**提示**：除了邊的長度是否相等之外，程式是否還應考慮一些其他的東西？

✍★★ 4. 編寫函數 copy_n，它的原型如下所示：

```
void copy_n( char dst[], char src[], int n );
```

這個函數用於把一個字串從陣列 src 複製到陣列 dst，但有以下要求：必須正好複製 n 個字元到 dst 陣列中，不能多，也不能少。如果 src 字串的長度小於 n，你必須在複製後的字串尾部補充足夠的 NUL 字元，使它的長度正好為 n。如果 src 的長度長於或等於 n，那麼你在 dst 中儲存了 n 個字元後便可停止。此時，陣列 dst 將不是以 NUL 字元結尾。請注意，在呼叫 copy_n 時，它應該在 dst[0] 至 dst[n-1] 的空間中儲存一些東西，但也只侷限於那些位置，這與 src 的長度無關。

如果你計畫使用函式庫 strncpy 來實作你的程式，恭喜你提前學到了這個知識。但在這裡，我的目的是讓你自己規劃程式的邏輯，所以你最好不要使用那些處理字串的函式庫。

★★ 5. 編寫一個程式，從標準輸入一列一列地讀取文字，並完成以下任務：如果檔案中有兩列或更多列相鄰的文字內容相同，那麼就列印出其中一列，其餘的列（line）不列印。你可以假設「檔案中的文字列」在長度上不會超過 128 個字元（127 個字元再加上用於終結文字列的換行字元）。

考慮下面的輸入檔案。

```
This is the first line.
Another line.
And another.
And another.
And another.
And another.
Still more.
Almost done now --
Almost done now --
```

```
Another line.
Still more.
Finished!
```

假設所有的列在尾部沒有任何空白（它們在視覺上不可見，但它們卻可能使鄰近兩列在內容上不同），根據這個輸入檔案，程式應該產生下列輸出：

```
And another.
Almost done now --
```

所有內容相同的相鄰文字列有一列被列印。注意「Another line.」和「Still more.」並未被列印，因為檔案中它們雖然各佔兩列，但相同文字列的位置並不相鄰。

提示：使用 gets 函數讀取輸入列（input line），使用 strcpy 函數來複製它們。有一個叫做 strcmp 的函數接受兩個字串參數並對它們進行比較。如果兩者相等，函數返回 0，如果不相等，函數返回非零值。

★★★ 6. 請編寫一個函數，它從一個字串中提取一個子字串（substring）。函數的原型應該如下：

```
int substr( char dst[], char src[], int start, int len );
```

函數的任務是從 src 陣列起始位置向後偏移 start 個字元的位置開始，最多複製 len 個非 NUL 字元到 dst 陣列。在複製完畢之後，dst 陣列必須以 NUL 位元組結尾。函數的返回值是儲存於 dst 陣列中字串的長度。

如果 start 所指定的位置越過了 src 陣列的尾部，或者 start 或 len 的值為負，那麼複製到 dst 陣列的是個空字串。

★★★ 7. 編寫一個函數，從一個字串中去除多餘的空格。函數的原型應該如下：

```
void deblank( char string[] );
```

當函數發現字串中如果有一個地方，是由一個或多個連續的空格組成，就把它們改成單一空格字元。請注意，當你巡訪整個字串時，要確保它以 NUL 字元結尾。

運算子和表達式

C 提供了你希望程式語言應該擁有的所有運算子（operator），它甚至提供了一些你意想不到的運算子。事實上，C 被許多人所詬病的一個缺點，就是它種類繁多的運算子。C 的這個特點使它很難精通。另一方面，C 的許多運算子具有其他語言的運算子無可抗衡的價值，這也是 C 適用於開發範圍極廣的應用程式的原因之一。

在介紹完運算子之後，我將討論表達式求值（expression evaluation）的規則，包括運算子優先順序（operator precedence）和算術轉換（arithmetic conversions）。

5.1 運算子

為了便於解釋，我將按照運算子的功能或它們的使用方式對它們進行分類。為了便於參考，按照優先順序對它們進行分組會更方便一些。本章後面的表 5.1 就是按照這種方式整理的。

5.1.1 算術運算子

C 提供了所有常用的算術運算子（arithmetic operator）：

```
+   -   *   /   %
```

除了 % 運算子，其餘幾個運算子都是既適用於浮點類型又適用於整數類型，當 / 運算了的兩個運算元（operand）都是整數時，它執行整數除法，在其他情況下則執行

浮點數除法[1]。% 為餘數運算子，它接受兩個整數型運算元，把左運算元除以右運算元，但它返回的值是餘數而不是商。

5.1.2 移位運算子

組合語言程式設計師對於移位操作已經是非常熟悉了。對於那些適應能力強的讀者，這裡進行簡單介紹。移位操作（shift）只是簡單地把一個值的位元向左或向右移動。在左移位操作（left shift）中，值最左邊的幾個位元會被丟棄，右邊多出來的幾個空位元則由 0 補齊。圖 5.1 是一個左移位的例子，它在一個 8 位元的值上進行左移 3 位元的操作，圖以「二進位（binary）的形式」呈現。這個值所有的位元均向左移 3 個位置，移出左邊界的那幾個位元丟失，右邊空出來的幾個位元則用 0 補齊。

右移位操作（right shift）存在一個左移位操作不曾面臨的問題：從左邊移入新位元時，可以選擇兩種方案。一種是邏輯移位（logical shift），左邊移入的位元用 0 填滿；另一種是算術移位（arithmetic shift），左邊移入的位元由原先該值的符號位元（sign bit）決定，符號位元為 1 則移入的位元均為 1，符號位元為 0 則移入的位元均為 0，這樣能夠保持原數的正負形式不變。如果值 10010110 右移兩位元，邏輯移位的結果是 00100101，但算術移位的結果是 11100101。算術左移和邏輯左移是相同的，它們只在右移時不同，而且只有當運算元是負值時才不一樣。

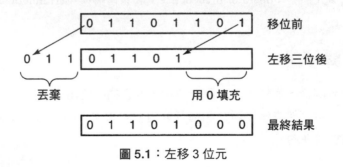

圖 5.1：左移 3 位元

---

[1] 如果整除運算的任一運算元為負值，運算的結果是由編譯器定義的。詳情請參見「第 16 章」介紹的 div 函數。

左移位運算子（left shift operator）為 <<，右移位運算子（right shift operator）為 >>。左運算元的值將移動「由右運算元指定的位元數」。兩個運算元都必須是整數型類型。

警告

「標準」說明，無符號值（unsigned values）執行的所有移位操作，都是邏輯移位，但對於有符號值，到底是採用邏輯移位還是算術移位，則取決於編譯器。你可以編寫一個簡單的測試程式，看看你的編譯器使用哪種移位方式。但你的測試並不能保證其他的編譯器也會採取同樣的方式。因此，一個程式如果使用了有符號數的右移位操作，它就是不可攜的（non-portable，不可移植的）。

警告

注意類似這種形式的移位：

  a << -5

左移 -5 位元表示什麼呢？是表示右移 5 位元嗎？還是根本不移位？在某台機器上，這個表達式實際執行左移 27 位元的操作——你怎麼也想不到吧！如果移位的位元數比運算元的位元數還要多，會發生什麼情況呢？

「標準」說明這類移位的行為是未定義的，所以它是由編譯器決定的。然而，很少有編譯器設計者會清楚說明如果發生這種情況將會如何，所以它的結果很可能沒有什麼意義。因此，你應該避免使用這種類型的移位，因為它們的效果無法預測，使用這類移位的程式是不可攜的（不可移植的）。

程式 5.1 的函數使用「右移位操作」來計數（count）一個值，其內部位元的值為 1 的個數。它接受一個無符號參數（unsigned argument，這是為了避免右移位的歧義），並使用 % 運算子判斷「最右邊的位元」是否非零。在學習完 &、<<= 和 += 運算子之後，我們將進一步改善這個函數。

程式 5.1 計數一個值其位元之值為 1 的個數：初級版本（count_1a.c）

```
/*
** 計數一個值其位元之值為 1 的個數。
*/
int
count_one_bits( unsigned value )
{
        int ones;

        /*
        ^^ 當還有一些位元的值為 1 時 ...
        */
```

```
        for( ones = 0; value != 0; value = value >> 1 )
                /*
                ** 如果最低位元的值為 1，計數增加 1。
                */
                if( value % 2 != 0 )
                        ones = ones + 1;

        return ones;
}
```

5.1.3 位元運算子

位元運算子（bitwise operator）對它們運算元的各個位元執行 AND、OR 和 XOR
（互斥或）等邏輯操作。同樣的，組合語言程式設計師對於這類操作已是非常熟
悉了，但為了照顧其他人，這裡還是做一些簡單介紹。當兩個位元進行 AND 操
作時，如果兩個位元都是 1，其結果為 1，否則結果為 0。當兩個位元進行 OR 操
作時，如果兩個位元都是 0，其結果為 0，否則結果為 1。最後，當兩個位元進行
XOR 操作時，如果兩個位元不同，則結果為 1，如果兩個位元相同，則結果為 0。
這些操作以圖表的形式總結如下：

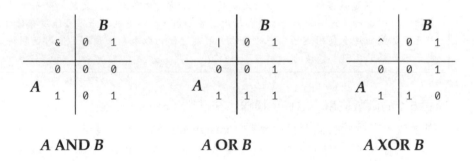

A AND *B*   *A* OR *B*   *A* XOR *B*

位元運算子有：

   & | ^

它們分別執行 AND、OR 和 XOR 操作。它們要求運算元為整數類型，並向運
算元對應的位元進行指定的操作，逐次處理每一對的位元。舉例說明，假設變
數 a 的二進位值為 00101110，變數 b 的二進位值為 01011011。則 a & b 的結果是
00001010，a | b 的結果是 01111111，a ^ b 的結果是 01110101。

一、位元的操作

下面的表達式顯示了你可以如何使用移位運算子和位元運算子，來操作一個整數型值中的單一位元。表達式假設變數 bit_number 為一整數型值，它的範圍是從 0 到整數型值的位元數減 1，並且整數型值的位元從右向左計數。第 1 個例子把指定的位元（specified bit）設置為 1。

```
value = value | 1 << bit_number;
```

下一個例子把指定的位元設置為 0 [2]。

```
value = value & ~ ( 1 << bit_number );
```

這些表達式常常寫成 |= 和 &= 運算子的形式，它們將在下一節介紹。最後，下面這個表達式對指定的位元進行判斷，如果該位元已被設置為 1，則表達式的結果為非零值。

```
value & 1 << bit_number
```

5.1.4 賦值運算子

最後，我們討論賦值運算子（assignment operator），它用一個等號表示。賦值（assignment）是表達式的一種，而不是某種類型的陳述式。所以，只要是允許出現表達式的地方，都允許進行賦值。下面的陳述式

```
x = y + 3;
```

包含兩個運算子，+ 和 =。首先進行加法運算，所以 = 的運算元是變數 x 和表達式 y+3 的值。賦值運算子把右運算元的值，儲存在左運算元指定的位置。但賦值也是個表達式，表達式就具有一個值。賦值表達式的值就是左運算元的新值，它可以作為其他賦值運算子的運算元，如下面的陳述式所示：

```
a = x = y + 3;
```

賦值運算子的結合性（求值的順序）是從右到左，所以這個表達式相當於：

```
a = ( x = y + 3 );
```

---

[2] 這裡簡單描述一下一元運算子（unary operator）~，它對運算元進行 1 的「補數（complement）運算」，即 1 變為 0，0 變為 1。

它的意思和下面的陳述式完全相同：

```
x = y + 3;
a = x;
```

下面是一個稍微複雜一些的例子。

```
r = s + ( t = u - v ) / 3;
```

這條陳述式把表達式 u-v 的值賦值給 t，然後把 t 的值除以 3，再把除法的結果和 s 相加，其結果再賦值給 r。儘管這種方法也是合法的，但改寫成下面這種形式也具有同樣的效果：

```
t = u - v;
r = s + t / 3;
```

事實上，後面這種寫法更好一些，因為它們更易於閱讀和除錯。人們在編寫內嵌賦值操作的表達式時很容易走極端，寫出難於閱讀的表達式。因此，在你使用這個「特性」（feature）之前，要確定這種寫法能帶來一些實質的好處。

警告

在下面的陳述式中，認為「a 和 x 被賦予相同值」的想法是不正確的：

```
a = x = y + 3;
```

如果 x 是一個字元型變數，那麼 y+3 的值就會被截去一段，以便容納於字元類型的變數之中。那麼 a 所賦的值就是這個被截短後的值。在下面這個常見的錯誤中，這種截短（truncation）正是問題的根源所在：

```
char ch;
...
while( ( ch = getchar() ) != EOF ) ...
```

EOF 需要的位元數比字元型值所能提供的位元數要多，這也是 getchar 返回一個整數型值而不是字元值的原因。然而，把 getchar 的返回值首先儲存於 ch 中將導致它被截短。然後這個被截短的值被提升（promoted）為整數型並與 EOF 進行比較。當這段存在錯誤的程式碼在使用「有符號字元集」的機器上執行時，如果讀取了一個值為 \377 的位元組，迴圈將會終止，因為這個值截短再提升之後與 EOF 相等。當這段程式碼在使用「無符號字元集」的機器上執行時，這個迴圈將永遠不會終止！

一、複合賦值符號

到目前為止所介紹的運算子，都還有一種複合賦值（compound assignment）的形式：

```
+=        -=        *=        /=        %=
<<=       >>=       &=        ^=        |=
```

我們這裡只討論 += 運算子，因為其餘運算子與它非常相似，只是各自使用的運算子不同而已。+= 運算子的用法如下：

```
a += expression
```

它讀作「把 expression 加到 a」，它的功能相當於下面的表達式：

```
a = a + ( expression )
```

唯一的不同之處是 += 運算子的左運算元（此例為 a）只求值一次。注意括號：它們確保表達式在執行加法運算前已被完整求值，即使它內部包含有優先順序低於加法運算的運算子。

存在兩種增加一個變數值的方法有何意義呢？K&R C 設計者認為，複合賦值運算子可以讓程式設計師把程式碼寫得更清楚一些。另外，編譯器可以產生更為緊湊的程式碼。現在，a=a+5 和 a+=5 之間的差別不再那麼顯著，而且現代的編譯器為這兩種表達式產生最佳化程式碼並無多大問題。但請考慮下面兩條陳述式，如果函數 f 沒有副作用，它們是相等的。

```
a[ 2 * (y - 6*f(x)) ] = a[ 2 * (y - 6*f(x)) ] + 1;
a[ 2 * (y - 6*f(x)) ] += 1;
```

在第 1 種形式中，用於選擇遞增位置的表達式必須書寫兩次，一次在賦值符號的左邊，另一次在賦值符號的右邊。由於編譯器無從知道函數 f 是否具有副作用，所以它必須計算兩次索引表達式（subscript expression，又譯下標表達式）的值。第 2 種形式效率更高，因為索引表達式只計算一次。

提示

+= 運算子更重要的優點，是它使原始程式碼更容易閱讀和書寫。讀者如果想判斷上例第 1 條陳述式的功能，必須仔細檢查這兩個索引表達式，證實它們的確相同，然後還必須檢查函數 f 是否具有副作用。但第 2 條陳述式則不存在這樣的問題。而且它在書寫方面也比第 1 條陳述式更方便，出現打字錯誤的可能性也小得多。根據這些理由，你應該儘量使用複合賦值運算子。

我們現在可以使用複合賦值運算子來改寫**程式 5.1**，其結果見**程式 5.2**。複合賦值運算子同時能簡化用於設置（set）和清除（clear）變數值中，單一位元的表達式：

```
value |= 1 << bit_number;
value &= ~ ( 1 << bit_number );
```

程式 5.2 計數一個值其位元之值為 1 的個數：最終版本（count_1b.c）

```
/*
** 計數一個值其位元之值為 1 的個數。
*/
int
count_one_bits( unsigned value )
{
        int ones;

        /*
        ** 當還有一些位元的值為 1 時 ...    */
        for( ones = 0; value != 0; value >>= 1 )
                /*
                ** 如果最低位元為 1，計數增加 1。
                */
                if( ( value & 1 ) != 0 )
                        ones += 1;

        return ones;
}
```

5.1.5 一元運算子

C 具有一些一元運算子（unary operator），也就是只接受一個運算元的運算子。它們是

```
!      ++    -     &       sizeof
~      --    +     *      （類型）
```

讓我們逐一來介紹這些運算子。

! 運算子對它的運算元執行邏輯反操作；如果運算元為真，其結果為假，如果運算元為假，其結果為真。和關係運算子一樣，這個運算子實際上產生一個整數型結果，0 或 1。

~ 運算子對整數類型的運算元進行 1 的補數操作，運算元中所有原先為 1 的位元變為 0，所有原先為 0 的位元變為 1。

- 運算子產生運算元的負值。

+ 運算子產生運算元的值;換句話說,它什麼也不做。之所以提供這個運算子,是為了與 - 運算子組成對稱的一對。

& 運算子產生它的運算元位址(address)。例如,下面的陳述式宣告了一個整數型變數,和一個指向整數型變數的指標。接著,& 運算子取變數 a 的位址,並把它賦值給指標變數。

```
int   a, *b;
...
b = &a;
```

這個例子說明了你如何把一個現有變數的位址,賦值給一個指標變數。

* 運算子是間接存取運算子(indirection operator),它與指標一起使用,用於存取指標所指向的值。在前面例子中的賦值操作完成之後,表達式 b 的值是變數 a 的位址,但表達式 *b 的值則是變數 a 的值。

sizeof 運算子判斷它的運算元的類型長度,以位元組(bytes)的單位表示。運算元既可以是個表達式(常常是單一變數),也可以是兩邊加上括號的類型名稱(type name)。這裡有兩個例子:

```
sizeof ( int )        sizeof x
```

第 1 個表達式返回整數型變數的位元組數,其結果自然取決於你所使用的環境。第 2 個表達式返回變數 x 所佔據的位元組數。請注意,從定義上來說,字元變數的長度為 1 個位元組。當 sizeof 的運算元是個陣列名稱時,它返回該陣列的長度,以位元組為單位。在表達式的運算元兩邊加上括號也是合法的,如下所示:

```
sizeof( x )
```

這是因為括號在表達式中總是合法的。判斷表達式的長度並不需要對表達式進行求值,所以 sizeof(a = b + 1) 並沒有向 a 賦予任何值。

(類型) 運算子稱之為**強制類型轉換**(cast),它用於顯式地把表達式的值,轉換為另外的類型。例如,為了獲得整數型變數 a 對應的浮點數值,你可以這樣寫

```
(float)a
```

「強制類型轉換」這個名稱很容易記憶,它具有很高的優先順序,所以把「強制類型轉換」放在一個表達式前面,只會改變表達式的第 1 個項目的類型。如果要對整個表達式的結果進行「強制類型轉換」,你必須把整個表達式用括號括起來。

最後我們討論遞增運算子（increment operator）++ 和遞減運算子（decrement operator）--。如果說有哪種運算子能夠捕捉到 C 語言程式設計的「感覺」（feel），它必然是這兩個運算子之一。這兩個運算子都有兩個變形（variation），分別為前綴形式（prefix）和後綴形式（postfix）。兩個運算子的任一變形都需要一個變數，而不是表達式作為它的運算元。實際上，這個限制並非那麼嚴格。這個運算子實際只要求運算元必須是一個「左值」，但目前我們還沒有討論這個話題。這個限制要求 ++ 或 -- 運算子只能作用於「放置在賦值運算子左邊的表達式」。

「前綴形式的 ++ 運算子」出現在運算元的前面。運算元的值被增加，而表達式的值就是運算元增加後的值。「後綴形式的 ++ 運算子」出現在運算元的後面。運算元的值仍被增加，但表達式的值是運算元增加前的值。如果你考慮一下運算子的位置，這個規則很容易記住——在運算元之前的運算子在變數值被使用之前增加它的值；在運算元之後的運算子在變數值被使用之後才增加它的值。-- 運算子的工作原理和它相同，只是它所執行的是遞減操作而不是遞增操作。

這裡有一些例子。

```
int a, b, c, d;
...
a = b = 10;        a 和 b 得到值 10
c = ++a;           a 增加至 11，c 得到的值為 11
d = b++;           b 增加至 11，但 d 得到的值仍為 10
```

上面的註解說明了這些運算子的結果，但並沒有解釋這些結果是如何獲得的。抽象地說，前綴和後綴形式的遞增運算子都將變數值做了一個複本（copy）。用於周圍表達式（surrounding expression）的值正是這份複本（在上面的例子中，「周圍表示式」是指「賦值操作」）。前綴運算子在進行複製之前增加變數的值，後綴運算子在進行複製之後才增加變數的值。這些運算子得出的結果，並不是被它們所修改的變數，而是變數值的複本，認識這點非常重要。它之所以重要是因為它解釋了你為什麼不能像下面這樣使用這些運算子：

```
++a = 10;
```

++a 的結果是 a 值的複本，並不是變數本身，你無法向一個值進行賦值。

5.1.6 關係運算子

這類運算子用於判斷運算元之間的各種關係。C 提供了所有常見的關係運算子（relational operator）。不過，這組運算子裡面存在一個陷阱。這些運算子是：

```
>    >=    <    <=    !=    ==
```

前 4 個運算子的功能一看便知。!= 運算子用於判斷「不相等」，而 == 運算子用於判斷「相等」。

儘管關係運算子所實作的功能和你預想的一樣，但它們實作功能的方式則和你預想的稍有不同。這些運算子產生的結果都是一個整數型值，而不是布林值。如果兩端的運算元符合運算子指定的關係，表達式的結果是 1，如果不符合，表達式的結果是 0。關係運算子的結果是整數型值，所以它可以賦值給整數型變數，但通常它們用於 if 或 while 陳述式中，作為判斷表達式。請記住這些陳述式的工作方式：表達式的結果如果是 0，它被認為是「假」；表達式的結果如果是任何非零值，它被認為是「真」。所有關係運算子的工作原理相同，如果運算子兩端的運算元不符合它指定的關係，表達式的結果為 0。因此，單純從功能上來說，我們並不需要額外的布林型資料類型。

C 用整數來表示布林型值，這直接產生了一些簡寫方法，它們在表達式判斷中極為常用。

```
if( expression != 0 ) ...
if( expression ) ...

if( expression == 0 ) ...
if( !expression ) ...
```

在每對陳述式中，該兩條陳述式的功能是相同的。判斷「不等於 0」既可以用關係運算子來實作，也可以簡單地透過判斷表達式的值來完成。同樣的，判斷「等於 0」也可以透過判斷表達式的值，然後再取結果值的邏輯 NOT（邏輯反）來實作。你喜歡使用哪種形式純屬風格問題，但你在使用最後一種形式時必須多加小心。由於 ! 運算子的優先順序很高，所以如果表達式內包含了其他運算子，你最好把表達式放在一對括號裡。

警告

如果說下面這個錯誤不是 C 語言程式設計師新手最常見的錯誤，那麼它至少也是最令人惱火的錯誤。絕大多數其他語言使用 = 運算子來比較相等性。在 C 中，你必須使用雙等號 == 來執行這個比較，單個 = 號是用於賦值操作。

這裡的陷阱在於：在判斷相等性的地方出現賦值運算子是合法的，它並非是一個語法錯誤 [3]。這個不幸的特點正是 C 不具備布林類型的不利之處。這兩個表達式都是合法的整數型表達式，所以它們在這個情境中都是合法的。

如果你使用了錯誤的運算子，會出現什麼後果呢？考慮下面這個例子，對於 Pascal 和 Modula 程式設計師而言，它看上去並無不當之處：

```
x = get_some_value();
if( x = 5 )
            執行某些任務
```

x 從函數獲得一個值，但接下來我們把 5 賦值給 x，而不是把 x 與字面值 5 進行比較，進而丟失了從函數獲得的那個值 [4]。這個結果顯然不是程式設計師的意圖所在。但是，這裡還存在另外一個問題。由於表達式的值是 x 的新值（非零值），所以 if 陳述式將始終為真（true）。

你應該養成一個習慣，當你進行相等性判斷比較（相等性測試比較）時，你要檢查一下你所寫的確實是雙等號。當你發現程式執行不正常時，趕快檢查一下比較運算子有沒有寫錯，這可能節省大量的除錯時間。

5.1.7 邏輯運算子

邏輯運算子有 && 和 ||。這兩個運算子看上去有點像位元運算子，但它們的具體操作卻大相逕庭——它們用於對表達式求值，判斷它們的值是真還是假。讓我們先看一下 && 運算子。

expression1 && expression2

如果 expression1 和 expression2 的值都是真的，那麼整個表達式的值也是真的。如果兩個表達式中的任何一個表達式的值為假，那麼整個表達式的值便為假。到目前為止，一切都很正常。

---

[3] 有些編譯器對於這類可疑的表達式將產生警告訊息。在罕見情況下，如果確實要在比較中出現賦值，此時你應該把「賦值操作」放在括號裡，以免產生警告訊息。

[4] = 運算子有時被開玩笑地稱為「現在就是」（it is now）運算子，「你問 x 是不是等於 5？對！它現在就等於 5。」

這個運算子存在一個有趣之處，就是它會控制子表達式（subexpression）求值的順序。例如，下面這個表達式：

```
 a > 5 && a < 10
```

&& 運算子的優先順序比 > 和 < 運算子的優先順序都要低，所以子表達式是按照下面這種方式進行組合的：

```
 ( a > 5 ) && ( a < 10 )
```

但是，儘管 && 運算子的優先順序較低，但它仍然會對兩個關係表達式施加控制。下面是它的工作原理：&& 運算子的左運算元總是首先進行求值，如果它的值為真，然後就緊接著對右運算元進行求值。如果左運算元的值為假，那麼右運算元便不再進行求值，因為整個表達式的值肯定是假的，右運算元的值已無關緊要。|| 運算子也具有相同的特點，它首先對左運算元進行求值，如果它的值是真，右運算元便不再求值，因為整個表達式的值此時已經確定。這個行為常常稱之為**短路求值**（short-circuit evaluation，又稱最小化求值）。

表達式的順序必須確保正確，這點非常有用。下面這個例子在標準 Pascal 中是非法的：

```
 if ( x >= 0 && x < MAX && array[x] == 0 ) ...
```

在 C 中，這段程式碼首先檢查「x 的值」是否在陣列索引的合法範圍之內。如果不是，程式碼中的索引參照表達式便被忽略。由於 Pascal 將完整地對所有的子表達式進行求值，所以如果索引值錯誤，就算程式設計師已經費盡心思對索引值進行範圍檢查，但程式仍會由於無效的索引參照而導致失敗。

警告

位元運算子常常與邏輯運算子混淆，但它們是不可互換的（not interchangeable）。它們之間的第 1 個區別是 || 和 && 運算子具有短路性質（short circuited），如果表達式的值根據左運算元便可決定，它就不再對右運算元進行求值。相反的，| 和 & 運算子兩邊的運算元都需要進行求值。

其次，邏輯運算子用於判斷零值和非零值，而位元運算子則用於比較運算元之間對應的位元。這裡有一個例子：

```
 if( a < b && c > d ) ...
 if( a < b & c > d ) ...
```

由於關係運算子產生的結果不是 0 就是 1，所以這兩條陳述式的結果是一樣的。但是，如果 a 是 1 而 b 是 2，那麼下一對陳述式就不會產生相同的結果。

```
if( a && b ) ...
if( a & b ) ...
```

因為 a 和 b 都是非零值，所以第 1 條陳述式的值為真，但第 2 條陳述式的值卻是假，因為在 a 和 b 的位元模式中，沒有一個位元在兩者中的值都是 1。

5.1.8 條件運算子

條件運算子接受三個運算元。它也會控制子表達式的求值順序。以下是它的用法：

expression1 ? expression2 : expression3

條件運算子的優先順序非常低，所以它的各個運算元即使不加括號，一般來說也不會有問題。但是為了清楚起見，人們還是傾向於在它的各個子表達式兩端加上括號。

首先計算的是 expression1，如果它的值為真（非零值），那麼整個表達式的值就是 expression2 的值，expression3 不會進行求值。但是，如果 expression1 的值是假（零值），那麼整個條件陳述式的值就是 expression3 的值，expression2 不會進行求值。

如果你覺得記住條件運算子的運作過程有點困難，你可以試一試以問題的形式對它進行解讀。例如，

```
a > 5 ? b - 6 : c / 2
```

可以理解為「a 是不是大於 5？如果是，就執行 b-6，否則執行 c/2」。語言設計者選擇「問號字元」來表示條件運算子，絕非一時心血來潮。

提示

什麼時候要用到條件運算子呢？這裡有兩個程式片段：

```
if( a > 5 )            │   b = a > 5 ? 3 : -20;
        b = 3;         │
else                   │
        b = -20;       │
```

這兩段程式碼所實作的功能完全相同，但左邊的程式碼區段要編寫兩次「b=」。當然，這並沒什麼大不了，在這種場合使用條件運算子並無優勢可言。但是，請看下面這條陳述式：

```
    if( a > 5 )
        b[ 2 * c + d( e / 5 ) ] = 3;
    else
        b[ 2 * c + d( e / 5 ) ] = -20;
```

在這裡，長長的索引表達式需要寫兩次，確實令人討厭。如果使用條件運算子，看上去
就清楚得多：

```
    b[ 2 * c + d( e / 5 ) ] = a > 5 ? 3 : -20;
```

在這個例子裡，使用條件運算子就相當不錯，因為它的好處顯而易見。在此例中，使用
條件運算子出現打字錯誤的可能性也比前一種寫法要低，而且條件運算子可能會產生較
小的目的碼（object code）。當你習慣了條件運算子之後，你會像理解 if 陳述式那樣，
輕鬆看懂這類陳述式。

5.1.9 逗號運算子

提起逗號運算子（comma operator），你可能都有點聽膩了。但在有些場合，它確
實相當有用。它的用法如下：

expression1, *expression2*, ... , *expression*N

逗號運算子將兩個或多個表達式分隔開來。這些表達式自左向右逐一進行求值，整
個逗號表達式的值就是最後那個表達式的值。例如：

```
    if( b + 1, c / 2, d > 0 )
```

如果 d 的值大於 0，那麼整個表達式的值就為真。當然，沒有人會這樣編寫程式
碼，因為對前兩個表達式的求值毫無意義，它們的值只是被簡單地丟棄。但是，請
看下面的程式碼：

```
    a = get_value();
    count_value( a );
    while( a > 0 ){
        ...
        a = get_value();
        count_value( a );
    }
```

在這個 while 迴圈的前面，有兩條獨立的陳述式，它們的用途是獲得迴圈表達式中
進行判斷的值。如此一來，在迴圈開始之前和迴圈體的最後，必須各有一份這兩條
陳述式的複本。但是，如果使用逗號運算子，你可以把這個迴圈改寫為：

```
while( a = get_value(), count_value( a ), a > 0 ) {
        ...
}
```

你也可以使用內嵌的賦值形式，如下所示：

```
while( count_value( a = get_value() ), a > 0 ) {
        ...
}
```

這裡有一個技巧，你可能偶爾會看到：

```
while( x < 10 )
        b += x,
        x += 1;
```

在這個例子中，逗號運算子把兩條賦值陳述式整合成一條，進而避免了在它們的兩
端加上大括號。不過，這並不是個好做法，因為逗號和分號的區別過於細微，人們
很難注意到第 1 個賦值後面是一個逗號而不是個分號。

5.1.10 索引參照、函數呼叫和結構成員

剩餘的一些運算子我將在本書的其他章節詳細討論，但為了完整起見，我在這裡順
便提一下它們。索引參照運算子（subscript operator）是一對中括號。索引參照運
算子接受兩個運算元：一個陣列名稱（array name）和一個索引值（index value）。
事實上，索引參照並不僅限於陣列名稱，不過我們將到「第 6 章」再討論這個
話題。C 的索引參照與其他語言的索引參照很類似，不過它們的實作方式稍有不
同。C 的索引值總是從零開始，並且不會對索引值進行有效性檢查。除了優先順
序不同之外，索引參照操作（subscript operations）和間接存取表達式（indirection
expressions）是等價的。這裡是它們的映射關係（mapping）：

```
array[ 索引 ]
*( array + ( 索引 ) )
```

索引參照實際上是以後面這種形式實作的，當你從「第 6 章」開始越來越頻繁地使用指標時，認識這點將會越來越重要。

函數呼叫運算子（function call operator）接受一個或多個運算元。它的第 1 個運算元是你希望呼叫的函數名稱，剩餘的運算元就是傳遞給函數的參數。把函數呼叫以運算子的方式實作，意味著「表達式」可以代替「常數」作為函數名稱，事實也確實如此。「第 7 章」將詳細討論函數呼叫運算子。

. 和 -> 運算子用於存取一個結構（structure）的成員。如果 s 是個結構變數，那麼 s.a 就存取 s 之中名叫 a 的成員（member）。當你擁有一個指向結構的指標而不是結構本身，且欲存取它的成員時，就需要使用 -> 運算子而不是 . 運算子。「第 10 章」將詳細討論結構、結構的成員以及這些運算子。

5.2　布林值

C 並不具備顯式的布林類型，所以使用整數來代替。其規則是：**零是假，任何非零值皆為真。**

然而「標準」並沒有說，1 這個值比其他任何非零值「更真」（more true）。觀察下面的程式碼區段：

```
a = 25;
b = 15;
if( a ) ...
if( b ) ...
if( a == b ) ...
```

第 1 個判斷檢查 a 是否為非零值，結果為真。第 2 個判斷檢查 b 是否不等於 0，其結果也是真。但第 3 個判斷並不是檢查 a 和 b 的值是否都為「真」，而是判斷兩者是否相等。

當你在需要布林值的上下文環境中使用整數型變數時，便有可能出現這類問題。

```
nonzero_a = a != 0;
...
if( nonzero_a == ( b != 0 ) ) ...
```

當 a 和 b 的值或者都是零，或者都不是零時，這個判斷的結果為真。這個判斷如上所示並沒有問題，但如果你把 (b != 0) 這個表達式換成「等效」的表達式 b：

```
if( nonzero_a == b ) ...
```

這個表達式不再用於判斷 a 和 b 是否都為零或非零值,而是用於判斷 b 是否為某個特定的整數型值,即 0 或者 1。

警告

儘管所有的非零值(nonzero values)都被認為是真(true),但是當你在兩個真值之間相互比較時必須小心,因為許多不同的值都可能代表真。

這裡有一種程式設計師經常使用的簡寫手法,用於 if 陳述式中——此時就可能出現這種麻煩。假如你進行了下面這些 #define 定義,它們後面的每對陳述式看上去似乎都是等價的。

```
#define FALSE    0
#define TRUE     1
...
if( flag == FALSE ) ...
if( !flag ) ...

if( flag == TRUE ) ...
if( flag ) ...
```

但是,如果 flag 設置為任意的整數型值,那麼「第 2 對陳述式」就不是等價的。只有當 flag 確實是 TRUE 或 FALSE,或者是關係表達式或邏輯表達式的結果值時,兩者才是等價的。

提示

解決所有這些問題的方法是避免混合使用整數型值和布林值。如果一個變數包含了一個任意的整數型值,你應該顯式地對它進行判斷:

```
if( value != 0 ) ...
```

不要使用簡寫法來判斷變數是零還是非零,因為這類形式錯誤地暗示該變數在本質上是布林型的。

如果一個變數用於表示布林值,你應該始終把它設置為 0 或者 1,例如:

```
positive_cash_flow = cash_balance >= 0;
```

不要把它與任何特定的值進行比較,來判斷這個變數是否為真值,哪怕是與 TRUE 或 FALSE 進行比較。相反的,你應該像下面這樣判斷變數的值:

```
if( positive_cash_flow ) ...
if( !positive_cash_flow ) ...
```

如果你選擇使用描述性的名稱(descriptive name)來表示布林型變數,這個技巧更加管用,能夠提高程式碼的可讀性:「如果現金流量為正,那麼 ......」

5.3 左值和右值

為了理解有些運算子存在的限制，你必須理解**左值**（L-value）和**右值**（R-value）之間的區別。這兩個術語是多年前由編譯器設計者所創造並沿用至今，儘管它們的定義並不與 C 語言嚴格吻合。

左值就是那些能夠出現在賦值運算子左邊的東西。右值就是那些可以出現在賦值運算子右邊的東西。這裡有個例子：

```
 a = b + 25;
```

a 是個左值，因為它標示了一個可以儲存結果值的位置（place，地點），b + 25 是個右值，因為它指定了一個值（value）。

它們可以互換嗎？

```
 b + 25 = a;
```

原先作為左值的 a 此時也可以當作右值，因為每個位置都包含一個值。然而，b + 25 不能作為左值，因為它並未標識一個特定的位置（a specific place）。因此，這條賦值陳述式是非法的。

請注意，當電腦計算 b + 25 時，它的結果必然儲存在機器的某個地方。但是，程式設計師並沒有辦法預測該結果會儲存在哪裡，也無法確保「這個表達式的值」下次還會儲存在同一個地方。其結果是，這個表達式不是一個左值。基於同樣的理由，字面常數也都不是左值。

乍聽之下變數似乎可以為左值，而表達式不能為左值，但這個推斷並不準確。在下面的賦值陳述式中，左值便是一個表達式。

```
 int a[30];
 ...
 a[ b + 10 ] = 0;
```

索引參照其實是一個運算子，所以表達式的左邊實際上是個表達式，但它卻是一個合法的左值，因為它標示了一個特定的位置，我們以後可以在程式中參照它。這裡有另外一個例子：

```
 int a, *pi;
 ...
 pi = &a;
 *pi = 20;
```

請看第 2 條賦值陳述式，它左邊的那個值顯然是一個表達式，但它卻是一個合法的左值。為什麼？指標 pi 的值是記憶體中某個特定位置的位址，* 運算子使機器指向那個位置。當它作為左值使用時，這個表達式指定需要進行修改的位置。當它作為右值使用時，它就提取目前儲存於這個位置的值。

有些運算子，如間接存取和索引參照，它們的結果是個左值。其餘運算子的結果則是個右值。為了便於參考，這些資訊整理於本章後面表 5.1 所示的優先順序表格中。

5.4　表達式求值

表達式的求值順序（order of expression evaluation），有一部分是由它所包含的運算子之優先順序與結合性來決定。而有些表達式的運算元在求值過程中，可能需要轉換為其他類型。

5.4.1　隱式類型轉換

C 的整數運算，其精度至少是整數型的預設值。為了獲得這個精度，表達式中的字元型和短整數型運算元，在使用前會先被轉換為普通整數型，這種轉換稱之為整數型提升（integral promotion）。例如，在下面表達式的求值中，

```
char    a, b, c;
...
a = b + c;
```

b 和 c 的值被提升為普通整數型，然後再執行加法運算。加法運算的結果將被截短，然後再儲存於 a 中。這個例子的結果和使用 8 位元運算的結果是一樣的。但在下面這個例子中，它的結果就不再相同。這個例子用於計算一連串字元的簡單 checksum（校驗和）。

```
a = ( ~a ^ b << 1 ) >> 1;
```

由於存在補數和左移操作，因此 8 位元的精度是不夠的。「標準」要求進行完整的整數型求值，所以對於這類表達式的結果，不會存在歧義性 [5]。

---

[5]　事實上，「標準」（程式語言標準）說明「結果」應該透過「完整的整數型求值」得到，編譯器如果知道採用 8 位元精度的求值不會影響最後的結果，它也允許編譯器這樣做。

5.4.2 算術轉換

如果某個運算子的各個運算元屬於不同的類型，那麼除非其中一個運算元轉換為另外一個運算元的類型，否則操作就無法進行。下面的層次體系稱之為**尋常算術轉換**（usual arithmetic conversion）。

```
long double
double
float
unsigned long int
long int
unsigned int
int
```

如果某個運算元的類型在上面這個列表中排名較低，那麼它首先將轉換為另外一個運算元的類型，然後再執行操作。

警告

下面這個程式碼區段包含了一個潛在的問題。

```
int    a = 5000;
int    b = 25;
long   c = a * b;
```

問題在於表達式 a*b 是以整數型進行計算，在 32 位元整數的機器上，這段程式碼執行起來毫無問題，但在 16 位元整數的機器上，這個乘法運算會產生溢出（overflow），這樣 c 就會被初始化為錯誤的值。

解決方案是在執行乘法運算之前把其中一個（或兩個）運算元轉換為長整數型。

```
long   c = ( long )a * b;
```

當整數型值轉換為 float 型值時，也有可能損失精度。float 型值僅要求 6 位元數字的精度。如果將「一個超過 6 位元數字的整數型值」賦值給「一個 float 型變數」時，其結果可能只是該整數型值的近似值。

當 float 型值轉換為整數型值時，小數部分被捨棄（並不進行四捨五入）。如果浮點數的值過於龐大，無法容納於整數型值中，那麼其結果將是未定義的（undefined）。

5.4.3 運算子的屬性

複雜表達式的求值順序是由 3 個因素決定的：運算子的優先順序（precedence）、運算子的結合性（associativity）以及運算子是否控制執行的順序（the execution order）。兩個相鄰的運算子「哪個先執行」取決於它們的優先順序，如果兩者的優先順序相同，那麼它們的執行順序由它們的結合性決定。簡單地說，「結合性」

就是一連串運算子是從左向右依次執行，還是從右向左逐一執行。最後有 4 個運算子，它們可以對整個表達式的求值順序施加控制，有的確保「某個子表達式」能夠在另一個子表達式的所有求值過程完成之前進行求值，有的可以使「某個表達式」被完全跳過不再求值。

每個運算子的所有屬性都列在表 5.1 所示的優先順序表格中。表格中各個欄位（column）分別代表「運算子」、它的「功能簡述」、「用法範例」、它的「結果類型」、它的「結合性」以及當它出現時「是否會對表達式的求值順序施加控制」。「用法範例」提示它是否需要運算元為「左值」。術語 lexp 表示左值表達式，rexp 表示右值表達式。請記住，左值意味著一個位置（place），而右值意味著一個值（value）。所以，在使用右值的地方也可以使用左值，但是在需要左值的地方不能使用右值。

表 5.1：運算子優先順序

運算子	描述	用法範例	結果類型	結合性	是否控制求值順序
( )	群組化敘述（grouping）	(表達式)	與表達式同	N/A	否
( )	函數呼叫	rexp(rexp, ..., rexp)	rexp	L-R	否
[ ]	索引參照	rexp[rexp]	lexp	L-R	否
.	存取結構成員	lexp.member_name	lexp	L-R	否
->	存取結構指標成員	rexp->member_name	lexp	L-R	否
++	後綴遞增	lexp++	rexp	L-R	否
--	後綴遞減	lexp--	rexp	L-R	否
!	邏輯反	!rexp	rexp	R-L	否
~	每個位元取反向	~rexp	rexp	R-L	否
+	一元，表示正值	+rexp	rexp	R-L	否
-	一元，表示負值	-rexp	rexp	R-L	否
++	前綴遞增	++lexp	rexp	R-L	否
--	前綴遞減	--lexp	rexp	R-L	否
*	間接存取	* rexp	lexp	R-L	否
&	取位址	&lexp	rexp	R-L	否
sizeof	取其長度，以位元組表示	sizeof rexp sizeof(類型)	rexp	R-L	否
(類型)	類型轉換	(類型)rexp	rexp	R-L	否
*	乘法	rexp * rexp	rexp	L-R	否
/	除法	rexp / rexp	rexp	L-R	否

運算子	描述	用法範例	結果類型	結合性	是否控制求值順序
%	整數除法後取餘數	rexp % rexp	rexp	L-R	否
+	加法	rexp + rexp	rexp	L-R	否
-	減法	rexp - rexp	rexp	L-R	否
<<	左移位	rexp << rexp	rexp	L-R	否
>>	右移位	rexp >> rexp	rexp	L-R	否
>	大於	rexp > rexp	rexp	L-R	否
>=	大於等於	rexp >= rexp	rexp	L-R	否
<	小於	rexp < rexp	rexp	L-R	否
<=	小於等於	rexp <= rexp	rexp	L-R	否
==	等於	rexp == rexp	rexp	L-R	否
!=	不等於	rexp != rexp	rexp	L-R	否
&	位元 AND	rexp & rexp	rexp	L-R	否
^	位元 XOR	rexp ^ rexp	rexp	L-R	否
|	位元 OR	rexp | rexp	rexp	L-R	否
&&	邏輯 AND	rexp && rexp	rexp	L-R	是
||	邏輯 OR	rexp || rexp	rexp	L-R	是
?:	條件運算子	rexp ? rexp : rexp	rexp	N/A	是
=	賦值	lexp = rexp	rexp	R-L	否
+=	以 ... 相加	lexp += rexp	rexp	R-L	否
-=	以 ... 相減	lexp -= rexp	rexp	R-L	否
*=	以 ... 相乘	lexp *= rexp	rexp	R-L	否
/=	以 ... 相除	lexp /= rexp	rexp	R-L	否
%=	以 ... 相除後取餘數	lexp %= rexp	rexp	R-L	否
<<=	以 ... 左移	lexp <<= rexp	rexp	R-L	否
>>=	以 ... 右移	lexp >>= rexp	rexp	R-L	否
&=	以 ... 取 AND 值	lexp &= rexp	rexp	R-L	否
^=	以 ... 取 XOR 值	lexp ^= rexp	rexp	R-L	否
|=	以 ... 取 OR 值	lexp |= rexp	rexp	R-L	否
,	逗號	rexp, rexp	rexp	L-R	是

5.4.4 優先順序和求值的順序

如果表達式中的運算子超過一個,是什麼決定這些運算子的執行順序呢? C 的每個運算子都具有優先順序,用於確定它和表達式中其餘運算子之間的關係。但僅憑優先順序還不能確定求值的順序。下面是它的規則:

兩個相鄰（adjacent）運算子的執行順序，由它們的優先順序決定。如果它們的優先順序相同，它們的執行順序由它們的結合性決定。除此之外，編譯器可以自由決定使用任何順序對表達式進行求值，只要它不違背逗號、&&、||和 ?: 運算子所施加的限制即可。

換句話說，表達式中運算子的優先順序只決定表達式的各個組成部分，在求值過程中是如何進行分組。

這裡有一個例子：

```
 a + b * c
```

在這個表達式中，乘法和加法運算子是兩個相鄰的運算子。由於 * 運算子的優先順序比 + 運算子高，所以乘法運算先於加法運算執行。編譯器在這裡別無選擇，它必須先執行乘法運算。

下面是一個更為有趣的表達式：

```
 a * b + c * d + e * f
```

如果僅由優先順序決定這個表達式的求值順序，那麼所有 3 個乘法運算將在所有加法運算之前進行。事實上，這個順序並不是必需的。實際上只要確保每個乘法運算在它相鄰的加法運算之前執行即可。例如，這個表達式可能會以下面的順序進行，其中「粗體」的運算子表示在每個步驟中進行操作的運算子。

```
 a * b
 c * d
 (a*b) + (c*d)
 e * f
 (a*b)+(c*d) + (e*f)
```

請注意，第 1 個加法運算在最後一個乘法運算之前執行。如果這個表達式按照以下的順序執行，其結果是一樣的：

```
 c * d
 e * f
 a * b
 (a*b) + (c*d)
 (a*b)+(c*d) + (e*f)
```

加法運算的結合性要求兩個加法運算按照先左後右的順序執行，但它對表達式剩餘部分的執行順序並未加以限制。尤其是，這裡並沒有任何規則要求所有的乘法運算

率先進行，也沒有規則規定這幾個乘法運算之間誰先執行。優先順序規則在這裡發揮不到作用，優先順序只對「相鄰運算子的執行順序」起作用。

警告

由於表達式的求值順序並非完全由運算子的優先順序決定，所以像下面這樣的陳述式是很危險的。

```
c + --c
```

運算子的優先順序規則要求「遞減運算」在「加法運算」之前進行，但我們並沒有辦法得知加法運算子的左運算元是在右運算元「之前」還是「之後」進行求值。它在這個表達式中將存在區別，因為遞減運算子具有副作用（side effect）。--c 在 c 之前或之後執行，表達式的結果在兩種情況下將會不同。

「標準」說明，類似這種表達式的值是未定義的。儘管每種編譯器都會為這個表達式產生某個值，但到底哪個是正確的並無標準答案。因此，像這樣的表達式是不可攜（不可移植）的，應該予以避免。**程式 5.3** 以相當戲劇化的結果說明了這個問題。表 5.2 列出了在各種編譯器中這個程式所產生的值。許多編譯器會因為是否添加最佳化措施，而導致結果不同。例如，在 gcc 中使用了優化器（optimizer）後，程式的值從 -63 變成了 22。儘管每個編譯器以不同的順序計算這個表達式，但你不能說任何一種方法是錯誤的！這是由於表達式本身的缺陷引起的，由於它包含了許多具有副作用的運算子，因此它的求值順序存在歧義。

程式 5.3 非法表達式（bad_exp.c）

```
/*
** 此程式證明表達式的求值順序，
** 只有一部分是由運算子的優先順序來決定。
*/
main()
{
        int i = 10;

        i = i-- - --i * ( i = -3 ) * i++ + ++i;
        printf( "i = %d\n", i );
}
```

表 5.2：非法表達式程式的結果

值	編譯器
-128	Tandy 6000 Xenix 3.2
-95	Think C 5.02 (Macintosh)
-86	IBM PowerPC AIX 3.2.5
-85	Sun Sparc cc (K&C 編譯器)
-63	gcc、HP-UX 9.0、Power C 2.0.0

值	編譯器
4	Sun Sparc acc (K&C 編譯器)
21	Turbo C/C++ 4.5
22	FreeBSD 2.1R
30	Dec Alpha OSF1 2.0
36	Dec VAX/VMS
42	Microsoft C 5.1

K&R C

在 K&R C 中，編譯器可以自由決定以任何順序，對類似下面這樣的表達式進行求值：

```
a + b + c
x * y * z
```

之所以允許編譯器這樣做是因為 b+c（或 y*z）的值，可能可以從前面的一些表達式中獲得，所以直接重用（reuse）比重新求值效率更高。加法運算和乘法運算都具有結合性，這樣做的缺點在什麼地方呢？

考慮下面這個表達式，它使用了有符號整數型變數（signed integer variable）：

```
x + y + 1
```

如果表達式 x+y 的結果大於整數型所能容納的值，它就會產生溢出。在有些機器上，以下這個判斷陳述式

```
if( x + y + 1 > 0 )
```

的結果將取決於先計算 x+y 還是 y+1，因為在兩種情況下溢出的地點不同。問題在於程式設計師無法肯定地預測，編譯器會按照哪種順序對這個表達式求值。經驗顯示，上面這種做法是個壞主意，所以 ANSI C 不允許這樣做。

下面這個表達式說明了一個相關的問題。

```
f() + g() + h()
```

儘管「左邊那個加法運算」必須在「右邊那個加法運算」之前執行，但對於各個函數呼叫的順序，並沒有規則加以限制。如果它們的執行具有副作用，例如執行一些 I/O 任務或修改全域變數（global variable），那麼函數呼叫順序的不同可能會產生不同的結果。因此，如果順序會導致結果產生區別，你最好使用臨時變數（temporary variable），讓每個函數呼叫都在單獨的陳述式中進行。

```
temp = f();
temp += g();
temp += h();
```

5.5 總結

C 具有豐富的運算子。算術運算子包括 +（加）、-（減）、*（乘）、/（除）、%（取餘數）。除了 % 運算子之外，其餘幾個運算子不僅可以作用於整數型值，還可以作用於浮點數型值。

<< 和 >> 運算子分別執行左移位和右移位操作。&、| 和 ^ 運算子分別執行位元的 AND、OR 和 XOR 操作。這幾個運算子都要求其運算元為整數型。

= 運算子執行賦值操作。此外，C 還存在複合賦值運算子，它把賦值運算子和前面那些運算子結合在一起：

```
+=      -=      *=      /=      %=
<<=     >>=     &=      ^=      |=
```

複合賦值運算子在左右運算元之間執行指定的運算，然後把結果賦值給左運算元。

一元運算子包括 !（邏輯 NOT）、~（每個位元取補數）、-（負值）和 +（正值）。++ 和 -- 運算子分別用於增加或減少運算元的值。這兩個運算子都具有前綴和後綴形式。前綴形式在運算元的值被修改之後才返回這個值，而後綴形式在運算元的值被修改之前就返回這個值。& 運算子返回一個指向它的運算元的指標（取位址），而 * 運算子對它的運算元（必須為指標）執行間接存取操作。sizeof 返回運算元的類型的長度，以位元組為單位。最後，強制類型轉換（cast）用於修改運算元的資料類型。

關係運算子有：

```
>       >=      <       <=      !=      ==
```

每個運算子根據它的運算元之間是否存在指定的關係，或者返回真，或者返回假。邏輯運算子用於計算複雜的布林表達式。對於 && 運算子，只有當它的兩個運算元的值都為「真」時，它的值才是「真」；對於 || 運算子，只有當它的兩個運算元的值都為「假」時，它的值才是「假」。這兩個運算子會對包含它們的表達式的求值過程施加控制。如果整個表達式的值透過左運算元便可決定，那麼右運算元便不再求值。

條件運算子 ?: 接受 3 個參數，它也會對表達式的求值過程施加控制。如果第 1 個運算元的值為「真」，那麼整個表達式的結果就是第 2 個運算元的值，第 3 個運算元不會執行。否則，整個表達式的結果就是第 3 個運算元的值，而第 2 個運算元將不

會執行。逗號運算子把兩個或更多個表達式連接在一起，從左向右依次進行求值，整個表達式的值就是最右邊那個子表達式的值。

C 並不具備顯式的布林類型，布林值是用整數型表達式來表示的。然而，在表達式中混用布林值和任意的整數型值可能會產生錯誤。要避免這些錯誤，每個變數要麼表示布林型，要麼表示整數型，不可讓它身兼兩職。不要對整數型變數進行布林值判斷（boolean tests），反之亦然。

左值是個表達式，它可以出現在賦值運算子的左邊，它表示電腦記憶體中的一個位置。右值表示一個值，所以它只能出現在賦值運算子的右邊。每個左值表達式同時也是個右值，但反過來就不是這樣。

各個不同類型之間的值不能直接進行運算，除非其中之一的運算元轉換為另一個運算元的類型。「尋常算術轉換」決定哪個運算元將被轉換。運算子的「優先順序」決定了相鄰的運算子哪個先被執行。如果它們的優先順序相等，那麼它們的「結合性」將決定它們執行的順序。但是，這些並不能完全決定表達式的求值順序。編譯器只要不違背優先順序和結合性規則，它可以自由決定複雜表達式的求值順序。表達式的結果如果依賴於求值的順序，那麼它在本質上就是不可攜（不可移植）的，應該避免使用。

5.6　警告的總結

1. 有符號值的右移位操作是不可攜（不可移植）的。

2. 移位操作的位元數是個負值。

3. 連續賦值中各個變數的長度不一。

4. 誤用 = 而不是 == 來進行比較。

5. 誤用 | 來替代 ||，誤用 & 來替代 &&。

6. 在用於表示布林型值的不同非零值之間進行比較。

7. 表達式賦值的位置，並不決定表達式計算的精度。

8. 編寫「結果依賴於求值順序」的表達式。

5.7 程式設計提示的總結

1. 使用複合賦值運算子可以使程式更易於維護。

2. 使用條件運算子替代 if 陳述式以簡化表達式。

3. 使用逗號運算子來消除多餘的程式碼。

4. 不要混用整數型和布林型值。

5.8 問題

1. 下面這個表達式的類型（type）和值（value）分別是什麼？

   ```
   (float)( 25 / 10 )
   ```

2. 下面這個程式的結果是什麼？

   ```
   int
   func( void )
   {
           static int counter = 1;

           return ++counter;
   }

   int
   main()
   {
           int answer;

           answer = func() - func() * func();
           printf( "%d\n", answer );
   }
   ```

3. 你認為位元運算子和移位運算子可以用在什麼地方？

4. 條件運算子在執行時，比 if 陳述式是更快還是更慢？試比較下面這兩個程式碼區段：

   ```
   if( a > 3 )                │   i = a > 3 ? b + 1 : c * 5;
           i = b + 1;         │
   else                       │
           i = c * 5;         │
   ```

5. 可以被 4 整除的年份是閏年，但是其中能夠被 100 整除的年份又不是閏年。可是，這其中能夠被 400 整除的年份又是閏年。請用一條賦值陳述式，如果變數 year 的值是閏年，把變數 leap_year 設置為真（true）。如果 year 的值不是閏年，把 leap_year 設置為假（false）。

6. 哪些運算子具有副作用？它們具有什麼副作用？

7. 下面這個程式碼區段的結果是什麼？

```
int a = 20;
...
if( 1 <= a <= 10 )
        printf( "In range\n" );
else
        printf( "Out of range\n" );
```

8. 改寫下面的程式碼區段，消除多餘的程式碼。

```
a = f1( x );
b = f2( x + a );
for( c = f3( a, b ); c > 0; c = f3( a, b ) ){
        statements
        a = f1( ++x );
        b = f2( x + a );
}
```

9. 下面的迴圈能夠實作它的目的嗎？

```
non_zero = 0;
for( i = 0; i < ARRAY_SIZE; i += 1 )
        non_zero += array[i];

if( !non_zero )
        printf( "Values are all zero\n" );
else
        printf( "There are nonzero values\n" );
```

10. 根據下面的變數宣告和初始化，計算下列每個表達式的值。如果某個表達式具有副作用（也就是說它修改了一個或多個變數的值），註明它們。在計算每個表達式時，每個變數所使用的是開始時所提供的初始值，而不是前一個表達式的結果。

```
int     a = 10, b = -25;
int     c = 0, d = 3;
int     e = 20;
```

a. b

b. b++

c. --a

d. a / 6

e. a % 6

f. b % 10

g. a << 2

h. b >> 3

i. a > b

j. b = a

k. b == a

l. a & b

m. a ^ b

n. a | b

o. ~b

p. c && a

q. c || a

r. b ? a : c

s. a += 2

t. b &= 20

u. b >>= 3

v. a %= 6

w. d = a > b

x. a = b = c = d

y. e = d + (c = a + b) + c

z. a + b * 3

A. b >> a - 4

B. a != b != c

C. a == b == c

D. d < a < e

E. e > a > d

F. a - 10 > b | 10

G. a & 0x1 == b & 0x1

H. a | b << a & b

I. a > c || ++a > b

J. a > c && ++a > b

K. ! ~ b++

L. b++ & a <= 30

M. a - b, c += d, e - c

N. a >>= 3 > 0

O. a <<= d > 20 ? b && c++ : d--

11. 下面列出了幾個表達式。請判斷編譯器是如何對各個表達式進行求值的,並在不改變求值順序的情況下,盡可能去除多餘的括號。

a. a + (b / c)

b. (a + b) / c

c. (a * b) % 6

d. a * (b % 6)

e. (a + b) == 6

f. !((a >= '0') && (a <= '9'))

g. ((a & 0x2f) == (b | 1)) && ((~ c) > 0)

h. ((a << b) - 3) < (b << (a + 3))

i. ~ (a ++)

j. ((a == 2) || (a == 4)) && ((b == 2) || (b == 4))

k. (a & b) ^ (a | b)

l. (a + (b + c))

12. 在你的機器上對一個「有符號值」進行「右移位操作」時,如何判斷執行的是算術移位還是邏輯移位?

5.9 程式設計練習

✍★ 1. 編寫一個程式,從「標準輸入」讀取字元,並把它們寫到「標準輸出」中。除了大寫字母字元要轉換為小寫字母之外,所有字元的輸出形式應該和它的輸入形式完全相同。

★★ 2. 編寫一個程式，從「標準輸入」讀取字元，並把它們寫到「標準輸出」中。所有「非字母字元」都完全按照它的輸入形式輸出，「字母字元」在輸出前進行加密。

加密方法很簡單：每個字母修改為在字母表上距離 13 個位置（前或後）的字母。例如，A 被修改為 N，B 被修改為 O，Z 被修改為 M，依此類推。注意大小寫字母都應該被轉換。**提示**：記住「字元」實際上是一個較小的整數型值，這點可能對你有所幫助。

✍★★★ 3. 請編寫函數

```
unsigned int reverse_bits( unsigned int value );
```

這個函數的返回值，是位元的排列順序與 value 的值左右顛倒。例如，在 32 位元機器上，25 這個值包含 下列各個位元：

```
00000000000000000000000000011001
```

函數的返回值應該是 2,550,136,832，因為它的二進位位元模式是：

```
10011000000000000000000000000000
```

編寫函數時要注意不要讓它依賴於你的機器上整數型值的長度。

★★★★ 4. 編寫一組函數，實作位元陣列。函數的原型應該如下：

```
void set_bit( char bit_array[],
    unsigned bit_number );

void clear_bit( char bit_array[],
    unsigned bit_number );

void assign_bit( char bit_array[],
    unsigned bit_number, int value );

int test_bit( char bit_array[],
    unsigned bit_number );
```

每個函數的第 1 個參數是個字元陣列（character array），用於實際儲存所有的位元。第 2 個參數用於標示需要存取的位元。函數的呼叫者必須確保這個值不要太大，以免超出陣列的邊界。

第 1 個函數把指定的位元設置為 1，第 2 個函數則把指定的位元歸零。如果 value 的值為 0，第 3 個函數把指定的位元歸零，否則設置為 1。至於最後一個函數，如果參數中指定的位元不是 0，函數就返回真，否則返回假。

★★★★ 5. 編寫一個函數，把一個給定的值儲存到一個整數中指定的幾個位元。它的原型如下：

```
int store_bit_field(int original_value,
    int value_to_store,
    unsigned starting_bit,unsigned ending_bit);
```

假設整數中的位元是從右向左進行編號。因此，起始位元的位置不會小於結束位元的位置。

為了更清楚地說明，函數應該返回下列值：

原始值	需要儲存的值	起始位元	結束位元	返回值
0x0	0x1	4	4	0x10
0xffff	0x123	15	4	0x123f
0xffff	0x123	13	9	0xc7ff

提示：把一個值儲存到一個整數中「指定的幾個位元」分為 5 個步驟。以上表最後一列為例，具體步驟如下。

步驟 1. 建立一個遮罩（mask），它是一個值，其中需要儲存的位置相對應的那幾個位元設置為 1。此時遮罩為 0011111000000000。

步驟 2. 用遮罩的反向碼對原值執行 AND 操作，將那幾個位元設置為 0。原值 1111111111111111，操作後變為 1100000111111111。

步驟 3. 將新值左移，使它與那幾個需要儲存的位元對齊。新值 0000000100100011（0x123），左移後變為 0100011000000000。

步驟 4. 把「移位後的值」與「遮罩」進行位元 AND 操作，確保除了那幾個需要儲存的位元之外的其餘位元都設置為 0。進行這個操作之後，值變為 0000011000000000。

步驟 5. 把「結果值」與「原值」進行位元 OR 操作，結果為 1100011111111111（0xc7ff），也就是最終的返回值。

在所有任務中，最困難的是建立遮罩。你一開始可以把 ~0 這個值強制轉換（casting）為「無符號值」，然後再對它進行移位。

指標

是時候詳細討論指標（pointer）了，因為在本書的剩餘部分，我們將會頻繁地使用指標。你可能已經熟悉了本章所討論的部分或全部背景資訊。但是，如果你對此尚不熟悉，請認真學習，因為你對指標的理解將建立在這個基礎之上。

6.1　記憶體和位址

前面提到，我們可以把電腦的記憶體看作是一條長街上的一排房屋。每間房子都可以容納資料，並透過一個門牌號碼（house number）來標示。

這個比喻頗為有用，但也存在侷限性。電腦的記憶體由數以億萬計的位元（bit）組成，每個位元可以容納值 0 或 1。由於一個位元所能表示的值的範圍太有限，因此單獨的位元用處不大，通常將許多位元合成一組作為一個單位，這樣就可以儲存範圍較大的值。這裡有一張圖，它展示了現實機器中的一些記憶體位置（memory location）。

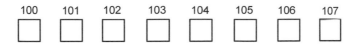

這些位置的每一個都稱之為位元組（byte），每個位元組都包含儲存一個字元（character）所需要的位元數。在許多現代的機器上，每個位元組包含 8 個位元，可以儲存無符號值 0 至 255，或有符號值 -128 至 127。上面這張圖並沒有顯示這些

位置的內容，但記憶體中的每個位置總是包含一些值。每個位元組透過位址來標示，如上圖方框上面的數字所示。

為了儲存更大的值，我們把兩個或更多個位元組合在一起，作為一個更大的記憶體單位。例如，許多機器以字（word）為單位儲存整數，每個字一般由 2 個或 4 個位元組組成。下面這張圖所表示的記憶體位置與上面這張圖相同，但這次它以 4 個位元組的字來表示。

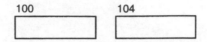

由於它們包含了更多的位元，每個字可以容納的「無符號整數」的範圍是從 0 至 4294967295（2^{32} - 1），可以容納的「有符號整數」的範圍是從 -2147483648（-2^{31}）至 2147483647（2^{31} - 1）。

注意，儘管一個字包含了 4 個位元組，它仍然只有一個位址（address）。至於它的位址是它最左邊那個位元組的位置還是最右邊那個位元組的位置，不同的機器有不同的規定。另一個需要注意的硬體事項是**邊界對齊**（boundary alignment）。在要求邊界對齊的機器上，整數型值儲存的起始位置只能是某些特定的位元組，通常是 2 或 4 的倍數。但這些問題是硬體設計者的事情，它們很少影響 C 語言程式設計師。我們只對兩件事情感興趣：

1. 記憶體中的每個位置，是由一個獨一無二的位址來標示。

2. 記憶體中的每個位置都包含一個值。

6.1.1 位址與內容

這裡有另外一個例子，這次它顯示了記憶體中 5 個字的內容。

100	104	108	112	116
112	-1	1078523331	100	108

這裡顯示了 5 個整數，每個都位於自己的字中。如果你記住了一個值的儲存位址，你以後可以根據這個位址取得這個值。

但是，要記住所有這些位址實在是太笨拙了，所以高階語言所提供的特性之一，就是透過「名稱」而不是「位址」來存取記憶體的位置。下面這張圖與上圖相同，但這次使用名稱（name）來代替位址。

a	b	c	d	e
112	-1	1078523331	100	108

當然,這些名稱就是我們所稱的變數(variable)。有一點非常重要,你必須記住,名稱與記憶體位置之間的關聯並不是硬體所提供的,它是由編譯器為我們實作的。所有這些變數給了我們一種更方便的方法記住位址——**硬體仍然透過位址存取記憶體位置。**

6.2 值和類型

現在讓我們來看一下儲存於這些位置的值。頭兩個位置所儲存的是整數。第 3 個位置所儲存的是一個非常大的整數,第 4、5 個位置所儲存的也是整數。下面是這些變數的宣告:

```
int     a = 112, b = -1;
float   c = 3.14;
int     *d = &a;
float   *e = &c;
```

在這些宣告中,變數 a 和 b 確實用於儲存整數型值。但是,它宣告 c 所儲存的是浮點值。可是,在上圖中 c 的值卻是一個整數。那麼到底它應該是哪個呢?整數還是浮點數?

答案是該變數包含了一序列內容為 0 或者 1 的位元。它們可以被解釋為整數,也可以被解釋為浮點數,這取決於它們被使用的方式。如果使用的是整數型算術指令,這個值就被解釋為整數,如果使用的是浮點型指令,它就是個浮點數。

這個事實引出了一個重要的結論:**不能簡單地透過檢查一個值的位元來判斷它的類型。**為了判斷值的類型(以及它的值),你必須觀察程式中這個值的使用方式。考慮下面這個以二進位形式表示的 32 位元值:

```
01100111011011000110111101100010
```

下面是這些位元可能被解釋的許多結果中的幾種。這些值都是從一個根據 Motorola 68000 的處理器上得到的。如果換個系統,使用不同的資料格式和指令,對這些位元的解釋又將有所不同。

類型	值
1 個 32 位元整數	1735159650
2 個 16 位元整數	26476 和 28514
4 個字元	glob
浮點數	1.116533×10^{24}
機器指令	beg .+110 和 ble .+102

這裡，一個單一的值可以被解釋為 5 種不同的類型。顯然，值的類型並非值本身所固有的一種特性，而是取決於它的使用方式。因此，為了得到正確的答案，對值進行正確的使用是非常重要的。

當然，編譯器會幫助我們避免這些錯誤。如果我們把 c 宣告為 float 型變數，那麼當程式存取它時，編譯器就會產生浮點型指令。如果我們以某種對 float 類型而言不適當的方式存取該變數，編譯器就會發出錯誤或警告資訊。現在看來非常明顯，圖中所標明的值是具有誤導性質的，因為它顯示了 c 的整數型表示方式。事實上真正的浮點值是 3.14。

6.3　指標變數的內容

讓我們把話題返回到指標，看看變數 d 和 e 的宣告。它們都被宣告為指標，並用其他變數的位址予以初始化。指標的初始化（initialization）是用 & 運算子完成的，它用於產生運算元的記憶體位址（見「第 5 章」）。

a	b	c	d	e
112	-1	3.14	100	108

d 和 e 的內容是位址而不是整數型或浮點型數值。事實上，從圖中可以容易地看出，d 的內容與 a 的儲存位址一致，而 e 的內容與 c 的儲存位址一致，這也正是我們對這兩個指標進行初始化時所期望的結果。區分變數 d 的位址（112）和它的內容（100）是非常重要的，同時也必須意識到 100 這個數值是用於標示其他值的儲存位置。在這一點上，房屋／街道這個比喻不再有效，因為房子的內容絕不可能是其他房子的位址。

在我們進一步講解之前，先看一些涉及這些變數的表達式。請仔細觀察這些宣告。

```
int    a = 112, b = -1;
float  c = 3.14;
int    *d = &a;
float  *e = &c;
```

下面這些表達式的值分別是什麼呢？

```
a
b
c
d
e
```

前 3 個非常容易：a 的值是 112，b 的值是 -1，c 的值是 3.14。指標變數其實也很容易，d 的值是 100，e 的值是 108。如果你認為 d 和 e 的值分別是 112 和 3.14，那麼你就犯了一個極為常見的錯誤。d 和 e 被宣告為指標並不會改變這些表達式的求值方式：一個變數的值就是分配給這個變數的記憶體位置所儲存的數值。如果你簡單地認為由於 d 和 e 是指標，所以它們可以自動獲得儲存於位置 100 和 108 的值，那麼你就錯了。變數的值就是分配給該變數的記憶體位置所儲存的數值，即使是指標變數也不例外。

6.4　間接存取運算子

透過一個指標，存取它所指向的位址之過程，稱為間接存取（indirection）或解參照指標（dereferencing the pointer）。這個用於執行間接存取的運算子是一元運算子 *。這裡有一些例子，它們使用了前面小節裡的一些宣告。

表 6.2：間接存取運算子的一些範例

表達式	右值	類型
a	112	int
b	-1	int
c	3.14	float
d	100	int *
e	108	float *
*d	112	int
*e	3.14	float

d 的值是 100。當我們對 d 使用間接存取運算子時，它表示存取記憶體位置 100 並察看那裡的值。因此，*d 的右值是 112 ——位置 100 的內容，它的左值是位置 100 本身。

注意上面列表中各個表達式的類型：d 是一個指向整數型的指標，對它進行解參照操作將產生一個整數型值。同樣的，對 float * 進行間接存取將產生一個 float 型值。

正常情況下，我們並不知道編譯器為每個變數所選擇的儲存位置，所以我們事先無法預測它們的位址。如此一來，當我們繪製記憶體中的指標圖時，用實際數值表示位址是不方便的。所以絕大部分書籍改用箭頭來代替，如下所示：

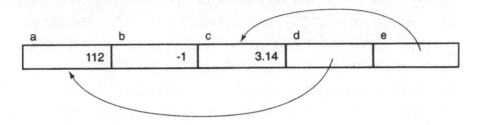

但是，這種表示法可能會引起誤解，因為箭頭可能使你誤以為執行了間接存取操作，但事實上它並不一定會進行這個操作。例如，根據上圖，你會推斷表達式 d 的值是什麼？

如果你的答案是 112，那麼你就被這個箭頭誤導了。正確的答案是 a 的位址，而不是它的內容。但是，這個箭頭似乎會把你的注意力吸引到 a 上。要使你的思維不受箭頭影響是不容易的，這也是問題所在：除非存在間接參照運算子，否則不要被箭頭所誤導。

下面這個修正後的箭頭表示法（arrow notation）試圖消除這個問題。

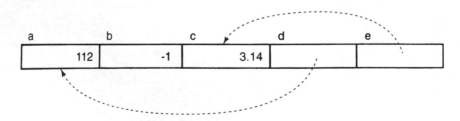

這種表示法的意圖是既顯示指標的值，但又不給你強烈的視覺線索，以為這個箭頭是我們必須遵從的路徑。事實上，如果不對指標變數進行間接存取操作，它的值只是簡單的一些位元的集合。當執行間接存取操作時，才會使用實線箭頭來表示實際發生的記憶體存取。

注意箭頭起始於方框內部，因為它表示儲存於該變數的值。同樣的，箭頭指向一個位置，而不是儲存於該位置的值。這種表示法提示跟隨「箭頭」執行間接存取操作的結果將是一個左值。事實也的確如此，我們在以後將看到這一點。

儘管這種箭頭表示法很有用，但為了正確地使用它，你必須記住「指標變數的值」就是一個數字。箭頭顯示了這個數字的值，但箭頭表示法並未改變它本身就是個數字的事實。指標並不存在內建的間接存取屬性，所以除非表達式中存在間接存取運算子，否則你不能按照箭頭所示實際存取它所指向的位置。

6.5　未初始化和非法的指標

下面這個程式碼區段說明了一個極為常見的錯誤：

```
int     *a;
...
*a = 12;
```

這個宣告建立了一個名叫 a 的指標變數，後面那條賦值陳述式把 12 儲存在 a 所指向的記憶體位置。

警告

但是究竟 a 指向哪裡呢？我們宣告了這個變數，但從未對它進行初始化，所以我們沒有辦法預測 12 這個值將儲存於什麼地方。從這點來看，指標變數和其他變數並無區別。如果變數是靜態的，它會被初始化為 0；但如果變數是自動的，它根本不會被初始化。無論是哪種情況，宣告一個指向整數型的指標都不會「建立」用於儲存整數型值的記憶體空間。

所以，如果程式執行這個賦值操作，會發生什麼情況呢？如果你運氣好，a 的初始值會是個非法位址（illegal address），這樣賦值陳述式將會出錯，進而終止程式。在 UNIX 系統上，這個錯誤稱之為「區段錯誤」（segmentation violation）或「記憶體錯誤」（memory fault）。它提示程式試圖存取一個並未分配給程式的記憶體位置。在一台執行 Windows 的 PC 上，對未初始化或非法指標進行間接的存取操作，是一般保護性異常（General Protection Exception）的根源之一。

對於那些要求整數必須儲存於特定邊界的機器而言，如果這種類型的資料在記憶體中的儲存位址處在錯誤的邊界上，那麼對這個位址進行存取時將會產生一個錯誤。這種錯誤在 UNIX 系統中稱之為「匯流排錯誤」（bus error）。

一個更為嚴重的情況是：這個指標偶爾可能包含了一個合法的位址。接下來的事很簡單：位於那個位置的值被修改，雖然你並無意去修改它。像這種類型的錯誤非常難以捕捉，因為引發錯誤的程式碼可能與原先用於操作那個值的程式碼完全不相干。所以，在你對指標進行間接存取之前，必須非常小心，確保它們已被初始化！

6.6 NULL 指標

程式語言「標準」定義了 NULL 指標，它作為一個特殊的指標變數，表示不指向任何東西。要使一個指標變數為 NULL，你可以給它賦一個零值。為了判斷一個指標變數是否為 NULL，你可以將它與零值進行比較。之所以選擇「零」這個值是因為一種原始程式碼規範。就機器內部而言，NULL 指標的實際值可能和它不同。在這種情況下，編譯器將負責零值和內部值之間的翻譯轉換。

NULL 指標的概念是非常有用的，因為它給了你一種方法，表示某個特定的指標目前並未指向任何東西。例如，一個用於在某個陣列中搜尋某個特定值的函數，可能返回一個指向搜尋到的陣列元素的指標。如果該陣列不包含指定條件的值，函數就返回一個 NULL 指標。這個技巧允許返回值傳達兩個不同片段的資訊。首先，有沒有找到元素？其次，如果找到，它是哪個元素？

> **提示**
>
> 儘管這個技巧在 C 語言程式中極為常用，但它違背了軟體工程的原則。用單一的值表示兩種不同的意思是件危險的事，因為將來很容易無法弄清哪個才是它真正的用意。在大型的程式中，這個問題更為嚴重，因為你不可能在腦海中對整個設計瞭若指掌。一種更為安全的策略是讓函數返回兩個獨立的值：首先是個狀態值，用於提示搜尋是否成功；其次是個指標，當狀態值提示搜尋成功時，它所指向的就是搜尋到的元素。

對指標進行解參照操作可以獲得它所指向的值。但從定義上看，NULL 指標並未指向任何東西。因此，對一個 NULL 指標進行解參照操作是非法的。在對指標進行解參照操作之前，你首先必須確保它並非 NULL 指標。

6.7　指標、間接存取和左值

涉及指標的表達式能不能作為左值（L-value）？如果能，又是哪些呢？對表 5.1 優先順序表格進行快速查閱後可以發現，間接存取運算子所需要的運算元是個右值（R-value），但這個運算子所產生的結果是個左值。

讓我們回到先前的例子。根據以下這些宣告，

```
int  a;
int  *d = &a;
```

並觀察下面的表達式：

表 6.3：表達式範例

表達式	左值	指定位置
a	是	a
d	是	d
*d	是	a

指標變數可以作為左值，並不是因為它們是指標，而是因為它們是變數。對指標變數進行間接存取表示我們應該存取指標所指向的位置。間接存取指定了一個特定的記憶體位置，這樣我們可以把「間接存取表達式的結果」作為左值使用。在下面這兩條陳述式中，

```
*d = 10 - *d;
d = 10 - *d;      ← ???
```

第 1 條陳述式包含了兩個間接存取操作。右邊的間接存取作為右值使用，所以它的值是 d 所指向的位置所儲存的值（a 的值）。左邊的間接存取作為左值使用，所以 d 所指向的位置（a）把「賦值運算子右側的表達式的計算結果」作為它的新值。

第 2 條陳述式是非法的，因為它表示把一個整數量（integer quantity，10 - *d）儲存於一個指標變數中。當「我們實際使用的變數類型」和「應該使用的變數類型」不一致時，編譯器會發出抱怨，幫助我們判斷這種情況。這些警告和錯誤資訊是我們的朋友，編譯器透過產生這些資訊向我們提供幫助。儘管被迫處理這些資訊是我們很不情願做的事情，但改正這些錯誤（尤其是那些不會中止編譯過程的警告資訊）確實是個好主意。在修正程式方面，讓編譯器告訴你哪裡錯了，比你以後自己除錯要方便得多。除錯器無法像編譯器那樣準確地查明這些問題。

K&R C

當混用指標和整數型值時，舊式 C 編譯器並不會發出抱怨。但是，我們現在對這方面的知識知道得更透徹一些了。把整數型值轉換為指標或把指標轉換成整數型值是極為罕見的，通常這類轉換屬於無意識的錯誤。

6.8　指標、間接存取和變數

如果你自以為已經精通了指標，請看一下這個表達式，看看你是否明白它的意思。

```
*&a = 25;
```

如果你的答案是它把值 25 賦值給變數 a，恭喜！你答對了。讓我們來分析這個表達式。首先，& 運算子產生變數 a 的位址，它是一個指標常數（pointer constant，注意，使用這個指標常數並不需要知道它的實際值）。接著，* 運算子存取其運算元所表示的位址。在這個表達式中，運算元是 a 的位址，所以值 25 就儲存於 a 中。

這條陳述式和簡單地使用 a=25; 有什麼區別嗎？從功能上來說，它們是相同的。但是，它涉及更多的操作。除非編譯器（或優化器）知道你在做什麼並丟棄額外的操作，否則它所產生的目的碼（object code）將會更大、更慢。更糟的是，這些額外的運算子會使原始程式碼的可讀性變差。根據這些原因，沒人會故意使用像 *&a 這樣的表達式。

6.9　指標常數

讓我們來分析另外一個表達式。假設變數 a 儲存於位置 100，下面這條陳述式的作用是什麼？

```
*100 = 25;
```

它看起來像是把 25 賦值給 a，因為 a 是位置 100 所儲存的變數。但是，這是錯的！這條陳述式實際上是非法的，因為字面值 100 的類型是整數型，而間接存取操作只能作用於指標類型表達式。如果你確實想把 25 儲存於位置 100，你必須使用強制類型轉換（cast）。

```
*(int *)100 = 25;
```

強制類型轉換把值 100 從「整數型」轉換為「指向整數型的指標」，這樣對它進行間接存取就是合法的。如果 a 儲存於位置 100，那麼這條陳述式就把值 25 儲存於 a。**但是，你需要使用這種技巧的機會是絕無僅有的！**為什麼？我前面提到過，你通常無法預測編譯器會把「某個特定的變數」放在記憶體中的什麼位置，所以你無法預先知道它的位址。用 & 運算子得到變數的位址是很容易的，但表達式在程式執行時才會進行求值，此時已經來不及把它的結果作為字面常數（literal constant），複製到原始程式碼之中。

這個技巧唯一有用之處，是你偶爾需要透過位址存取記憶體中某個特定的位置時，它並不是用於存取某個變數，而是存取硬體本身。例如，作業系統需要與輸入輸出設備控制器（input and output device controllers）通訊，啟動 I/O 操作並從前面的操作中獲得結果。在有些機器上，與設備控制器的通訊是透過在某個特定記憶體位址讀取和寫入值來實作的。但是，與其說這些操作存取的是記憶體，還不如說它們存取的是設備控制器介面（device controller interface）。如此一來，這些位置必須透過它們的位址來存取，此時這些位址是預先已知的。

「第 3 章」曾提到並沒有一種內建的表示法用於書寫指標常數。在那些極其罕見的需要使用它們的時候，它們通常寫成整數型字面值的形式，並透過「強制類型轉換」轉換成適當的類型[1]。

6.10　指標的指標

這裡我們再稍微花點時間來看一個例子，揭開這個即將開始的主題的序幕。觀察下面這些宣告：

```
int   a = 12;
int   *b = &a;
```

它們如下圖所示進行記憶體分配：

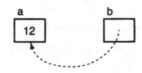

假設我們又有了第 3 個變數，名叫 c，並用下面這條陳述式對它進行初始化：

```
c = &b;
```

它們在記憶體中的模樣大致如下：

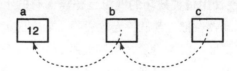

問題是：c 的類型是什麼？顯然它是一個指標，但它所指向的是什麼？變數 b 是一個「指向整數型的指標」，所以任何指向 b 的類型必須是指向「指向整數型的指標」的指標，更通俗地說，是一個指標的指標。

它合法嗎？是的！指標變數和其他變數一樣，佔據記憶體中某個特定的位置，所以用 & 運算子取得它的位址是合法的[2]。

---

[1]　在區段式機器（segmented machine）的實作中，如 Intel 80x86，可能會提供一個巨集（macro）來建立指標常數。這些巨集把區段位址和偏移位址組合轉換為指標值。

[2]　宣告為 register 的變數例外。

那麼這個變數是怎樣宣告的呢？宣告

```
int   **c;
```

表示表達式 **c 的類型是 int。表 6.4 列出了一些表達式，有助於我們弄清這個概念。假設這些表達式進行了以下這些宣告。

```
int   a = 12;
int   *b = &a;
int   **c = &b;
```

表中唯一的新面孔是最後一個表達式，讓我們對它進行分析。* 運算子具有從右向左的結合性（right-to-left associativity），所以這個表達式相當於 *(*c)，我們必須從裡向外逐層求值。*c 存取 c 所指向的位置，我們知道這是變數 b。第 2 個間接存取運算子存取這個位置所指向的位址，也就是變數 a。指標的指標並不難懂，你只要留心所有的箭頭，如果表達式中出現間接存取運算子，你就隨箭頭存取它所指向的位置。

表 6.4：雙重間接存取

表達式	相當的表達式
a	12
b	&a
*b	a, 12
c	&b
*c	b, &a
**c	*b, a, 12

6.11　指標表達式

現在讓我們觀察各種不同的指標表達式（pointer expressions），並看看當它們分別作為「左值」和「右值」時是如何進行求值的。有些表達式用得很普遍，但有些卻不常用。這個練習的目的並不是想給你一本這類表達式的「烹調全書」（cookbook），而是想讓你完善閱讀和編寫它們的技巧。首先，讓我們來看一些宣告。

```
char   ch = 'a';
char   *cp = &ch;
```

現在，我們就有了兩個變數，它們初始化如下：

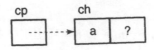

圖中還顯示了 ch 後面的那個記憶體位置，因為我們求值的某些表達式將存取它（儘管是在錯誤情況下才會對它進行存取）。由於我們並不知道它的初始值，所以用一個問號來代替。

首先來個簡單的作為開始，如下面這個表達式：

```
ch
```

當它作為右值使用時，表達式的值為 'a'，如下圖所示：

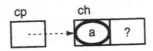

那個「粗橢圓」提示「變數 ch 的值」就是表達式的值。但是，當這個表達式作為「左值」使用時，它是這個記憶體的位址而不是該位址所包含的值，所以它的圖示方式有所不同：

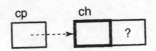

此時該位置用「粗方框」標記，提示這個位置就是表達式的結果。另外，它的值並未顯示，因為它並不重要。事實上，這個值將被某個新值所取代。接下來的表達式將以「表格」的形式出現。每個表格的後面是表達式求值過程的描述。

表達式	右值	左值
&ch	![rvalue 圖]	非法

作為右值，這個表達式的值是變數 ch 的位址。注意，這個值和「變數 cp 中所儲存的值」一樣，但這個表達式並未提及 cp，所以這個結果值並不是因為它而產生的。如此一來，圖中「橢圓」並不畫於 cp 的箭頭周圍。第 2 個問題是，為什麼這個表達式不是一個合法的左值？優先順序表格顯示 & 運算子的結果是個右值，它不能當作左值使用。但是為什麼呢？答案很簡單，當表達式 &ch 進行求值時，它的結果應該儲存於電腦的什麼地方呢？它肯定會位於某個地方，但你無法知道它位於何處。這個表達式並未標示任何機器記憶體的特定位置，所以它不是一個合法的左值。

表達式	右值	左值
cp		

你以前曾見到過這個表達式。它的右值如圖所示就是 cp 的值。它的左值就是 cp 所處的記憶體位置。由於這個表達式並不進行間接存取操作，所以你不必依箭頭所示進行間接存取。

表達式	右值	左值
&cp		非法

這個例子與 &ch 類似，不過我們這次所取的是指標變數的位址。這個結果的類型是指向字元的指標的指標。同樣的，這個值的儲存位置並未清晰定義，所以這個表達式不是一個合法的左值。

表達式	右值	左值
*cp		

現在我們加入了間接存取操作，所以它的結果應該不會令人驚奇。但接下來的幾個表達式就比較有意思。

表達式	右值	左值
*cp + 1	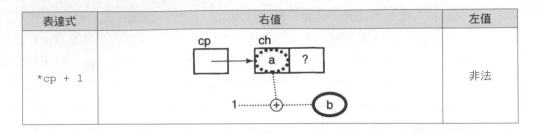	非法

上面這張圖涉及的東西更多，所以讓我們一步一步來分析它。這裡有兩個運算子。* 的優先順序高於＋，所以首先執行間接存取操作（如圖中 cp 到 ch 的實線箭頭所示），我們可以得到它的值（如「虛線橢圓」所示）。我們取得這個值的一份複本，並把它與 1 相加，表達式的最終結果為字元 'b'。圖中虛線表示表達式求值時資料的移動過程。這個表達式最終結果的儲存位置，並未清晰定義，所以它不是一個合法的左值。表 5.1 優先順序表格證實 ＋ 的結果不能作為左值。

在下面這個例子中，我們在前面那個表達式中增加了一個括號。這個括號使表達式先執行加法運算，就是把 1 和 cp 中所儲存的位址相加。此時的結果值是圖中「虛線橢圓」所示的指標。接下來的間接存取操作遵循著箭頭，存取緊鄰於 ch 之後的記憶體位置。如此一來，這個表達式的右值就是這個位置的值，而它的左值是這個位置本身。

表達式	右值	左值
*(cp + 1)	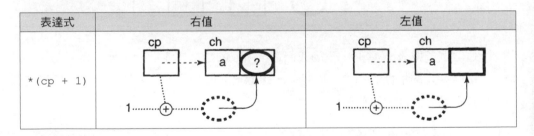	

在這裡我們需要學習很重要的一點。注意指標加法運算的結果是個右值，因為它的儲存位置並未清晰定義。如果沒有間接存取操作，這個表達式將不是一個合法的左值。然而，間接存取跟隨指標存取一個特定的位置。如此一來，*(cp+1) 就可以作為左值使用，儘管 cp+1 本身並不是左值。間接存取運算子是少數幾個其結果為左值的運算子之一。

但是，這個表達式所存取的是 ch 後面的那個記憶體位置，我們要如何知道原先儲存於那個地方的是什麼呢？一般而言，我們無從得知，所以像這樣的表達式是非法的。本章後面我將更加深入探討這個問題。

表達式	右值	左值
++cp		非法

++ 和 -- 運算子在指標變數中使用得相當頻繁，所以在這種上下文環境中理解它們是非常重要的。在這個表達式中，我們增加了指標變數 cp 的值。（為了讓圖更清楚，我們省略了加法）。表達式的結果是指標增值後的一份複本，因為前綴 ++ 先增加了運算元的值再返回這個結果。這份複本的儲存位置並未清楚定義，所以它不是一個合法的左值。

表達式	右值	左值
cp++		非法

後綴 ++ 運算子同樣增加 cp 的值，但它先返回 cp 值的一份複本然後再增加 cp 的值。如此一來，這個表達式的值就是 cp 原來的值的一份複本。

前面兩個表達式的值都不是合法的左值。但如果我們在表達式中增加了間接存取運算子，它們就可以成為合法的左值，如下面的兩個表達式所示。

表達式	右值	左值
*++cp	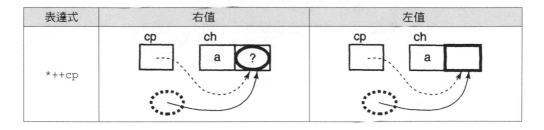	

在這裡，間接存取運算子作用於增值後指標的複製上，所以它的右值是 ch 後面那個記憶體位址的值，而它的左值就是那個位置本身。

表達式	右值	左值
*cp++	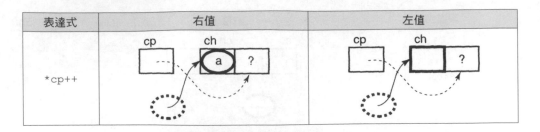	

使用後綴 ++ 運算子所產生的結果不同：它的右值和左值分別是變數 ch 的值和 ch 的記憶體位置，也就是 cp 原先所指。同樣的，後綴 ++ 運算子在周圍的表達式中使用其原先運算元的值。間接存取運算子和後綴 ++ 運算子的組合常常令人誤解。優先順序表格顯示「後綴 ++ 運算子」的優先順序高於「* 運算子」，但表達式的結果看起來像是先執行間接存取操作。事實上，這裡涉及 3 個步驟：（1）++ 運算子產生 cp 的一份複本，（2）然後 ++ 運算子增加 cp 的值，（3）最後，在 cp 的複製上執行間接存取操作。

這個表達式常常在迴圈中出現，首先用一個陣列的位址初始化指標，然後使用這種表達式就可以依次存取該陣列的內容了。本章的後面顯示了一些這方面的例子。

表達式	右值	左值
++*cp	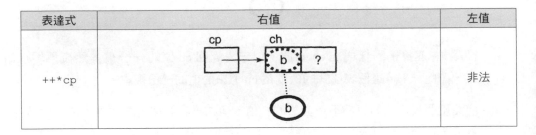	非法

在這個表達式中，由於這兩個運算子的結合性都是從右向左，所以首先執行的是間接存取操作。然後，cp 所指向的位置的值增加 1，表達式的結果是這個增值後的值的一份複本。

與前面一些表達式相比，最後 3 個表達式在實務上使用得較少。但是，對它們有一個透徹的理解有助於提高你的技能。

表達式	右值	左值
(*cp)++	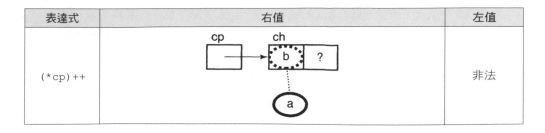	非法

使用後綴 ++ 運算子，我們必須加上括號，使它首先執行間接存取操作。這個表達式的計算過程與前一個表達式相似，但它的結果值是 ch 增值前的原先值。

表達式	右值	左值
++*++cp	cp ch a ?+1 → ?+1	非法

這個表達式看上去相當詭異，但事實上並不複雜。這個表達式共有 3 個運算子，所以看上去有些嚇人。但是，如果你逐一對它們進行分析，你會發現它們都很熟悉。事實上，我們先前已經計算過 *++cp，所以現在我們需要做的只是增加它的結果值。但是，讓我們還是從頭開始。記住這些運算子的結合性都是從右向左，所以首先執行的是 ++cp。cp 下面的「虛線橢圓」表示第 1 個中間結果。接著，我們對這個複製值進行間接存取，它使我們存取 ch 後面的那個記憶體位置。第 2 個中間結果用「虛線方框」表示，因為下一個運算子把它當作一個左值使用。最後，我們在這個位置執行 ++ 操作，也就是增加它的值。我們之所以把結果值顯示為 ?+1，是因為我們並不知道這個位置原先的值。

表達式	右值	左值
++*cp++	cp ch b b ?	非法

這個表達式和前一個表達式的區別在於，這次第 1 個 ++ 運算子是後綴形式而不是前綴形式。由於它的優先順序較高，所以先執行它。間接存取操作存取的是 cp 所指向的位置，而不是 cp 指向位置之後的那個位置。

6.12 範例

這裡有幾個範例程式，用於說明指標表達式的一些常見用法。**程式 6.1** 計算了一個字串的長度。你應該不用自己編寫這個函數，因為函式庫裡已經有了一個，不過它是個有用的例子。

程式 6.1 字串長度（strlen.c）

```
/*
** 計算一個字串的長度。
*/

#include <stdlib.h>

size_t
strlen( char *string )
{
        int     length = 0;

        /*
        ** 依次存取字串的內容，計算字元數，直到遇見 NUL 終止符號。
        */
        while( *string++ != '\0' )
                length += 1;

        return length;
}
```

在指標到達字串末尾的 NUL 位元組之前，while 陳述式中 *string++ 表達式的值一直為真（true）。它同時增加指標的值，用於下一次判斷。這個表達式甚至可以正確地處理空字串。

程式 6.2 和**程式 6.3** 增加了一層間接存取。它們在一些字串中搜尋某個特定的字元值,但我們使用指標陣列來表示這些字串,如圖 6.1 所示。函數的參數是 strings 和 value,strings 是一個指向指標陣列(array of pointers)的指標,value 是我們所搜尋的字元值(character value)。注意指標陣列是以一個 NULL 指標結束。函數將檢查這個值以判斷迴圈何時結束。下面這列表達式

```
while( ( string = *strings++ ) != NULL ) {
```

完成了三項任務:(1)它把 strings 目前所指向的指標複製到變數 string 中;(2)它增加 strings 的值,使它指向下一個值;(3)它判斷 string 是否為 NULL。當 string 指向目前字串中作為終止旗標的 NUL 位元組時,內層的 while 迴圈就終止。

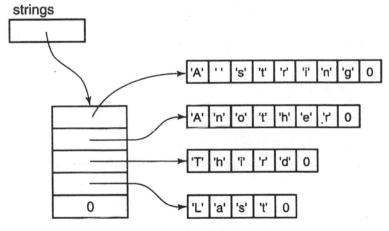

圖 6.1:指向字串的指標之陣列

程式 6.2 在一組字串中搜尋:版本 1(s_srch1.c)

```
/*
** 提供一個指標指向以 NULL 結尾的指標列表,
** 並在字串列表中搜尋一個特定的字元。
*/
```

```
#include <stdio.h>

#define TRUE        1
#define FALSE       0

int
find_char( char **strings, char value )
{
        char*string;          /* 我們目前正在搜尋的字串 */

        /*
        ** 對於列表中的每個字串 ...
        */
        while( ( string = *strings++ ) != NULL ){
                /*
                ** 觀察字串中的每個字元，
                ** 看看它是不是我們搜尋的那個。
                */
                while( *string != '\0' ){
                        if( *string++ == value )
                                return TRUE;
                }
        }
        return FALSE;
}
```

如果 string 尚未到達其結尾的 NUL 位元組，就執行下面這條陳述式

```
if( *string++ == value )
```

它判斷「目前的字元」是否與「需要搜尋的字元」匹配，然後增加指標的值，使它指向下一個字元。

程式 6.3 實作相同的功能，但它不需要對「指向每個字串的指標」作一份複本。但是，由於存在副作用，這個程式將破壞這個指標陣列。這個副作用使該函數不如前面那個版本有用，因為它只適用於「字串只需要搜尋一次」的情況。

程式 6.3 在一組字串中搜尋：版本 2（s_srch2.c）

```
/*
** 提供一個指標指向以 NULL 結尾的指標列表，
** 並在字串列表中搜尋一個特定的字元。
** 這個函數將破壞這些指標，
** 所以它只適用於這組字串只使用一次的情況。
*/

#include <stdio.h>
#include <assert.h>
```

```
#define TRUE    1
#define FALSE   0

int
find_char( char **strings, int value )
{
        assert( strings != NULL );

        /*
        ** 對於列表中的每個字串 ...
        */
        while( *strings != NULL ){
                /*
                ** 觀察字串中的每個字元,
                ** 看看它是不是我們搜尋的那個。
                */
                while( **strings != '\0' ){
                        if( *(*strings)++ == value )
                                return TRUE;
                }
                strings++;
        }
        return FALSE;
}
```

但是,在**程式 6.3** 中存在兩個有趣的表達式。第 1 個是 **strings。「第 1 個間接存取操作」存取指標陣列中的目前指標,「第 2 個間接存取操作」隨著該指標存取字串中的目前字元。內層的 while 陳述式判斷這個字元的值並觀察是否到達了字串的末尾。

第 2 個有趣的表達式是 *(*strings)++。括號是需要的,這樣才能使表達式以「正確的順序」進行求值。「第 1 個間接存取操作」存取列表中的目前指標。增值操作把該指標所指向的那個位置的值加 1,但「第 2 個間接存取操作」作用於原先那個值的複本上。這個表達式的直接作用是對「目前字串中的目前字元」進行判斷,看看是否到達了字串的末尾。其副作用是指向目前字串字元的指標值將增加 1。

6.13 指標運算

程式 6.1 ～程式 6.3 包含了一些涉及指標值和整數型值加法運算的表達式。是不是對指標進行任何運算都是合法的呢?答案是它可以執行某些運算,但並非所有運算都合法。除了加法運算之外,你還可以對指標執行一些其他運算,但並不是很多。

指標加上一個整數的結果是另一個指標。問題是，它指向哪裡？如果你將一個字元指標加 1，運算結果產生的指標指向記憶體中的下一個字元。float 佔據的記憶體空間不止 1 個位元組，如果你將一個指向 float 的指標加 1，將會發生什麼呢？它會不會指向該 float 值內部的某個位元組呢？

幸運的是，答案是否定的。當一個指標和一個整數量執行算術運算時，整數在執行加法運算前始終會根據合適的大小進行調整（scaled）。這個「合適的大小」就是指標所指向類型的大小，「調整」（scaling）就是把整數值和「合適的大小」相乘。為了更好地說明，試想在某台機器上，float 佔據 4 個位元組。在計算 float 型指標加 3 的表達式時，這個 3 將根據 float 類型的大小（此例中為 4）進行調整（相乘）。如此一來，實際加到指標上的整數型值為 12。

把 3 與指標相加使指標的值增加 3 個 float 的大小，而不是 3 個位元組。這個行為比「獲得一個指向一個 float 值內部某個位置的指標」更為合理。表 6.5 包含了一些加法運算的例子。調整的美感在於指標演算法並不依賴於指標的類型。換句話說，如果 p 是一個指向 char 的指標，那麼表達式 p+1 就指向下一個 char。如果 p 是一個指向 float 的指標，那麼 p+1 就指向下一個 float，其他類型也是如此。

表 6.5：指標運算結果

表達式	假設 p 是個指向 ... 的指標	而且 *p 的大小是 ...	增加到指標的值
p + 1	char	1	1
	short	2	2
	int	4	4
	double	8	8
p + 2	char	1	2
	short	2	4
	int	4	8
	double	8	16

6.13.1 算術運算

C 的指標算術運算只限於兩種形式。第 1 種形式是：

```
指標  ±  整數
pointer ± integer
```

「標準」定義這種形式只能用於指向陣列中某個元素的指標，如下圖所示：

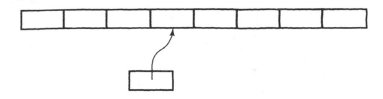

並且這類表達式的結果類型也是指標。這種形式也適用於使用 malloc 函數動態分配獲得的記憶體（見「第 11 章」），儘管翻遍「標準」也未見它提及這個事實。

陣列中的元素儲存於連續的記憶體位置中，後面元素的位址大於前面元素的位址。因此，我們很容易看出，對一個指標加 1 使它指向陣列中下一個元素，加 5 使它向右移動 5 個元素的位置，依此類推。把一個指標減去 3 使它向左移動 3 個元素的位置。對整數進行擴展（scaling）確保「對指標執行加法運算」能產生這種結果，而不管陣列元素的長度如何。

對指標執行加法或減法運算之後，如果最後指標所指的位置在陣列「第 1 個元素」的前面或陣列「最後一個元素」的後面，那麼其效果就是未定義的。讓指標指向陣列「最後一個元素」後面的那個位置是合法的，但對這個指標執行間接存取可能會失敗。

是該舉個例子的時候了。這裡有一個迴圈，把陣列中所有的元素都初始化為零。（「第 8 章」將討論類似這種迴圈，和「使用索引存取的迴圈」之間的效率比較）。

```
#define N_VALUES        5
float   values[N_VALUES];
float   *vp;

for( vp = &values[0]; vp < &values[N_VALUES]; )
        *vp++ = 0;
```

for 陳述式的初始部分把 vp 指向陣列的「第 1 個元素」。

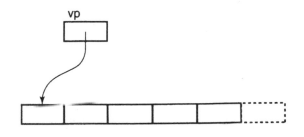

這個例子中的指標運算是用 ++ 運算子完成的。增加值 1 與 float 的長度相乘，其結果加到指標 vp 上。經過第 1 次迴圈之後，指標在記憶體中的位置如下：

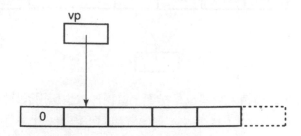

經過 5 次迴圈之後，vp 就指向陣列「最後一個元素」後面的那個記憶體位置。

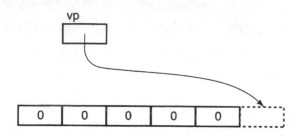

此時迴圈終止。由於索引值（subscript values，又譯下標值）從零開始，所以具有 5 個元素的陣列，最後那個元素的索引值為 4。如此一來，&values[N_VALUES] 表示陣列「最後一個元素」後面那個記憶體的位址。當 vp 到達這個值時，我們就知道到達了陣列的末尾，故迴圈終止。

這個例子中的指標最後所指向的是，陣列「最後一個元素」後面的那個記憶體位置。指標可能合法地獲得這個值，但對它執行間接存取時，將可能意外地存取原先儲存於這個位置的變數。程式設計師一般無法得知那個位置原先儲存的是什麼變數。因此，在這種情況下，一般不允許對「指向這個位置的指標」執行間接存取操作。

第 2 種類型的指標運算具有以下形式：

指標　—　指標
pointer - pointer

只有當兩個指標都指向同一個陣列中的元素時，才允許從一個指標減去另一個指標，如下所示：

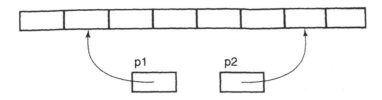

兩個指標相減的結果的類型是 ptrdiff_t，它是一種有符號整數類型（signed integral type）。減法運算的值是兩個指標在記憶體中的距離（以陣列元素的長度為單位，而不是以位元組為單位），因為減法運算的結果將除以陣列元素類型的長度。例如，如果 p1 指向 array[i] 而 p2 指向 array[j]，那麼 p2-p1 的值就是 j-i 的值。

讓我們看一下它是如何作用於某個特定類型。假設前圖中陣列元素的類型為 float，每個元素佔據 4 個位元組的記憶體空間。如果陣列的起始位置為 1000，p1 的值是 1004，p2 的值是 1024，但表達式 p2-p1 的結果值將是 5，因為兩個指標的差值（20）將除以每個元素的長度（4）。

同樣的，這種對差值的調整使「指標的運算結果」與「資料的類型」無關。不論陣列包含的元素類型如何，這個指標減法運算的值總是 5。

那麼，表達式 p1-p2 是否合法呢？是的，如果兩個指標都指向同一個陣列中的元素，這個表達式就是合法的。在前一個例子中，這個值將是 -5。

如果兩個指標所指向的不是同一個陣列中的元素，那麼它們之間相減的結果是未定義的。就像如果你把兩個位於不同街道的房子的門牌號碼相減，不可能獲得它們之間的房子數量一樣。程式設計師無從得知兩個陣列在記憶體中的相對位置，如果不知道這點，兩個指標之間的距離就毫無意義。

> **警告**
>
> 實際上，絕大多數編譯器都不會檢查指標表達式的結果，是否位於合法的邊界之內。因此，程式設計師應該負起責任去確保這點。同樣的，編譯器也不會阻止你取得一個純量變數 (scalar variable) 的位址，並對它執行指標運算，即使它無法預測運算結果所產生的指標，將指向哪個變數。「越界指標」和「指向未知值的指標」是兩個常見的錯誤根源。當你使用指標運算時，必須非常小心，讓運算的結果指向有意義的東西。

6.13.2 關係運算

對指標執行關係運算也是有限制的。用下列關係運算子對兩個指標值進行比較是可能的：

```
<    <=    >    >=
```

不過前提是它們都指向同一個陣列中的元素。根據你所使用的運算子，比較表達式將告訴你哪個指標指向陣列中更前或更後的元素。「標準」並未定義，如果兩個任意的指標進行比較會產生什麼結果。

然而，你可以在兩個任意的指標間執行相等或不相等判斷，因為這類比較的結果和編譯器選擇在何處儲存資料並無關係——指標不是指向同一個位址，就是指向不同的位址。

讓我們再觀察一個迴圈，它用於清除一個陣列中所有的元素。

```c
#define N_VALUES        5
float   values[N_VALUES];
float   *vp;

for( vp = &values[0]; vp < &values[N_VALUES]; )
        *vp++ = 0;
```

for 陳述式使用了一個關係判斷（relational test）來決定是否結束迴圈。這個判斷是合法的，因為 vp 和指標常數都指向同一陣列中的元素（事實上這個指標常數所指向的是，陣列最後一個元素後面的那個記憶體位置，雖然在最後一次比較時，vp 也指向了這個位置，但由於我們此時未對 vp 執行間接存取操作，所以它是安全的）。使用 != 運算子代替 < 運算子也是可行的，因為如果 vp 未到達它的最後一個值，這個表達式的結果總是假（false）的。

現在觀察下面這個迴圈：

```c
for( vp = &values[N_VALUES]; vp > &values[0]; )
        *--vp = 0;
```

它和前面那個迴圈所執行的任務相同，但陣列元素將以相反的次序清除。我們讓 vp 指向陣列最後那個元素後面的記憶體位置，但在對它進行間接存取之前先執行遞減操作。當 vp 指向陣列第 1 個元素時，迴圈便告終止，不過這發生在第 1 個陣列元素被清除之後。

有些人可能會反對像 *--vp 這樣的表達式，覺得它的可讀性較差。但是，如果對其進行「簡化」，看看這個迴圈會發生什麼：

```
for( vp = &values[N_VALUES - 1]; vp >= &values[0]; vp-- )
        *vp = 0;
```

現在 vp 指向陣列最後一個元素，它的遞減操作放在 for 陳述式的調整部分進行。這個迴圈存在一個問題，你能發現它嗎？

警告

在陣列第 1 個元素被清除之後，vp 的值還將減去 1，而接下去的一次比較運算是用於結束迴圈。但這就是問題所在：比較表達式 vp>=&values[0] 的值是未定義的，因為 vp 移到了陣列的邊界之外。「標準」允許指向陣列元素的指標，與「指向陣列最後一個元素後面的那個記憶體位置的指標」進行比較，但不允許與「指向陣列第 1 個元素之前的那個記憶體位置的指標」進行比較。

實際上，在絕大多數 C 編譯器中，這個迴圈將順利完成任務。然而，你還是應該避免使用它，因為「標準」並不保證它可行。你遲早可能遇到一台會使這個迴圈失敗的機器。對於負責可攜程式碼（可移植程式碼）的程式設計師而言，這類問題簡直是個惡夢。

6.14 總結

電腦記憶體中的每個位置都由一個位址標示。通常，鄰近的記憶體位置會合成一組，這樣就允許儲存更大範圍的值。指標就是用它的值來表示記憶體位址的變數。

無論是程式設計師還是電腦，都無法透過「值」的位元模式來判斷它的類型。類型是透過「值」的使用方法隱式地確定。編譯器能夠確保「值的宣告」和「值的使用」之間的關係是適當的，進而幫助我們確定值的類型。

指標變數的值，並非它所指向的記憶體位置所儲存的值。我們必須使用間接存取來獲得它所指向位置所儲存的值。對一個「指向整數型的指標」施加間接存取操作的結果，將是一個整數型值。

宣告一個指標變數，並不會自動分配任何記憶體。在對指標執行間接存取前，指標必須進行初始化：或者使它指向現有的記憶體，或者給它分配動態記憶體。對「未

初始化的指標變數」執行間接存取操作是非法的，而且這種錯誤常常難以檢測。其結果常常是一個不相關的值被修改。這種錯誤是很難被除錯發現的。

NULL 指標就是不指向任何東西的指標。它可以賦值給一個指標，用於表示那個指標並不指向任何值。對 NULL 指標執行間接存取操作的後果因編譯器而異，兩個常見的後果分別是返回記憶體位置零的值以及終止程式。

和任何其他變數一樣，指標變數也可以作為左值使用。對指標執行間接存取操作所產生的值也是個左值，因為這種表達式標示了一個特定的記憶體位置。

除了 NULL 指標之外，再也沒有任何內建的表示法來表示指標常數，因為程式設計師通常無法預測編譯器會把變數放在記憶體中的什麼位置。在極少見的情況下，我們偶爾需要使用指標常數，這時我們可以把一個整數型值，強制轉換為指標類型來建立它。

在指標值上可以執行一些有限的算術運算。你可以把一個整數型值加到一個指標上，也可以從一個指標減去一個整數型值。在這兩種情況下，這個整數型值會進行調整，原值將乘以指標目標類型（pointer's target type）的長度。如此一來，對一個指標加 1 將使它指向下一個變數，至於該變數在記憶體中佔幾個位元組的大小則與它無關。

然而，指標運算只有作用於陣列中，其結果才是可以預測的。對任何非指向陣列元素的指標執行算術運算是非法的（但常常很難被檢測到）。如果一個指標減去一個整數後，運算結果產生的指標所指向的位置在陣列「第 1 個元素」之前，那麼它也是非法的。加法運算稍有不同，如果結果指標指向陣列「最後一個元素」後面的那個記憶體位置仍是合法（但不能對這個指標執行間接存取操作），不過再往後就不合法了。

如果兩個指標都指向同一個陣列中的元素，那麼它們之間可以相減。指標減法的結果經過調整（除以陣列元素類型的長度），表示兩個指標在陣列中相隔多少個元素。如果兩個指標並不是指向同一個陣列的元素，那麼它們之間進行相減就是錯誤的。

任何指標之間都可以進行比較，判斷它們相等或不相等。如果兩個指標都指向同一個陣列中的元素，那麼它們之間還可以執行 <、<=、> 和 >= 等關係運算，用於判斷它們在陣列中的相對位置。對兩個不相關的指標執行關係運算，其結果是未定義的。

6.15　警告的總結

1. 錯誤地對一個未初始化的指標變數進行解參照。

2. 錯誤地對一個 NULL 指標進行解參照。

3. 向函數錯誤地傳遞 NULL 指標。

4. 未檢測到指標表達式的錯誤，進而導致不可預料的結果。

5. 對一個指標進行減法運算，使它非法地指向了陣列第 1 個元素的前面的記憶體位置。

6.16　程式設計提示的總結

1. 一個值應該只具有一種意思。

2. 如果指標並不指向任何有意義的東西，就把它設置為 NULL。

6.17　問題

1. 如果一個值的類型無法簡單地透過觀察它的位元模式來判斷，那麼機器是如何知道應該怎樣對這個值進行操作的？

2. C 為什麼沒有一種方法來宣告字面值指標常數呢？

3. 假設一個整數的值是 244。為什麼機器不會把這個值解釋為一個記憶體位址呢？

4. 在有些機器上，編譯器在記憶體位置零儲存 0 這個值。對 NULL 指標進行解參照操作將存取這個位置。這種方法會產生什麼後果？

5. 表達式 (a) 和 (b) 的求值過程有沒有區別？如果有的話，區別在哪裡？假設變數 offset 的值為 3。

```
int     i[ 10 ];
int     *p = &i[ 0 ];
int     offset;

p += offset;    (a)
p += 3;         (b)
```

6. 下面的程式碼區段有沒有問題？如果有的話，問題在哪裡？

```
int     array[ARRAY_SIZE];
int     *pi;

for( pi = &array[0]; pi < &array[ARRAY_SIZE]; )
        *++pi=0;
```

7. 下面的表格顯示了幾個記憶體位置的內容。每個位置由它的「位址」和儲存於該位置的「變數名稱」標示。所有數字以十進位形式表示。

使用這些值，用 4 種方法分別計算下面各個表達式的值。首先，假設所有的變數都是整數型，找到表達式的右值，再找到它的左值，並得出它所指定的記憶體位置。接著，假設所有的變數都是指向整數型的指標，重覆上述步驟。注意：在執行位址運算時，假設整數型和指標的長度都是 4 個位元組。

變數	位址	內容	變數	位址	內容
a	1040	1028	o	1096	1024
c	1056	1076	q	1084	1072
d	1008	1016	r	1068	1048
e	1032	1088	s	1004	2000
f	1052	1044	t	1060	1012
g	1000	1064	u	1036	1092
h	1080	1020	v	1092	1036
i	1020	1080	w	1012	1060
j	1064	1000	x	1072	1080
k	1044	1052	y	1048	1068
m	1016	1008	z	2000	1000
n	1076	1056			

表達式	整數型		整數型指標	
	右值	左值位址	右值	左值位址
a.	m	_____	_____	_____	_____
b.	v + 1	_____	_____	_____	_____
c.	j - 4	_____	_____	_____	_____
d.	a - d	_____	_____	_____	_____
e.	v - w	_____	_____	_____	_____
f.	&c	_____	_____	_____	_____
g.	&e + 1	_____	_____	_____	_____
h.	&o - 4	_____	_____	_____	_____
i.	&(f + 2)	_____	_____	_____	_____
j.	*g	_____	_____	_____	_____
k.	*k + 1	_____	_____	_____	_____
l.	*(n + 1)	_____	_____	_____	_____
m.	*h - 4	_____	_____	_____	_____
n.	*(u − 4)	_____	_____	_____	_____
o.	*f - g	_____	_____	_____	_____
p.	*f - *g	_____	_____	_____	_____
q.	*s - *q	_____	_____	_____	_____
r.	*(r − t)	_____	_____	_____	_____
s.	y > i	_____	_____	_____	_____
t.	y > *i	_____	_____	_____	_____
u.	*y > *i	_____	_____	_____	_____
v.	**h	_____	_____	_____	_____
w.	c++	_____	_____	_____	_____
x.	++c	_____	_____	_____	_____
y.	*q++	_____	_____	_____	_____
z.	(*q)++	_____	_____	_____	_____
aa.	*++q	_____	_____	_____	_____
bb.	++*q	_____	_____	_____	_____
cc.	*++*q	_____	_____	_____	_____
dd.	++*(*q)++	_____	_____	_____	_____

6.18 程式設計練習

★★★ 1. 請編寫一個函數，它在一個字串中進行搜尋，搜尋所有在一個給定字元集合中出現的字元。這個函數的原型（prototype）應該如下：

```
char *find_char( char const *source,
    char const *chars );
```

它的基本想法是找出 source 字串中，第一個與 chars 字串的字元相匹配的位置，然後函數返回一個指標，指向 source 中最先匹配時所找到的位置。如果 source 中的所有字元均不匹配 chars 中的字元，函數就返回一個 NULL 指標。如果任何一個參數為 NULL，或任何一個參數所指向的字串為空，函數也返回一個 NULL 指標。

舉個例子，假設 source 指向 ABCDEF。如果 chars 指向 XYZ、JURY 或 QQQQ，函數就返回一個 NULL 指標。如果 chars 指向 XRCQEF，函數就返回一個指向 source 中 C 字元的指標。參數（argument）所指向的字串是絕不會被修改的。

碰巧，C 函式庫中存在一個名叫 strpbrk 的函數，它的功能幾乎和這個你要編寫的函數一模一樣。但這個程式的目的是讓你自己練習操作指標，所以：

a. 你不應該使用任何用於操作字串的函式庫（如 strcpy、strcmp、index 等）。

b. 函數中的任何地方都不應該使用索引參照。

★★★ 2. 請編寫一個函數，刪除一個字串的一部分。函數的原型如下：

```
int del_substr( char *str, char const *substr )
```

函數首先應該判斷 substr 是否出現在 str 中。如果它並未出現，函數就返回 0；如果出現，函數應該把「str 中位於該子字串（substring）後面的所有字元」複製到該子字串的位置，進而刪除這個子字串，然後函數返回 1。如果 substr 多次出現在 str 中，函數只刪除第 1 次出現的子字串。函數的第 2 個參數絕不會被修改。

舉個例子，假設 str 指向 ABCDEFG。如果 substr 指向 FGH、CDF 或 XABC，函數應該返回 0，str 未做任何修改。但如果 substr 指向 CDE，函數就把 str 修改為指向 ABFG，方法是把 F、G 和結尾的 NUL 位元組複製到 C 的位置，然後函數返回 1。不論出現什麼情況，函數的第 2 個參數都不應該被修改。

和上題的程式一樣：

a. 你不應該使用任何用於操作字串的函式庫（如 strcpy、strcmp 等）。

b. 函數中的任何地方都不應該使用索引參照。

一個值得注意的地方是，空字串（empty string）是每個字串的一個子字串，在字串中刪除一個空子字串，字串不會產生變化。

✍★★★ 3. 編寫函數 reverse_string，它的原型如下：

```
void reverse_string( char *string );
```

函數把參數字串（argument string）中的字元反向排列。請使用指標而不是陣列索引，不要使用任何 C 函式庫中用於操作字串的函數。**提示**：不需要宣告一個局部陣列（local array）來臨時儲存參數字串。

★★★ 4. 質數就是只能被 1 和本身整除的整數。Eratosthenes 篩選法（Sieve of Eratosthenes）是一種計算質數的有效方法。這個演算法的第 1 步就是寫下所有從 2 至某個上限之間的所有整數。在演算法的剩餘部分，你巡訪（go through）整個列表並剔除所有不是質數的整數。

後面的步驟是這樣的。找到列表中的第 1 個不被剔除的數（也就是 2），然後將列表後面所有逢雙的數都剔除，因為它們都可以被 2 整除，因此不是質數。接著，再回到列表的頂端重新開始，此時列表中尚未被剔除的第 1 個數是 3，所以在 3 之後把每逢第 3 個數（3 的倍數）剔除。完成這個步驟之後，再回到列表開頭，3 後面的下一個數是 4，但它是 2 的倍數，已經被剔除，所以將其跳過，輪到 5，將所有 5 的倍數剔除。這樣依此類推、反覆進行，最後列表中未被剔除的數均為質數。

編寫一個程式，實作這個演算法，使用陣列表示你的列表。每個陣列元素的值用於標記對應的數是否已被剔除。開始時陣列所有元素的值都設置為 TRUE，當演算法要求「剔除」其對應的數時，就把這個元素設置為 FALSE。如果你的程式執行於 16 位元的機器上，小心考慮是不是需要把某個變數宣告為 long。一開始先使用包含 1,000 個元素的陣列。如果你使用「字元陣列」，使用相同的空間，你將會比使用「整數陣列」找到更多的質數。你可以使用索引來表示指向陣列「首元素」和「尾元素」的指標，但你應該使用指標來存取陣列元素。

注意，除了 2 之外，所有的偶數都不是質數。稍微多想一下，你可以使程式的空間效率大為提高，方法是陣列中的元素只對應奇數。如此一來，在相同的陣列空間內，你可以尋找到的質數的個數大約是原先的兩倍。

★★ 5. 修改前一題的 Eratosthenes 程式，使用位元的陣列而不是字元陣列，這裡要用到「第 5 章」程式設計練習 4 中所開發的位元陣列函數（bit array functions）。這個修改使程式的空間效率進一步提高，不過代價是時間效率降低。在你的系統中，使用這個方法，你所能找到的最大質數是多少？

★★ 6. 大質數是不是和小質數一樣多？換句話說，在 50,000 和 51,000 之間的質數是不是和 1,000,000 和 1,001,000 之間的質數一樣多？使用前面的程式計算 0 到 1,000 之間有多少個質數？1,000 到 2,000 之間有多少個質數？以此每隔 1,000 類推，到 1,000,000（或是你的機器上允許的最大正整數）有多少個質數？每隔 1,000 個數中質數的數量呈什麼趨勢？

C 的函數和其他語言的函數（或程序、方法）相似之處甚多。所以到現在為止，儘管我們對函數只是進行了一點非正式的討論，但你已經能夠使用它們了。然而，函數的有些方面並不像直覺上應該的那樣，所以本章將正式描述 C 的函數。

7.1 函數定義

函數的定義（definition）就是函數體的實作。函數體（function body）是一個程式碼區塊，它在函數被呼叫時執行。與函數定義相反，函數宣告（declaration）出現在函數被呼叫的地方。函數宣告向編譯器提供該函數的相關資訊，用於確保函數被正確地呼叫。首先讓我們來看一下函數的定義。

函數定義的語法如下：

```
type
name( formal_parameters )
block

類型
函數名稱（ 形式參數 ）
程式碼區塊
```

回憶一下，程式碼區塊就是一對大括號，裡面包含了一些宣告和陳述式（兩者都是可選的）。因此，最簡單的函數大致如下所示：

```
function_name()
{
}
```

當這個函數被呼叫時，它只是簡單地返回。不過儘管如此，它可以作為一種有用的 stub（譯為虛設常式或樁程式），替程式碼預留一個位置以便實作。編寫這類 stub，或者說為尚未編寫的程式碼「佔好位置」，可以保持程式在結構上的完整性，以方便你編譯和測試程式的其他部分。

形式參數（formal parameter）列表包括變數名稱和它們的類型宣告。程式碼區塊包含了局部變數（local variable）的宣告，和函數呼叫時需要執行的陳述式。**程式 7.1** 是一個簡單函數的例子。

把函數的類型與函數名稱分寫兩行純屬風格問題。這種寫法可以使我們在使用視覺或某些工具程式追蹤原始程式碼時，更容易搜尋函數名稱。

K&R C

在 K&R C 中，形式參數的類型以單獨的列表進行宣告，並出現在參數列表和函數體的左大括號之間，如下所示：

```
int *
find_int(key, array, array_len)
int key;
int array[];
int array_len;
{
```

這種宣告形式現在仍為程式語言「標準」所允許，主要是為了讓較老的程式無需修改便可通過編譯。但我們應該提倡新式宣告風格，理由有二：首先，它消除了舊式風格的冗餘。其次，也是更重要的一點，它允許函數原型（function prototype）的使用，提高了編譯器在函數呼叫時檢查錯誤的能力。關於函數原型，我們將在本章後面的內容裡討論。

```
/*
** 在陣列中尋找某個特定整數型值的儲存位置，
** 並返回一個指向該位置的指標。
*/
#include <stdio.h>

int *
find_int( int key, int array[], int array_len )
{
        int        i;

        /*
        ** 對於陣列中的每個位置 ...
        */
        for( i = 0; i < array_len; i += 1 )
                /*
                ** 檢查這個位置的值是否為需要搜尋的值。
                */
                if( array[ i ] == key )
                        return &array[ i ];

        return NULL;
}
```

7.1.1 return 陳述式

當執行流到達函數定義的末尾時，函數就將返回（return），也就是說，執行流返回到函數被呼叫的地方。return 陳述式允許你從函數體的任何位置返回，並不一定要在函數體的末尾。它的語法如下：

```
return expression;
```

表達式 expression 是可選的。如果函數無需向呼叫程式返回一個值，它就被省略。這類函數在絕大多數其他語言中稱之為程序（procedure）。這些函數執行到函數體末尾時隱式地返回，它們沒有返回值。這種沒有返回值的函數在宣告時應該把函數的類型宣告為 void。

真函數（true function）是從表達式內部呼叫的，它必須返回一個值，用於表達式的求值。這類函數的 return 陳述式必須包含一個表達式。通常，表達式的類型就是函數宣告的返回類型。只有當編譯器可以透過尋常算術轉換把表達式的類型轉換為正確的類型時，才允許返回類型與函數宣告的返回類型不同的表達式。

有些程式設計師更喜歡把 return 陳述式寫成下面這種樣子：

```
return ( x );
```

語法並沒有要求你加上括號。但如果你喜歡，儘管加上，因為在表達式兩端加上括號總是合法的。

在 C 中，子程式（subprogram）不論是否存在返回值，均稱之為函數。呼叫一個真函數（即返回一個值的函數）但不在任何表達式中使用這個返回值是完全可能的。在這種情況下，返回值就被丟棄。但是，從表達式內部呼叫一個程序類型的函數（無返回值）是一個嚴重的錯誤，因為這樣一來在表達式的求值過程中會使用一個不可預測的值（垃圾）。幸運的是，現代的編譯器通常可以捕捉這類錯誤，因為它們比老式編譯器在函數的返回類型上更為嚴格。

7.2 函數宣告

當編譯器遇到一個函數呼叫時，它產生程式碼傳遞參數（argument）並呼叫這個函數，而且接收該函數返回的值（如果有的話）。但編譯器是如何知道該函數期望接受的是什麼類型和多少數量的參數呢？如何知道該函數的返回值（如果有的話）類型呢？

如果沒有關於呼叫函數的特定資訊，編譯器便假設在這個函數的呼叫時參數的類型和數量是正確的。它同時會假設函數將返回一個整數型值。對於那些返回值並非整數型的函數而言，這種隱式認定常導致錯誤。

7.2.1 原型

向編譯器提供一些關於函數的特定資訊顯然更為安全，我們可以透過兩種方法來實作。首先，如果同一原始檔案（source file）的前面已經出現了該函數的定義，編譯器就會記住它的參數數量和類型，以及函數的返回值類型。接著，編譯器便可以檢查該函數的所有後續呼叫（在同一個原始檔案中），確保它們是正確的。

第二種向編譯器提供函數資訊的方法是使用**函數原型**（function prototype），你在
「第 1 章」已經見過它。原型總結了函數定義的起始部分的宣告，向編譯器提供有
關該函數應該如何呼叫的完整資訊。使用原型最方便（且最安全）的方法是把原型
置於一個單獨的檔案，當其他原始檔案需要這個函數的原型時，就使用 #include 指
令包含該檔案。這個技巧避免了錯誤鍵入函數原型的可能性，它同時簡化了程式的
維護任務，因為這樣只需要該原型的一份物理複本（physical copy）。如果原型需
要修改，你只需要修改它的一處複本。

舉個例子，這裡有一個 find_int 函數的原型，取自前面的例子：

```
int *find_int( int key, int array[], int len );
```

注意最後面的那個分號：它區分了函數原型和函數定義的起始部分。原型告訴編譯
器函數的參數數量，和每個參數的類型以及返回值的類型。編譯器見過原型之後，
就可以檢查該函數的呼叫，確保參數正確、返回值無誤。當出現不匹配的情況時
（例如，參數的類型錯誤），編譯器會把不匹配的實際參數或返回值轉換為正確的
類型，當然前提是這樣的轉換（conversion）必須是可行的。

提示

注意我在上面的原型中加上了參數的名稱。雖然它並非必需，但在函數原型中加入描述
性的參數名稱（descriptive parameter names）是明智的，因為它可以給希望呼叫該函數的
客戶提供有用的資訊。例如，你覺得下面這兩個函數原型哪個更有用？

```
char *strcpy( char *, char * );
char *strcpy( char *destination, char *source );
```

下面的程式碼區段說明了一種使用函數原型的更好方法：

```
#include "func.h"

void
a()
{
        ...
}

void
b()
{
        ...
}
```

檔案 func.h 包含了下面的函數原型：

```
int  *func( int *value, int len );
```

從幾個方面看，這個技巧比前一種方法更好：

1. 現在函數原型具有檔案作用域（file scope），所以原型的一份複本可以作用於整個原始檔案，比起在該函數每次呼叫前單獨書寫一份函數原型要容易得多。

2. 現在函數原型只書寫一次，這樣就不會出現多份原型的複本之間的不匹配現象。

3. 如果函數的定義進行了修改，我們只需要修改原型，並重新編譯所有包含了該原型的原始檔案即可。

4. 如果函數的原型同時也被 #include 指令包含到定義函數的檔案中，編譯器就可以確認函數原型與函數定義的匹配。

只編寫一次函數原型，使我們消除了多份原型複本之間不一致的可能性。然而，函數原型必須與函數定義匹配。把函數原型包含在定義函數的檔案中，可以使編譯器確認它們之間的匹配。

考慮下面這個宣告，它看上去有些含糊：

```
int *func();
```

它既可以看作是一個舊式風格的宣告（只提供 func 函數的返回類型），也可以看作是一個沒有參數的函數的新式風格原型。它究竟是哪一個呢？這個宣告必須解釋為舊式風格的宣告，目的是保持與 ANSI 標準之前的程式的相容性。一個沒有參數的函數的原型應該寫成下面這個樣子：

```
int *func( void );
```

關鍵字 void 提示沒有任何參數，而不是表示它有一個類型為 void 的參數。

7.2.2 函數的預設認定

當程式呼叫一個無法見到原型的函數時，編譯器便認為該函數返回一個整數型值。對於那些並不返回整數型值的函數，這種認定可能會引起錯誤。

7.3 函數的參數

C 函數的所有參數均以「傳值呼叫」（call by value）方式進行傳遞，這意味著函數將獲得參數值的一份複本（copy）。如此一來，函數便可以放心修改這個複本值，而不必擔心會修改呼叫程式（calling program）實際傳遞給它的參數。這個行為與 Modula 和 Pascal 中的值參數（不是 var 參數）相同。

C 的規則很簡單：所有參數都是傳值呼叫。但是，如果被傳遞的參數是一個陣列名稱，並且在函數中使用「索引」參照該陣列的參數，那麼在函數中對陣列元素進行修改，實際上修改的是呼叫程式中的陣列元素。函數將存取呼叫程式的陣列元素，陣列並不會被複製。這個行為稱之為「傳址呼叫」（call by reference），也就是許多其他語言所實作的 var 參數。

陣列參數的這種行為似乎與傳值呼叫規則相悖。但是，此處其實並無矛盾之處——陣列名稱的值實際上是一個指標，傳遞給函數的就是這個指標的一份複本。索引參

照實際上是間接存取的另一種形式，它可以對指標執行間接存取操作，存取指標指向的記憶體位置。參數（指標）實際上是一份複本，但在這份複本上執行間接存取操作，所存取的是原先的陣列。我們將在下一章再討論這點，此處只要記住兩個規則：

1. 傳遞給函數的純量參數是傳值呼叫的。

2. 傳遞給函數的陣列參數在行為上，就像它們是透過傳址呼叫那樣。

程式 7.2 奇偶校驗（parity.c）

```c
/*
** 對值進行偶校驗。
*/

int
even_parity( int value, int n_bits )
{
        int parity = 0;

        /*
        ** 計算值為 1 的位元個數。
        */
        while( n_bits > 0 ){
                parity += value & 1;
                value >>= 1;
                n_bits -= 1;
        }

        /*
        ** 如果計數器的最低位元是 0，
        ** 返回 TRUE（表示 1 的位元數為偶數個）。
        */
        return ( parity % 2 ) == 0;
}
```

程式 7.2 說明了純量函數參數的傳值呼叫行為。函數檢查第 1 個參數是否滿足偶校驗（even parity），也就是它的二進位位元模式中，1 的個數是否為偶數。函數的第 2 個參數指定第 1 個參數中有效位元的數量。函數以位元為單位逐一對第 1 個參數值進行移位，所以每個位元遲早都會出現在最右邊的那個位置。所有的位元會累加在一起，所以迴圈結束之後，我們就得到第 1 個參數值，其位元中 1 的個數。最後，對這個數進行測試，看看它的最低有效位元是不是 1。如果不是，那麼說明 1 的個數就是偶數個。

這個函數的有趣特性是在它的執行過程中,它會破壞這兩個參數的值。但這並無妨,因為參數是透過傳值呼叫的,函數所使用的值是實際參數的一份複本。破壞這份複本並不會影響原先的值。

程式 7.3a 則有所不同:它希望修改呼叫程式傳遞的參數。這個函數的目的是交換呼叫程式所傳遞的這兩個參數的值。但這個程式是無效的,因為它實際交換的是參數的複本,原先的參數值並未進行交換。

程式 7.3a 整數交換:無效版本(swap1.c)

```
/*
** 交換呼叫程式中的兩個整數 ( 沒有效果 ! )
*/

void
swap( int x, int y )
{
        int temp;

        temp = x;
        x = y;
        y = temp;
}
```

為了存取呼叫程式的值,你必須向函數傳遞指向「你希望修改的變數」的指標。接著函數必須對指標使用間接存取操作,修改「需要修改的變數」。**程式 7.3b** 使用了這個技巧:

程式 7.3b 整數交換:有效版本(swap2.c)

```
/*
** 交換呼叫程式中的兩個整數。
*/

void
swap( int *x, int *y )
{
        int temp;

        temp = *x;
        *x = *y;
        *y = temp;
}
```

因為函數期望接受的參數是指標，所以我們應該按照下面的方式呼叫它：

```
swap (&a, &b);
```

程式 7.4 把一個陣列的所有元素都設置為 0。n_elements 是一個純量參數，所以它是傳值呼叫的。在函數中修改它的值並不會影響呼叫程式中的對應參數。另一方面，函數確實把呼叫程式的陣列的所有元素設置為 0。陣列參數的值是一個指標，索引參照實際上是對這個指標執行間接存取操作。

這個例子同時說明了另外一個特性。在宣告陣列參數時不指定它的長度是合法的，因為函數並不為陣列元素分配記憶體。間接存取操作將存取呼叫程式中的陣列元素。如此一來，一個單獨的函數可以存取任意長度的陣列。對於 Pascal 程式設計師而言，這應該是個福音。但是，函數並沒有辦法判斷陣列參數的長度，所以函數如果需要這個值，它必須作為參數顯式地傳遞給函數。

程式 7.4 將一個陣列設置為零（clrarray.c）

```
/*
** 把一個陣列的所有元素都設置為零。
*/

void
clear_array( int array[], int n_elements )
{
        /*
        ** 從陣列最後一個元素開始，
        ** 逐一清除陣列中的所有元素。
        ** 注意前綴累加避免了
        ** 越出陣列邊界的可能性。
        */
        while( n_elements > 0 )
                array[ --n_elements ] = 0;
}
```

K&R C

回想一下，在 K&R C 中，函數的參數是像下面這樣宣告的：

```
int
func(a, b, c)
int a;
char b;
float c;
{
...
```

避免使用這種舊式風格的另一個理由是 K&R 編譯器處理參數的方式稍有不同：在參數傳遞之前，char 和 short 類型的參數被提升為 int 類型，float 類型的參數被提升為 double 類型。這種轉換稱之為「預設參數提升」（default argument promotion）。由於這個規則的存在，在 ANSI 標準之前的程式中，你會經常看到函數參數被宣告為 int 類型，但實際上傳遞的是 char 類型。

警告

為了保持相容性，ANSI 編譯器也會為舊式風格宣告的函數執行這類轉換。但是，使用原型的函數並不執行這類轉換，所以混用這兩種風格可能導致錯誤。

7.4　ADT 和黑盒

C 可以用於設計和實作**抽象資料類型**（ADT，abstract data type），因為它可以限制函數和資料定義的作用域。這個技巧也稱之為**黑盒**（black box）設計。抽象資料類型的基本想法是很簡單的——模組（module）具有功能說明和介面說明，前者說明模組所執行的任務，後者定義模組的使用。但是，模組的使用者並不需要知道模組實作的任何細節，而且除了那些定義好的介面之外，使用者不能以任何方式存取模組。

限制對模組的存取是透過「static 關鍵字的合理使用」實作的，它可以限制對那些並非介面的函數和資料的存取。例如，考慮一個用於維護「一個地址／電話號碼列表」的模組。模組必須提供函數，依據一個特定的姓名搜尋地址和電話號碼。但是，列表儲存的方式是依賴於具體實作的，所以這個資訊為模組所私有，客戶並不知情。

下一個範例程式說明了這個模組的一種可能的實作方法。**程式 7.5a** 定義了一個標頭檔，它定義了一些由客戶使用的介面。**程式 7.5b** 示範了這個模組的實作[1]。

程式 7.5a　地址列表模組：標頭檔（addrlist.h）

```
/*
** 地址列表模組的宣告。
*/
```

---

[1]　如果每個姓名、地址和電話號碼都儲存在同一個結構裡會更好一點，但我們要等到「第 10 章」才講到結構。

```
/*
** 資料特徵
**
**   各種資料的最大長度(包括結尾的
**   NUL 位元組)和地址的最大數量。
*/
#define NAME_LENGTH      30    /* 允許出現的最長姓名 */
#define ADDR_LENGTH      100   /* 允許出現的最長地址 */
#define PHONE_LENGTH     11    /* 允許出現的最長電話號碼 */

#define MAX_ADDRESSES    1000 /* 允許出現的最多地址個數 */

/*
** 介面函數
**
**   提供一個姓名,搜尋對應的地址。
*/
char const *
lookup_address( char const *name );

/*
**   提供一個姓名,搜尋對應的電話號碼。
*/
char const *
lookup_phone( char const *name );
```

程式 7.5b 地址列表模組:實作(addrlist.c)

```
/*
** 用於維護一個地址列表的抽象資料類型。
*/

#include "addrlist.h"
#include <stdio.h>

/*
**   每個地址的三個部分,
**   分別保存於三個陣列的對應元素中。
*/
static  char   name[MAX_ADDRESSES][NAME_LENGTH];
static  char   address[MAX_ADDRESSES][ADDR_LENGTH];
static  char   phone[MAX_ADDRESSES][PHONE_LENGTH];

/*
**   這個函數在陣列中搜尋一個姓名
**   並返回搜尋到的位置的索引。
**   如果這個姓名在陣列中並不存在,函數返回 -1。
*/
static int
find_entry( char const *name_to_find )
```

```
{
        int  entry;

        for( entry = 0; entry < MAX_ADDRESSES; entry += 1 )
                if( strcmp( name_to_find, name[ entry ] ) == 0 )
                        return entry;

    return -1;
}

/*
**    給定一個姓名，搜尋並返回對應的地址。
**    如果姓名沒有找到，函數返回一個 NULL 指標。
*/
char const *
lookup_address( char const *name )
{
        int  entry;

        entry = find_entry( name );
        if( entry == -1 )
                return NULL;
        else
                return address[ entry ];
}

/*
**    給定一個姓名，搜尋並返回對應的電話號碼。
**    如果姓名沒有找到，函數返回一個 NULL 指標。
*/
char const *
lookup_phone( char const *name )
{
        int  entry;

        entry = find_entry( name );
        if( entry == -1 )
                return NULL;
        else
                return phone[ entry ];
}
```

程式 7.5 是一個黑盒的好例子。黑盒的功能透過規定的介面存取，在這個例子裡，介面是函數 lookup_address 和 lookup_phone。但是，使用者不能直接存取和模組實作有關的資料，如陣列或輔助函數（support function）find_entry，因為這些內容被宣告為 static。

7.5　遞迴

C 透過執行時期堆疊支援遞迴函數(recursive function)的實作[2]。遞迴函數就是直接或間接呼叫自身的函數。許多教科書都把計算階乘(factorial)和斐波那契數列(Fibonacci numbers,又譯費氏數列)用來說明遞迴,這是非常不幸的。在第 1 個例子裡,遞迴並沒有提供任何優越之處。在第 2 個例子中,它的效率之低是非常恐怖的。

這裡有一個簡單的程式,可用於說明遞迴。程式的目的是把一個整數從二進位形式轉換為可列印的字元形式。例如,給出一個值 4267,我們需要依次產生字元 '4'、'2'、'6' 和 '7'。如果在 printf 函數中使用了 %d 格式碼,它就會執行這類處理。

我們採用的策略是把這個值反覆除以 10,並列印各個餘數。例如,4267 除 10 的餘數是 7,但是我們不能直接列印這個餘數。我們需要列印的是機器字元集(machine's character set)中表示數字 '7' 的值。在 ASCII 碼中,字元 '7' 的值是 55,所以我們需要在餘數上加上 48 來獲得正確的字元。但是,使用字元常數而不是整數型常數可以提高程式的可攜性(可移植性)。考慮下面的關係:

```
'0' + 0 = '0'
'0' + 1 = '1'
'0' + 2 = '2'
etc.
```

---

[2]　有趣的是,程式語言「標準」並未說明遞迴需要堆疊(stack)。但是,堆疊非常適合於實作遞迴,所以許多編譯器都使用堆疊來實作遞迴。

從這些關係中，我們很容易看出在餘數上加上 '0' 就可以產生對應字元的代碼[3]。接著就列印出餘數。下一步是取得商，4267/10 等於 426。然後用這個值重覆上述步驟。

這種處理方法存在的唯一問題是它產生的數字次序正好相反，它們是逆向列印的。**程式 7.6** 使用遞迴來修正這個問題。

程式 7.6 中的函數是遞迴性質的，因為它包含了一個對自身的呼叫。乍看之下，函數似乎永遠不會終止。當函數呼叫時，它將呼叫自身，第 2 次呼叫還將呼叫自身，依此類推，似乎會永遠呼叫下去。但是，事實上並不會出現這種情況。

這個程式的遞迴實作了某種類型的螺旋狀（twisted）while 迴圈。while 迴圈在迴圈體每次執行時必須取得某種進展，逐步迫近迴圈終止條件（termination criteria）。遞迴函數也是如此，它在每次遞迴呼叫後必須越來越接近某種限制條件（limiting case）。當遞迴函數符合這個限制條件時，它便不再呼叫自身。

在**程式 7.6** 中，遞迴函數的限制條件就是變數 quotient 為零。在每次遞迴呼叫之前，我們都把 quotient 除以 10，所以每遞迴呼叫一次，它的值就越來越接近零。當它最終變成零時，遞迴便告終止。

程式 7.6 ｜ 將二進位整數轉換為字元（btoa.c）

```
/*
** 接受一個整數型值（無符號），
** 把它轉換為字元並列印它。刪除前置零。
*/
#include <stdio.h>

void
binary_to_ascii( unsigned int value )
{
        unsigned int    quotient;

        quotient = value / 10;
        if( quotient != 0 )
                binary_to_ascii( quotient );
        putchar( value % 10 + '0' );
}
```

---

[3]　這些關係要求數字在字元集中必須連續。所有常用的字元集都符合這個要求。

遞迴是如何幫助我們以正確的順序列印這些字元呢？下面是這個函數的工作流程。

1. 將參數值除以 10。

2. 如果 quotient 的值為非零，呼叫 binary_to_ascii 列印 quotient 目前值的各個位元數字。

3. 接著，列印「步驟 1」中除法運算的餘數。

注意在第 2 個步驟中，我們需要列印的是 quotient 目前值的各個位元數字。我們所面臨的問題和最初的問題完全相同，只是變數 quotient 的值變小了。我們用剛剛編寫的函數（把整數轉換為各個位元數字並列印出來）來解決這個問題。由於 quotient 的值越來越小，所以遞迴最終會終止。

一旦你理解了遞迴，閱讀遞迴函數最容易的方法不是糾結於它的執行過程，而是相信遞迴函數會順利完成它的任務。如果你的每個步驟正確無誤，你的限制條件設置正確，並且每次呼叫之後更接近限制條件，遞迴函數總是能夠正確地完成任務。

7.5.1 追蹤遞迴函數

但是，為了能理解遞迴的工作原理，你需要追蹤遞迴呼叫的執行過程，所以讓我們來進行這項工作。追蹤一個遞迴函數執行過程的關鍵是理解函數中所宣告的變數是如何儲存的。當函數被呼叫時，它的變數空間是建立於執行時期的堆疊。之前呼叫的函數其變數仍保留在堆疊上，但它們被新函數的變數所掩蓋（cover up），因此是不能被存取的。

當遞迴函數呼叫自身時，情況也是如此。每進行一次新的呼叫，都將建立一批變數，它們將掩蓋遞迴函數前一次呼叫所建立的變數。當我們追蹤一個遞迴函數的執行過程時，必須把分屬不同次呼叫的變數區分開來，以避免混淆。

程式 7.6 的函數有兩個變數：參數 value 和局部變數 quotient。下面的一些圖顯示了堆疊的狀態，目前可以存取的變數位於堆疊頂端。所有其他呼叫的變數飾以灰色陰影，表示它們不能被目前正在執行的函數存取。

假設我們以 4267 這個值呼叫遞迴函數。當函數剛開始執行時，堆疊的內容如下圖所示。

執行除法運算之後，堆疊的內容如下：

接著，if 陳述式判斷出 quotient 的值非零，所以對該函數執行遞迴呼叫。當這個函數第二次被呼叫之初，堆疊的內容如下：

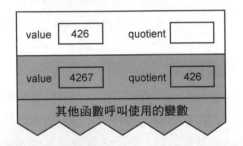

堆疊上建立了一批新的變數，隱藏了前面的那批變數，除非目前這次遞迴呼叫返回，否則它們是不能被存取的。再次執行除法運算之後，堆疊的內容如下：

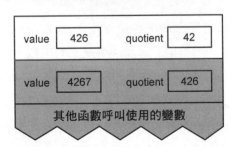

quotient 的值現在為 42，仍然非零，所以需要繼續執行遞迴呼叫，並再建立一批變數。在執行完這次呼叫的除法運算之後，堆疊的內容如下：

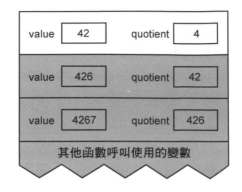

此時，quotient 的值還是非零，仍然需要執行遞迴呼叫。在執行除法運算之後，堆疊的內容如下：

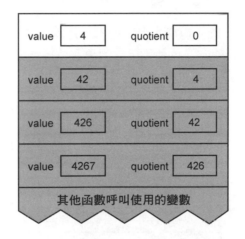

不算遞迴呼叫陳述式本身，到目前為止所執行的陳述式只是除法運算以及對 quotient 的值進行測試。由於遞迴呼叫使這些陳述式重覆執行，所以它的效果類似迴圈：當 quotient 的值非零時，把它的值作為初始值重新開始迴圈。但是，遞迴呼叫將會保存一些資訊（這點與迴圈不同），也就是保存在堆疊中的變數值。這些資訊很快就會變得非常重要。

現在 quotient 的值變成了零，遞迴函數便不再呼叫自身，而是開始列印輸出。然後函數返回，並開始銷毀堆疊上的變數值。

每次呼叫 putchar 得到變數 value 的最後一個數字，方法是對 value 進行除以 10 的取餘運算，其結果是一個 0 到 9 之間的整數。把它與字元常數 '0' 相加，其結果便是對應於這個數字的 ASCII 字元，然後把這個字元列印出來。

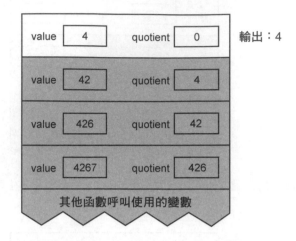

接著函數返回，它的變數從堆疊中銷毀。接著，遞迴函數的前一次呼叫重新繼續執行，它所使用的是自己的變數，它們現在位於堆疊的頂端。因為它的 value 值是 42，所以呼叫 putchar 後列印出來的數字是 2。

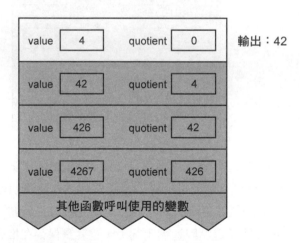

接著遞迴函數的這次呼叫也返回，它的變數也被銷毀，此時位於堆疊頂端的是遞迴函數再前一次呼叫的變數。遞迴呼叫從這個位置繼續執行，這次列印的數字是 6。在這次呼叫返回之前，堆疊的內容如下：

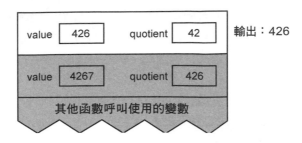

現在我們已經展開了整個遞迴過程，並回到該函數最初的呼叫。這次呼叫列印出數字 7，也就是它的 value 參數除以 10 的餘數。

然後，這個遞迴函數就徹底返回到其他函數呼叫它的地點。

如果你把列印出來的字元一個接一個排在一起，出現在印表機或螢幕上，你將看到正確的值：4267。

7.5.2 遞迴與迭代

遞迴是一種強有力的技巧，但和其他技巧一樣，它也可能被誤用。這裡就有一個例子。階乘的定義往往就是以遞迴的形式描述的，如下所示：

$$\text{factorial}(n) = \begin{cases} n \leq 0: & 1 \\ n > 0: & n \times \text{factorial}(n-1) \end{cases}$$

這個定義同時具備了我們開始討論遞迴所需要的兩個特性：存在限制條件，當符合這個條件時遞迴便不再繼續；每次遞迴呼叫之後越來越接近這個限制條件。

用這種方式定義階乘往往引導人們使用遞迴來實作階乘函數，如**程式 7.7a** 所示。這個函數能夠產生正確的結果，但它並不是遞迴的良好用法。為什麼？遞迴函數呼叫將涉及一些執行時開銷（runtime overhead）——參數的值必須壓到堆疊中、為局部

變數分配記憶體空間（所有遞迴均如此，並非特指這個例子）、暫存器（register）的值必須保存等等。當遞迴函數的每次呼叫返回時，上述這些操作必須還原，恢復成原來的樣子。所以，根據這些開銷，對於這個程式而言，它並沒有簡化問題的解決方案。

程式 7.7a 遞迴計算階乘（fact_rec.c）

```c
/*
** 用遞迴方法計算 n 的階乘。
*/

long
factorial( int n )
{
        if( n <= 0 )
                return 1;
        else
                return n * factorial( n - 1 );
}
```

程式 7.7b 使用迴圈計算相同的結果。儘管這個使用簡單迴圈的程式不甚符合前面階乘的數學定義，但它卻能更為有效地計算出相同的結果。如果你仔細觀察遞迴函數，你會發現遞迴呼叫是函數所執行的最後一項任務。這個函數是尾部遞迴（tail recursion，尾端遞迴）的一個例子。由於函數在遞迴呼叫返回之後不再執行任何任務，所以尾部遞迴可以很方便地轉換成一個簡單迴圈，完成相同的任務。

程式 7.7b 迭代計算階乘（fact_itr.c）

```c
/*
** 用迭代方法計算 n 的階乘。
*/

long
factorial( int n )
{
        int     result = 1;

        while( n > 1 ){
                result *= n;
                n -= 1;
        }

        return result;
}
```

提示

許多問題是以遞迴的形式進行解釋的，這只是因為它比非遞迴形式更為清晰。但是，這些問題的迭代實作（iterative implementation）往往比遞迴實作（recursive implementation）效率更高，雖然程式碼的可讀性可能稍差一些。當一個問題相當複雜，難以用迭代形式實作時，此時遞迴實作的簡潔性便可以補償它所帶來的執行時開銷。

在**程式 7.7a** 中，遞迴在改善程式碼的可讀性方面並無優勢，因為**程式 7.7b** 的迴圈方案也同樣簡單。這裡有一個更為極端的例子，斐波那契數就是一個數列，數列中每個數的值就是它前面兩個數的和。這種關係常常用遞迴的形式進行描述：

$$
\text{Fibonacci}(n) = \begin{cases} n \leq 1: & 1 \\ n = 2: & 1 \\ n > 2: & \text{Fibonacci}(n\text{-}1) + \text{Fibonacci}(n\text{-}2) \end{cases}
$$

同樣的，這種遞迴形式的定義容易誘導人們使用遞迴形式來解決問題，如**程式 7.8a** 所示。這裡有一個陷阱：它使用遞迴步驟計算 Fibonacci(n-1) 和 Fibonacci(n-2)。但是，在計算 Fibonacci(n-1) 時也將計算 Fibonacci(n-2)。這個額外的計算代價有多大呢？

答案是它的代價遠遠不止一個冗餘計算：每個遞迴呼叫都觸發另外兩個遞迴呼叫，而這兩個呼叫的任何一個還將觸發兩個遞迴呼叫，再接下去的呼叫也是如此。如此一來，冗餘計算的數量增長得非常快。例如，在遞迴計算 Fibonacci(10) 時，Fibonacci(3) 的值被計算了 21 次。但是，在遞迴計算 Fibonacci(30) 時，Fibonacci(3) 的值被計算了 317,811 次。當然，這 317,811 次計算所產生的結果是完全一樣的，除了其中之一外，其餘的純屬浪費。這個額外的開銷真是相當恐怖！

程式 7.8a 用遞迴計算斐波那契數（fib_rec.c）

```c
/*
** 用遞迴方法計算第 n 個斐波那契數的值。
*/

long
fibonacci( int n )
{
        if( n <= 2 )
            return 1;

        return fibonacci( n - 1 ) + fibonacci( n - 2 );
}
```

現在考慮**程式 7.8b**，它使用一個簡單迴圈來代替遞迴。同樣的，這個迴圈形式不如遞迴形式符合前面斐波那契數的抽象定義，但它的效率提高了幾十萬倍！

當你使用遞迴方式實作一個函數之前，先問問你自己使用遞迴帶來的好處是否抵得上它的代價。而且你必須小心：這個代價可能比初看上去要大得多。

```
/*
**  用迭代方法計算第 n 個斐波那契數的值。
*/

long
fibonacci( int n )
{
        long    result;
        long    previous_result;
        long    next_older_result;

        result = previous_result = 1;

        while( n > 2 ){
            n -= 1;
            next_older_result = previous_result;
            previous_result = result;
            result = previous_result + next_older_result;
        }
        return result;
}
```

7.6　可變參數列表

在函數的原型中，列出了函數期望接受的參數，但原型只能顯示固定數量的參數。讓一個函數在不同的時候接受不同數量的參數是不是可以呢？答案是肯定的，但存在一些限制。考慮一個計算一系列值的平均值的函數。如果這些值儲存於陣列中，這個任務就太簡單了，所以為了讓問題變得更有趣一些，我們假設它們並不儲存於陣列中。**程式 7.9a** 試圖完成這個任務。

這個函數存在幾個問題。首先，它不對參數（argument）的數量進行測試，無法檢測到參數過多這種情況。不過這個問題很好解決，簡單加上測試就是了。其次，函數無法處理超過 5 個的值。要解決這個問題，你只有在已經很臃腫的程式碼中再增加一些類似的程式碼。

但是，當你試圖用下面這種形式呼叫這個函數時，還存在一個更為嚴重的問題：

```
avg1 = average( 3, x, y, z );
```

這裡只有 4 個參數，但函數具有 6 個形式參數。「標準」是這樣定義這種情況的：這種行為的後果是未定義的。如此一來，第 1 個參數可能會與 n_values 對應，也可能與形式參數 v2 對應。你當然可以測試一下你的編譯器是如何處理這種情況的，但這個程式顯然是不可攜的（不可移植的）。我們需要的是一種機制，它能夠以一種良好定義的方法存取數量未定的參數列表。

程式 7.9a **計算純量參數的平均值：差的版本（average1.c）**

```
/*
** 計算指定數量的值的平均值（差的方案）。
*/

float
average( int n_values, int v1, int v2, int v3, int v4, int v5 )
{
        float sum = v1;

        if( n_values >= 2 )
                sum += v2;
        if( n_values >= 3 )
                sum += v3;
        if( n_values >= 4 )
                sum += v4;
        if( n_values >= 5 )
                sum += v5;
        return sum / n_values;
}
```

7.6.1 stdarg 巨集

可變參數列表（variable argument list）是透過巨集（macros）來實作的，這些巨集定義於 stdarg.h 標頭檔，它是標準函式庫的一部分。這個標頭檔宣告了一個類型 va_list 和三個巨集── va_start、va_arg 和 va_end [4]。我們可以宣告一個類型為 va_list 的變數，與這幾個巨集配合使用，存取參數的值。

---

[4] 巨集是由預處理器實作的，相關內容參見「第 14 章」。

程式 7.9b 使用這三個巨集正確地完成了程式 7.9a 試圖完成的任務。注意參數列表中的刪節號：它提示此處可能傳遞數量和類型未確定的參數。在編寫這個函數的原型時，也要使用相同的表示法。

函數宣告了一個名叫 var_arg 的變數，它用於存取參數列表的未確定部分。這個變數透過呼叫 va_start 來初始化。它的第 1 個參數是 va_list 變數的名稱，第 2 個參數是刪節號前最後一個有名稱的參數。初始化過程把 var_arg 變數設置為指向可變參數部分的第 1 個參數。

為了存取參數，需要使用 va_arg，這個巨集接受兩個參數：va_list 變數和參數列表中下一個參數的類型。在這個例子中，所有的可變參數都是整數型。在有些函數中，你可能要透過前面獲得的資料來判斷下一個參數的類型 [5]。va_arg 返回這個參數的值，並使 var_arg 指向下一個可變參數。

最後，當存取完畢最後一個可變參數之後，我們需要呼叫 va_end。

7.6.2 可變參數的限制

注意，可變參數必須從頭到尾按照順序逐一存取。如果你在存取了幾個可變參數後想半途中止，這是可以的。但是，如果你想一開始就存取參數列表中間的參數，那是不行的。另外，由於參數列表中的可變參數部分並沒有原型，所以，所有作為可變參數傳遞給函數的值都將執行預設參數類型提升（default argument promotions）。

程式 7.9b 計算純量參數的平均值：正確版本（average2.c）

```
/*
** 計算指定數量的值的平均值。
*/

#include <stdarg.h>

float
average( int n_values, ... )
{
        va_list    var_arg;
        int    count;
        float sum = 0;
```

---

[5] 例如，printf 檢查格式字串中的字元來判斷它需要列印的參數的類型。

```
/*
** 準備存取可變參數。
*/
va_start( var_arg, n_values );

/*
** 添加取自可變參數列表的值。
*/
for( count = 0; count < n_values; count += 1 ){
        sum += va_arg( var_arg, int );
}

/*
** 完成處理可變參數。
*/
va_end( var_arg );

return sum / n_values;
}
```

你可能同時注意到參數列表中至少要有一個命名參數（named argument）。如果連一個命名參數也沒有，你就無法使用 va_start。這個參數提供了一種方法，用於搜尋參數列表的可變部分。

對於這些巨集，存在兩個基本的限制。一個值的類型無法簡單地透過檢查它的位元模式來判斷，這兩個限制就是這個事實的直接結果：

1. 這些巨集無法判斷實際存在的參數的數量。

2. 這些巨集無法判斷每個參數的類型。

要回答這兩個問題，就必須使用命名參數。在**程式 7.9b** 中，命名參數指定了實際傳遞的參數數量，不過它們的類型被假設為整數型。printf 函數中的命名參數是格式字串，它不僅指定了參數的數量，而且指定了參數的類型。

警告

如果你在 va_arg 中指定了錯誤的類型，那麼其結果是不可預測的。這個錯誤是很容易發生的，因為 va_arg 無法正確識別作用於可變參數之上的預設參數類型提升。char、short 和 float 類型的值實際上將作為 int 或 double 類型的值傳遞給函數。所以你在 va_arg 中使用後面這些類型時應該小心。

7.7 總結

函數定義同時描述了函數的參數列表和函數體（當函數被呼叫時所執行的陳述式），參數列表有兩種可以接受的形式。K&R C 風格用一個單獨的列表說明參數的類型，它出現在函數體的左大括號之前。新式風格（也是現在提倡的那種）則直接在參數列表中包含了參數的類型。如果函數體內沒有任何陳述式，那麼該函數就稱為 stub（譯為虛設常式或樁程式），它在測試不完整的程式時非常有用。

函數宣告提供了和「一個函數」有關的有限資訊，當函數被呼叫時就會用到這些資訊。函數宣告也有兩種可以接受的形式。K&R 風格沒有參數列表，它只是宣告了函數返回值的類型。目前所提倡的新式風格又稱為函數原型，除了返回值類型之外，它還包含了參數類型的宣告，這就允許編譯器在呼叫函數時檢查參數的數量和類型。你也可以把參數名稱放在函數的原型中，儘管不是必需，但這樣做可以使原型對於其他讀者更為有用，因為它傳遞了更多的資訊。對於沒有參數的函數，它的原型在參數列表中有一個關鍵字 void。常見的原型使用方法是把原型放在一個單獨的檔案中，當其他原始檔案需要這個原型時，就用 #include 指令把這個檔案引入進來。這個技巧可以使原型必需的複製份數降到最低，有助於提高程式的可維護性。

return 陳述式用於指定從一個函數返回的值。如果 return 陳述式沒有包含返回值，或者函數不包含任何 return 陳述式，那麼函數就沒有返回值。在許多其他語言中，這類函數稱之為程序。在 ANSI C 中，「沒有返回值的函數」的返回類型應該宣告為 void。

當一個函數被呼叫時，編譯器如果無法看到它的任何宣告，那麼它就假設函數返回一個整數型值。對於那些返回值不是整數型的函數，在呼叫之前對它們進行宣告是非常重要的，這可以避免由於不可預測的類型轉換而導致的錯誤。對於那些沒有原型的函數，傳遞給函數的實際參數將進行「預設參數提升」：char 和 short 類型的實際參數被轉換為 int 類型，float 類型的實際參數被轉換為 double 類型。

函數的參數是透過傳值方式進行傳遞的，它實際所傳遞的是實際參數的一份複本。因此，函數可以修改它的形式參數（也就是實際參數的複本），而不會修改呼叫程式實際傳遞的參數。陣列名稱也是透過傳值方式傳遞的，但它傳給函數的是一個指向該陣列的指標的複本。在函數中，如果在陣列形式參數中使用了索引參照操作，就會引發間接存取操作，它實際所存取的是呼叫程式的陣列元素。因此，在函數中修改參數陣列的元素實際上修改的是呼叫程式的陣列。這個行為稱之為傳址呼

叫（call by reference）。如果你希望在傳遞純量參數時也具有傳址呼叫的語義，你可以向函數傳遞指向參數的指標，並在函數中使用「間接存取」來存取或修改這些值。

抽象資料類型（ADT），或稱黑盒，由「介面」和「實作」兩部分組成。介面是公有的，它說明客戶如何使用 ADT 所提供的功能。實作是私有的，是實際執行任務的部分。將實作部分宣告為私有可以防止客戶程式依賴於「模組」的實作細節。如此一來，當需要的時候，我們可以對實作進行修改，這樣做並不會影響客戶程式的程式碼。

遞迴函數直接或間接地呼叫自身。為了使遞迴能順利進行，函數的每次呼叫必須獲得一些進展，進一步靠近目標。當達到目標時，遞迴函數就不再呼叫自身。在閱讀遞迴函數時，不必糾結於遞迴呼叫的內部細節。你只要簡單地認為遞迴函數將會執行它的預定任務即可。

有些函數是以遞迴形式進行描述的，如「階乘」和「斐波那契數列」，但它們如果使用迭代方式來實作，效率會更高一些。如果一個遞迴函數內部所執行的最後一條陳述式就是呼叫自身時，那麼它就稱之為「尾部遞迴」。尾部遞迴可以很容易地改寫為迴圈的形式，它的效率通常更高一些。

有些函數的參數列表包含可變的參數數量和類型，它們可以使用 stdarg.h 標頭檔所定義的巨集來實作。參數列表的可變部分位於一個或多個普通參數（命名參數）的後面，它在函數原型中以一個刪節號表示。命名參數必須以某種形式提示可變部分實際所傳遞的參數數量，而且如果預先知道的話，也可以提供參數的類型資訊。當參數列表中可變部分的參數實際傳遞給函數時，它們將經歷「預設參數提升」。可變部分的參數只能從第 1 個到最後 1 個依次進行存取。

7.8 警告的總結

1. 錯誤地在其他函數的作用域內編寫函數原型。

2. 沒有為「那些返回值不是整數型的函數」編寫原型。

3. 把函數原型和舊式風格的函數定義混合使用。

4. 在 va_arg 中使用錯誤的參數類型，導致未定義的結果。

7.9　程式設計提示的總結

1. 在函數原型中使用參數名稱，可以為「使用該函數的使用者」提供更多的資訊。

2. 抽象資料類型可以減少程式對模組實作細節的依賴，進而提高程式的可靠性。

3. 當遞迴定義清晰的優點可以補償它的效率開銷時，就可以使用這個工具。

7.10　問題

1. 具有空函數體的函數可以作為 stub 使用。你如何對這類函數進行修改，使其更加有用？

2. 在 ANSI C 中，函數的原型並非必需。請問這個規定是優點還是缺點？

3. 如果在一個函數的宣告中，它的返回值類型為 A，但它的函數體內有一條 return 陳述式，返回了一個類型為 B 的表達式。請問，這將導致什麼後果？

4. 如果一個函數宣告的返回類型為 void，但它的函數體內包含了一條 return 陳述式，返回了一個表達式。請問，這將導致什麼後果？

5. 如果一個函數被呼叫之前，編譯器無法看到它的原型，那麼當這個函數返回一個不是整數型的值時，會發生什麼情況？

6. 如果一個函數被呼叫之前，編譯器無法看到它的原型，那麼當這個函數被呼叫時，實際傳遞給它的參數與它的形式參數不匹配，會發生什麼情況？

7. 下面的函數有沒有錯誤？如果有，錯在哪裡？

```
int
find_max( int array[10] )
{
        int     i;
        int     max = array[0];

        for( i = 1; i < 10; i += 1 )
                if( array[i] > max )
                        max = array[i];
        return max;
}
```

8. 遞迴和 while 迴圈之間是如何相似的？

9. 請說明把函數原型單獨放在 #include 檔案中的優點。

10. 在你的系統中，進入遞迴形式的斐波那契函數，並在函數的起始處增加一條陳述式，它增加一個全域整數型變數的值。現在編寫一個 main 函數，把這個全域變數設置為 0 並計算 Fibonacci(1)。重覆這個過程，計算 Fibonacci(2) 至 Fibonacci(10)。在每個計算過程中分別呼叫了幾次 Fibonacci 函數（用這個變數值表示）？這個全域變數值的增加和斐波那契數列本身有沒有任何關聯？根據上面這些資訊，你能不能計算出 Fibonacchi(11)、Fibonacci(25) 和 Fibonacci(50) 分別呼叫了多少次 Fibonacci 函數？

7.11　程式設計練習

✍ ★★ 1. Hermite Polynomials（厄密多項式）是這樣定義的：

$$H_n(x) = \begin{cases} n \le 0: & 1 \\ n = 1: & 2x \\ n \ge 2: & 2xH_{n-1}(x) - 2(n-1)H_{n-2}(x) \end{cases}$$

例如，$H_3(2)$ 的值是 40。請編寫一個遞迴函數，計算 $H_n(x)$ 的值。你的函數應該與下面的原型匹配：

```
int hermite( int n, int x )
```

★★ 2. 兩個整數型值 M 和 N（M、N 均大於 0）的最大公約數（greatest common divisor）可以按照下面的方法計算：

$$gcd(M, N) = \begin{cases} M \% N = 0: & N \\ M \% N = R,\ R>0: & gcd(N, R) \end{cases}$$

請編寫一個名叫 gcd 的函數，它接受兩個整數型參數，並返回這兩個數的最大公約數。如果這兩個參數中的任何一個不大於零，函數應該返回零。

✍ ★★ 3. 為下面這個函數原型編寫函數定義：

```
int ascii_to_integer( char *string );
```

這個字串參數必須包含一個或多個數字，函數應該把這些數字字元轉換為整數並返回這個整數。如果字串參數包含了任何非數字字元，函數就返回零。請不必擔心算術溢出（arithmetic overflow）。**提示**：這個技巧很簡單——你每發現一個數字，把目前值乘以 10，並把這個值和新數字所代表的值相加。

★★★ 4. 編寫一個名叫 max_list 的函數，它用於檢查任意數量的整數型參數並返回它們中的最大值。參數列表必須以一個負值結尾，提示列表的結束。

★★★★ 5. 實作一個簡化的 printf 函數，它能夠處理 %d、%f、%s 和 %c 格式碼（format code）。根據 ANSI 標準的原則，其他格式碼的行為是未定義的。你可以假設已經存在函數 print_integer 和 print_float，用於列印這些類型的值。對於另外兩種類型的值，使用 putchar 來列印。

★★★★ 6. 編寫函數

```
void written_amount( unsigned int amount, char *buffer );
```

它把 amount 表示的值轉換為單詞形式，並儲存於 buffer 中。這個函數可以在一個列印支票的程式中使用。舉例來說，如果 amount 的值是 16,312，那麼 buffer 中儲存的字串應該是

```
SIXTEEN THOUSAND THREE HUNDRED TWELVE
```

呼叫程式應該保證 buffer 緩衝區的空間足夠大。

有些值可以用兩種不同的方法進行列印。例如，1,200 可以是 ONE THOUSAND TWO HUNDRED 或 TWELVE HUNDRED。你可以選擇一種你喜歡的形式。

在「第 2 章」中,我們已經使用了一些簡單的一維陣列。在本章中,我們將深入探討陣列,探索一些更加進階的陣列話題,例如多維陣列、陣列和指標、陣列的初始化等等。

8.1　一維陣列

在討論多維陣列之前,我們還需要學習很多關於一維陣列的知識。首先讓我們學習一個概念,它被許多人認為是 C 語言設計的一個缺陷。但是,這個概念實際上是以一種相當優雅的方式把一些完全不同的概念聯繫在一起的。

8.1.1　陣列名稱

考慮下面這些宣告:

```
int   a;
int   b[10];
```

我們把「變數 a」稱為純量(scalar),因為它是個單一的值,這個變數的類型是一個整數。我們把「變數 b」稱為陣列(array),因為它是一些值的集合。索引和陣列名稱一起使用,用於標示該集合中某個特定的值。例如,b[0] 表示陣列 b 的第 1 個值,b[4] 表示第 5 個值。每個特定值都是一個純量,可以用於「任何能夠使用純量資料的上下文環境」中。

b[4] 的類型是整數型，但 b 的類型又是什麼？它所表示的又是什麼？一個合乎邏輯的答案是它表示整個陣列，但事實並非如此。在 C 中，在幾乎所有使用陣列名稱的表達式中，陣列名稱的值是一個指標常數（pointer constant），也就是陣列第 1 個元素的位址。它的類型取決於陣列元素的類型：如果它們是 int 類型，那麼陣列名稱的類型就是「指向 int 的常數指標」（constant pointer to int）；如果它們是**其他類型**，那麼陣列名稱的類型就是「指向**其他類型**的常數指標」。

請不要根據這個事實得出「陣列和指標是相同的」結論。陣列具有一些和指標完全不同的特徵。例如，陣列具有確定數量的元素，而指標只是一個純量值。編譯器用陣列名稱來記住這些屬性（property）。只有當陣列名稱在表達式中使用時，編譯器才會為它產生一個指標常數。

請注意，這個值是指標常數，而不是指標變數。你不能修改常數的值。你只要稍微回想一下，就會認為這個限制是合理的：指標常數所指向的是記憶體中陣列的起始位置，如果修改這個指標常數，唯一可行的操作就是把整個陣列移動到記憶體的其他位置。但是，在程式完成連結之後，記憶體中陣列的位置是固定的，所以當程式執行時，再想移動陣列就為時已晚了。因此，陣列名稱的值是一個指標常數。

只有在兩種場合下，陣列名稱並不用指標常數來表示——就是當陣列名稱作為 sizeof 運算子或一元運算子 & 的運算元時。sizeof 返回整個陣列的長度，而不是指向陣列的指標的長度。取一個陣列名稱的位址所產生的是「一個指向陣列的指標」（「指向陣列的指標」在第 8.2.2 節和第 8.2.3 節討論），而不是「一個指向某個指標常數值的指標」。

現在考慮下面這個例子：

```
int a[10];
int b[10];
int *c;
...
c = &a[0];
```

表達式 &a[0] 是一個指向陣列第 1 個元素的指標。但那正是陣列名稱本身的值，所以下面這條賦值陳述式和上面那條賦值陳述式所執行的任務是完全一樣的：

```
c = a;
```

這條賦值陳述式說明了為什麼理解表達式中的陣列名稱的真正涵義是非常重要的。如果陣列名稱表示整個陣列，這條陳述式就表示整個陣列被複製到一個新的陣列。

但事實上完全並非如此，實際被賦值的是一個指標的複製（a copy of a pointer），c 所指向的是陣列的第 1 個元素。因此，像下面這樣的表達式：

```
b = a;
```

是非法的。你不能使用賦值運算子把一個陣列的所有元素複製到另一個陣列。你必須使用一個迴圈，每次複製一個元素。

觀察下面這條陳述式：

```
a = c;
```

c 被宣告為一個指標變數（pointer variable），這條陳述式看起來像是執行某種形式的指標賦值（pointer assignment），把 c 的值複製給 a。但這個賦值是非法的：記住！在這個表達式中，a 的值是個常數，不能被修改。

8.1.2 索引參照

在前面宣告的上下文環境中，下面這個表達式是什麼意思？

```
*( b + 3 )
```

首先，b 的值是一個指向整數型的指標（a pointer to an integer），所以 3 這個值根據整數型值的長度進行調整。加法運算的結果是另一個指向整數型的指標，它所指向的是陣列第 1 個元素向後移 3 個整數長度的位置。然後，間接存取操作存取這個新位置，或者取得那裡的值（右值），或者把一個新值儲存於該處（左值）。

這個過程聽起來是不是很熟悉？這是因為它和索引參照的執行過程完全相同。我們現在可以解釋「第 5 章」所提到的一句話：除了優先順序之外，索引參照和間接存取完全相同。例如，下面這兩個表達式是等同的：

```
array[subscript]
*( array + ( subscript ) )
```

既然你已知道陣列名稱的值只是一個指標常數，你可以證明它們的相等性。在上面的第 1 個索引表達式中，子表達式 subscript 首先進行求值。然後，這個索引值在陣列中選擇一個特定的元素。在第 2 個表達式中，內層的那個括號保證子表達式 subscript 像前一個表達式那樣首先進行求值。經過指標運算，加法運算的結果是一個指向所需元素的指標。然後，對這個指標執行間接存取操作，存取它指向的那個陣列元素。

在使用索引參照的地方，你可以使用「對等的指標表達式」來代替。在使用上面這種形式的指標表達式的地方，你也可以使用索引表達式來代替。

這裡有個小例子，可以說明這種相等性：

```
int     array[10];
int     *ap = array + 2;
```

記住，在進行指標加法運算時會對 2 進行調整。運算結果所產生的指標 ap 指向 array[2]，如下所示：

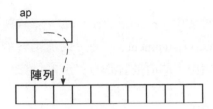

在下面各個涉及 ap 的表達式中，看看你能不能寫出使用 array 的對等表達式。

ap	這個很容易，你只要閱讀它的初始化表達式就能得到答案：array+2。另外，&array[2] 也是與它對等的表達式。
*ap	這個也很容易，「間接存取」跟隨「指標」存取它所指向的位置，也就是 array[2]。你也可以這樣寫：*(array+2)。
ap[0]	「你不能這樣做，ap 不是一個陣列！」如果你是這樣想的，你就陷入了「其他語言不能這樣做」這個慣性思維中了。記住，C 的索引參照和間接存取表達式是一樣的。在現在這種情況下，對等的表達式是 *(ap+(0))，除去 0 和括號，其結果與前一個表達式相等。因此，它的答案和上一題相同：array[2]。
ap+6	如果 ap 指向 array[2]，這個加法運算產生的指標所指向的元素是 array[2] 向後移動 6 個整數位置的元素。與它對等的表達式是 array+8 或 &array[8]。
*ap+6	小心！這裡有兩個運算子，哪一個先執行呢？是間接存取。間接存取的結果再與 6 相加，所以這個表達式相當於表達式 array[2]+6。
*(ap+6)	「括號」迫使「加法運算」首先執行，所以我們這次得到的值是 array[8]。注意，這裡的間接存取操作和索引參照操作的形式是完全一樣的。
ap[6]	把這個索引表達式轉換為與其對應的間接存取表達式形式，你會發現它就是我們剛剛完成的那個表達式，所以它們的答案相同。
&ap	這個表達式是完全合法的，但此時並沒有對等的涉及 array 的表達式，因為你無法預測編譯器會把 ap 放在相對於 array 的什麼位置。
ap[-1]	怎麼又是它？負值的索引！索引參照就是間接存取表達式，你只要把它轉換為那種形式並對它進行求值。ap 指向第 3 個元素（就是那個索引值為 2 的元素），所以使用偏移量 -1 使我們得到它的前一個元素，也就是 array[1]。

ap[9]	這個表達式看上去很正常，但實際上卻存在問題。它對等的表達式是 array[11]，但問題是這個陣列只有 10 個元素。這個索引表達式的結果是一個指標表達式，但它所指向的位置越過了陣列的右邊界。根據「標準」，這個表達式是非法的。但是，很少有編譯器能夠檢測到這類錯誤，所以程式能夠順利地繼續執行。但這個表達式到底做了些什麼？程式語言「標準」表示它的行為是未定義的，但在絕大多數機器上，它將存取那個碰巧儲存於陣列最後一個元素後面第 2 個位置的值。你有時可以透過請求編譯器產生「程式的組合語言版本」並對它進行檢查，進而推斷出這個值是什麼，但你並沒有統一的辦法預測「儲存在這個地方的到底是哪個值」。因此，這個表達式將存取（或者，如果作為左值，將修改）某個任意變數的值。這個結果估計不是你所希望的。

最後兩個例子顯示了為什麼索引檢查（subscript checking）在 C 中是一項困難的任務。程式語言「標準」並未提供這項要求。最早的 C 編譯器並不檢查索引，而最新的編譯器依然不對它進行檢查。這項任務之所以很困難，是因為索引參照可以作用於任意的指標，而不僅僅是陣列名稱。作用於指標的索引參照的有效性，既依賴於該指標當時恰好指向什麼內容，也依賴於索引的值。

結果，C 的索引檢查所涉及的開銷比你剛開始想像的要多。編譯器必須在程式中插入指令（instructions），證實「索引表達式的結果所參照的元素」，和「指標表達式所指向的元素」屬於同一個陣列。這個比較操作需要程式中所有陣列的位置和長度方面的資訊，這將佔用一些空間。當程式執行時，這些資訊必須進行更新，以反映自動和動態分配的陣列，這又將佔用一定的時間。因此，即使是那些提供了索引檢查的編譯器，通常也會提供一個開關，允許你去掉索引檢查（turn it off）。

這裡有一個有趣的，但同時也有些神秘和離題的例子。假設下面表達式所處的上下文環境和前面的相同，它的意思是什麼呢？

```
2[array]
```

它的答案可能會令你大吃一驚：它是合法的。把它轉換成對等的間接存取表達式，你就會發現它的有效性：

```
*( 2 + ( array ) )
```

內層的那個括號是冗餘的，我們可以把它去掉。同時，加法運算的兩個運算元是可以交換位置的，所以這個表達式和下面這個表達式是完全一樣的：

```
*( array + 2 )
```

也就是說，最初那個看上去頗為古怪的表達式與 array[2] 是相等的。

這個詭異技巧之所以可行，緣於 C 實作索引的方法。對編譯器來說，這兩種形式並無差別。但是，你絕不應該編寫 2[array]，因為它會大幅影響程式的可讀性。

8.1.3 指標與索引

如果你可以互換地使用指標表達式和索引表達式，那麼你應該使用哪一個呢？和往常一樣，這裡並沒有一個簡明答案。對於絕大多數人而言，索引更容易理解，尤其是在多維陣列中。所以，在可讀性方面，索引有一定的優勢。但在另一方面，這個選擇可能會影響執行時效率。

> 假設這兩種方法都是正確的，索引絕不會比指標更有效率，但指標有時會比索引更有效率。

為了理解這個效率問題（efficiency issue），讓我們來研究兩個迴圈，它們用於執行相同的任務。首先，我們使用索引方案將陣列中的所有元素都設置為 0。

```
int       array[10], a;

for ( a = 0; a < 10; a += 1 )
        array[a] = 0;
```

為了對索引表達式求值，編譯器在程式中插入指令（instructions），取得 a 的值，並把它與整數型的長度（也就是 4）相乘。這個乘法需要花費一定的時間和空間。

現在讓我們再來看看下面這個迴圈，它所執行的任務和前面的迴圈完全一樣。

```
int       array[10], *ap;

for( ap = array; ap < array + 10; ap++ )
        *ap = 0;
```

儘管這裡並不存在索引，但還是存在乘法運算。請仔細觀察一下，看看你能不能找到它。

現在，這個乘法運算出現在 for 陳述式的調整部分（adjustment step）。1 這個值必須與整數型的長度相乘，然後再與指標相加。但這裡存在一個重大區別：迴圈每次執行時，執行乘法運算的都是兩個相同的數（1 和 4）。結果，這個乘法只在編譯時執行一次——程式現在包含了一條指令，把 4 與指標相加。程式在執行時並不執行乘法運算。

這個例子說明了指標比索引更有效率的場合——當你在陣列中 1 次 1 步（或某個固定的數字）地移動時，與固定數字相乘的運算在編譯時完成，所以在執行時所需的指令就少一些。在絕大多數機器上，程式將會更小一些、更快一些。

現在考慮下面兩個程式碼區段：

```
a = get_value();          a = get_value();
array[a] = 0;             *( array + a ) = 0;
```

兩邊的陳述式所產生的程式碼並無區別。a 可能是任何值，在執行時才會知道。所以兩種方案都需要乘法指令，用於對 a 的值進行調整。這個例子說明了指標和索引的效率完全相同的場合。

8.1.4 指標的效率

前面我曾說過，指標有時比索引更有效率，**前提是它們被正確地使用**。就像電視上常說的那樣，東西做出來的效果因人而異，這取決於你的編譯器和機器。然而，程式的效率主要取決於你所編寫的程式碼。和使用索引一樣，使用指標也很容易寫出品質低劣的程式碼。事實上，這個可能性或許更大。

為了說明一些拙劣的技巧和一些良好的技巧，讓我們看一個簡單的函數，它使用索引把一個陣列的內容複製到另一個陣列。我們將分析這個函數所產生的組合程式碼（assembly code），我們選擇了一種特定的編譯器，它在一台使用 Motorola M68000 家族處理器的電腦上執行。我們接著將以不同的使用指標的方法修改這個函數，看看每次修改對結果目的碼（the resulting object code）有什麼影響。

在開始這個例子之前，要注意兩件事情。首先，你編寫程式的方法不僅影響程式的執行時效率，而且影響它的可讀性。不要為了效率上的細微差別而犧牲可讀性，這點非常重要。對於這個話題，我後面還要深入探討。

其次，這裡所顯示的組合語言顯然是 68000 處理器家族特有的。其他機器（和其他編譯器）可能會把程式翻譯成其他樣子。如果你需要在你的環境裡取得最高效率，你可以在你的機器（和編譯器）上試驗我在這裡所使用的各種方法，看看各種不同的原始程式碼習慣用法（source code idioms）是如何實作的。

首先，下面的宣告用於所有版本的函數：

```
#define SIZE    50
int     x[SIZE];
```

```
int     y[SIZE];
int     i;
int     *p1, *p2;
```

這是函數的索引版本：

```
void
try1()
{
        for(i = 0; i < SIZE; i++)
                x[i] = y[i];
}
```

這個版本看上去相當直截了當。編譯器產生下列組合語言程式碼（assembly language code）：

```
00000004  42b90000 0000    _try1:  clrl    _i
0000000a  6028                      jra     L20
0000000c  20390000 0000    L20001: movl    _i,d0
00000012  e580                      asll    #2,d0
00000014  207c0000 0000             movl    #_y,a0
0000001a  22390000 0000             movl    _i,d1
00000020  e581                      asll    #2,d1
00000022  227c0000 0000             movl    #_x,a1
00000028  23b00800 1800             movl    a0@(0,d0:L),a1@(0,d1:L)
0000002e  52b9G00C 0000             addql   #1,_i
00000034  7032             L20:     moveq   #50,d0
00000036  b0b90000 0000             cmpl    _i,d0
0000003c  6ece                      jgt     L20001
```

讓我們逐條分析這些指令。首先，包含變數 i 的記憶體位置被清除，也就是實作賦值為零的操作。然後，執行流跳轉到標籤為 L20 的指令，它和接下來的一條指令用於判斷 i 的值是否小於 50。如果是，執行流跳回到標籤為 L20001 的指令。

標籤為 L20001 的指令開始了迴圈體。i 被複製到暫存器 d0，然後左移 2 位。之所以要使用移位操作（shift），是因為它的結果和乘以 4 是一樣的，但它的速度更快。接著，陣列 y 的位址被複製到位址暫存器 a0。

現在繼續執行前面對 i 的幾個計算操作，但這次結果值置於暫存器 d1。然後陣列 x 的位址置於位址暫存器 a1。

帶複雜運算元（complicated operands）的 movl 指令執行實際任務：a0+d0 所指向的值被複製到 a1+d1 所指向的記憶體位置。然後 i 的值增加 1，並與 50 進行比較，看看是否應該繼續迴圈。

一、改用指標方案

現在讓我們用指標重新編寫這個函數：

```
void
try2()
{
        for( p1 = x, p2 = y; p1 - x < SIZE;
                *p1++ = *p2++;
}
```

我用指標變數取代了索引。其中一個指標用於測試，判斷何時退出迴圈，所以這個方案不再需要計數器。

```
00000046   23fc0000 00000000 _try2:   movl    #_x,_p1
           0000
00000050   23fc0000 00000000         movl    #_y,_p2
           0000
0000005a   601a                      jra     L25
0000005c   20790000 0000    L20003:  movl    _p2,a0
00000062   22790000 0000             movl    _p1,a1
00000068   2290                      movl    a0@,a1@
0000006a   58b90000 0000             addql   #4,_p2
00000070   58b90000 0000             addql   #4,_p1
00000076   7004             L25:     moveg   #4,d0
00000078   2f00                      movl    d0,sp@-
0000007a   20390000 0000             movl    _p1,d0
00000080   04800000 0000             subl    #_x,d0
00000086   2f00                      movl    d0,sp@-
00000088   4eb90000 0000             jbsr    ldiv
0000008e   508f                      addql   #8,sp
00000090   7232                      moveq   #50,d1
00000092   b280                      cmpl    d0,d1
00000094   6ec6                      jgt     L20003
```

和第 1 個版本相比，這些變化並沒有帶來多大的改進。需要複製整數並增加指標值的程式碼減少了，但初始化程式碼卻增加了。用於代替乘法的移位指令不見了，而且執行真正任務的 movl 指令不再使用索引。但是，用於檢查迴圈結束的程式碼卻

增加了許多，因為兩個指令相減的結果必須進行調整（在這裡是除以 4）。除法運算是透過把「值」壓到堆疊上並呼叫子程式 ldiv 實作的。如果這台機器具有 32 位元除法指令，除法運算可能會完成得更有效率。

二、重新使用計數器

讓我們試試另一種方法：

```
void
try3()
{
        for( i = 0, p1 = x, p2 = y; i < SIZE; i++ )
                *p1++ = *p2++;
}
```

我重新使用了計數器，用於控制迴圈何時退出，這樣可以去除指標減法，並因此縮短目的碼的長度。

```
0000009e   42b90000 0000       _try3:   clrl    _i
000000a4   23fc0000 00000000            movl    #_x,_p1
           0000
000000ae   23fc0000 00000000            movl    #_y,_p2
           0000
000000b8   6020                         jra     L30
000000ba   20790000 0000       L20005:  movl    _p2,a0
000000c0   22790000 0000                movl    _p1,a1
000000c6   2290                         movl    a0@,a1@
000000c8   58b90000 0000                addql   #4,_p2
000000ce   58b90000 0000                addql   #4,_p1
000000d4   52b90000 0000                addql   #1,_i
000000da   7032                L30:     moveq   #50,d0
000000dc   b0b90000 0000                cmpl    _i,d0
000000e2   6ed6                         jgt     L20005
```

在這個版本中，用於複製整數和增加指標值以及控制迴圈結束的程式碼要短一些。但在執行間接存取之前，我們仍需把指標變數複製到位址暫存器。

三、暫存器指標變數

我們可以對指標使用暫存器變數，這樣就不必複製指標值。但是，它們必須被宣告為局部變數：

```
void
try4()
{
        register int *p1, *p2;
        register int i;
```

```
                        for( i = 0, p1 = x, p2 = y; i < SIZE, i++ )
                                *p1++ = *p2++;
        }
```

這個變化帶來了較多的改進，並不僅僅是消除了複製指標的過程。

```
000000f0    7e00                        _try4:  moveq   #0,d7
000000f2    2a7c0000 0000                       movl    #,x,a5
000000f8    287c0000 0000                       movl    #_y,a4
000000fe    6004                                jra     L35
00000100    2adc                        L20007: movl    a4@+,a5@+
00000102    5287                                addql   #1,d7
00000104    7032                        L35     movcq   #50,d0
00000106    b087                                cmpl    d7,d0
00000108    6ef6                                jgt     L20007
```

注意，指標變數一開始就保存於暫存器 a4 和 a5 中，我們可以使用硬體的自動增量定址模式（auto-increment addressing mode，這個行為非常像 C 的後綴 ++ 運算子）直接增加它們的值。初始化和用於終止迴圈的程式碼基本未做變動。這個版本的程式碼看上去更好一些。

四、消除計數器

如果我們能找到一種方法來判斷迴圈是否終止，但並不使用開始所提到的那種會引起麻煩的指標減法，我們就可以消除計數器：

```
void
try5()
{
        register int *p1, *p2;

        for( p1 = x, p2 = y; p1 < &x[SIZE]; )
                ^p1++ = *p2++;
}
```

這個迴圈並沒有使用指標減法來判斷已經複製了多少個元素，而是進行測試，看看 p1 是否到達來源陣列的末尾。從功能上來說，這個判斷式和前面一樣好，但它的效率更高，因為它不必執行減法運算。而且，表達式 &x[SIZE] 可以在編譯時求值，因為 SIZE 是個數字常數。下面是它的結果：

```
0000011c    2a7c0000 0000               _try5:  movl    #_x,a5
00000122    287c0000 0000                       movl    #_y,a4
00000128    6002                                jra     L40
0000012a    2adc                        L20009: movl    a4@+,a5@+
0000012c    bbfc0000 00c8               L40;    cmpl    #_x+200,a5
00000132    65f6                                jcs     L20009
```

這個版本的程式碼非常緊湊，速度也很快，完全可以與組合語言設計師所編寫的同類程式相媲美。計數器以及相關的指令不見了。比較指令（comparison instruction）包含了表達式 _x+200，也就是原始程式碼中的 &x[SIZE]。由於 SIZE 是個常數，所以這個計算可以在編譯時完成。這個版本的程式碼是我們在這個機器上所能獲得的最緊湊的程式碼。

五、結論

我們可以從這些試驗中學到什麼呢？

1. 當你根據某個固定數量的增量在一個陣列中移動時，使用「指標變數」將比使用「索引」產生效率更高的程式碼。當這個增量是 1 並且機器具有「自動增量定址模式」時，這點表現得更為突出。

2. 宣告為「暫存器變數」的指標，通常比位於靜態記憶體和堆疊中的指標效率更高（具體提高的幅度取決於你所使用的機器）。

3. 如果你可以透過判斷（測試）一些已經初始化並經過調整的內容，來判斷迴圈是否應該終止，那麼你就不需要使用一個單獨的計數器。

4. 那些必須在執行時求值的表達式，比起 &array[SIZE] 或 array+SIZE 之類的常數表達式往往代價更高。

提示

現在，我們必須對前面這些例子進行綜合評價。僅僅為了幾十微秒的執行時間，是不是值得把第 1 個非常容易理解的迴圈，替換成最後一個可能讓讀者認為「莫名其妙」的迴圈呢？有的時候，答案是肯定的。但在絕大多數情況下，答案是不容置疑的「否」。在這種方法中，為了一點點執行效率，它所付出的代價是：程式難於編寫在前，難於維護在後。如果程式無法執行或者無法維護，它的執行速度再快也無濟於事。

你很容易爭辯說，經驗豐富的 C 語言程式設計師在使用指標迴圈時不會遇到太大麻煩。但這個論斷存在兩個荒謬之處。首先，「不會遇到太大麻煩」實際上意味著「還是會遇到一些麻煩」。從本質上說，複雜的用法比簡單的用法所涉及的風險要大得多。其次，維護程式碼的程式設計師可能並不如閣下經驗豐富。程式維護是軟體產品的主要成本所在，所以那些使程式維護工作更為困難的程式設計技巧應慎重使用。

同時，有些機器在設計時使用了特殊的指令，用於執行陣列索引操作，目的就是為了使這種極為常用的操作更加快速。在這種機器上的編譯器將使用這些特殊的指令來實作索引表達式，但編譯器並不一定會用這些指令來實作指標表達式，即使後者也應該這樣使用。如此一來，在這種機器上，索引可能比指標效率更高。

那麼，比較這些試驗的效率又有什麼意義呢？你可能被迫閱讀一些別人所編寫的「莫名其妙」的程式碼，所以理解這類程式碼還是非常重要的。而且在某些場合，追求峰值效率（peak efficiency）是非常重要的，如那些必須對「即時發生的事件」做出最快反應的即時程式（real-time programs）。但那些執行速度過於緩慢的程式也可以從這類技巧中獲益。關鍵是你先要確認程式中哪些程式碼區段佔用了絕大部分執行時間，然後再把你的精力集中在這些程式碼上，致力於改進它們。如此一來，你的努力才會獲得最大的收穫。用於確認這類程式碼區段的技巧將在「第 18 章」討論。

8.1.5 陣列和指標

指標和陣列並不是相等的。為了說明這個概念，請考慮下面這兩個宣告：

```
int     a[5];
int     *b;
```

a 和 b 能夠互換使用嗎？它們都具有指標值，它們都可以進行間接存取和索引參照操作。但是，它們還是存在相當大的區別。

宣告一個陣列時，編譯器將根據宣告所指定的元素數量為陣列保留記憶體空間，然後再建立陣列名稱，它的值是一個常數，指向這段空間的起始位置。宣告一個指標變數時，編譯器只為指標本身保留記憶體空間，它並不為任何整數型值分配記憶體空間。而且，指標變數並未被初始化為指向任何現有的記憶體空間，如果它是一個自動變數，它甚至根本不會被初始化。把這兩個宣告用圖的方法來表示，你可以發現它們之間存在顯著不同。

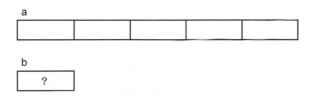

因此，上述宣告之後，表達式 *a 是完全合法的，但表達式 *b 卻是非法的。*b 將存取記憶體中某個不確定的位置，或者導致程式終止。另一方面，表達式 b++ 可以通過編譯，但 a++ 卻不行，因為 a 的值是個常數。

你必須清楚地理解它們之間的區別，這是非常重要的，因為我們所討論的下一個話題有可能把水攪渾。

8.1.6 作為函數參數的陣列名稱

當一個陣列名稱作為參數（argument）傳遞給一個函數時會發生什麼情況呢？你現在已經知道「陣列名稱的值」就是一個指向陣列第 1 個元素的指標，所以很容易明白此時傳遞給函數的是一份該指標的複本。函數如果執行了索引參照，實際上是對這個指標執行間接存取操作，並且透過這種間接存取，函數可以存取和修改呼叫程式（calling program）的陣列元素。

現在我可以解釋 C 關於參數傳遞的表面上的矛盾之處。我早先曾說過，所有傳遞給函數的參數都是透過傳值方式進行的（passed by value），但陣列名稱參數的行為卻彷彿它是透過傳址呼叫傳遞的（passed by reference）。傳址呼叫是透過傳遞一個指向所需元素的指標，然後在函數中對該指標執行「間接存取操作」實作對資料的存取。作為參數的陣列名稱是個指標，索引參照實際執行的就是間接存取。

那麼陣列的傳值呼叫行為又是表現在什麼地方呢？傳遞給函數的是參數的一份複本（指向陣列起始位置的指標的複本），所以函數可以自由地操作它的指標形式參數，而不必擔心會修改對應的作為實際參數的指標。

所以，此處並不存在矛盾：所有的參數都是透過傳值方式傳遞的。當然，如果你傳遞了一個指向某個變數的指標，而函數對該指標執行了間接存取操作，那麼函數就可以修改那個變數。儘管初看上去並不明顯，但陣列名稱作為「參數」時所發生的正是這種情況。這個參數（指標）實際上是透過傳值方式傳遞的，函數得到的是該指標的一份複本（copy），它可以被修改，但呼叫程式所傳遞的實際參數並不受影響。

程式 8.1 是一個簡單的函數，用於說明這些觀點。它把「第 2 個參數」中的字串複製到「第 1 個參數」所指向的緩衝區。呼叫程式的緩衝區將被修改，因為函數對參數執行了間接存取操作。但是，無論函數對參數（指標）如何進行修改，都不會修改呼叫程式的指標實際參數本身（但可能修改它所指向的內容）。

注意 while 陳述式中的 *string++ 表達式。它取得 string 所指向的那個字元，並且產生一個副作用（side effect），就是修改 string，使它指向下一個字元。用這種方式修改形式參數並不會影響呼叫程式的實際參數，因為只有傳遞給函數的那份複本進行了修改。

```
/*
** 把第 2 個參數中的字串，
** 複製到第 1 個參數指定的緩衝區。
*/
void
strcpy( char *buffer, char const *string )
{
        /*
        ** 重覆複製字元，
        ** 直到遇見 NUL 位元組。
        */
        while( (*buffer++ = *string++) != '\0' )
                ;
}
```

提示

關於這個函數，還有兩個要點值得一提（或強調）。首先，形式參數被宣告為一個指向 const 字元的指標。對於一個並不打算修改這些字元的函數而言，預先把它宣告為常數有何重要意義呢？這裡至少有三個理由。第一，這是一樣良好的文件習慣。有些人希望僅觀察該函數的原型就能發現該資料不會被修改，而不必閱讀完整的函數定義（讀者可能無法看到）。第二，編譯器可以捕捉到任何試圖修改該資料的意外錯誤。第三，這類宣告允許向函數傳遞 const 參數。

提示

關於這個函數的第 2 個要點，是函數的參數和局部變數被宣告為 register 變數。在許多機器上，register 變數所產生的程式碼，將比靜態記憶體中的變數和堆疊中的變數所產生的程式碼執行速度更快。這點在早先討論陣列複製函數時就已經提到。對於這類函數，執行時效率尤其重要。它被呼叫的次數可能相當多，因為它所執行的是一項極為有用的任務。

但是，這取決於在你的環境中，使用 register 變數是否能夠產生更快的程式碼。許多目前的編譯器比程式設計師更加懂得怎樣合理分配暫存器。對於這類編譯器，在程式中使用 register 宣告反而可能降低效率。請檢查一下你的編譯器的相關文件，看看它是否執行自己的暫存器分配策略[1]。

---

[1]　在寫完這個提示之後，我似乎是遵循了自己的意見，去掉了函數之中的 register 宣告，讓編譯器自己進行最佳化。同時，我還消除了函數中的局部變數。這個提示本身很有意義，但書上的這個例子並沒有充分地展現這點。

8.1.7 宣告陣列參數

這裡有一個有趣的問題。如果你想把一個陣列名稱參數傳遞給函數，正確的函數形式參數應該是怎樣的？它是應該宣告為一個指標還是一個陣列？

正如你所看到的那樣，呼叫函數時實際傳遞的是一個指標，所以函數的形式參數實際上是個指標。但為了使程式設計師新手更容易上手一些，編譯器也接受陣列形式的函數形式參數。因此，下面兩個函數原型是相等的：

```
int   strlen( char *string );
int   strlen( char string[] );
```

這個相等性暗示指標和陣列名稱實際上是相等的，但千萬不要被它糊弄了！這兩個宣告確實相等，但只是在**目前這個上下文環境中**。如果它們出現在別處，就可能完全不同，就像前面討論的那樣。但對於陣列形式參數（array parameters），你可以使用任何一種形式的宣告。

你可以使用任何一種宣告，但哪個「更加準確」呢？答案是指標。因為實際參數實際上是個指標，而不是陣列。同樣的，表達式 sizeof string 的值是指向字元的指標的長度，而不是陣列的長度。

現在你應該清楚為什麼函數原型中的一維陣列形式參數無需寫明它的元素數量，因為函數並不為陣列參數分配記憶體空間。形式參數只是一個指標，它指向的是已經在其他地方分配好記憶體的空間。這個事實解釋了為什麼「陣列形式參數」可以與「任何長度的陣列」匹配——它實際傳遞的只是指向陣列第 1 個元素的指標。另一方面，這種實作方法使函數無法知道陣列的長度。如果函數需要知道陣列的長度，它必須作為一個顯式的參數（an explicit argument）傳遞給函數。

8.1.8 初始化

就像純量變數可以在它們的宣告中進行初始化一樣，陣列也可以這樣做。唯一的區別是陣列的初始化需要一系列的值。這個系列（series）是很容易確認的：這些值位於一對大括號中，每個值之間用逗號分隔。如下面的例子所示：

```
int     vector[5] = { 10, 20, 30, 40, 50 };
```

初始化列表提供的值逐一賦值給陣列的各個元素，所以 vector[0] 獲得的值是 10，vector[1] 獲得的值是 20，依此類推。

一、靜態和自動初始化

陣列初始化的方式類似於純量變數的初始化方式——也就是取決於它們的儲存類型。儲存於靜態記憶體的陣列只初始化一次，也就是在程式開始執行之前。程式並不需要執行指令把這些值放到合適的位置，它們一開始就在那裡了。這個魔法是由連結器（linker）完成的，它用包含可執行程式的檔案中合適的值對陣列元素進行初始化。如果陣列未被初始化，陣列元素的初始值將會自動設置為零。當這個檔案載入到記憶體中準備執行時，初始化後的陣列值和程式指令一樣也被載入到記憶體中。因此，當程式執行時，靜態陣列（static arrays）已經初始化完畢。

但是，對於自動變數（automatic variables）而言，初始化過程就沒有那麼浪漫了。因為自動變數位於執行時期堆疊中，執行流每次進入它們所在的程式碼區塊時，這類變數每次所處的記憶體位置可能並不相同。在程式開始之前，編譯器沒有辦法對這些位置進行初始化。所以，自動變數在預設情況下是未初始化的。如果自動變數的宣告中提供了初始值，每次當執行流進入自動變數宣告所在的作用域時，變數就被一條隱式的賦值陳述式初始化。這條隱式的賦值陳述式（implicit assignment statement）和普通的賦值陳述式一樣需要時間和空間來執行。陣列的問題在於初始化列表中可能有很多值，這就可能產生許多條賦值陳述式。對於那些非常龐大的陣列，它的初始化時間可能非常可觀。

因此，這裡就需要權衡利弊。當陣列的初始化局部於（侷限在）一個函數（或程式碼區塊）時，你應該仔細考慮一下，在程式的執行流每次進入該函數（或程式碼區塊）時，每次都對陣列進行重新初始化是不是值得。如果答案是否定的，你就把陣列宣告為 static，這樣陣列的初始化只需在程式開始前執行一次。

8.1.9 不完整的初始化

在下面兩個宣告中會發生什麼情況呢？

```
int     vector[5] = { 1, 2, 3, 4, 5, 6 };
int     vector[5] = { 1, 2, 3, 4 };
```

在這兩種情況下，初始化值的數量和陣列元素的數量並不匹配。第 1 個宣告是錯誤的，我們沒有辦法把 6 個整數型值裝到 5 個整數型變數中。但是，第 2 個宣告卻是合法的，它為陣列的前 4 個元素提供了初始值，最後一個元素則初始化為 0。

那麼，我們可不可以省略列表中間的那些值呢？

```
int     vector[5] = { 1, 5 };
```

編譯器只知道「初始值不夠」，但它無法知道「缺少的是哪些值」。所以，只允許省略最後幾個初始值。

8.1.10 自動計算陣列長度

這裡是另一個有用技巧的例子：

```
int     vector[] = { 1, 2, 3, 4, 5 };
```

如果宣告中並未提供陣列的長度，編譯器就把陣列的長度設置為「剛好能夠容納所有初始值的長度」。如果初始值列表經常修改，這個技巧尤其有用。

8.1.11 字元陣列的初始化

根據目前我們所學到的知識，你可能認為字元陣列將以下面這種形式進行初始化：

```
char    message[] = { 'H', 'e', 'l', 'l', 'o', 0 };
```

這個方法當然可行。但除了非常短的字串，這種方法確實很笨拙。因此，程式語言「標準」提供了一種用於初始化字元陣列的快速方法：

```
char    message[] = "Hello";
```

儘管它看起來像是一個字串常數，**實際上並不是**。它只是前例中初始化列表的另一種寫法。

如果它們看上去完全相同，你該如何分辨「字串常數」和「這種初始化列表的便捷表示法」呢？它們是根據它們所處的上下文環境來區分的。當用於初始化一個字元陣列（character array）時，它就是一個初始化列表。在其他任何地方，它都表示一個字串常數。

這裡有一個例子：

```
char    message1[] = "Hello";
char    *message2 = "Hello";
```

這兩個初始化乍看之下很像，但它們具有不同的涵義。前者初始化一個字元陣列的元素，而後者則是一個真正的字串常數（string literal）。這個指標變數被初始化為指向這個字串常數的儲存位置，如下圖所示：

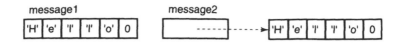

8.2 多維陣列

如果某個陣列的維數不止 1 個，它就稱之為多維陣列（multidimensional array）。例如，下面這個宣告

```
int      matrix[6][10];
```

建立了一個包含 60 個元素的矩陣。但是，它是 6 列（row）每列 10 個元素，還是 10 列每列 6 個元素？

為了回答這個問題，你需要從一個不同的視角觀察多維陣列。考慮下列這些維數不斷增加的宣告：

```
int      a;
int      b[10];
int      c[6][10];
int      d[3][6][10];
```

a 是個簡單的整數。接下來的那個宣告增加了一個維數（dimension），所以 b 就是一個向量（vector），它包含 10 個整數型元素。

c 只是在 b 的基礎上再增加一維，所以我們可以把 c 看作是一個包含 6 個元素的向量，只不過它的每個元素本身是一個包含 10 個整數型元素的向量。換句話說，c 是個一維陣列的一維陣列。d 也是如此：它是一個包含 3 個元素的陣列，每個元素都是包含 6 個元素的陣列，而這 6 個元素中的每一個又都是包含 10 個整數型元素的陣列。簡潔地說，d 是一個 3 排 6 列 10 行的整數型三維陣列。

理解這個視角是非常重要的，因為它正是 C 實作多維陣列的基礎。為了加強這個概念，讓我們先來討論陣列元素在記憶體中的儲存順序（storage order）。

8.2.1 儲存順序

觀察下面這個陣列：

```
int     array[3];
```

它包含 3 個元素，如下圖所示：

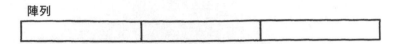

但現在假設你被告知這 3 個元素中的每一個，實際上都是包含 6 個元素的陣列，情況又將如何呢？下面是這個新的宣告：

```
int     array[3][6];
```

下面是它在記憶體中的儲存形式：

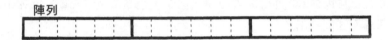

實線方框表示第 1 維的 3 個元素，虛線用於劃分第 2 維的 6 個元素。按照從左到右的順序，上面每個元素的索引值分別是：

```
0,0  0,1  0,2  0,3  0,4  0,5  1,0  1,1  1,2
1,3  1,4  1,5  2,0  2,1  2,2  2,3  2,4  2,5
```

這個例子說明了陣列元素的儲存順序（storage order）。在 C 中，多維陣列的元素儲存順序按照最右邊的索引率先變化的原則，稱為「列主序」（row major order，又譯「以列為主」）。知道了多維陣列的儲存順序有助於回答一些有用的問題，例如你應該按照什麼樣的順序來編寫初始化列表的值。

下面的程式碼區段將會列印出什麼樣的值呢？

```
int     matrix[6][10];
int     *mp;
...
mp = &matrix[3][8];
printf( "First value is %d\n", *mp );
printf( "Second value is %d\n", *++mp );
printf( "Third value is %d\n", *++mp );
```

很顯然，第 1 個被列印的值將是 matrix[3][8] 的內容，但下一個被列印的又是什麼呢？儲存順序可以回答這個問題——下一個元素將是最右邊索引首先變化的那個，

也就是 matrix[3][9]。再接下去又輪到誰呢？第 9 行（column）可是一列（row）中的最後一行了。不過，根據儲存順序規定，一列存滿後就輪到下一列，所以下一個被列印的元素將是 matrix[4][0][2]。

這裡有一個相關的問題。matrix 到底是 6 列 10 行還是 10 列 6 行？答案可能會令你大吃一驚——在某些上下文環境中，兩種答案都對。

兩種都對？怎麼可能有兩個不同的答案呢？這個簡單，如果你根據索引（subscript）把資料存放於陣列中並在以後根據索引搜尋陣列中的值，那麼不管你把第 1 個索引解釋為列（row）還是行（column），都不會有什麼區別。**只要你每次都堅持使用同一種方法**，這兩種解釋方法都是可行的。

但是，把「第 1 個索引」解釋為列或行並不會改變陣列的儲存順序。如果你把「第 1 個索引」解釋為「列」，把「第 2 個索引」解釋為「行」，那麼當你按照儲存順序逐一存取陣列元素時，你所獲得的元素是按「列」排列的。另一方面，如果把「第 1 個索引」作為「行」，那麼當你照前面的順序存取陣列元素時，你所得到的元素是按「行」排列的。你可以在你的程式中選擇更加合理的解釋方法。但是，你不能修改記憶體中陣列元素的實際儲存方式。這個順序是由「標準」定義的。

8.2.2 陣列名稱

一維陣列名稱的值是一個指標常數（pointer constant），它的類型是「指向元素類型的指標」，它指向陣列的第 1 個元素。多維陣列也差不多簡單。唯一的區別是多維陣列第 1 維的元素，實際上是另一個陣列。例如下面這個宣告：

```
int     matrix[3][10];
```

建立了 matrix，它可以看作是一個一維陣列，包含 3 個元素，只是每個元素恰好是包含 10 個整數型元素的陣列。

matrix 這個名稱的值是一個指向它第 1 個元素的指標，所以 matrix 是一個指向「一個包含 10 個整數型元素的陣列」的指標。

---

[2]　這個例子使用一個指向整數型的指標，巡訪（traverse，走訪）儲存了一個二維整數型陣列元素的記憶體空間。這個技巧稱之為「flattening the array」（壓扁陣列），它實際上是非法的，因此從某列移到下一列後就無法回到包含第 1 列的那個子陣列。儘管它通常沒什麼問題，但有可能的話還是應該避免。

8.2.3 索引

如果要標示一個多維陣列的某個元素，必須按照與陣列宣告時相同的順序為每一維都提供一個索引（subscript，又譯下標），而且每個索引都單獨位於一對中括號內。在下面的宣告中：

```
int     matrix[3][10];
```

表達式

```
matrix[1][5]
```

存取下面這個元素：

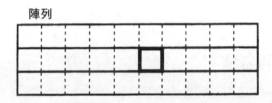

但是，索引參照實際上只是間接存取表達式（indirection expressions）的一種偽裝形式，即使在多維陣列中也是如此。觀察下面這個表達式：

```
matrix
```

它的類型是「指向包含 10 個整數型元素的陣列的指標」，它的值是：

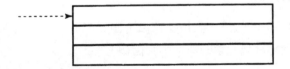

它指向包含 10 個整數型元素的第 1 個子陣列。

表達式

```
matrix + 1
```

也是一個「指向包含 10 個整數型元素的陣列的指標」，但它指向 matrix 的另一列：

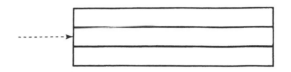

為什麼？因為 1 這個值根據包含 10 個整數型元素的陣列的長度進行調整，所以它指向 matrix 的下一列。如果對其執行間接存取操作，就會如下圖所示，隨箭頭選擇中間這個子陣列：

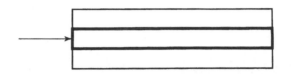

所以表達式

```
*(matrix + 1)
```

事實上標示了一個包含 10 個整數型元素的子陣列。陣列名稱的值是個常數指標，它指向陣列的第 1 個元素，在這個表達式中也是如此。它的類型是「指向整數型的指標」，我們現在可以在下一維的上下文環境中顯示它的值：

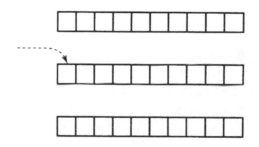

現在請拿穩你的帽子，猜猜下面這個表達式的結果是什麼？

```
*( matrix + 1 ) + 5
```

前一個表達式是個指向整數型值的指標，所以 5 這個值根據「整數型的長度」進行調整。整個表達式的結果是一個指標，它指向的位置比「原先那個表達式」所指向的位置，向後移動了 5 個整數型元素。

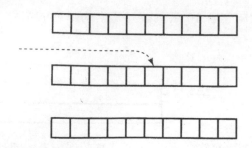

對其執行「間接存取操作」：

```
 *( *( matrix + 1 ) + 5 )
```

它所存取的正是圖中的那個整數型元素。如果它作為「右值」使用，你就取得儲存於那個位置的值。如果它作為「左值」使用，這個位置將儲存一個新值。

這個看上去嚇人的表達式實際上正是我們的老朋友──索引。我們可以把子表達式 *(matrix + 1) 改寫為 matrix[1]。把這個索引表達式代入原先的表達式，我們將得到：

```
 *( matrix[1] + 5 )
```

這個表達式是完全合法的。matrix[1] 選定一個子陣列，所以它的類型是一個指向整數型的指標。我們對這個指標加上 5，然後執行間接存取操作。

但是，我們可以再次用「索引」代替「間接存取」，所以這個表達式還可以寫成：

```
 matrix[1][5]
```

如此一來，即使對於多維陣列，索引仍然是另一種形式的間接存取表達式。

這個練習的要點在於它說明了多維陣列中的索引參照是如何工作的，以及它們是如何依賴於「指向陣列的指標」這個概念。索引是從左向右進行計算的，陣列名稱是一個指向第 1 維第 1 個元素的指標，所以「第 1 個索引值」根據該元素的長度進行調整。它的結果是一個指向那一維中所需元素的指標。間接存取操作隨後選擇那個特定的元素。由於該元素本身是個陣列，所以這個表達式的類型是一個指向下一維第 1 個元素的指標。下一個索引值根據這個長度進行調整，這個過程重覆進行，直到所有的索引均計算完畢。

8.2.4 指向陣列的指標

下面這些宣告合法嗎？

```
int     vector[10], *vp = vector;
int     matrix[3][10], *mp = matrix;
```

第 1 個宣告是合法的。它為一個整數型陣列分配記憶體，把 vp 宣告為一個指向整數型的指標，並把它初始化為指向 vector 陣列的第 1 個元素。vector 和 vp 具有相同的類型：指向整數型的指標。但是，第 2 個宣告是非法的。它正確地建立了 matrix 陣列，並把 mp 宣告為一個指向整數型的指標。但是，mp 的初始化是不正確的，因為 matrix 並不是一個指向整數型的指標，而是一個指向整數型陣列的指標。我們應該怎樣宣告一個指向整數型陣列的指標呢？

```
int     (*p)[10];
```

這個宣告比我們以前見過的所有宣告更為複雜，但它事實上並不是很難。你只要假設它是一個表達式並對它求值。索引參照的優先順序高於間接存取，但由於括號的存在，首先執行的還是間接存取。所以，p 是個指標，但它指向什麼呢？

接下來執行的是索引參照，所以 p 指向某種類型的陣列。這個宣告表達式中並沒有更多的運算子，所以陣列的每個元素都是整數。

宣告並沒有直接告訴你 p 是什麼，但推斷它的類型並不困難——當我們對它執行間接存取操作時，我們得到的是個陣列，對該陣列進行索引參照操作得到的是一個整數型值。所以 p 是一個指向整數型陣列的指標（a pointer to an array of integers）。

在宣告中加上初始化後是下面這個樣子：

```
int     (*p)[10] = matrix;
```

它使 p 指向 matrix 的第 1 列。

p 是一個指向「擁有 10 個整數型元素的陣列」的指標。當你把 p 與一個整數相加時，該整數值首先根據 10 個整數型值的長度進行調整，然後再執行加法。所以我們可以使用這個指標一列一列地在 matrix 中移動。

如果你需要一個指標逐一存取整數型元素，而不是逐列在陣列中移動，你應該怎麼辦呢？下面兩個宣告都建立了一個簡單的整數型指標，並以兩種不同的方式進行初始化，指向 matrix 的第 1 個整數型元素：

```
int     *pi = &matrix[0][0];
int     *pi = matrix[0];
```

增加這個指標的值使它指向下一個整數型元素。

警告

如果你打算在指標上執行任何指標運算，應該避免這種類型的宣告：

```
int     (*p)[] = matrix;
```

p 仍然是一個指向整數型陣列的指標，但陣列的長度卻不見了。當某個整數與這種類型的指標執行指標運算時，它的值將根據空陣列的長度進行調整（也就是說，與零相乘），這很可能不是你所預期的。有些編譯器可以捕捉到這類錯誤，但有些編譯器卻不能。

8.2.5 作為函數參數的多維陣列

作為函數參數的多維陣列名稱的傳遞方式和一維陣列名稱相同——實際傳遞的是個指向陣列第 1 個元素的指標。但是，兩者之間的區別在於，多維陣列的每個元素本身是另外一個陣列，編譯器需要知道它的維數，以便為函數形式參數的索引表達式進行求值。這裡有兩個例子，說明了它們之間的區別：

```
int     vector[10];
...
func1( vector );
```

參數 vector 的類型是指向整數型的指標，所以 func1 的原型可以是下面兩種中的任何一種：

```
void func1( int *vec );
void func1( int vec[] );
```

作用於 vec 上面的指標運算把整數型的長度作為它的調整因子（scale factor）。

現在讓我們來觀察一個矩陣：

```
int     matrix[3][10];
...
func2( matrix );
```

這裡，參數 matrix 的類型，是指向包含 10 個整數型元素的陣列的指標。func2 的原型應該是什麼樣子呢？你可以使用下面兩種形式中的任何一種：

```
void func2( int (*mat)[10] );
void func2( int mat[][10] );
```

在這個函數中，mat 的「第 1 個索引」根據包含 10 個元素的整數型陣列的長度進行調整，接著「第 2 個索引」根據整數型的長度進行調整，這和原先的 matrix 陣列一樣。

這裡的關鍵在於編譯器必須知道第 2 個及以後各維的長度才能對各索引進行求值，因此在原型中必須宣告這些維的長度。第 1 維的長度並不需要，因為在計算索引值時用不到它。

在編寫一維陣列形式參數的函數原型時，你既可以把它寫成「陣列」的形式，也可以把它寫成「指標」的形式。但是，對於多維陣列，只有「第 1 維」可以進行如此選擇。尤其是，把 func2 寫成下面這樣的原型是不正確的：

```
void func2( int **mat );
```

這個例子把 mat 宣告為一個「指向整數型指標的指標」，它和「指向整數型陣列的指標」完全不是同一件事。

8.2.6 初始化

在初始化多維陣列時，陣列元素的儲存順序就變得非常重要。編寫初始化列表有兩種形式。第 1 種是只提供一個長長的初始值列表，如下面的例子所示：

```
int matrix[2][3] = { 100, 101, 102, 110, 111, 112 };
```

多維陣列的儲存順序，是根據最右邊的索引率先變化的原則確定的，所以這條初始化陳述式和下面這些賦值陳述式的結果是一樣的：

```
matrix[0][0] = 100;
matrix[0][1] = 101;
matrix[0][2] = 102;
matrix[1][0] = 110;
matrix[1][1] = 111;
matrix[1][2] = 112;
```

第 2 種方法根據「多維陣列實際上是複雜元素的一維陣列」這個概念。例如，下面是一個二維陣列的宣告：

```
int     two_dim[3][5];
```

我們可以把 two_dim 看成是一個含有 3 個（複雜的）元素的一維陣列。為了初始化這個含有 3 個元素的陣列，我們使用一個含有 3 個初始內容的初始化列表：

```
int     two_dim[3][5] = { ★ , ★ , ★ };
```

但是，該陣列的每個元素實際上都是含有 5 個元素的整數型陣列，所以每個★的初始化列表都應該是一個由一對大括號包圍的 5 個整數型值。用這類列表替換每個★將產生以下程式碼：

```
int     two_dim[3][5] = {
        { 00, 01, 02, 03, 04 },
        { 10, 11, 12, 13, 14 },
        { 20, 21, 22, 23, 24 }
};
```

當然，我們所使用的縮排和空格並非必需，但它們使這個列表更容易閱讀。

如果你把這個例子中除了最外層之外的大括號都去掉，剩下的就是和「第 1 個例子」一樣的簡單初始化列表。那些大括號只是發揮了在初始化列表內部逐列定界的作用。

圖 8.1 和圖 8.2 顯示了三維和四維陣列的初始化。在這些例子中，每個作為初始值的數字顯示了它的儲存位置的索引值 [3]。

---

[3] 如果將這些例子進行編譯，那些「以 0 開頭的初始值」實際上會被解釋為八進位數值。我們在此不會理會它，只需要觀察每個初始值的單獨數字。

```
int     three_dim[2][3][5] = {
        {
                { 000, 001, 002, 003, 004 },
                { 010, 011, 012, 013, 014 },
                { 020, 021, 022, 023, 024 }
        },
        {
                { 100, 101, 102, 103, 104 },
                { 110, 111, 112, 113, 114 },
                { 120, 121, 122, 123, 124 }
        }
};
```

圖 8.1：初始化一個三維陣列

```
int     four_dim[2][2][3][5] = {
        {
                {
                        { 0000, 0001, 0002, 0003, 0004 },
                        { 0010, 0011, 0012, 0013, 0014 },
                        { 0020, 0021, 0022, 0023, 0024 }
                },
                {
                        { 0100, 0101, 0102, 0103, 0104 },
                        { 0110, 0111, 0112, 0113, 0114 },
                        { 0120, 0121, 0122, 0123, 0124 }
                }
        },
        {
                {
                        { 1000, 1001, 1002, 1003, 1004 },
                        { 1010, 1011, 1012, 1013, 1014 },
                        { 1020, 1021, 1022, 1023, 1024 }
                },
                {
                        { 1100, 1101, 1102, 1103, 1104 },
                        { 1110, 1111, 1112, 1113, 1114 },
                        { 1120, 1121, 1122, 1123, 1124 }
                }
        }
};
```

圖 8.2 初始化一個四維陣列

提示

既然加不加那些大括號對初始化過程不會產生影響，那麼為什麼要不厭其煩地加上它們呢？這裡有兩個原因。首先是它有利於顯示陣列的結構。一個長長的單一數字列表使你很難看清哪個值位於陣列中的哪個位置。因此，大括號發揮了路標的作用，使你更容易確信正確的值出現在正確的位置。

其次，對於不完整的初始化列表，大括號就相當有用。如果沒有這些大括號，你只能在初始化列表中省略最後幾個初始值。即使一個大型多維陣列只有幾個元素需要初始化，你也必須提供一個非常長的初始化列表，因為中間元素的初始值不能省略。但是，如果使用了這些大括號，**每個**子初始列表都可以省略尾部的幾個初始值。同時，**每一**維的初始列表各自都是一個初始化列表。

為了說明這個概念，讓我們重新觀察圖 8.2 的四維陣列初始化列表，並略微改變一下我們的要求。假設我們只需要對陣列的兩個元素進行初始化，元素 [0][0][0][0] 初始化為 100，元素 [1][0][0][0] 初始化為 200，其餘的元素都預設地初始化為 0。下面是我們用於完成這個任務的方法：

```
int     four_dim[2][2][3][5] = {
        {
                {
                        { 100 }
                }
        },
        {
                {
                        { 200 }
                }
        }
};
```

如果初始化列表內部不使用大括號，我們就需要下面這個長長的初始化列表：

```
int     four_dim[2][2][3][5] = { 100, 0, 0,
0, 0, 0, 0, 0, 0, 0, 0, 0, 0, 0, 0, 0, 0, 0,
0, 0, 0, 0, 0, 0, 0, 0, 0, 0, 0, 0, 0, 200 };
```

這個列表不僅難於閱讀，而且一開始要準確地把 100 和 200 這兩個值放到正確的位置都很困難。

8.2.7 陣列長度自動計算

在多維陣列中，只有「第 1 維」才能根據初始化列表預設地提供。剩餘的幾維必須顯式地寫出，這樣編譯器就能推斷出每個子陣列維數的長度。例如：

```
int     two_dim[][5] = {
        { 00, 01, 02 },
        { 10, 11 },
        { 20, 21, 22, 23 }
};
```

編譯器只要數一下初始化列表中所包含的初始值個數，就可以推斷出最左邊一維為 3。

為什麼其他維的大小，無法用初始列表中最長的個數，自動推斷出來呢？原則上，編譯器能夠這樣做。但是，這需要每個列表中的子初始值列表，至少有一個要以完整的形式出現（不得省略末尾的初始值），這樣才能確保編譯器正確地推斷出每一維的長度。但是，如果我們要求除了「第 1 維」之外的其他維的大小都顯式提供，所有的初始值列表都無需完整。

8.3 指標陣列

除了類型之外，指標變數和其他變數很相似。正如你可以建立整數型陣列一樣，你也可以宣告指標陣列。這裡有一個例子：

```
int     *api[10];
```

為了弄清這個複雜的宣告，我們假設它是一個表達式，並對它進行求值。

索引參照的優先順序高於間接存取，所以在這個表達式中，首先執行索引參照。因此，api 是某種類型的陣列（順帶一提，它包含的元素個數為 10）。在取得一個陣列元素之後，隨即執行的是間接存取操作。這個表達式不再有其他運算子，所以它的結果是一個整數型值。

那麼 api 到底是什麼東西？對陣列的某個元素執行間接存取操作後，我們得到一個整數型值，所以 api 肯定是個陣列，它的元素類型是「指向整數型的指標」。

什麼地方你會使用指標陣列（an array of pointers）呢？這裡有一個例子：

```
char    const   keyword[] = {
        "do",
        "for",
        "if",
        "register",
        "return",
        "switch",
        "while",
};
#define N_KEYWORD          \
        ( sizeof( keyword ) / sizeof( keyword[0] ) )
```

注意 sizeof 的用途，它用於對陣列中的元素進行自動計數。sizeof(keyword) 的結果是整個陣列所佔用的位元組數，而 sizeof(keyword[0]) 的結果則是陣列每個元素所佔用的位元組數。這兩個值相除，結果就是陣列元素的個數。

這個陣列可以用於程式之中，去計算 C 原始檔案裡關鍵字（keyword）的個數。輸入的每個單詞將與列表中的字串進行比較，所有的匹配都將被計數。**程式 8.2** 巡訪（goes through，走訪）整個關鍵字列表，搜尋是否存在與參數字串相同的匹配。當它找到一個匹配時，函數就返回這個匹配在列表中的偏移量（offset）。呼叫程式必須知道 0 代表 do，1 代表 for 等，此外，它還必須知道「返回值如果是 -1」表示沒有關鍵字匹配。這個資訊很可能是透過標頭檔所定義的符號所獲得的。

程式 8.2 關鍵字搜尋（keyword.c）

```
/*
** 判斷參數是否與一個關鍵字列表中的
** 任何單詞匹配，並返回匹配的索引值。
** 如果未找到匹配，函數返回 -1。
*/

#include <string.h>

int
lookup_keyword( char const * const desired_word,
    char const *keyword_table[], int const size )
{
        char const **kwp;

        /*
        ** 對於表中的每個單詞 ...
        */
        for( kwp = keyword_table; kwp < keyword_table + size; kwp++ )
                /*
                ** 如果這個單詞與我們所搜尋的單詞
                ** 匹配，返回它在表中的位置。
                */
                if( strcmp( desired_word, *kwp ) == 0 )
                        return kwp - keyword_table;

        /*
        ** 沒有找到。
        */
        return -1;
}
```

我們也可以把關鍵字儲存在一個矩陣中，如下所示：

```
char    const   keyword[][9] = {
        "do",
        "for",
        "if",
        "register",
        "return",
        "switch",
        "while",
};
```

這個宣告和前面那個宣告的區別在什麼地方呢？第 2 個宣告建立了一個矩陣，它每一列的長度剛好可以容納最長的關鍵字（包括作為終止符號的 NUL 位元組）。這個矩陣的樣子如下所示：

關鍵字

'd'	'o'	0	0	0	0	0	0	0
'f'	'o'	'r'	0	0	0	0	0	0
'i'	'f'	0	0	0	0	0	0	0
'r'	'e'	'g'	'i'	's'	't'	'e'	'r'	0
'r'	'e'	't'	'u'	'r'	'n'	0	0	0
's'	'w'	'i'	't'	'c'	'h'	0	0	0
'w'	'h'	'i'	'l'	'e'	0	0	0	0

第 1 個宣告建立了一個指標陣列，每個指標元素都初始化為指向各個不同的字串常數（string literals），如下所示：

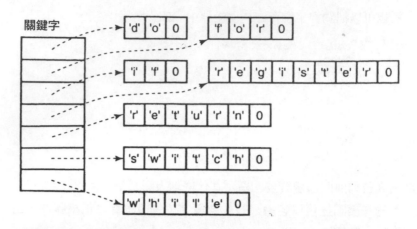

注意這兩種方法在佔用記憶體空間方面的區別。矩陣看起來效率低一些，因為它的每一列的長度都被固定為剛好能容納最長的關鍵字。但是，它不需要任何指標。另一方面，指標陣列本身也要佔用空間，但是每個字串常數佔據的記憶體空間只是它本身的長度。

如果我們需要對**程式 8.2** 進行修改，改用「矩陣」代替「指標陣列」，我們應該怎麼做呢？答案可能會令你吃驚，我們只需要對列表形式參數和局部變數的宣告進行修改就可以了，具體的程式碼無需變動。由於陣列名稱的值是一個指標，所以無論傳遞給函數的是指標還是陣列名稱，函數都能執行。

哪個方案更好一些呢？這取決於你希望儲存的具體字串。如果它們的長度都差不多，那麼「矩陣形式」更緊湊一些，因為它無需使用指標。但是，如果各個字串的長度千差萬別，或者更糟，絕大多數字串都很短，但少數幾個卻很長，那麼「指標陣列形式」就更緊湊一些。它取決於「指標所佔用的空間」是否小於「每個字串都儲存於固定長度的列」所浪費的空間。

實際上，除非是非常巨大的表，否則這些差別非常之小，所以根本不重要。人們時常選擇指標陣列方案，但略微對其做些改變：

```
char    const   *keyword[] = {
        "do",
        "for",
        "if",
        "register",
        "return",
        "switch",
        "while",
```

```
        NULL
};
```

這裡，我們在表的末尾增加了一個 NULL 指標。這個 NULL 指標使函數在搜尋這個表時能夠檢測到表的結束，而無需預先知道表的長度，如下所示：

```
for( kwp = keyword_table; *kwp != NULL; kwp++ )
```

8.4　總結

在絕大多數表達式中，陣列名稱的值是指向陣列第 1 個元素的指標。這個規則只有兩個例外。sizeof 返回整個陣列所佔用的位元組而不是一個指標所佔用的位元組。一元運算子 & 返回一個指向陣列的指標，而不是一個指向陣列第 1 個元素的指標的指標。

除了優先順序不同以外，索引表達式 array[value] 和間接存取表達式 *(array+(value)) 是一樣的。因此，索引不僅可以用於陣列名稱，也可以用於指標表達式中。不過這樣一來，編譯器就很難檢查索引的有效性。指標表達式可能比索引表達式效率更高，但索引表達式絕不可能比指標表達式效率更高。但是，以犧牲程式的可維護性（maintainability）為代價獲得「程式的執行時效率的提高」可不是個好主意。

指標和陣列並不相等。陣列的屬性和指標的屬性大相逕庭。當我們宣告一個陣列時，它同時也分配了一些記憶體空間，用於容納陣列元素。但是，當我們宣告一個指標時，它只分配了用於容納指標本身的空間。

當陣列名稱作為函數參數傳遞時，實際傳遞給函數的是一個指向陣列第 1 個元素的指標。函數所接收到的參數（parameter）實際上是原參數的一份複本，所以函數可以對其進行操作而不會影響實際的參數（argument）。但是，對指標參數（pointer parameter）執行間接存取操作允許函數修改原先的陣列元素。陣列形式參數既可以宣告為陣列，也可以宣告為指標。這兩種宣告形式只有當它們**作為函數的形式參數時**才是相等的。

陣列也可以用初始值列表進行初始化，初始值列表就是由一對大括號包圍的一組值。靜態變數（包括陣列）在程式載入到記憶體時得到初始值。自動變數（包括陣列）每次當執行流進入它們宣告所在的程式碼區塊時都要使用「隱式的賦值陳述式」重新進行初始化。如果初始值列表包含的值的個數少於陣列元素的個數，陣列最後幾個元素就用「預設值」進行初始化。如果一個被初始化的陣列的長度在宣告

中未提供，編譯器將使「這個陣列的長度」設置為剛好能容納初始值列表中所有值的長度。字元陣列也可以用一種很像「字串常數」的快速方法進行初始化。

多維陣列實際上是一維陣列的一種特殊型，就是它的每個元素本身也是一個陣列。多維陣列中的元素根據「列主序」（row major order，又譯「以列為主」）進行儲存，也就是最右邊的索引率先變化。多維陣列名稱的值是一個指向它第 1 個元素的指標，也就是一個指向陣列的指標。對該指標進行運算將根據它所指向陣列的長度對運算元進行調整。多維陣列的索引參照也是指標表達式。當一個多維陣列名稱作為參數（argument）傳遞給一個函數時，它所對應的函數形式參數的宣告中必須顯式指明「第 2 維（和接下去所有維）的長度」。由於多維陣列實際上是複雜元素的一維陣列，一個多維陣列的初始化列表就包含了這些複雜元素的值。這些值的每一個都可能包含巢狀結構的初始值列表，由陣列各維的長度決定。如果多維陣列的初始化列表是完整的，它的內層大括號可以省略。在多維陣列的初始值列表中，只有「第 1 維的長度」會被自動計算出來。

我們還可以建立指標陣列。字串的列表可以以矩陣的形式儲存，也可以用指向字串常數的指標陣列形式儲存。在矩陣中，每列必須與最長字串的長度一樣長，但它不需要任何指標。指標陣列本身要佔用空間，但每個指標所指向的字串所佔用的記憶體空間，就是字串本身的長度。

8.5　警告的總結

1. 當存取多維陣列的元素時，誤用逗號分隔索引。

2. 在一個指向「未指定長度的陣列」的指標上執行指標運算。

8.6　程式設計提示的總結

1. 一開始就編寫良好的程式碼顯然比依賴編譯器來修正劣質程式碼更好。

2. 原始程式碼的可讀性幾乎總是比「程式的執行時效率」更為重要。

3. 只要有可能，函數的指標形式參數都應該宣告為 const。

4. 在有些環境中，使用 register 關鍵字會提高程式的執行時效率。

5. 在多維陣列的初始值列表中，使用完整的多層大括號能提高可讀性。

8.7 問題

✍ 1. 根據下面提供的宣告和資料，對每個表達式進行求值並寫出它的值。在對每個表達式進行求值時使用原先提供的值（也就是說，某個表達式的結果不影響後面的表達式）。假設 ints 陣列在記憶體中的起始位置是 100，整數型值和指標的長度都是 4 個位元組。

```
int     ints[20] = {
10, 20, 30, 40, 50, 60, 70, 80, 90, 100,
110, 120, 130, 140, 150, 160, 170, 180, 190, 200
};
(Other declarations)
int     *ip = ints + 3;
```

表達式	值
ints	_____
ints[4]	_____
ints + 4	_____
*ints + 4	_____
*(ints + 4)	_____
ints[-2]	_____
&ints	_____
&ints[4]	_____
&ints + 4	_____
&ints[-2]	_____

表達式	值
ip	_____
ip[4]	_____
ip + 4	_____
*ip + 4;	_____
*(ip + 4)	_____
ip[-2]	_____
&ip	_____
&ip[4]	_____
&ip + 4	_____
&ip[-2]	_____

2. 表達式 array[i+j] 和 i+j[array] 是不是相等？

3. 下面的宣告試圖按照「從 1 開始的索引」存取陣列 data，它可以發揮作用嗎？

```
int     actual_data[ 20 ];
int     *data = actual_data - 1;
```

4. 下面的迴圈用於測試某個字串是否是迴文（palindrome），請對它進行覆寫，用「指標變數」（pointer variables）代替「索引」（subscripts）。

```
char    buffer[SIZE];
int     front, rear;
...
front = 0;
rear = strlen( buffer ) - 1;
while( front < rear ){
        if( buffer[front] != buffer[rear] )
                break;
        front += 1;
```

```
                    rear -= 1;
        }
        if( front >= rear ){
                printf( "It is a palindrome!\n" );
        }
```

5. 指標在效率上可能強於索引，這是使用它們的動機之一。那麼什麼時候使用索引是合理的，儘管它在效率上可能有所損失？

6. 在你的機器上編譯函數 try1 至 try5，並分析結果的組合程式碼。你的結論是什麼？

7. 測試你對前一個問題的結論，方法是執行每一個函數並對它們的執行時間進行計時。把陣列的元素增加到幾千個，增加試驗的準確性，因為此時複製所佔用的時間遠遠超過程式不相關部分所佔用的時間。同樣的，在一個迴圈內部呼叫函數，讓它重覆執行足夠多的次數，這樣你可以精確地為執行時間計時。為這個試驗兩次編譯程式──一次不使用任何最佳化措施，另一次使用最佳化措施。如果你的編譯器可以提供選擇，請選擇最佳化措施以獲得最佳速度。

8. 下面的宣告取自某個原始檔案：

```
int     a[10];
int     *b = a;
```

但在另一個不同的原始檔案中，卻發現了這樣的程式碼：

```
extern  int     *a;
extern  int     b[];
int     x, y;
...
x = a[3];
y = b[3];
```

請解釋一下，當兩條賦值陳述式執行時會發生什麼？（假設整數型和指標的長度都是 4 個位元組。）

9. 編寫一個宣告，初始化一個名叫 coin_values 的整數型陣列，各個元素的值分別表示目前各種美元硬幣的幣值。

10. 給定下列宣告：

```
int     array[4][2];
```

請寫出下面每個表達式的值。假設陣列的起始位置為 1000，整數型值在記憶體中佔據 2 個位元組的空間。

表達式	值
array	_____
array + 2	_____
array[3]	_____
array[2] - 1	_____
&array[1][2]	_____
&array[2][0]	_____

11. 給定下列宣告：

```
int    array[4][2][3][6];
```

表達式	值	X 的類型
array	_____	_____
array + 2	_____	_____
array[3]	_____	_____
array[2] - 1	_____	_____
array[2][1]	_____	_____
array[1][0] + 1	_____	_____
array[1][0][2]	_____	_____
array[0][1][0] + 2	_____	_____
array[3][1][2][5]	_____	_____
&array[3][1][2][5]	_____	_____

計算上表中各個表達式的值。同時，寫出變數 x 所需的宣告，這樣表達式不用進行強制類型轉換（cast）就可以賦值給 x。假設陣列的起始位置為 1000，整數型值在記憶體中佔據 4 個位元組的空間。

✍ 12. C 的陣列按照「列主序」儲存。什麼時候需要使用這個資訊？

13. 給定下列宣告：

```
int    array[4][5][3];
```

把下列各個指標表達式轉換為索引表達式。

表達式	索引表達式
*array	_____
*(array + 2)	_____
*(array + 1) + 4	_____

表達式	索引表達式
`*( *( array + 1 ) + 4 )`	_____
`*( *( *( array + 3 ) + 1 ) + 2 )`	_____
`*( *( *array + 1 ) + 2 )`	_____
`*( **array + 2 )`	_____
`**( *array + 1 )`	_____
`***array`	_____

14. 多維陣列的各個索引必須單獨出現在一對中括號內。在什麼條件下，下列這些程式碼區段可以通過編譯而不會產生任何警告或錯誤資訊？

    ```
    int     array[10][20];
    ...
    i = array[3, 4];
    ```

15. 給定下列宣告：

    ```
    unsigned int      which;
    int               array[ SIZE ];
    ```

    下面兩條陳述式哪條更合理？為什麼？

    ```
    if(array[ which ] == 5 && which < SIZE ) ...
    if( which < SIZE && array[ which ] == 5 )...
    ```

16. 在下面的程式碼中，變數 array1 和 array2 有什麼區別（如果有的話）？

    ```
    void function( int array1[10] ){
            int       array2[10];
            ...
    }
    ```

✍ 17. 解釋下面兩種 const 關鍵字用法的顯著區別所在。

    ```
    void function( int const a, int const b[] ) {
    ```

18. 在保持結果不變的情況下，下面的函數原型可以改寫為什麼形式？

    ```
    void function( int array[3][2][5] );
    ```

19. 在**程式 8.2** 的關鍵字搜尋例子中，字元指標陣列的末尾增加了一個 NULL 指標，這樣我們就不需要知道表的長度。那麼，矩陣方案應如何進行修改，使其達到同樣的效果呢？寫出用於存取「修改後的矩陣」的 for 陳述式。

8.8 程式設計練習

★ 1. 編寫一個陣列的宣告，把陣列的某些特定位置初始化為特定的值。這個陣列的名稱應該叫 char_values，它包含 3×6×4×5 個無符號字元。下面的表中列出的這些位置應該用相應的值進行靜態初始化。

位置	值	位置	值	位置	值
1,2,2,3	'A'	1,1,1,1	' '	1,3,2,2	0xf3
2,4,3,2	'3'	1,4,2,3	'\n'	2,2,3,1	'\121'
2,4,3,3	3	2,5,3,4	125	1,2,3,4	'x'
2,1,1,2	0320	2,2,2,2	'\''	2,2,1,1	'0'

那些在上面的表中未提到的位置應該被初始化為二進位值 0（不是字元 '0'）。**注意**：應該使用靜態初始化（static initialization），在你的解決方案中不應該存在任何可執行程式碼（executable code）！

儘管並非解決方案的一部分，但你很可能想編寫一個程式，透過列印「陣列的值」來驗證它的初始化。由於某些值並不是可列印的字元，所以請把這些字元用整數型的形式列印出來（用八進位或十六進位輸出會更方便一些）。

注意：用兩種方法解決這個問題，一次在初始化列表中使用巢狀結構的大括號，另一次則不使用，這樣你就能深刻地理解巢狀結構大括號的作用。

✍★★ 2. 美國聯邦政府使用下面這些規則計算 1995 年每個公民的個人收入所得稅：

如果你的含稅收入大於	但不超過	你的稅額為	超過這個數額的部分
$0	$23,350	15%	$0
23,350	56,550	$3,502.50+28%	23,350
56,550	117,950	12,798.50+31%	56,550
117,950	256,500	31,832.50+36%	117,950
256,500	—	81,710.50+39.6%	256,500

為下面的函數原型編寫函數定義：

```
float single_tax( float income );
```

參數 income 表示應徵稅的個人收入，函數的返回值就是 income 應該徵收的稅額。

★★ 3. 單位矩陣（identity matrix）就是一個正方形矩陣，它除了主對角線的元素值為 1 之外，其餘元素的值均為 0。例如：

```
1  0  0
0  1  0
0  0  1
```

就是一個 3×3 的單位矩陣。編寫一個名叫 identity_matrix 的函數，它接受一個 10×10 整數型矩陣為參數，並返回一個布林值，提示該矩陣是否為單位矩陣。

★★★ 4. 修改前一個問題中的 identity_matrix 函數，它可以對陣列進行擴展，進而能夠接受任意大小的矩陣參數。函數的「第 1 個參數」應該是一個整數型指標，你需要「第 2 個參數」，用於指定矩陣的大小。

✍★★★★★ 5. 如果 A 是個 x 列 y 行的矩陣，B 是個 y 列 z 行的矩陣，把 A 和 B 相乘，其結果將是另一個 x 列 z 行的矩陣 C。這個矩陣的每個元素是由下面的公式決定的：

$$C_{i,j} = \sum_{k=1}^{y} A_{i,k} \times B_{k,j}$$

例如：

$$\begin{bmatrix} 2 & -6 \\ 3 & 5 \\ 1 & -1 \end{bmatrix} \times \begin{bmatrix} 4 & -2 & -4 & -5 \\ -7 & -3 & 6 & 7 \end{bmatrix} = \begin{bmatrix} 50 & 14 & -44 & -52 \\ -23 & -21 & 18 & 20 \\ 11 & 1 & -10 & -12 \end{bmatrix}$$

結果矩陣中 14 這個值是透過 2×-2 加上 -6×-3 得到的。

編寫一個函數，用於執行兩個矩陣的乘法。函數的原型應該如下：

```
void matrix_multiply( int *m1, int *m2, int *r,
    int x,  int y, int z );
```

m1 是一個 x 列 y 行的矩陣，m2 是一個 y 列 z 行的矩陣。這兩個矩陣應該相乘，結果儲存於 r 中，它是一個 x 列 z 行的矩陣。記住，你應該對公式做些修改，以適應「C 語言索引從 0 而不是 1 開始」這個事實！

★★★★★ 6. 如你所知，C 編譯器為陣列分配索引時總是從 0 開始。而且當程式使用索引存取陣列元素時，它並不檢查索引的有效性。在這個專案中，你將要編寫一個函數，允許使用者存取「偽陣列」（pseudo-arrays），它的索引範圍可以任意指定，並伴以完整的錯誤檢查（error checking）。

下面是你將要編寫的這個函數的原型：

```
int array_offset ( int arrayinfo[], ... );
```

這個函數接受一些用於描述「偽陣列的維數」的資訊以及一組索引值。然後它使用這些資訊把索引值翻譯為一個整數，用於表示一個向量（一維陣列）的索引。使用這個函數，使用者既可以以「向量的形式」分配記憶體空間，也可以使用 malloc 分配空間，但按照「多維陣列的形式」存取這些空間。這個陣列之所以稱之為「偽陣列」，是因為編譯器以為它是個向量，儘管這個函數允許它按照「多維陣列的形式」進行存取。

這個函數的參數如下：

參數	涵義
arrayinfo	一個可變長度的整數型陣列，包含一些關於偽陣列的資訊。arrayinfo[0] 指定偽陣列具有的維數，它的值必須在 1 和 10 之間（含 10）。arrayinfo[1] 和 arrayinfo[2] 提供第 1 維的下限和上限。arrayinfo[3] 和 arrayinfo[4] 提供第 2 維的下限和上限，依此類推。
...	參數列表的可變部分可能包含多達 10 個的整數，用於標示偽陣列中某個特定位置的索引值。你必須使用 va_ 參數巨集存取它們。當函數被呼叫時，arrayinfo[0] 參數將會被傳遞。

公式根據下面提供的索引值計算一個陣列位置。變數 s_1、s_2 等代表索引參數 s_1、s_2 等。變數 lo_1 和 hi_1 代表索引 s_1 的下限和上限，它們來自於 arrayinfo 參數，其餘各維依此類推。變數 loc 表示偽陣列的目標位置（the desired location），它用一個距離偽陣列起始位置的整數型偏移量表示。對於一維偽陣列：

```
loc = s₁ - lo₁
```
$$loc = s_1 - lo_1$$

對於二維偽陣列：

$$loc = (s_1 - lo_1) \times (hi_2 - lo_2 + 1) + s_2 - lo_2$$

對於三維偽陣列：

$$loc = [(s_1 - lo_1) \times (hi_2 - lo_2 + 1) + s_2 - lo_2] \times (hi_3 - lo_3 + 1) + s_3 - lo_3$$

對於四維偽陣列：

$$loc = \{[(s_1 - lo_1) \times (hi_2 - lo_2 + 1) + s_2 - lo_2] \times (hi_3 - lo_3 + 1) + s_3 - lo_3\} \times (hi_4 - lo_4 + 1) + s_4 - lo_4$$

一直到第 10 維為止，都可以類似地使用這種方法推導出 loc 的值。

你可以假設 arrayinfo 是個有效的指標，傳遞給 array_offset 的索引參數值也是正確的。對於其他情況，你必須進行錯誤檢查。可能出現的一些錯誤有：維的數量不處於 1 和 10 之間；索引小於 low 值；low 值大於其對應的 high 值等。如果檢測到這些或其他一些錯誤，函數應該返回 -1。

提示：把索引參數複製到一個局部陣列中。你接著便可以把計算過程以迴圈的形式編寫，對每一維都使用一次迴圈。

舉例：假設 arrayinfo 包含了值 3、4、6、1、5、-3 和 3。這些值提示我們所處理的是三維偽陣列。第 1 個索引範圍從 4 到 6，第 2 個索引範圍從 1 至 5，第 3 個索引範圍從 -3 到 3。在這個例子中，array_offset 被呼叫時將有 3 個索引參數傳遞給它。下面顯示了幾組索引值以及它們所代表的偏移量。

索引	偏移量	索引	偏移量	索引	偏移量
4, 1, -3	0	4, 1, 3	6	5, 1, -3	35
4, 1, -2	1	4, 2, -3	7	6, 3, 1	88

★★★ 7. 修改「問題 6」的 array_offset 函數，使它存取以「行主序」（column major order，又譯「以行為主」）儲存的偽陣列，也就是最左邊的索引率先變化。這個新函數，array_offset2，在其他方面應該與原先那個函數一樣。

計算這些陣列索引的公式如下所示。對於一維偽陣列：

$$loc = s_1 - lo_1$$

對於二維偽陣列：

$$loc = (s_2 - lo_2) \times (hi_1 - lo_1 + 1) + s_1 - lo_1$$

對於三維偽陣列：

$$loc = [(s_3 - lo_3) \times (hi_2 - lo_2 + 1) + s_2 - lo_2] \times (hi_1 - lo_1 + 1) + s_1 - lo_1$$

對於四維偽陣列：

$$loc = \{[(s_4 - lo_4) \times (hi_3 - lo_3 + 1) + (s_3 - lo_3)] \times (hi_2 - lo_2 + 1) + s_2 - lo_2\} \times (hi_1 - lo_1 + 1) + s_1 - lo_1$$

一直到第 10 維為止，都可以類似地使用這種方法推導出 loc 的值。

例如：假設 arrayinfo 陣列包含了值 3、4、6、1、5、-3 和 3。這些值提示我們所處理的是三維偽陣列。第 1 個索引範圍從 4 到 6，第 2 個索引範圍從 1 至 5，第 3 個索引範圍從 -3 到 3。在這個例子中，array_offset2 被呼叫時將有 3 個索引參數傳遞給它。下面顯示了幾組索引值以及它們所代表的偏移量。

索引	偏移量	索引	偏移量	索引	偏移量
4,1,-3	0	4,2,-3	3	4,1,-1	30
5,1,-3	1	4,3, 3	6	5,3,-1	37
6,1,-3	2	4,1,-2	15	6,5,3	104

★★★★★ 8. 皇后是西洋棋中威力最大的棋子。在下面所示的棋盤上，皇后可以攻擊位於箭頭所覆蓋位置的所有棋子。

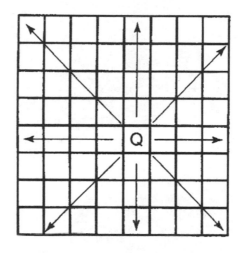

我們能不能把 8 個皇后放在棋盤上，使每一個皇后都無法攻擊其他的皇后？這個問題稱之為「八皇后問題」（The Eight Queens Problem）。你的任務是編寫一個程式，找到「八皇后問題」的所有答案，看看一共有多少種。

提示：如果你採用一種叫做**回溯法**（backtracking）的技巧，就很容易編寫出這個程式。編寫一個函數，把一個皇后放在某列的「第 1 行」，然後檢查它是否與棋盤上的其他皇后互相攻擊。如果存在互相攻擊，函數把皇后移到該列的「第 2 行」再進行檢查。如果每行都存在互相攻擊的局面，函數就應該返回。

但是，如果皇后可以放在這個位置，函數接著應該遞迴地呼叫自身，把另一個皇后放在下一列。當遞迴呼叫（recursive call）返回時，函數再把原先那個皇后移到下一行。當一個皇后成功地放置於最後一列時，函數應該列印出棋盤，顯示 8 個皇后的位置。

字串、字元和位元組

字串是一種重要的資料類型，但是 C 語言並沒有顯式的字串資料類型，因為字串以字串常數的形式出現或者儲存於字元陣列中。字串常數很適用於那些程式不會對它們進行修改的字串。所有其他字串都必須儲存於字元陣列或動態分配的記憶體中（見「第 11 章」）。本章描述處理字串（string）和字元（character）的函式庫，以及一組相關的，具有類似能力的，既可以處理字串也可以處理非字串資料的函數。

9.1 字串基礎

首先，讓我們回顧一下字串的基礎知識。字串就是一串零個或多個字元，並且以一個位元為全 0 的 NUL 位元組結尾。因此，字串所包含（contain）的字元內部不能出現 NUL 位元組。這個限制很少會引起問題，因為 NUL 位元組並不存在與它相關聯的可列印字元，這也是它被選為終止符號（terminator）的原因。NUL 位元組是字串的終止符號，但它本身並不是字串的一部分，所以字串的長度並不包括 NUL 位元組。

標頭檔 string.h 包含了使用字串函數所需的原型和宣告。儘管並非必需，但在程式中引入這個標頭檔確實是個好主意，因為有了它所包含的原型，編譯器可以更好地為你的程式執行錯誤檢查[1]。

9.2 字串長度

字串的長度就是它所包含的字元個數。我們很容易透過對「字元」進行計數來計算字串的長度，**程式 9.1** 就是這樣做的。這種實作方法說明了處理字串所使用的處理程序的類型。但是，事實上你極少需要編寫字串函數，因為標準函式庫所提供的函數通常都能完成這些任務。不過，如果你還是希望自己編寫一個字串函數，請注意「標準」保留了所有以 str 開頭的函數名稱，用於標準函式庫將來的擴展。

函式庫 strlen 的原型如下：

```
size_t  strlen( char const *string );
```

警告

注意 strlen 返回一個類型為 size_t 的值。這個類型是在標頭檔 stddef.h 中定義的，它是一個無符號整數類型（unsigned integer type）。在表達式中使用無符號數可能導致不可預料的結果。例如，下面兩個表達式看上去是相等的：

```
if( strlen( x ) >= strlen( y ) ) ...
if( strlen( x ) - strlen( y ) >= 0 ) ...
```

但事實上它們是不相等的。第 1 條陳述式將按照你預想的那樣工作，但第 2 條陳述式的結果將永遠是真（true）。strlen 的結果是個無符號數，所以運算子 >= 左邊的表達式也將是無符號數，而無符號數絕不可能是負的。

程式 9.1 字串長度（strlen.c）

```
/*
** 計算字串參數的長度。
*/
#include <stddef.h>

size_t
strlen( char const *string )
{
```

---

[1] 老的 C 語言程式常常不引入這個檔案，因此沒有函數原型，只有每個函數的返回類型才能被宣告，而且這些函數中的絕大多數都會忽略返回值。

```
        int length;

        for( length = 0; *string++ != '\0'; )
                length += 1;

        return length;
}
```

9.3 不受限制的字串函數

最常用的字串函數都是「不受限制」（unrestricted）的，也就是說，它們只是透
過尋找字串參數結尾的 NUL 位元組來判斷它的長度。這些函數一般都指定一塊記
憶體用於存放結果字串。在使用這些函數時，程式設計師必須確保結果字串（the
resulting string）不會溢出這塊記憶體。在本節具體討論每個函數時，我將對這個問
題做更詳細的討論。

9.3.1 複製字串

用於複製字串的函數是 strcpy，它的原型如下所示：

```
  char    *strcpy( char *dst, char const *src );
```

這個函數把參數 src 字串複製到 dst 參數。如果參數 src 和 dst 在記憶體中出現重疊（overlap），其結果是未定義的。由於 dst 參數將進行修改，所以它必須是個字元陣列或者是一個指向動態分配記憶體（dynamically allocated memory）的陣列的指標，不能使用字串常數。這個函數的返回值將在「9.3.3 小節」描述。

目標參數的以前內容將被覆蓋並丟失。即使新的字串比 dst 原先的記憶體更短，由於新字串是以 NUL 位元組結尾，所以老字串最後剩餘的幾個字元也會被有效地刪除。

觀察下面這個例子：

```
char    message[] = "Original message";
...
if( ... )
        strcpy( mesaage, "Different" );
```

如果條件為真並且複製順利執行，陣列將包含下面的內容：

'D'	'i'	'f'	'f'	'e'	'r'	'e'	'n'	't'	0	'e'	's'	's'	'a'	'g'	'e'	0

第 1 個 NUL 位元組後面的幾個字元再也無法被字串函數存取，因此從任何現實的角度來看，它們都已經是丟失的了。

警告

程式設計師必須確保「目標字元陣列的空間」足以容納需要複製的字串。如果字串比陣列長，多餘的字元仍被複製，它們將覆蓋原先儲存於陣列後面的記憶體空間的值。strcpy 無法解決這個問題，因為它無法判斷目標字元陣列的長度。

例如：

```
char    message[] = "Original message";
...
strcpy( message, "A different message" );
```

第 2 個字串太長了，無法容納於 message 字元陣列中。因此，strcpy 函數將侵佔陣列後面的部分記憶體空間，改寫原先恰好儲存在那裡的變數。如果你在使用這個函數前，確保目標參數足以容納來源字串，就可以避免大量的除錯工作。

9.3.2 連接字串

想要把一個字串添加（append，連接（concatenate））到另一個字串的後面，你可以使用 strcat 函數。它的原型如下：

```
char    *strcat( char *dst, char const *src );
```

strcat 函數要求 dst 參數原先已經包含了一個字串（可以是空字串）。它找到這個字串的末尾，並把 src 字串的一份複製添加到這個位置。如果 src 和 dst 的位置發生重疊，其結果是未定義的。

下面這個例子顯示了這個函數的一種常見用法：

```
strcpy( message, "Hello " );
strcat( message, customer_name );
strcat( message, ", how are you?" );
```

每個 strcat 函數的字串參數都被添加到原先存在於 message 陣列的字串後面，其結果是下面這個字串：

```
Hello Jim, how are you?
```

> **警告**
>
> 和前面一樣，程式設計師必須確保「目標字元陣列剩餘的空間」足以保存整個來源字串。但這次並不是簡單地把「來源字串的長度」和「目標字元陣列的長度」進行比較，你必須考慮目標陣列中原先存在的字串。

9.3.3 函數的返回值

strcpy 和 strcat 都返回它們第 1 個參數的一份複本（copy），就是一個指向目標字元陣列的指標。由於它們返回這種類型的值，所以你可以巢狀結構地呼叫（nest calls）這些函數，如下面的例子所示：

```
strcat( strcpy( dst, a ), b );
```

strcpy 首先執行。它把字串從 a 複製到 dst 並返回 dst。然後這個返回值成為 strcat 函數的第 1 個參數，strcat 函數把 b 添加到 dst 的後面。

這種巢狀結構呼叫的風格，與下面這種「可讀性更佳的風格」做比較，在功能上並無優勢：

```
strcpy( dst, a );
strcat( dst, b );
```

事實上，在這些函數的絕大多數呼叫中，它們的返回值只是被簡單地忽略。

9.3.4　字串比較

比較兩個字串涉及對兩個字串對應的字元逐一進行比較，直到發現不匹配為止。那個最先不匹配的字元中較「小」（也就是說，在字元集中的序數較小）的那個字元所在的字串被認為「小於」（less than）另外一個字串。如果其中一個字串是另外一個字串的前面一部分，那麼它也被認為「小於」另外一個字串，因為它的 NUL 結尾位元組出現得更早。這種比較稱之為「詞典比較」（lexicographic comparison），對於只包含大寫字母或只包含小寫字母的字串比較，這種比較過程所提供的結果，總是和「我們日常所用的字母順序的比較」相同。

函式庫 strcmp 用於比較兩個字串，它的原型如下：

```
int     strcmp( char const *s1, char const *s2 );
```

如果 s1 小於 s2，strcmp 函數返回一個小於零的值。如果 s1 大於 s2，函數返回一個大於零的值。如果兩個字串相等，函數就返回零。

警告

初學者常常會編寫下面這樣的表達式：

```
if( strcmp( a, b ) )
```

他以為如果兩個字串相等，它的結果將是真。但是，這個結果將正好相反，因為在兩個字串相等的情況下返回值是零（假）。然而，把這個返回值當作布林值進行測試是一種壞風格，因為它具有三個截然不同的結果：小於、等於和大於。所以，更好的方法是把這個返回值與零進行比較。

警告

注意程式語言「標準」裡並沒有規定用於提示「不相等」的具體值。它只是說，如果第 1 個字串大於第 2 個字串就返回一個大於零的值，如果第 1 個字串小於第 2 個字串就返回一個小於零的值。一個常見的錯誤是以為返回值是 1 和 -1，分別代表大於和小於。但這個假設並不總是正確的。

警告

由於 strcmp 並不修改它的任何一個參數，所以不存在溢出字元陣列的危險。但是，和其他不受限制的字串函數一樣，strcmp 函數的字串參數也必須以一個 NUL 位元組結尾。如果並非如此，strcmp 就可能對參數後面的位元組進行比較，這個比較結果將不會有什麼意義。

9.4 長度受限的字串函數

標準函式庫還包含了一些函數，它們以一種不同的方式處理字串。這些函數接受一個顯式的長度參數（an explicit length argument），用於限定進行複製或比較的字元數。這些函數提供了一種方便的機制，可以防止難以預料的長字串從它們的目標陣列溢出。

這些函數的原型如下所示。和它們的不受限制版本一樣，如果來源參數和目標參數發生重疊，strncpy 和 strncat 的結果就是未定義的。

```
char    *strncpy( char *dst, char const *src, size_t len );
char    *strncat( char *dst, char const *src, size_t len);
int     strncmp( char const *s1, char const *s2, size_t len );
```

和 strcpy 一樣，strncpy 把來源字串的字元複製到目標陣列。然而，它總是正好向 dst 寫入 len 個字元。如果 strlen(src) 的值小於 len，dst 陣列就用額外的 NUL 位元組填滿到 len 長度。如果 strlen(src) 的值大於或等於 len，那麼只有 len 個字元被複製到 dst 中。注意！它的結果將不會以 NUL 位元組結尾。

警告

strncpy 呼叫的結果可能不是一個字串，因此字串必須以 NUL 位元組結尾。如果在一個需要字串的地方（例如 strlen 函數的參數）使用了一個不是以 NUL 位元組結尾的字元序列，會發生什麼情況呢？strlen 函數並無法知道 NUL 位元組是沒有的，所以它將繼續進行搜尋，一個字元接著一個字元，直到它發現一個 NUL 位元組為止。或許它找了幾百個字元才找到，而 strlen 函數的這個返回值從本質上說是一個隨機數。或者，如果函數試圖存取系統分配給這個程式以外的記憶體範圍，程式就會崩潰。

警告

這個問題只有當你使用 strncpy 函數建立字串，然後或者對它們使用 str 開頭的函式庫，或者在 printf 中使用 %s 格式碼列印它們時才會發生。在使用不受限制的函數之前，你首先必須確定字串實際上是以 NUL 位元組結尾的。例如，考慮下面這個程式碼區段：

```
char    buffer[BSIZE];
...
strncpy( buffer, name, BSIZE );
buffer[BSIZE - 1] = '\0';
```

如果 name 的內容可以容納於 buffer 中，最後那個賦值陳述式沒有任何效果。但是，如果 name 太長，這條賦值陳述式可以保證 buffer 中的字串是以 NUL 結尾的。以後對這個陣列使用 strlen 或其他不受限制的字串函數將能夠正確工作。

儘管 strncat 也是一個長度受限的函數，但它和 strncpy 存在不同之處。它從 src 中最多複製 len 個字元到目標陣列的後面。但是，strncat 總是在結果字串後面添加一個 NUL 位元組，而且它不會像 strncpy 那樣對目標陣列用 NUL 位元組進行填滿（pad）。注意目標陣列中「原先的字串」並沒有算在 strncat 的長度中。strncat 最多向目標陣列複製 len 個字元（再加一個結尾的 NUL 位元組），它才不管目標參數除去「原先存在的字串」之後留下的空間夠不夠。

最後，strncmp 也用於比較兩個字串，但它最多比較 len 個位元組。如果兩個字串在第 len 個字元之前存在不相等的字元，這個函數就像 strcmp 一樣停止比較，並返回結果。如果兩個字串的前 len 個字元相等，函數就返回零。

9.5　字串搜尋基礎

標準函式庫中存在許多函數，它們用各種不同的方法搜尋字串。這些各式各樣的工具給了 C 語言程式設計師很大的靈活性。

9.5.1　搜尋一個字元

在一個字串中搜尋一個特定字元最容易的方法是使用 strchr 和 strrchr 函數，它們的原型如下所示：

```
char    *strchr( char const *str, int ch );
char    *strrchr( char const *str, int ch);
```

注意它們的第 2 個參數是一個整數型值。但是，它包含了一個字元值。strchr 在字串 str 中搜尋字元 ch 第 1 次出現的位置，找到後函數返回一個指向該位置的指標。如果該字元並不存在於字串中，函數就返回一個 NULL 指標。strrchr 的功能和 strchr 基本上一致，只是它所返回的是一個指向字串中該字元「最後一次出現」的位置（最右邊那個）。

這裡有個例子：

```
char    string[20] = "Hello there, honey.";
char    *ans;

ans = strchr( string, 'h' );
```

ans 所指向的位置將是 string+7，因為第 1 個 'h' 出現在這個位置。注意，這裡大小寫是有區別的。

9.5.2 搜尋幾個任意字元

strpbrk 是更為常用的函數。它並不是搜尋某個特定的字元，而是搜尋任何一組字元第 1 次在字串中出現的位置。它的原型如下：

```
char    *strpbrk( char const *str, char const *group );
```

這個函數返回一個指向 str 中第 1 個匹配 group 中任何一個字元的字元位置。如果未找到匹配，函數返回一個 NULL 指標。

在下面的程式碼區段中，

```
char    string[20] = "Hello there, honey.";
char    *ans;

ans = strpbrk( string, "aeiou" );
```

ans 所指向的位置是 string+1，因為這個位置是第 2 個參數中的字元「第 1 次出現」的位置。和前面一樣，這個函數也是區分大小寫的。

9.5.3 搜尋一個子字串

為了在字串中搜尋一個子字串（substring），我們可以使用 strstr 函數，它的原型如下：

```
char    *strstr( char const *s1, char const *s2 );
```

這個函數在 s1 中搜尋整個 s2 第 1 次出現的起始位置，並返回一個指向該位置的指標。如果 s2 並沒有完整地出現在 s1 的任何地方，函數將返回一個 NULL 指標。如果第 2 個參數是一個空字串，函數就返回 s1。

標準函式庫中並不存在 strrstr 或 strrpbrk 函數。不過，如果你需要它們，它們是很容易實作的。程式 9.2 顯示了一種實作 strrstr 的方法。這個技巧同樣也可以用於實作 strrpbrk。

```c
/*
** 在字串 s1 中搜尋
** 字串 s2 從最右邊開始第 1 次出現的位置，
** 並返回一個指向該位置的指標。
*/
#include <string.h>

char    *
my_strrstr( char const *s1, char const *s2 )
{
        register char   *last;
        register char   *current;
        /*
        ** 把指標初始化為我們已經找到的
        ** 前一次匹配位置。
        */
        last = NULL;

        /*
        ** 只在第 2 個字串不為空時才進行搜尋，
        ** 如果 s2 為空，返回 NULL。
        */
        if( *s2 != '\0' ){
                /*
                ** 搜尋 s2 在 s1 中第 1 次出現的位置。
                */
                current = strstr( s1, s2 );

                /*
                ** 每次找到字串時，
                ** 讓指標指向它的起始位置。
                ** 然後搜尋該字串下一個匹配位置。
                */
                while( current != NULL ){
                        last = current;
                        current = strstr( last + 1, s2 );
                }
        }

        /* 返回指向找到的最後一次匹配的起始位置的指標。*/
        return last;
}
```

9.6　進階字串搜尋

接下來的一組函數，簡化了從一個字串中搜尋和提取一個子字串的過程。

9.6.1 搜尋一個字串前綴

strspn 和 strcspn 函數用於在「字串的起始位置」對字元計數。它們的原型如下所示：

```
size_t strspn( char const *str, char const *group );
size_t strcspn( char cosnt *str, char const *group );
```

group 字串指定一個或多個字元。strspn 返回「str 起始部分」匹配 group 中任意字元的字元數。舉例來說，如果 group 包含了空格、Tab 等空白字元，那麼這個函數將返回「str 起始部分」空白字元的數量。str 的下一個字元就是它的第 1 個非空白字元。

考慮下面這個例子：

```
int     len1, len2;
char    buffer[] = "25,142,330,Smith,J,239-4123";

len1 = strspn( buffer, "0123456789" );
len2 = strspn( buffer, ",0123456789" );
```

當然，buffer 緩衝區在正常情況下是不會用這個方法進行初始化的。它將包含「在執行時讀取的資料」。但是在 buffer 中有了這個值之後，變數 len1 將被設置為 2，變數 len2 將被設置為 11。下面的程式碼將計算一個指向字串中「第 1 個非空白字元」的指標：

```
ptr = buffer + strspn( buffer, " \n\r\f\t\v" );
```

strcspn 函數和 strspn 函數正好相反，它對 str 字串起始部分中「不與 group 中任何字元匹配的字元」進行計數。strcspn 這個名稱中字母 c 來自於對一組字元求補（complemented）這個概念，也就是把這些字元換成原先並不存在的字元。如果你使用 " \n\r\f\t\v" 作為 group 參數，這個函數將返回第 1 個參數字串起始部分所有非空白字元的值。

9.6.2 搜尋 token

一個字串常常包含幾個單獨的部分，它們彼此被分隔開來。每次為了處理這些部分，你首先必須把它們從字串中提取（extract）出來。

這個任務正是 strtok 函數所實作的功能。它從字串中分離每個獨立的部分，其部分稱之為 token（標記），並丟棄分隔符號（separator）。它的原型如下：

```
char    *strtok( char *str, char const *sep );
```

sep 參數是個字串，定義了作為分隔符號的字元集合。第 1 參數指定一個字串，它包含零個或多個在 sep 字串中，由一個或多個分隔符號所分隔的 token。strtok 找到 str 的下一個 token，並將其用 NUL 結尾，然後返回一個指向這個 token 的指標。

警告

當 strtok 函數執行任務時，它將會修改它所處理的字串。如果來源字串不能被修改，那就複製一份，將這份複本傳遞給 strtok 函數。

如果 strtok 函數的第 1 個參數不是 NULL，函數將找到字串的第 1 個 token。strtok 同時將保存它在字串中的位置。如果 strtok 函數的第 1 個參數是 NULL，函數就在同一個字串中從「這個被保存的位置」開始像前面一樣搜尋下一個 token。如果字串內不存在更多的 token，strtok 函數就返回一個 NULL 指標。在典型情況下，在第 1 次呼叫 strtok 時，向它傳遞一個指向字串的指標。然後，這個函數被重覆呼叫（第 1 個參數為 NULL），直到它返回 NULL 為止。

程式 9.3 是一個簡短的例子。這個函數從它的參數中提取 token 並把它們列印出來（一列一個）。這些 token 用空白（white space）分隔。不要被 for 陳述式的外觀所混淆。它之所以被分成 3 列是因為它實在太長了。

程式 9.3 提取 token（token.c）

```
/*
** 從一個字元陣列中提取空白字元分隔
** 的 token 並把它們列印出來（每列一個）。
*/
#include <stdio.h>
#include <string.h>

void
print_tokens( char *line )
{
        static char whitespace[] = " \t\f\r\v\n";
        char    *token;

        for( token = strtok( line, whitespace );
            token != NULL;
            token = strtok( NULL, whitespace ) )
```

```
        printf( "Next token is %s\n", token );
    }
```

如果你願意，你可以在每次呼叫 strtok 函數時使用不同的分隔符號集合（separator sets）。當一個字串的不同部分由「不同的字元集合」分隔的時候，這個技巧很管用。

> **警告**
>
> 由於 strtok 函數保存它所處理的函數的局部狀態資訊（local state information），所以你不能用它同時解析（parse）兩個字串。因此，如果 for 迴圈的迴圈體內所呼叫的函數也呼叫了 strtok 函數，程式 9.3 將會失敗。

9.7 錯誤資訊

當你呼叫一些函數，請求作業系統執行一些功能（例如打開檔案）時，這當中如果出現錯誤，作業系統是透過設置一個外部的整數型變數 errno 進行錯誤代碼（error code）報告的。strerror 函數把其中一個錯誤代碼作為參數，並返回一個指向字串的指標，用於描述錯誤。這個函數的原型如下：

```
char    *strerror( int error_number );
```

事實上，返回值應該被宣告為 const，因為你不應該修改它。

9.8 字元操作

標準函式庫包含了兩組函數，用於操作單獨的字元，它們的原型位於標頭檔 ctype.h。第 1 組函數用於對字元分類，而第 2 組函數用於轉換字元。

9.8.1 字元分類

每個分類函數（classification function）接受一個包含字元值的整數型參數。函數測試這個字元並返回一個整數型值，表示真或假[2]。表 9.1 列出了這些分類函數以及它們每個所執行的測試。

---

[2] 注意，「標準」並沒有指定任何特定值，所以有可能返回任何非零值。

函數	如果它的參數符合下列條件就返回真
iscntrl	任何控制字元 (control character)
isspace	空白字元：空格 ' '、換頁 '\f'、換行 '\n'、Enter'\r'、Tab'\t' 或垂直 Tab'\v'
isdigit	十進位數字 0 ～ 9
isxdigit	十六進位數字，包括所有十進位數字、小寫字母 a ～ f、大寫字母 A ～ F
islower	小寫字母 a ～ z
isupper	大寫字母 A ～ Z
isalpha	字母 a ～ z 或 A ～ Z
isalnum	字母或數字 (a ～ z、A ～ Z 或 0 ～ 9)
ispunct	標點符號，任何不屬於數字或字母的圖形字元 (可列印符號)
isgraph	任何圖形字元
isprint	任何可列印字元，包括圖形字元和空白字元

9.8.2 字元轉換

轉換函數（transformation function）把大寫字母轉換為小寫字母或者把小寫字母轉換為大寫字母。

```
int tolower( int ch );
int toupper( int ch );
```

toupper 函數返回其參數的對應大寫形式，tolower 函數返回其參數的對應小寫形式。如果函數的參數並不是一個處於適當大小寫狀態的字元（即 toupper 的參數不是個小寫字母或 tolower 的參數不是個大寫字母），函數將不修改參數，而是直接返回。

提示

直接測試或操作字元會降低程式的可攜性（可移植性）。例如，考慮下面這條陳述式，它試圖測試 ch 是否是一個大寫字元。

```
if( ch >= 'A' && ch <= 'Z' )
```

這條陳述式在使用 ASCII 字元集的機器上能夠執行，但在使用 EBCDIC 字元集的機器上將會失敗。另一方面，下面這條陳述式

```
if( isupper( ch ) )
```

無論機器使用哪個字元集，它都能順利執行。

9.9 記憶體操作

根據定義，字串由一個 NUL 位元組結尾，所以字串內部不能包含任何 NUL 字元。但是，非字串資料內部包含零值的情況並不罕見。你無法使用字串函數來處理這種類型的資料，因為當它們遇到「第 1 個 NUL 位元組」時將停止工作。

不過，我們可以使用另外一組相關的函數，它們的操作與字串函數類似，但這些函數能夠處理任意的位元組序列。下面是它們的原型：

```
void *memcpy( void *dst, void const *src, size_t length );
void *memmove( void *dst, void const *src, size_L length );
void *memcmp( void const *a, void const *b, size_t length );
void *memchr( void const *a, int ch, size_t length );
void *memset( void *a, int ch, size_t length );
```

每個原型都包含一個顯式的參數，來說明需要處理的位元組數。但和 strn 帶頭的函數不同，它們在遇到 NUL 位元組時並不會停止操作。

memcpy 從 src 的起始位置複製 length 個位元組到 dst 的記憶體起始位置。你可以用這種方法複製任何類型的值，第 3 個參數指定複製值的長度（以位元組計）。如果 src 和 dst 以任何形式出現了重疊，它的結果是未定義的。

例如：

```
char    temp[SIZE], values[SIZE];
...
memcpy( temp, values, SIZE );
```

它從陣列 values 複製 SIZE 個位元組到陣列 temp。

但是，如果兩個陣列都是整數型陣列該怎麼辦呢？下面的陳述式可以完成這項任務：

```
memcpy( temp, values, sizeof( values ) );
```

前兩個參數並不需要使用強制類型轉換（cast），因為在函數的原型中，參數的類型是 void * 型指標，而任何類型的指標都可以轉換為 void * 型指標。

如果陣列只有部分內容需要被複製，那麼需要複製的數量必須在「第 3 個參數」中指明。對於長度大於一個位元組的資料，要確保把「數量」和「資料類型的長度」相乘，例如：

```
memcpy( saved_answers, answers, count * sizeof( answers[0] ) );
```

你也可以使用這種技巧複製結構或結構陣列（arrays of structures）。

memmove 函數的行為和 memcpy 差不多，只是它的「來源運算元」和「目標運算元」可以重疊。雖然它並不需要以下面這種方式實作，不過 memmove 的結果和這種方法的結果相同：把「來源運算元」複製到一個臨時位置，這個臨時位置不會與「來源或目標運算元」重疊，然後再把它從這個臨時位置複製到「目標運算元」。memmove 通常無法使用某些機器所提供的「特殊的位元組 - 字串處理指令」（the special byte-string handling instructions）來實作，所以它可能比 memcpy 慢一些。但是，如果來源和目標參數真的可能存在重疊，就應該使用 memmove，如下例所示：

```
/*
** Shift the values in the x array left one position
*/
memmove( x, x + 1, ( count - 1 ) * sizeof( x[ 0 ] ) );
```

memcmp 對兩段記憶體的內容進行比較，這兩段記憶體分別起始於 a 和 b，共比較 length 個位元組。這些值按照無符號字元以逐位元組進行比較，函數的返回類型和 strcmp 函數一樣——負值表示 a 小於 b，正值表示 a 大於 b，零表示 a 等於 b。由於這些值是根據一連串無符號位元組進行比較的，所以如果 memcmp 函數用於比較不是單位元組的資料諸如「整數」或「浮點數」時，就可能提出不可預料的結果。

memchr 從 a 的起始位置開始搜尋字元 ch 第 1 次出現的位置，並返回一個指向該位置的指標，它共搜尋 length 個位元組。如果在這 length 個位元組中未找到該字元，函數就返回一個 NULL 指標。

最後，memset 函數把從 a 開始的 length 個位元組都設置為字元值 ch。例如：

```
memset( buffer, 0, SIZE );
```

把 buffer 的前 SIZE 個位元組都初始化為 0。

9.10　總結

字串就是零個或多個字元的序列（sequence），該序列以一個 NUL 位元組結尾。字串的長度就是它所包含的「字元」的數量。標準函式庫提供了一些函數，用於處理字串，它們的原型位於標頭檔 string.h 中。

strlen 函數用於計算一個字串的長度，它的返回值是一個無符號整數，所以把它用於表達式時應該小心。strcpy 函數把一個字串從一個位置複製到另一個位置，而 strcat 函數把一個字串的一份複製添加到另一個字串的後面。這兩個函數都假設它們的參數是有效的字串，而且如果來源字串和目標字串出現重疊，函數的結果是未定義的。strcmp 對兩個字串進行詞典序的比較。它的返回值提示第 1 個字串是大於、小於還是等於第 2 個字串。

長度受限的函數 strncpy、strncat 和 strncmp 都類似它們對應的不受限制版本。區別在於這些函數還接受一個長度參數。在 strncpy 中，長度指定了多少個字元將被寫入到目標字元陣列中。如果來源字串比指定長度更長，結果字串將不會以 NUL 位元組結尾。strncat 函數的長度參數指定從來源字串複製過來的字元的最大數量，但它的結果始終以一個 NUL 位元組結尾。strcmp 函數的長度參數用於限定字元比較的數量。如果兩個字串在指定的數量裡不存在區別，它們便被認為是相等的。

用於搜尋字串的函數有好幾個。strchr 函數搜尋一個字串中某個字元「第 1 次出現」的位置。strrchr 函數搜尋一個字串中某個字元「最後一次出現」的位置。strpbrk 在一個字串中搜尋一個指定字元集中任意字元「第 1 次出現」的位置。strstr 函數在一個字串中搜尋另一個字串「第 1 次出現」的位置。

標準函式庫還提供了一些更加進階的字串搜尋函數。strspn 函數計算一個字串的起始部分，匹配一個指定字元集中任意字元的字元數量。strcspn 函數計算一個字串的起始部分，不匹配一個指定字元集中任意字元的字元數量。strtok 函數把一個字串分割成幾個 token。每次呼叫它時，都返回一個指向字串中「下一個 token 位置」的指標。這些 token 由一個指定字元集的一個或多個字元分隔。

strerror 把一個錯誤代碼作為它的參數。它返回一個指向字串的指標，該字串用於描述這個錯誤。

標準函式庫還提供了各種用於測試和轉換字元的函數。使用這些函數的程式比「那些自己執行字元測試和轉換的程式」更具可攜性（移植性）。toupper 函數把一個小寫字母字元轉換為大寫形式，tolower 函數則執行相反的任務。iscntrl 函數檢查它的參數是不是一個控制字元，isspace 函數測試它的參數是否為空白字元。isdigit 函數用於測試它的參數是否為一個十進位數字字元，isxdigit 函數則檢查它的參數是否為一個十六進位數字字元。islower 和 isupper 函數分別檢查它們的參數是否為大寫和小寫字母。isalpha 函數檢查它的參數是否為字母字元，isalnum 函數檢查它的參

數是否為字母或數字字元，ispunct 函數檢查它的參數是否為標點符號字元。最後，isgraph 函數檢查它的參數是否為圖形字元，isprint 函數檢查它的參數是否為圖形字元或空白字元。

memxxx 函數提供了類似字串函數的能力，但它們可以處理包括 NUL 位元組在內的任意位元組。這些函數都接受一個長度參數。memcpy 從來源參數向目標參數複製「由長度參數指定的位元組數」。memmove 函數執行相同的功能，但它能夠正確處理來源參數和目標參數出現重疊的情況。memcmp 函數比較兩個序列的位元組，memchr 函數在一個位元組序列中搜尋一個特定的值。最後，memset 函數把一序列位元組初始化為一個特定的值。

9.11　警告的總結

1. 應該在「使用有符號數的表達式」中使用 strlen 函數。

2. 在表達式中混用有符號數和無符號數。

3. 使用 strcpy 函數把一個長字串複製到一個較短的陣列中，導致溢出。

4. 使用 strcat 函數把一個字串添加到一個陣列中，導致陣列溢出。

5. 把 strcmp 函數的返回值當作布林值進行測試。

6. 把 strcmp 函數的返回值與 1 和 -1 進行比較。

7. 使用「並非以 NUL 位元組結尾的字元序列」。

8. 使用 strncpy 函數產生「不以 NUL 位元組結尾的字串」。

9. 把 strncpy 函數和 strxxx 族函數混用。

10. 忘了 strtok 函數將會修改它所處理的字串。

11. strtok 函數是不可重入的（reentrant）[3]。

---

[3]　譯注：不可重入是指函數在連續幾次呼叫中，即使它們的參數相同，其結果也可能不同。

9.12 程式設計提示的總結

1. 不要試圖自己編寫功能相同的函數來取代函式庫。

2. 使用字元分類和轉換函數可以提高函數的可攜性（移植性）。

9.13 問題

✍ 1. C 語言缺少顯式的字串資料類型，這是一個優點還是一個缺點？

2. strlen 函數返回一個無符號量（size_t），為什麼這裡「無符號值」比「有符號值」更合適？但返回「無符號值」其實也有缺點，為什麼？

3. 如果 strcat 和 strcpy 函數返回一個指向目標字串末尾的指標，和事實上返回一個指向目標字串起始位置的指標相比，有沒有什麼優點？

✍ 4. 如果從陣列 x 複製 50 個位元組到陣列 y，最簡單的方法是什麼？

5. 假設你有一個名叫 buffer 的陣列，它的長度為 BSIZE 個位元組，你用下面這條陳述式把一個字串複製到這個陣列：

```
strncpy( buffer, some_other_string, BSIZE - 1 );
```

它能不能確保 buffer 中的內容是一個有效的字串？

6. 用下面這種方法

```
if( isalpha( ch ) ){
```

取代下面這種顯式的判斷有什麼優點？

```
if( ch >= 'A' && ch <= 'Z' ||
    ch >= 'a' && ch <= 'z' ){
```

7. 下面的程式碼怎樣進行簡化？

```
for( p_str = message; *p_str != '\0'; p_str++ ){
    if( islower( *p_str ) )
            *p_str = toupper( *p_str );
}
```

✍ 8. 下面的表達式有何不同？

```
memchr( buffer, 0, SIZE ) - buffer
strlen( buffer )
```

9.14　程式設計練習

★ 1. 編寫一個程式，從標準輸入（standard input）讀取一些字元，並統計下列各類字元所佔的百分比。

> 控制字元
>
> 空白字元
>
> 數字
>
> 小寫字母
>
> 大寫字母
>
> 標點符號
>
> 不可列印的字元

請使用在「ctype.h 標頭檔」中定義的字元分類函數。

✍★ 2. 編寫一個名叫 my_strlen 的函數。它類似於 strlen 函數，但它能夠處理「由於使用 strn--- 函數而建立的未以 NUL 位元組結尾的字串」。你需要向函數傳遞一個參數，它的值就是儲存「需要進行長度測試的字串陣列」的長度。

★ 3. 編寫一個名叫 my_strcpy 的函數。它類似於 strcpy 函數，但它不會溢出目標陣列。複製的結果必須是一個真正的字串。

★ 4. 編寫一個名叫 my_strcat 的函數。它類似於 strcat 函數，但它不會溢出目標陣列。它的結果必須是一個真正的字串。

★ 5. 編寫下面的函數：

```
void my_strncat( char *dest, char *src, int dest_len );
```

它用於把「src 中的字串」連接到「dest 中原有字串的末尾」，但它確保不會溢出長度為 dest_len 的 dest 陣列。和 strncat 函數不同，這個函數也考慮「原先存在於 dest 陣列的字串長度」，因此能夠確保不會超越陣列邊界。

✍★ 6. 編寫一個名叫 my_strcpy_end 的函數，用來取代 strcpy 函數，它返回一個指向目標字串末尾的指標（也就是說，指向 NUL 位元組的指標），而不是返回一個指向目標字串起始位置的指標。

★ 7. 編寫一個名叫 my_strrchr 的函數，它的原型如下：

```
char *my_strrchr( char const *str, int ch );
```

這個函數類似於 strchr 函數，只是它返回的是一個指向 ch 字元在 str 字串中「最後一次出現（最右邊）的位置」的指標。

★ 8. 編寫一個名叫 my_strnchr 的函數，它的原型如下：

```
char *my_strnchr( char const *str, int ch, int which );
```

這個函數類似於 strchr 函數，但它的「第 3 個參數」指定 ch 字元在 str 字串中第幾次出現。舉例來說，如果「第 3 個參數」為 1，這個函數的功能就和 strchr 完全一樣。如果「第 3 個參數」為 2，這個函數就返回一個指向 ch 字元在 str 字串中「第 2 次出現的位置」的指標。

★★ 9. 編寫一個函數，它的原型如下：

```
int count_chars( char const *str,
    char const *chars );
```

函數應該在「第 1 個參數」中進行搜尋，並返回匹配「第 2 個參數」所包含的字元的數量。

★★★ 10. 編寫函數

```
int palindrome( char *string );
```

如果參數字串是個迴文，函數就返回真（true），否則就返回假（false）。迴文（palindrome）就是指一個字串從左向右讀和從右向左讀是一樣的[4]。函數應該忽略所有的非字母字元，而且在進行字元比較時不用區分大小寫。

✎ ★★★ 11. 編寫一個程式，對標準輸入進行掃描（scan），並對單詞「the」出現的次數進行計數。進行比較時應該區分大小寫，所以「The」和「THE」並不計算在內。你可以認為各單詞由一個或多個空格字元分隔，而且輸入列（input line）在長度上不會超過 100 個字元。計數結果應該寫到標準輸出（standard output）上。

---

[4] 前提是空白字元、標點符號和大小寫狀態可以被忽略。當 Adam（亞當）第 1 次遇到 Eve（夏娃）時他可能會說的一句話：「Madam, I'm Adam」就是迴文的一個例子。

★★★ 12. 有一種技巧可以對資料進行加密，並使用一個單詞作為它的密鑰。下面是它的工作原理：首先，選擇一個單詞作為密鑰，如 TRAILBLAZERS。如果單詞中包含有重覆的字母，只保留第 1 個，其餘幾個丟棄。現在，修改過的那個單詞列於字母表的下面，如下所示：

```
A B C D E F G H I J K L M N O P Q R S T U V W X Y Z
T R A I L B Z E S
```

最後，底下那行用字母表中剩餘的字母填滿完整：

```
A B C D E F G H I J K L M N O P Q R S T U V W X Y Z
T R A I L B Z E S C D F G H J K M N O P Q U V W X Y
```

在對資訊進行加密時，資訊中的每個字母被固定於頂上那行，並用下面那行的對應字母一一取代原文的字母。因此，使用這個密鑰，ATTACK AT DAWN（黎明時攻擊）就會被加密為 TPPTAD TP ITVH。

這個題目共有三個程式（包括下面兩個練習），在「第 1 個程式」中，你需要編寫函數：

```
int prepare_key( char *key );
```

它接受一個字串參數，它的內容就是需要使用的密鑰單詞。函數根據上面描述的方法把它轉換成一個包含編好碼的字元陣列（the array of encoded characters）。假設 key 參數是個字元陣列，其長度至少可以容納 27 個字元。函數必須把密鑰中的所有字元要嘛轉換為大寫字母，要嘛轉換為小寫字母（隨你選擇），並從單詞中去除重覆的字母，然後再用字母表中剩餘的字母「按照你原先所選擇的大小寫形式」填滿到 key 陣列中。如果處理成功，函數返回一個真值。如果 key 參數為空或者包含任何非字母字元，函數將返回一個假值。

★★ 13. 編寫下面的函數：

```
void encrypt( char *data, char const *key );
```

它使用前題 prepare_key 函數所產生的密鑰對 data 中的字元進行加密。data 中的「非字母字元」不做修改，但「字母字元」則用密鑰所提供的「編過碼的字元」一一取代來源字元。字母字元的大小寫狀態應該保留。

★★ 14. 這個問題的最後部分就是編寫下面的函數：

```
void decrypt( char *data, char const *key );
```

它接受一個加過密的字串（an encrypted string）為參數，它的任務是重現（reconstruct）原來的資訊。除了它是用於解密之外，它的工作原理應該與 encrypt 相同。

✍★★★ 15. 標準 I/O 函式庫並沒有提供一種機制，在列印大整數（large integer）時用「逗號」進行分隔。在這個練習中，你需要編寫一個程式，為美元金額的列印提供這個功能。函數會把一個數字字串（以美分為單位的金額）轉換為美元形式，如下面的例子所示：

輸入	輸出	輸入	輸出
空	$0.00	12345	$123.45
1	$0.01	123456	$1,234.56
12	$0.12	1234567	$12,345.67
123	$1.23	12345678	$123,456.78
1234	$12.34	123456789	$1,234,567.89

下面是函數的原型：

```
void dollars( char *dest, char const *src );
```

src 將指向需要被格式化的字元（你可以假設它們都是數字）。函數應該像上面例子所示的那樣對「字元」進行格式化，並把結果字串保存到 dest 中。你應該保證你所建立的字串以「一個 NUL 位元組」結尾。src 的值不應被修改。你應該使用指標而不是索引（subscript，下標）。

提示：首先找到「第 2 個參數」字串的長度。這個值有助於判斷「逗號」應插入到什麼位置。同時，小數點和最後兩位數字應該是唯一需要你進行處理的特殊情況。

★★★ 16. 這個程式與前一個練習的程式相似，但它更為通用。它按照一個指定的格式字串（format string）對一個數字字串進行格式化，類似許多 BASIC 編譯器所提供的「print using」陳述式。函數的原型應該如下：

```
int format( char *format_string,
    char const *digit_string );
```

digit_string 中的數字根據一開始在 format_string 中找到的字元「從右到左」逐一複製到 format_string 中。注意，被修改後的 format_string 就是這個處理過程的結果。當你完成時，要確定 format_string 依然是以「NUL 位元組」結尾的。根據格式化過程中是否出現錯誤，函數返回真或假。

格式字串可以包含下列字元。

- #：在兩個字串中都是從右向左進行操作。格式字串中的「每個 # 字元」都被數字字串中的下一個數字取代。如果數字字串用完，格式字串中「所有剩餘的 # 字元」由空白代替（但存在例外，請參見下面對小數點的討論）。

- ,：如果逗號左邊至少有一位數字，那麼它就不做修改。否則它由空白代替。

- .：小數點始終作為小數點存在。如果小數點左邊沒有一位數字，那麼小數點左邊的那個位置以及右邊直到有效數字為止的所有位置都由 0 填滿。

下面的例子說明了呼叫這個函數的一些結果。符號 ¤ 用於表示空白。

為了簡化這個專案，你可以假設格式字串所提供的格式總是正確的。最左邊至少有一個 # 符號，小數點和逗號的右邊也至少有一個 # 符號。而且逗號絕不會出現在小數點的右邊。你需要進行檢查的錯誤只有：

a. 數字字串中的數字多於格式字串中的 # 符號。

b. 數字字串為空。

發生這兩種錯誤時，函數返回假，否則返回真。如果數字字串為空，格式字串在返回時應未做修改。如果你使用指標而不是索引來解決問題，你將會學到更多的東西。

格式字串	數字字串	結果格式字串
#####	12345	12345
#####	123	¤¤123
##,###	1234	¤1,234
##,###	123	¤¤¤123
##,###	1234567	34,567
#,###,###.##	123456789	1,234,567.89
#,###,###.##	1234567	¤¤¤12,345.67
#,###,###.##	123	¤¤¤¤¤¤¤¤1.23
#,###,###.##	1	¤¤¤¤¤¤¤¤0.01
#####.#####	1	¤¤¤¤0.00001

提示：開始時讓兩個指標分別指向格式字串和數字字串的末尾，然後「從右向左」進行處理。對於作為參數傳遞給函數的指標，你必須保留它的值，這樣你就可以判斷是否到達了這些字串的左端。

★★★★ 17. 這個程式與前兩個練習類似，但更加一般化。它允許呼叫程式把逗號放在大數的內部，去除多餘的前置零以及提供一個浮動美元符號（a floating dollar sign）等。

這個函數的操作類似於 IBM 370 機器上的 Edit 和 Mark 指令。它的原型如下：

```
char *edit( char *pattern, char const *digits );
```

它的基本構思很簡單。模式（pattern）就是一個圖樣（picture），處理結果看上去應該像它的樣子。數字字串中的字元根據這個圖樣所提供的方式**從左向右**複製到模式字串。

數字字串的「第 1 位有效數字」很重要。結果字串中所有在「第 1 位有效數字」之前的字元都由一個「填滿」（fill）字元代替，函數將返回一個指標，它所指向的位置正是「第 1 位有效數字」儲存在結果字串中的位置（呼叫程式可以根據這個返回指標（returned pointer），把一個浮動美元符號放在這個值左邊的毗鄰位置）。這個函數的輸出結果就像支票上列印的結果一樣——這個值左邊所有的空白由「星號」或其他字元填滿。

在描述這個函數的詳細處理過程之前，看看一些這個操作的例子是有很幫助的。為了清晰起見，符號¤用於表示空格。結果字串中帶「下底線」的那個數字就是返回值指標所指向的字元（也就是「第 1 位有效數字」），如果結果字串中不存在帶「下底線」的字元，說明函數的返回值是個 NULL 指標。

模式字串	數字字串	結果字串
*#,###	1234	*<u>1</u>,234
*#,###	123456	*<u>1</u>,234
*#,###	12	*<u>1</u>,2
*#,###	0012	****<u>12</u>
*#,###	¤¤12	****<u>12</u>
*#,###	¤1¤¤	***<u>1</u>00
*X#Y#8	空	**
¤#,##!.##	¤23456	¤¤¤<u>2</u>34.56

模式字串	數字字串	結果字串
¤#,##!.##	023456	¤¤¤234.56
$#,##!.##	¤¤¤456	$$$$$4.56
$#,##!.##	0¤¤¤¤6	$$$$$0.06
$#,##!.##	0	$$$
$#,##!.##	1	$1,
$#,##!.##	Hi¤there	$H,i0t.he

現在，讓我們討論這個函數的細節。函數的「第 1 個參數」就是模式，模式字串的「第 1 個字元」就是「填滿字元」（fill character）。函數使「數字字串」修改「模式字串中剩餘的字元」來產生「結果字串」。在處理過程中，模式字串將被修改。輸出字串不可能比原先的模式字串更長，所以不存在溢出「第 1 個參數」的危險（因此不需要對此進行檢查）。

模式是「從左向右」逐一字元進行處理的。每個位於填滿字元後面的字元的處理結果將是三中選一：(a) 原樣保留，不做修改；(b) 被一個數字字串中的字元代替；(c) 被填滿字元代替。

數字字串也是「從左向右」進行處理的，但它本身在處理過程中絕不會被修改。雖然它稱之為「數字字串」，但是它也可以包含任何其他字元，如上面的例子之一所示。但是，數字字串中的空格應該和數字 0 一樣對待（它們的處理結果相同）。

函數必須保持一個「有效」（significance）旗標，用於標示是否有任何有效數字從「數字字串」複製到「模式字串」。數字字串中的前置空格和前置零並非有效數字，其餘的字元都是有效數字。

如果模式字串或數字字串有一個是 NULL，那就是個錯誤。在這種情況下，函數應該立即返回 NULL。

下表列出了所有需要的處理過程。欄位標題「signif」就是有效旗標（significance flag）。「模式」和「數字」分別表示模式字串和數字字串的下一個字元。表的左邊列出了所有可能出現的不同情況，表的右邊描述了每種情況需要的處理過程。舉例來說，如果下一個模式字元是 '#'，有效旗標（significance indicator）就設為假。數字字串的下一個字元是 '0'，所以用一個填滿字元（fill character）代替模式字串中的 # 字元，對有效旗標不做修改。

如果你找到這個			你應該這樣處理		
模式	signif	數字	模式	signif	說明
'\0'	無關緊要	不使用	不做修改	不做修改	返回儲存的指標
'#'	無關緊要	'\0'	'\0'	不做修改	返回儲存的指標
	假	'0' 或 ' '	填滿字元	不做修改	
		其他任何字元	數字	真	儲存指向該字元的指標
	真	任何字元	數字	不做修改	
'!'	無關緊要	'\0'	'\0'	不做修改	返回儲存的指標
	假	任何字元	數字	真	儲存指向該字元的指標
	真	任何字元	數字	不做修改	
其他任何符號	假	不使用	填滿字元	不做修改	
	真	不使用	不做修改	不做修改	

結構與聯合

資料經常以成組（group）的形式存在。例如，雇主必須明瞭每位員工的姓名、年齡和工資。如果這些值能夠儲存在一起，存取起來會簡單一些。但是，如果這些值的類型不同（就像現在這種情況），它們無法儲存於同一個陣列中。在 C 中，使用結構（structure）可以把「不同類型的值」儲存在一起。

10.1　結構基礎知識

聚合資料類型（aggregate data type）能夠同時儲存超過一個的單獨資料。C 提供了兩種類型的聚合資料類型：陣列和結構。陣列是「相同類型的元素」的集合，它的每個元素是透過索引參照或指標間接存取來選擇的。

結構也是一些值的集合，這些值稱為它的**成員**（member），但一個結構的各個成員可能具有不同的類型。結構和 Pascal 或 Modula 中的記錄（record）非常相似。

陣列元素可以透過索引（subscript，又譯下標）存取，這只是因為陣列的元素長度相同。但是，在結構中情況並非如此。由於一個結構的成員可能長度不同，所以不能使用索引來存取它們。相反的，每個結構成員都有自己的名稱，它們是透過名稱（name）存取的。

這個區別非常重要。結構並不是一個它自身成員的陣列。和陣列名稱不同，當一個結構變數（structure variable）在表達式中使用時，它並不被替換成一個指標。結構變數也無法使用索引來選擇特定的成員。

結構變數屬於純量類型，所以你可以像對待其他純量類型那樣執行相同類型的操作。結構也可以作為傳遞給函數的參數，它們也可以作為返回值從函數返回；相同類型的結構變數相互之間可以賦值。你可以宣告指向結構的指標，取一個結構變數的位址，也可以宣告結構陣列。但是，在討論這些話題之前，我們必須知道一些更為基礎的東西。

10.1.1 結構宣告

在宣告結構時，必須列出它包含的所有成員。這個列表包括每個成員的類型和名稱。

```
struct tag { member-list } variable-list ;
```

結構宣告的語法需要做一些解釋。所有可選部分不能全部省略——它們至少要出現兩個[1]。

這裡有幾個例子。

```
struct {
        int    a;
        char   b;
        float c;
} x;
```

這個宣告建立了一個名叫 x 的變數，它包含三個成員：一個整數、一個字元和一個浮點數。

```
struct {
        int    a;
        char   b;
        float c;
} y[20], *z;
```

這個宣告建立了 y 和 z。y 是一個陣列，它包含了 20 個結構。z 是一個指標，它指向這個類型的結構。

---

[1]　這個規則的一個例外是結構標籤的不完整宣告，將在本章後面說明。

但是,這是不是意味著某種特定類型的所有結構,都必須使用一個單獨的宣告來建
立呢?

幸運的是,事實並非如此。標籤(tag)欄位允許為成員列表(member list)提供一
個名稱,這樣它就可以在後續的宣告中使用。標籤允許多個宣告使用同一個成員列
表,並且建立同一種類型的結構。這裡有個例子:

```
struct   SIMPLE {
         int     a;
         char    b;
         float   c;
};
```

這個宣告把標籤 SIMPLE 和這個成員列表聯繫在一起。該宣告並沒有提供變數列
表,所以它並未建立任何變數。

這個宣告類似於製造一個餅乾切割器(cookie cutter)。餅乾切割器決定製造出來的
餅乾的形狀,但餅乾切割器本身卻不是餅乾。標籤標示了一種模式(pattern),用
於宣告未來的變數,但無論是「標籤」還是「模式」本身都不是「變數」。

```
struct   SIMPLE   x;
struct   SIMPLE   y[20], *z;
```

這些宣告使用標籤來建立變數。它們建立和最初兩個例子一樣的變數,但存在一個
重要的區別——現在 x、y 和 z 都是同一種類型的結構變數。

宣告結構時可以使用的另一種良好技巧是用 typedef 建立一種新的類型,如下面的
例子所示:

```
typedef struct {
        int     a;
        char    b;
        float   c;
} Simple;
```

這個技巧和宣告一個結構標籤的效果幾乎相同。區別在於 Simple 現在是個類型名稱（type name）而不是個結構標籤（structure tag），所以後續的宣告可能像下面這個樣子：

```
Simple  x;
Simple  y[20], *z;
```

> **提示**
>
> 如果你想在多個原始檔案中使用同一種類型的結構，你應該把標籤宣告或 typedef 形式的宣告放在一個標頭檔中。當原始檔案需要這個宣告時，可以使用 #include 指令把那個標頭檔引入進來。

10.1.2 結構成員

到目前為止的例子裡，我只使用了簡單類型的結構成員。但可以在一個結構外部宣告的任何變數都可以作為結構的成員。尤其是，結構成員可以是純量、陣列、指標甚至是其他結構。

這裡有一個更為複雜的例子：

```
struct  COMPLEX  {
        float    f;
        int      a[20];
        long     *lp;
        struct   SIMPLE  s;
        struct   SIMPLE  sa[10];
        struct   SIMPLE  *sp;
};
```

一個結構的成員名稱，可以和其他結構的成員名稱相同，所以這個結構的成員 a 並不會與 struct SIMPLE s 的成員 a 衝突。正如你接下來看到的那樣，成員的存取方式允許你指定任何一個成員而不至於產生歧義。

10.1.3 結構成員的直接存取

結構變數的成員是透過點運算子（.）存取的。點運算子（dot operator）接受兩個運算元，左運算元就是結構變數的名稱，右運算元就是需要存取的成員名稱。這個表達式的結果就是指定的成員。例如，觀察下面這個宣告：

```
struct COMPLEX comp;
```

名稱為 a 的成員是一個陣列，所以表達式 comp.a 就選擇了這個成員。這個表達式的結果是個陣列名稱，所以你可以把它用在任何可以使用陣列名稱的地方。同樣的，成員 s 是個結構，所以表達式 comp.s 的結果是個結構名稱，它可以用於任何可以使用普通結構變數的地方。尤其是，我們可以把這個表達式作為另一個點運算子的左運算元（left operand），如 (comp.s).a，用來選擇結構 comp 的成員 s（也是一個結構）的成員 a。點運算子的結合性是「從左向右」，所以我們可以省略括號，表達式 comp.s.a 表示同樣的意思。

這裡有一個更為複雜的例子。成員 sa 是一個結構陣列，所以 comp.sa 是一個陣列名稱，它的值是一個指標常數。對這個表達式使用索引參照操作，如 (comp.sa)[4] 將選擇一個陣列元素。但這個元素本身是一個結構，所以我們可以使用另一個點運算子取得它的成員之一。下面就是一個這樣的表達式：

```
( (comp.sa)[4] ).c
```

索引參照和點運算子具有相同的優先順序，它們的結合性都是「從左向右」，所以我們可以省略所有的括號。下面的表達式

```
comp.sa[4].c
```

和前面那個表達式是等效的。

10.1.4 結構成員的間接存取

如果你擁有一個指向結構的指標，你該如何存取這個結構的成員呢？首先就是對指標執行間接存取操作（indirection），這使你獲得這個結構。然後你使用點運算子來存取它的成員。但是，點運算子的優先順序高於間接存取運算子，所以你必須在表達式中使用括號，確保間接存取首先執行。舉個例子，假設一個函數的參數是個指向結構的指標，如下面的原型所示：

```
void    func( struct COMPLEX *cp );
```

函數可以使用下面這個表達式，來存取這個變數所指向的結構的成員 f：

```
(*cp).f
```

對指標執行「間接存取」將存取結構，然後點運算子存取一個成員。

由於這個概念有點惹人厭，所以 C 語言提供了一個更為方便的運算子來完成這項工作 —— 「-> 運算子」（也稱箭頭運算子）。和點運算子一樣，箭頭運算子接受兩個運算元，但「左運算元」必須是一個指向結構的**指標**。箭頭運算子對左運算元執

行「間接存取」取得指標所指向的結構，然後和點運算子一樣，根據右運算元選擇一個指定的結構成員。但是，間接存取操作內建於箭頭運算子中，所以我們不需要顯式地執行間接存取或使用括號。這裡有一些例子，它們像前面一樣使用同一個指標。

```
cp->f
cp->a
cp->s
```

第 1 個表達式存取結構的浮點數成員，第 2 個表達式存取一個陣列名稱，第 3 個表達式則存取一個結構。你很快還將看到為數眾多的例子，可以幫助你弄清如何存取結構成員。

10.1.5 結構的自參照

在一個結構內部包含一個類型為該結構本身的成員，是否合法呢？這裡有一個例子，可以說明這個想法：

```
struct  SELF_REF1 {
        int       a;
        struct    SELF_REF1 b;
        int       c;
};
```

這種類型的自參照（self reference）是非法的，因為「成員 b」是另一個完整的結構，其內部還將包含它自己的「成員 b」。這第 2 個成員又是另一個完整的結構，它還將包括它自己的「成員 b」。這樣重覆下去永無止境。這有點像永遠不會終止的遞迴程式。但下面這個宣告卻是合法的，你能看出其中的區別嗎？

```
struct  SELF_REF2 {
        int       a;
        struct    SELF_REF2 *b;
        int       c;
};
```

這個宣告和前面那個宣告的區別在於「b 現在是一個指標而不是結構」。編譯器在結構的長度確定之前就已經知道指標的長度，所以這種類型的自參照是合法的。

如果你覺得一個結構內部包含一個指向該結構本身的指標有些奇怪，請記住它事實上所指向的是「同一種類型的不同結構」。更加進階的資料結構，如連結串列（linked list）和樹（tree），都是用這種技巧實作的。每個結構指向連結串列的下一個元素或樹的下一個分支（branch）。

10.1.6 不完整的宣告

偶爾，你必須宣告一些相互之間存在依賴的結構。也就是說，其中一個結構包含了另一個結構的一個或多個成員。和自參照結構一樣，至少有一個結構必須在另一個結構內部以指標的形式存在。問題在於宣告部分：如果每個結構都參照了其他結構的標籤，哪個結構應該首先宣告呢？

這個問題的解決方案是使用不完整宣告（incomplete declaration），它宣告一個識別字（identifier）作為結構標籤。然後我們可以把這個標籤，用在不需要知道這個結構長度的宣告中，就好像宣告指向這個結構的指標。接下來的宣告則把這個標籤與成員列表聯繫在一起。

考慮下面這個例子，兩個不同類型的結構內部都有一個指向另一個結構的指標：

```
struct  B;

struct  A       {
        struct  B       *partner;
        /* other declarations */
};

struct  B       {
        struct  A       *partner;
        /* other declarations */
};
```

在 A 的成員列表中需要標籤 B 的不完整的宣告。一旦 A 被宣告之後，B 的成員列表也可以被宣告。

10.1.7　結構的初始化

結構的初始化方式和陣列的初始化很相似。一個位於一對大括號內部、由逗號分隔的初始值列表可用於結構各個成員的初始化。這些值根據結構成員列表的順序寫出。如果初始列表的值不夠，剩餘的結構成員將使用「預設值」進行初始化。

結構中如果包含陣列或結構成員，其初始化方式類似於多維陣列的初始化。一個完整的聚合類型成員的初始值列表，可以在結構中的初始值列表裡面使用巢狀結構。這裡有一個例子：

```
struct  INIT_EX {
        int     a;
        short   b[10];
        Simple  c;
} x = {
        10,
        { 1, 2, 3, 4, 5 },
        { 25, 'x', 1.9 }
};
```

10.2　結構、指標和成員

直接或透過指標，存取結構和它們成員的運算子是相當簡單的，但是當它們應用於複雜的情形時，就有可能引起混淆。這裡有幾個例子，能幫助你充分理解這兩個運算子的運作過程。這些例子使用了以下的宣告：

```
typedef struct  {
        int     a;
        short   b[2];
} Ex2;
typedef struct EX {
        int     a;
        char    b[3];
        Ex2     c;
        struct EX    *d;
} Ex;
```

類型為 EX 的結構可以用下面的圖表示：

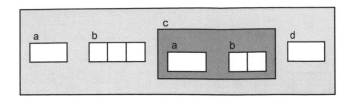

我用圖的形式來表示結構，使這些例子看上去更清楚一些。事實上，這張圖並不完全精確，因為編譯器會設法避免成員之間的浪費空間。

第 1 個例子將使用這些宣告：

```
Ex    x = { 10, "Hi", { 5, { -1, 25 } }, 0 };
Ex    *px = &x;
```

它將產生下面這些變數：

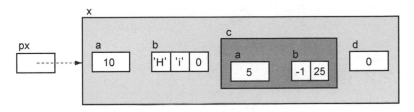

我們現在將使用「第 6 章」的表示法，來研究和圖解各個不同的表達式。

10.2.1 存取指標

讓我們從指標變數（pointer variable）開始。表達式 px 的右值是：

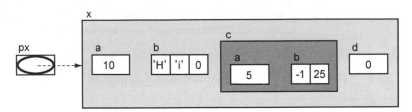

px 是一個指標變數，但此處並不存在任何間接存取運算子（indirection operator），所以這個表達式的值就是 px 的內容。這個表達式的左值是：

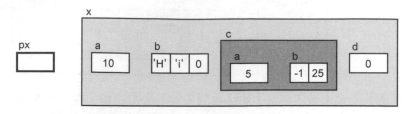

它顯示了 px 的舊值將被一個新值所取代。

現在觀察表達式 px + 1。這個表達式並不是一個合法的左值，因為它的值並不儲存於任何可標示的記憶體位置。這個表達式的右值更為有趣。如果 px 指向一個結構陣列的元素，這個表達式將指向該陣列的下一個結構。但就算如此，這個表達式仍然是非法的，因為我們沒辦法分辨記憶體下一個位置所儲存的是這些結構元素之一還是其他東西。編譯器無法檢測到這類錯誤，所以你必須自己判斷指標運算是否有意義。

10.2.2 存取結構

我們可以使用 * 運算子對指標執行間接存取。表達式 *px 的右值是 px 所指向的整個結構。

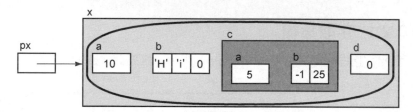

間接存取操作隨「箭頭」存取結構，所以使用「實線」顯示，其結果就是整個結構。你可以把這個表達式賦值給另一個類型相同的結構，你也可以把它作為點運算子的左運算元，存取一個指定的成員。你也可以把它作為參數傳遞給函數，還可以把它作為函數的返回值返回（不過，關於最後兩個操作，需要考慮效率問題，對此以後將會詳述）。表達式 *px 的左值是：

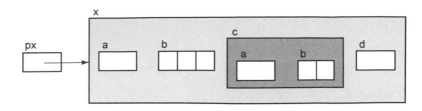

這裡，結構將接受一個新值，或者更精確地說，它將接受它所有成員的新值。作為左值，重要的是位置（place），而不是這個位置所儲存的值。

表達式 *px + 1 是非法的，因為 *px 的結果是一個結構。C 語言並沒有定義結構和整數型值之間的加法運算。但表達式 *(px + 1) 又如何呢？如果 x 是一個陣列的元素，這個表達式表示它後面的那個結構。但是，x 是一個純量，所以這個表達式實際上是非法的。

10.2.3 存取結構成員

現在讓我們來看一下箭頭運算子。表達式 px->a 的右值是：

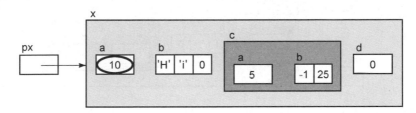

-> 運算子對 px 執行間接存取操作（由實線箭頭提示），它首先得到它所指向的結構，然後存取成員 a。當你擁有一個指向結構的指標但又不知道結構的名稱時，便可以使用表達式 px->a。如果你知道這個結構的名稱，你也可以使用功能相同的表達式 x.a。

在此，我們稍作停頓，相互比較一下表達式 *px 和 px->a。在這兩個表達式中，px 所儲存的位址都用於尋找這個結構。但結構的第 1 個成員是 a，所以 a 的位址和結構的位址是一樣的。這樣 px 看上去是指向整個結構，同時指向結構的第 1 個成員：畢竟，它們具有相同的位址（address）。但是，這個分析只有一半是正確的。儘管兩個位址的值是相等的，但它們的類型（type）不同。變數 px 被宣告為一個指向結構的指標，所以表達式 *px 的結果是整個結構，而不是它的第 1 個成員。

讓我們建立一個指向整數型的指標：

```
int     *pi;
```

我們能不能讓 pi 指向整數型成員 a？如果 pi 的值和 px 相同，那麼表達式 *pi 的結果將是成員 a。但是，表達式

```
pi = px;
```

是非法的，因為它們的類型不匹配。使用強制類型轉換（cast）就能奏效：

```
pi = (int *)px;
```

但這種方法是很危險的，因為它避開了編譯器的類型檢查。正確的表達式更為簡單──使用 & 運算子取得一個指向 px->a 的指標：

```
pi = &px->a;
```

-> 運算子的優先順序高於 & 運算子的優先順序，所以這個表達式無需使用括號。讓我們檢查一下 &px->a 的圖：

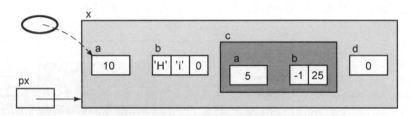

注意「橢圓裡的值」是如何直接指向結構的「成員 a」的，這與 px 相反，後者指向整個結構。在上面的賦值操作之後，pi 和 px 具有相同的值。但它們的類型是不同的，所以對它們使用間接存取操作所得的結果也不一樣：*px 的結果是整個結構，*pi 的結果是一個單一的整數型值。

這裡還有一個使用箭頭運算子的例子。表達式 px->b 的值是一個指標常數（pointer constant），因為 b 是一個陣列。這個表達式不是一個合法的左值。下面是它的右值：

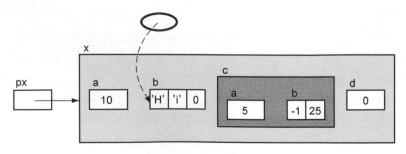

如果我們對這個表達式執行間接存取操作，它將存取陣列的第 1 個元素。使用索引參照或指標運算，我們還可以存取陣列的其他元素。表達式 px->b[1] 存取陣列的第 2 個元素，如下所示：

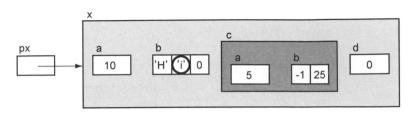

10.2.4 存取巢狀結構的結構

為了存取本身也是結構的成員 c，我們可以使用表達式 px->c。它的左值是整個結構。

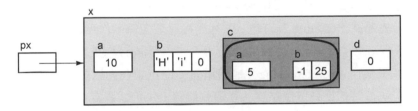

這個表達式可以使用點運算子存取 c 的特定成員。例如，表達式 px->c.a 具有下面的右值：

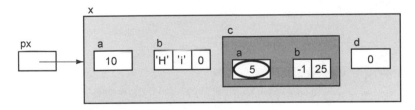

這個表達式既包含了點運算子，也包含了箭頭運算子。之所以使用箭頭運算子，是因為 px 並不是一個結構，而是一個指向結構的指標。接下來之所以要使用點運算子，是因為 px->c 的結果並不是一個指標，而是一個結構。

這裡有一個更為複雜的表達式：

```
*px->c.b
```

如果你逐步對它進行分析，這個表達式還是比較容易弄懂的。它有三個運算子，首先執行的是箭頭運算子。px->c 的結果是結構 c。在表達式中增加 .b 存取結構 c 的成員 b。b 是一個陣列，所以 px->c.b 的結果是一個（常數）指標，它指向陣列的第 1 個元素。最後對這個指標執行間接存取，所以表達式的最終結果是陣列的第 1 個元素。這個表達式可以圖解如下：

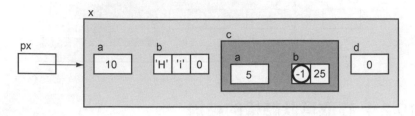

10.2.5　存取指標成員

表達式 px->d 的結果正如你所料——它的右值是 0，它的左值是它本身的記憶體位置。表達式 *px->d 更為有趣。這裡間接存取運算子作用於「成員 d」所儲存的指標值。但 d 包含了一個 NULL 指標，所以它不指向任何東西。對一個 NULL 指標進行解參照操作（dereferencing）是個錯誤，但正如我們以前討論的那樣，有些環境不會在執行時捕捉到這個錯誤。在這些機器上，程式將存取記憶體位置零的內容，把它也當作是結構成員之一，如果系統未發現錯誤，它還將高高興興地繼續下去。這個例子說明了對指標進行解參照操作之前「檢查一下它是否有效」是非常重要的。

讓我們建立另一個結構，並把 x.d 設置為指向它。

```
Ex      y;
x.d = &y;
```

現在我們可以對表達式 *px->d 求值。

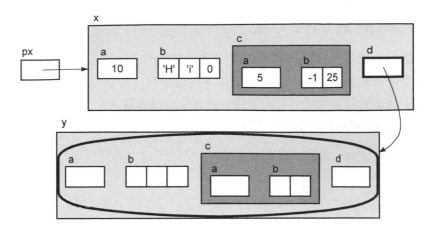

成員 d 指向一個結構，所以對它執行間接存取操作的結果是整個結構。這個新的結構並沒有顯式地初始化，所以在圖中並沒有顯示它的成員的值。

正如你可能預料的那樣，這個新結構的成員可以透過在表達式中增加更多的運算子進行存取。我們使用箭頭運算子，因為 d 是一個指向結構的指標。下面這些表達式是執行什麼任務的呢？

```
px->d->a
px->d->b
px->d->c
px->d->c.a
px->d->c.b[1]
```

最後一個表達式的右值可以圖解如下：

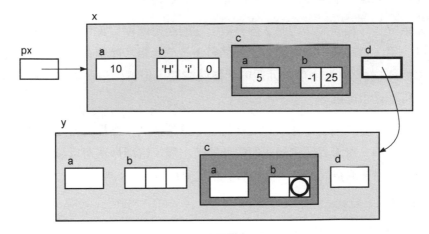

10.3 結構的儲存分配

結構在記憶體中是如何實際儲存的呢？前面例子的這張圖似乎提示了結構內部包含了大量的未用空間。但這張圖並不完全準確，編譯器按照成員列表的順序一個接一個地給每個成員分配記憶體。只有當成員需要滿足正確的邊界對齊（boundary alignment）要求時，成員之間才可能出現用於填滿的額外記憶體空間。

為了說明這點，考慮下面這個結構：

```
struct   ALIGN    {
         char     a;
         int      b;
         char     c;
};
```

如果某台機器的整數型值長度為 4 個位元組，並且它的起始儲存位置必須能夠被 4 整除，那麼這個結構在記憶體中的儲存將如下所示：

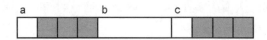

系統禁止編譯器在一個結構的起始位置跳過幾個位元組來滿足邊界對齊要求，因此所有結構的起始儲存位置，必須是結構中「邊界要求最嚴格的資料類型」所要求的位置。因此，成員 a（最左邊的那個方框）必須儲存於一個能夠被 4 整除的位址。結構的下一個成員是一個整數型值，所以它必須跳過 3 個位元組（用灰色顯示）到達合適的邊界才能儲存。在整數型值之後是最後一個字元。

如果宣告了相同類型的第 2 個變數，它的起始儲存位置也必須滿足 4 這個邊界，所以「第 1 個結構」的後面還要再跳過 3 個位元組才能儲存「第 2 個結構」。因此，每個結構將佔據 12 個位元組的記憶體空間，但實際只使用其中的 6 個，這個利用率可不是很出色。

你可以在宣告中對「結構的成員列表」重新排列，讓那些對邊界要求最嚴格的成員首先出現，對邊界要求最弱的成員最後出現。這種做法可以最大限度地減少因邊界對齊而帶來的空間損失。例如，下面這個結構

```
struct   ALIGN2    {
         int      b;
         char     a;
         char     c;
};
```

所包含的成員和前面那個結構一樣，但它只佔用 8 個位元組的空間，節省了 33%。兩個字元可以緊挨著儲存，所以只有結構最後面需要跳過的兩個位元組才被浪費。

> **提示**
>
> 有時，我們有充分的理由，決定不對結構的成員進行重新排列，以減少因對齊帶來的空間損失。例如，我們可能想把相關的結構成員儲存在一起，提高程式的可維護性和可讀性。但是，如果不存在這樣的理由，結構的成員應該根據「它們的邊界需要」進行重新排列，減少因邊界對齊而造成的記憶體損失。

當程式將建立幾百個甚至幾千個結構時，「減少記憶體浪費」的要求就比「程式的可讀性」更為急迫。在這種情況下，在宣告中增加註解（comments）能避免可讀性方面的損失。

sizeof 運算子能夠得出一個結構的整體長度，包括因邊界對齊而跳過的那些位元組。如果你必須確定結構某個成員的實際位置，應該考慮邊界對齊因素，可以使用 offsetof 巨集（定義於 stddef.h）。

```
offsetof( type, member )
```

type 就是結構的類型，member 就是你需要的那個成員名稱。表達式的結果是一個 size_t 值，表示這個指定成員開始儲存的位置，距離結構開始儲存的位置偏移幾個位元組。例如，對前面那個宣告而言，

```
offsetof( struct ALIGN, b )
```

的返回值是 4。

10.4　作為函數參數的結構

結構變數是一個純量，它可以用於其他純量可以使用的任何場合。因此，把結構作為參數傳遞給一個函數是合法的，但這種做法往往並不適宜。

下面的程式碼區段取自一個程式，該程式用於操作電子收銀機（electronic cash register）。下面是一個結構的宣告，它包含單筆交易的資訊：

```
typedef struct {
        char    product[PRODUCT_SIZE];
        int     quantity;
        float   unit_price;
```

```
        float    total_amount;
} Transaction;
```

當交易發生時，需要涉及很多步驟，其中之一就是列印收據（receipt）。讓我們看看怎樣用幾種不同的方法來完成這項任務。

```
void
print_receipt( Transaction trans )
{
        printf( "%s\n", trans.product );
        printf( "%d @ %.2f total %.2f\n", trans.quantity,
            trans.unit_price, trans.total_amount );
}
```

如果 current_trans 是一個 Transaction 結構，我們可以像下面這樣呼叫函數：

```
print_receipt( current_trans );
```

警告

這個方法能夠產生正確的結果，但它的效率很低，因為 C 語言的參數傳值呼叫方式要求把參數的一份複本傳遞給函數。如果 PRODUCT_SIZE 為 20，而且在我們使用的機器上「整數型」和「浮點型」都佔 4 個位元組，那麼這個結構將佔據 32 個位元組的空間。想要把它作為參數進行傳遞，我們必須把 32 個位元組複製到堆疊中，以後再丟棄。

把前面那個函數和下面這個進行比較：

```
void
print_receipt( Transaction *trans )
{
        printf( "%s\n", trans->product );
        printf( "%d @ %.2f total %.2f\n", trans->quantity,
            trans->unit_price, trans->total_amount );
}
```

這個函數可以像下面這樣進行呼叫：

```
print_receipt( &current_trans );
```

這次傳遞給函數的是一個指向結構的指標。指標比整個結構要小得多，所以把它壓到堆疊上效率能提高很多。傳遞指標另外需要付出的代價是我們必須在函數中使用「間接存取」來存取結構的成員。結構越大，把「指向它的指標」傳遞給函數的效率就越高。

在許多機器中，你可以把參數（parameter）宣告為暫存器變數（register variable），進而進一步提高指標傳遞方案的效率。在有些機器上，這種宣告在函數的起始部分還需要一條額外的指令（instruction），用於把堆疊中的參數（參數先傳遞給堆疊）複製到暫存器，供函數使用。但是，如果函數對這個指標的間接存取次數超過兩三次，那麼使用這種方法所節省的時間將遠遠高於一條額外指令所花費的時間。

向函數傳遞指標的缺陷，在於函數現在可以對呼叫程式的「結構變數」進行修改。如果我們不希望如此，可以在函數中使用 const 關鍵字來防止這類修改。經過這兩個修改之後，現在函數的原型將如下所示：

```
void print_receipt( register Transaction const *trans );
```

讓我們前進一個步驟，對交易進行處理：計算應該支付的總額。你希望函數 comput_total_amount 能夠修改結構的 total_amount 成員。要完成這項任務有三種方法，首先讓我們來看一下效率最低的那種。下面這個函數

```
Transaction
compute_total_amount( Transaction trans )
{
        trans.total_amount =
            trans.quantity * trans.unit_price;
        return trans;
}
```

可以用下面這種形式進行呼叫：

```
current_trans = compute_total_amount( current_trans );
```

結構的一份複本作為參數傳遞給函數並被修改。然後一份修改後的結構複本從函數返回，所以這個結構被複製了兩次。

一個稍微好點的方法是只返回修改後的值，而不是整個結構。第 2 個函數使用的就是這種方法。

```
float
compute_total_amount( Transaction trans )
{
        return trans.quantity * trans.unit_price;
}
```

但是，這個函數必須以下面這種方式進行呼叫：

```
current_trans.total_amount =
    compute_total_amount( current_trans );
```

這個方案比返回整個結構的那個方案強，但這個技巧只適用於計算單一值的情況。如果我們要求函數修改結構的兩個或更多成員，這種方法就無能為力了。另外，它仍然存在「把整個結構作為參數進行傳遞」這個開銷。更糟的是，它要求呼叫程式知道結構的內容，尤其是總金額欄位的名稱。

第 3 種方法是傳遞一個指標，這個方案顯然要好得多：

```
void
compute_total_amount( register Transaction *trans )
{
        trans->total_amount =
            trans->quantity * trans->unit_price;
}
```

這個函數按照下面的方式進行呼叫：

```
compute_total_amount( &current_trans );
```

現在，呼叫程式的結構的欄位 total_amount 被直接修改，它並不需要把整個結構作為參數傳遞給函數，也不需要把整個修改過的結構作為返回值返回。這個版本比前兩個版本效率高得多。另外，呼叫程式無需知道結構的內容，所以也提高了程式的模組化程度（modularity）。

什麼時候你應該向函數傳遞一個結構，而不是一個指向結構的指標呢？很少有這種情況。只有當一個結構特別的小（長度和指標相同或更小）時，「結構傳遞方案」的效率才不會輸給「指標傳遞方案」。但對於絕大多數結構，傳遞指標顯然效率更高。如果你希望函數修改結構的任何成員，也應該使用指標傳遞方案。

K&R C

在非常早期的 K&R C 編譯器中，你無法把結構作為參數傳遞給函數——編譯器就是不允許這樣做。後期的 K&R C 編譯器允許傳遞結構參數。但是，這些編譯器都不支援 const，所以防止程式修改結構參數的唯一辦法就是向函數傳遞一份結構的複本。

10.5 位元欄位

關於結構，我們最後還必須提到它們實作「位元欄位」（bit field）的能力。位元欄位的宣告和結構類似，但它的成員是一個或多個位元的欄位。這些不同長度的欄位實際上儲存於一個或多個整數型變數中。

位元欄位的宣告和任何普通的結構成員宣告相同，但有兩個例外。首先，位元欄位成員必須宣告為 int、signed int 或 unsigned int 類型。其次，在成員名稱的後面是一個冒號和一個整數，這個整數指定該位元欄位所佔用的位元數量。

提示

用 signed 或 unsigned 整數顯式地宣告位元欄位是個好主意。如果把位元欄位宣告為 int 類型，它究竟解釋為「有符號數」還是「無符號數」是由編譯器決定的。

提示

注重可攜性（可移植性）的程式應該避免使用位元欄位。由於下面這些與實作有關的依賴性（dependency），位元欄位在不同的系統中可能有不同的結果。

1. int 位元欄位被當作「有符號數」或是「無符號數」。

2. 位元欄位中位元的最大數量。許多編譯器把位元欄位成員的長度限制在一個整數型值的長度之內，所以一個能夠執行於「32 位元整數的機器」上的位元欄位宣告，可能在「16 位元整數的機器」上無法執行。

3. 位元欄位中的成員在記憶體中，是「從左向右」分配的還是「從右向左」分配的。

4. 當一個宣告指定了兩個位元欄位，「第 2 個位元欄位」比較大，無法容納於「第 1 個位元欄位」剩餘的位元時，編譯器有可能把「第 2 個位元欄位」放在記憶體的下一個字，也可能直接放在「第 1 個位元欄位」後面，進而在兩個記憶體位置的邊界上形成重疊（overlapping）。

下面是一個位元欄位宣告的例子：

```
struct   CHAR {
        unsigned ch    : 7;
        unsigned font  : 6;
        unsigned size  : 19;
};
struct   CHAR   ch1;
```

這個宣告取自一個文字格式化程式（text formatting program），它可以處理多達 128 個不同的字元值（需要 7 個位元）、64 種不同的字體（需要 6 個位元）以及 0 到 524,287 個單位（unit）的長度。這個 size 位元欄位過於龐大，無法容納於一個短整數型（short integer），但其餘的位元欄位都比「一個字元」還短。位元欄位使程式設計師能夠利用儲存 ch 和 font 所剩餘的位元來增加 size 的位元數，這樣就避免了「宣告一個 32 位元的整數」來儲存 size 位元欄位。

許多 16 位元整數機器的編譯器會把這個宣告標示為非法，因為最後一個位元欄位的長度超過了整數型的長度。但在 32 位元的機器上，這個宣告將根據下面兩種可能的方法建立 ch1。

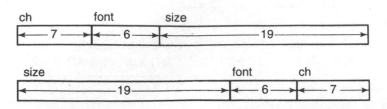

這個例子說明了一個使用位元欄位的好理由：它能夠把「長度為奇數的資料」包裝（pack）在一起，節省儲存空間。當程式需要使用成千上萬的這類結構時，這種節省方法就會變得相當重要。

另一個使用位元欄位的理由，是由於它們可以很方便地存取一個整數型值的部分內容。讓我們研究一個例子，它可能出現於作業系統中。用於操作磁碟片（floppy disk）的程式碼，必須與磁碟控制器通訊。這些設備控制器（device controller）常常包含了幾個暫存器，每個暫存器又包含了許多包裝在一個整數型值內的不同的值。位元欄位就是一種「存取這些單一值」的方便方法。假設磁碟控制器其中一個暫存器是如以下所定義的：

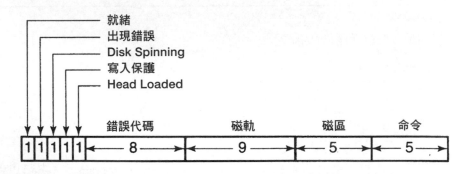

前 5 個位元欄位每個都佔 1 位元，其餘幾個位元欄位則更長一些。在一個「從右向左」分配位元欄位的機器上，下面這個宣告允許程式方便地對這個暫存器的不同位元欄位進行存取：

```
struct  DISK_REGISTER_FORMAT {
        unsigned        command         : 5;
        unsigned        sector          : 5;
        unsigned        track           : 9;
        unsigned        error_code      : 8;
```

```
        unsigned         head_loaded    : 1;
        unsigned         write_protect  : 1;
        unsigned         disk_spinning  : 1;
        unsigned         error_occurred : 1;
        unsigned         ready          : 1;
};
```

假如磁碟暫存器是在記憶體位址 0xc0200142 進行存取的，我們可以宣告下面的指標常數：

```
#define DISK_REGISTER      \
       ((struct DISK_REGISTER_FORMAT *)0xc0200142)
```

做了這個準備工作後，實際需要存取磁碟暫存器的程式碼就變得簡單多了，如下面的程式碼區段所示：

```
/*
** 告訴控制器從哪個磁區哪個磁軌開始讀取。
*/
DISK_REGISTER->sector = new_sector;
DISK_REGISTER->track = new_track;
DISK_REGISTER->command = READ;

/*
** 等待，直到操作完成 (ready 變數變成真 )。
*/
while( ! DISK_REGISTER->ready )
        ;

/*
** 檢查錯誤。
*/
if( DISK_REGISTER->error_occurred ) {
        switch( DISK_REGISTER->error_code ) {
        ...
```

使用位元欄位只是為了方便。任何可以用位元欄位實作的任務，都可以使用移位（shifting）和遮罩（masking）來實作。例如，下面程式碼區段的功能和前一個例子中第 1 個賦值的功能完全一樣：

```
#define DISK_REGISTER     (unsigned int *) 0xc0200142

*DISK_REGISTER &= 0xfffffc1f;
*DISK_REGISTER |= ( new_sector & 0x1f ) << 5;
```

第 1 條賦值陳述式使用「位元 AND 操作」把 sector 欄位清空為零，但不影響其他的位元欄位。第 2 條賦值陳述式用於接受 new_sector 的值，AND 操作可以確保這

個值不會超過這個位元欄位的寬度（width）。接著，把它左移到合適的位置，然後使用「位元 OR 操作」把這個欄位設置為需要的值。

10.6　聯合

和結構相比，聯合（union）可以說是不同種類的生物了。聯合的宣告和結構類似，但它的行為模式卻和結構不同。聯合的所有成員參照的是**記憶體中的相同位置**。當你想在不同的時刻把不同的東西儲存於同一個位置時，就可以使用聯合。

首先，讓我們看一個簡單的例子。

```
union    {
         float   f;
         int     i;
} fi;
```

在一個浮點型和整數型都是 32 位元的機器上，變數 fi 只佔據記憶體中一個 32 位元的字（word）。如果成員 f 被使用，這個字就作為「浮點值」存取；如果成員 i 被使用，這個字就作為「整數型值」存取。所以，下面這段程式碼

```
fi.f =  3.14159;
printf( "%d\n", fi.i );
```

首先把 π 的浮點表示形式儲存於 fi，然後把這些**相同的位元**當作一個整數型值列印輸出。注意，這兩個成員所參照的位元相同，僅有的區別在於「每個成員的類型」決定了這些位元被如何解釋。

為什麼人們有時想使用類似此例的形式呢？如果你想看看浮點數是如何儲存在一種特定的機器中，但又對其他東西不感興趣，聯合就可能有所幫助。這裡有一個更為實際的例子。BASIC 直譯器（interpreter）的任務之一就是記住程式所使用的變數值。BASIC 提供了幾種不同類型的變數，所以每個變數的類型必須和它的值一起儲存。這裡有一個結構，用於保存這個資訊，但它的效率不高。

```
struct   VARIABLE       {
        enum  { INT, FLOAT, STRING }  type;
        int   int_value;
        float float_value;
        char  *string_value;
};
```

當 BASIC 語言程式中的一個變數被建立時,直譯器就建立一個這樣的結構並記錄
變數的類型。然後,根據變數的類型,把變數的值儲存在這三個值欄位的其中一
個。

這個結構的低效率之處在於它所佔用的記憶體——每個 VARIABLE 結構存在兩個
未使用的值欄位。聯合就可以減少這種浪費,它把這三個值欄位的每一個都儲存於
同一個記憶體位置。這三個欄位並不會衝突,因為每個變數只可能具有一種類型,
這樣在某一時刻,聯合的這幾個欄位只有一個被使用。

```
struct   VARIABLE       {
        enum { INT, FLOAT, STRING } type;
        union {
                int    i;
                float  f;
                char   *s;
        } value;
};
```

現在,對於整數型變數,你將把 type 欄位設置為 INT,並把整數型值儲存於 value.
i 欄位。對於浮點值,你將使用 value.f 欄位。當以後得到這個變數的值時,對 type
欄位進行檢查可以決定使用哪個值欄位。這個選擇決定記憶體位置如何被存取,所
以同一個位置可以用於儲存這三種不同類型的值。注意,編譯器並不對 type 欄位進
行檢查,以證實程式使用的是正確的聯合成員。維護並檢查 type 欄位是程式設計師
的責任。

如果聯合的各個成員具有不同的長度,聯合的長度就是它最長成員的長度。下一節
將討論這種情況。

10.6.1 變體記錄

讓我們討論一個例子,實作一種在 Pascal 和 Modula 中稱之為變體記錄(variant
record)的東西。從概念上來說,這就是我們剛剛討論過的那個情況——記憶體中
「某個特定的區域」將在不同的時刻儲存不同類型的值。但是,在現在這個情況

下，這些值比簡單的整數型或浮點型更為複雜。它們的每一個都是一個完整的結構。

下面這個例子取自一個存貨系統（inventory system），它記錄了兩種不同的實體（entity）：零件（part）和裝配件（subassembly）。零件就是一種小配件，從其他生產廠商購得。它具有各種不同的屬性，例如購買來源、購買價格等。裝配件是我們製造的東西，它由一些零件及其他裝配件組成。

前兩個結構指定每個零件和裝配件必須儲存的內容。

```
struct   PARTINFO    {
        int    cost;
        int    supplier;
        ...
};

struct  SUBASSYINFO {
        int    n_parts;
        struct {
                char  partno[10];
                short quan;
        } parts[MAXPARTS];
};
```

接下來的存貨記錄（inventory record）包含了每個項目的一般資訊，並包括了一個聯合，或者用於儲存零件資訊，或者用於儲存裝配件資訊。

```
struct   INVREC   {
        char    partno[10];
        int     quan;
        enum    { PART, SUBASSY }   type;
        union   {
                struct  PARTINFO    part;
                struct  SUBASSYINFO subassy;
        } info;
};
```

這裡有一些陳述式，用於操作名叫 rec 的 INVREC 結構變數：

```
if( rec.type == PART ){
        y = rec.info.part.cons;
        z = rec.info.part.supplier;
}
else {
        y = rec.info.subassy.n_parts;
        z = rec.info.subassy.parts[0].quan;
}
```

儘管並非十分真實，但這段程式碼說明了如何存取聯合的每個成員。陳述式的第 1 部分獲得成本（cost）值和零件的供應商（supplier），陳述式的第 2 部分獲得一個裝配件中不同零件的編號以及第 1 個零件的數量。

在一個成員長度不同的聯合裡，分配給聯合的記憶體數量取決於它的最長成員（largest member）的長度。如此一來，聯合的長度總是足以容納它最大的成員。如果這些成員的長度相差懸殊，當儲存長度較短的成員時，浪費的空間是相當可觀的。在這種情況下，更好的方法是在聯合中儲存「指向不同成員的指標」而不是直接儲存「成員」本身。所有指標的長度都是相同的，這樣就解決了記憶體浪費的問題。當它決定需要使用哪個成員時，就分配正確數量的記憶體來儲存它。「第 11 章」將說明動態記憶體分配（dynamic memory allocation），它包含了一個例子，用於說明這種技巧。

10.6.2 聯合的初始化

聯合變數（union variable）可以被初始化，但這個初始值必須是聯合「第 1 個成員」的類型，而且它必須位於一對大括號裡面。例如，

```
union {
        int    a;
        float  b;
        char   c[4];
} x = { 5 };
```

把 x.a 初始化為 5。

我們不能把這個變數初始化為一個浮點值或字元值。如果提供的初始值是任何其他類型，它就會轉換（如果可能的話）為一個整數並賦值給 x.a。

10.7   總結

在結構中，不同類型的值可以儲存在一起。結構中的值稱為成員，它們是透過名稱存取的。結構變數是　個純量，可以出現在「普通純量變數可以出現的任何場合」。

結構的宣告列出了結構包含的成員列表。不同的結構宣告「即使它們的成員列表相同」也被認為是不同的類型。結構標籤是一個名稱，它與一個成員列表相關聯。你

可以使用結構標籤在不同的宣告中建立相同類型的結構變數，這樣就不用每次在宣告中重覆成員列表。typedef 也可以用於實作這個目標。

結構的成員可以是純量、陣列或指標。結構也可以包含「本身也是結構的成員」。在不同的結構中出現「同樣的成員名稱」是不會引起衝突的。你使用點運算子存取結構變數的成員。如果你擁有一個指向結構的指標，你可以使用箭頭運算子存取這個結構的成員。

結構不能包含「類型也是這個結構的成員」，但它的成員可以是一個指向這個結構的指標。這個技巧常常用於鏈式資料結構（linked data structure）中。為了宣告兩個結構，每個結構都包含一個指向對方的指標的成員，我們需要使用「不完整的宣告」來定義一個結構標籤名稱。結構變數可以用一個由大括號包圍的值列表進行初始化。這些值的類型必須適合它所初始化的那些成員。

編譯器為一個結構變數的成員分配記憶體時，要滿足它們的邊界對齊要求。在實作結構儲存的邊界對齊時，可能會浪費一部分記憶體空間。根據邊界對齊要求「降序排列」結構成員，可以最大程度地減少結構儲存中浪費的記憶體空間。sizeof 返回的值包含了結構中浪費的記憶體空間。

結構可以作為參數傳遞給函數，也可以作為返回值從函數返回。但是，向函數傳遞「一個指向結構的指標」往往效率更高。在結構指標參數的宣告中可以加上 const 關鍵字，防止函數修改指標所指向的結構。

位元欄位是結構的一種，但它的成員長度是以「位元」為單位指定。位元欄位宣告在本質上是不可攜的（不可移植的），因為它涉及許多與實作有關的因素。但是，位元欄位允許你把「長度為奇數的值」包裝在一起以節省儲存空間。原始程式碼如果需要存取一個值內部「任意的一些位元」，使用位元欄位比較簡便。

一個聯合的所有成員都儲存於同一個記憶體位置。透過存取不同類型的聯合成員，記憶體中相同的位元組合可以被解釋為不同的東西。聯合在實作變體記錄時很有用，但程式設計師必須負責確認實際儲存的是哪個變體，並選擇正確的聯合成員，以便存取資料。聯合變數也可以進行初始化，但初始值必須與聯合「第 1 個成員」的類型匹配。

10.8　警告的總結

1. 具有相同成員列表的結構宣告產生不同類型的變數。

2. 使用 typedef 為一個自參照的結構定義名稱時應該小心。

3. 向函數傳遞結構參數是低效的。

10.9　程式設計提示的總結

1. 把結構標籤宣告和結構的typedef宣告放在標頭檔中,當原始檔案需要這些宣告時,可以透過 #include 指令把它們引入進來。

2. 結構成員的最佳排列形式,並不一定就是「考慮邊界對齊,而浪費記憶體空間最少」的那種排列形式。

3. 把位元欄位成員顯式地宣告為 signed int 或 unsigned int 類型。

4. 位元欄位是不可攜的(不可移植的)。

5. 位元欄位使原始程式碼中「位元的操作」(bit operations)表達得更為清楚。

10.10　問題

1. 成員和陣列元素有什麼區別?

2. 結構名稱和陣列名稱有什麼不同?

3. 結構宣告的語法有幾個可選部分。請列出所有合法的結構宣告形式,並解釋每一個是如何實作的。

4. 下面的程式段有沒有錯誤?如果有,錯誤在哪裡?

```
struct abc {
        int   a;
        int   b;
        int   c;
};
...
abc.a = 25;
abc.b = 15;
abc.c = -1
```

5. 下面的程式區段有沒有錯誤？如果有，錯誤在哪裡？

```
typedef struct {
        int   a;
        int   b;
        int   c;
} abc;
...
abc.a = 25;
abc.b = 15;
abc.c = -1
```

6. 完成下面宣告中對 x 的初始化，使成員 a 為 3，b 為字串「hello」，c 為 0。
你可以假設 x 儲存於靜態記憶體中。

```
struct  {
        int   a;
        char  b[10];
        float c;
} x =
```

✍ 7. 考慮下面這些宣告和資料：

```
struct  NODE {
        int a;
        struct NODE *b;
        struct NODE *c;
};

struct  NODE  nodes[5] = {
        { 5,   nodes + 3, NULL },
        { 15, nodes + 4, nodes + 3 },
        { 22, NULL,      nodes + 4 },
        { 12, nodes + 1, nodes },
        { 18, nodes + 2, nodes + 1 }
};
(Other declarations...)
struct NODE *np = nodes + 2;
struct NODE **npp = &nodes[1].b;
```

對下面每個表達式求值，並寫出它的值。同時，寫明任何表達式求值過程中
可能出現的副作用。你應該用「最初顯示的值」對每個表達式求值（也就是
說，不要使用「某個表達式的結果」來對「下一個表達式」求值）。假設
nodes 陣列在記憶體中的起始位置為 200，並且在這台機器上整數和指標的
長度都是 4 個位元組。

表達式	值	表達式	值
nodes	_____	&nodes[3].c->a	_____
nodes.a	_____	&nodes->a	_____
nodes[3].a	_____	np	_____
nodes[3].c	_____	np->a	_____
nodes[3].c->a	_____	np->c->c->a	_____
*nodes	_____	npp	_____
*nodes.a	_____	npp->a	_____
(*nodes).a	_____	*npp	_____
nodes->a	_____	**npp	_____
nodes[3].b->b	_____	*npp->a	_____
*nodes[3].b->b	_____	(*npp)->a	_____
&nodes	_____	&np	_____
&nodes[3].a	_____	&np->a	_____
&nodes[3].c	_____	&np->c->c->a	_____

8. 在一個 16 位元的機器上，下面這個結構由於邊界對齊浪費了多少空間？在一個 32 位元的機器上又是如何？

```
struct  {
        char a;
        int  b;
        char c;
};
```

9. 至少說出兩個位元欄位為什麼不可攜（not portable，不可移植）的理由。

10. 編寫一個宣告，允許根據下面的格式方便地存取一個浮點值的單獨部分。

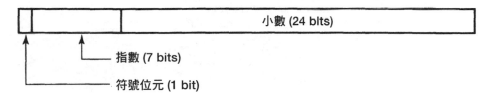

11. 如果不使用位元欄位，你怎樣實作下面這段程式碼的功能？假設你使用的是一台 16 位元的機器，它從左向右為位元欄位分配記憶體。

```
struct  {
        int  a:4;
        int  b:8;
        int  c:3;
        int  d:1;
} x;
```

```
...
x.a = aaa;
x.b = bbb;
x.c = ccc;
x.d = ddd;
```

12. 下面這個程式碼區段將列印出什麼？

```
struct   {
         int  a:2;
} x;
...
x.a = 1;
x.a += 1;
printf( "%d\n", x.a );
```

13. 下面的程式碼區段有沒有錯誤？如果有，錯誤在哪裡？

```
union   {
        int   a;
        float b;
        char  c;
} x;
...
x.a = 25;
x.b = 3.14;
x.c = 'x';
printf( "%d %g %c\n", x.a, x.b, x.c );
```

14. 假設有一些資訊已經賦值給一個聯合變數，我們該如何正確地提取
（retrieve）這個資訊呢？

15. 下面的結構可以被一個 BASIC 直譯器使用，用於記住變數的類型和值。

```
struct  VARIABLE          {
        enum   { INT, FLOAT, STRING }  type;
        union  {
               int    i;
               float  f;
               char   *s;
        } value;
};
```

如果結構改寫成下面這種形式，會有什麼不同呢？

```
struct  VARIABLE          {
        enum   { INT, FLOAT, STRING }  type;
        union  {
               int    i;
               float  f;
               char   s[MAX_STRING_LENGTH];
        } value;
};
```

10.11 程式設計練習

✍★★ 1. 當你撥打長途電話時,電話公司所儲存的資訊包括你撥打電話的日期和時間。它還包括三個電話號碼:你所撥打的電話、撥打方的電話以及付帳方的電話。這些電話號碼的每一個都由三個部分組成:區碼(area code)、交換台(exchange)和站台號碼(station number)。請為這些付帳資訊(billing information,帳單資訊)編寫一個結構宣告。

★★ 2. 為一個資訊系統(information system)編寫一個宣告,它用於記錄每個汽車零售商(auto dealer)的銷售情況。每份銷售記錄必須包括下列資料。字串值的最大長度不包括其結尾的 NUL 位元組。

顧客名稱 (customer's name)	string(20)
顧客地址 (customer's address)	string(40)
型號 (model)	string(20)

銷售時可能出現三種不同類型的交易:「全額現金銷售」、「貸款銷售」和「租賃」。對於「全額現金銷售」,你還必須保存下面這些附加資訊:

生產廠商建議零售價 (manufacturer's suggested retail price)	float
實際售出價格 (actual selling price)	float
營業稅 (sales tax)	float
許可費用 (licensing fee)	float

對於「租賃」,你必須保存下面這些附加資訊:

生產廠商建議零售價 (manufacturer's suggested retail price)	float
實際售出價格 (actual selling price)	float
預付定金 (down payment)	float
安全抵押 (security deposit)	float
月付金額 (monthly payment)	float
租賃期限 (lease term)	int

對於「貸款銷售」,你必須保存下面這些附加資訊:

生產廠商建議零售價 (manufacturer's suggested retail price)	float
實際售出價格 (actual selling price)	float
營業稅 (sales tax)	float
許可費用 (licensing fee)	float
預付定金 (down payment)	float

貸款期限 (loan duration)	int
貸款利率 (interest rate)	float
月付金額 (monthly payment)	float
銀行名稱 (name of bank)	string(20)

★★★ 3. 電腦的任務之一就是對程式的指令（instruction）進行解碼，以確定採取何種操作。在許多機器中，由於不同的指令具有不同的格式，因此解碼過程（decoding process）被複雜化了。在某台特定的機器上，每個指令的長度都是 16 位元，並實作了下列各種不同的指令格式。以下的位元都是「從右向左」進行編號的。

單一操作數指令（sgl_op）		雙操作數指令（dbl_op）		轉移指令（branch）	
位元	欄位名稱	位元	欄位名稱	位元	欄位名稱
0~2	dst_reg	0~2	dst_reg	0~7	offset
3~5	dst_mode	3~5	dst_mode	8~15	opcode
6~15	opcode	6~8	src_reg		
		9~11	src_mode		
		12~15	opcode		

來源暫存器指令（reg_src）		其餘指令（misc）	
位元	欄位名稱	位元	欄位名稱
0~2	dst_reg	0~15	opcode
3~5	dst_mode		
6~8	src_reg		
9~15	opcode		

你的任務是編寫一個宣告，允許程式使用這些格式中的任何一種形式，對指令進行解釋。你的宣告同時必須有一個名叫 addr 的 unsigned short 類型欄位，可以存取所有的 16 位元值。在你的宣告中使用 typedef 來建立一個新的類型，稱之為 machine_inst。

給定以下的宣告：

```
machine_inst    x;
```

下面的表達式應該能存取它所指定的位元。

表達式	位元
x.addr	0~15
x.misc.opcode	0~15
x.branch.opcode	8~15
x.sgl_op.dst_mode	3~5
x.reg_src.src_reg	6~8
x.dbl_op.opcode	12~15

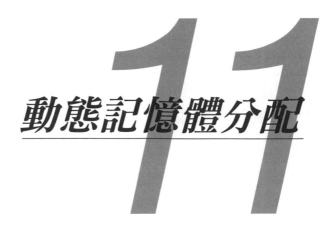

動態記憶體分配

陣列的元素儲存於記憶體中連續的位置上。當一個陣列被宣告時,它所需要的記憶體在編譯時(at compile time)就被分配。但是,你也可以使用動態記憶體分配(dynamic memory allocation),在執行時(at runtime)為它分配記憶體。在本章中,我們將研究這兩種技巧的區別,看看什麼時候我們應該使用動態記憶體分配,以及怎樣進行。

11.1 為什麼使用動態記憶體分配?

當你宣告陣列時,你必須用一個編譯時常數(a compile-time constant)指定陣列的長度。但是,陣列的長度常常在執行時才知道,這是由於它所需要的記憶體空間取決於輸入資料。例如,一個用於計算學生成績和平均的程式可能需要儲存一個班級所有學生的資料,但不同班級的學生數量可能不同。在這些情況下,我們通常採取的方法是宣告一個較大的陣列,它可以容納可能出現的最多元素。

提示

這種方法的優點是簡單,但它有好幾個缺點。首先,這種宣告在程式中引入了人為的限制,如果程式需要使用的元素數量超過了宣告的長度,它就無法處理這種情況。要避免這種情況,顯而易見的方法是把陣列宣告得更大一些,但這種做法使它的第 2 個缺點進一步惡化。如果程式實際需要的元素數量比較少時,巨型陣列的絕大部分記憶體空間都被浪費了。這種方法的第 3 個缺點是如果輸入的資料超過了陣列的容納範圍時,程式必

須以一種合理的方式做出回應。它不應該因為一個例外（exception，異常）而失敗，但也不應該列印出乍看正確實際上卻是錯誤的結果。實作這點所需要的邏輯其實很簡單，但人們在頭腦中很容易形成「陣列永遠不會溢出」這個概念，這就誘使他們不去實作這種方法。

11.2　malloc 和 free

C 函式庫提供了兩個函數，malloc 和 free，分別用於執行動態記憶體分配（allocation）和釋放（deallocation）。這些函數維護一個可用記憶體池（a pool of available memory）。當一個程式另外需要一些記憶體時，它就呼叫 malloc 函數，malloc 從記憶體池中提取一塊合適的記憶體，並向該程式返回一個指向這塊記憶體的指標。這塊記憶體此時並沒有以任何方式進行初始化。如果對這塊記憶體進行初始化非常重要，你要嘛自己動手對它進行初始化，要嘛使用 calloc 函數（在下一節詳述）。當一塊以前分配的記憶體不再使用時，程式呼叫 free 函數把它歸還給記憶體池供以後之需。

這兩個函數的原型如下所示，它們都在標頭檔 stdlib.h 中宣告。

```
void    *malloc( size_t size );
void    free( void *pointer );
```

malloc 的參數就是需要分配的記憶體位元組（字元）數 [1]。如果記憶體池中的「可用記憶體」可以滿足這個需求，malloc 就返回一個指向被分配的記憶體塊起始位置的指標。

malloc 所分配的是一塊連續的記憶體。舉例來說，如果請求它分配 100 個位元組的記憶體，那麼它實際分配的記憶體就是 100 個連續的位元組，並不會分開位於兩塊或多塊不同的記憶體。同時，malloc 實際分配的記憶體有可能比你請求的稍微多一點。但是，這個行為是由編譯器定義的，所以你不能指望它肯定會分配比你的請求更多的記憶體。

如果記憶體池是空的，或者它的可用記憶體無法滿足你的請求，會發生什麼情況呢？在這種情況下，malloc 函數向作業系統請求，要求得到更多的記憶體，並在

---

[1]　注意這個參數的類型是 size_t，它是一個無符號類型（unsigned type），定義於 stdlib.h。

這塊新記憶體上執行分配任務。如果作業系統無法向 malloc 提供更多的記憶體，malloc 就返回一個 NULL 指標。因此，對每個從 malloc 返回的指標都進行檢查，確保它並非 NULL，這非常重要。

free 的參數必須要嘛是 NULL，要嘛是一個先前從 malloc、calloc 或 realloc（稍後描述）返回的值。向 free 傳遞一個 NULL 參數不會產生任何效果。

malloc 又是如何知道你所請求的記憶體需要儲存的是整數、浮點值、結構還是陣列呢？它並不知情—— malloc 返回一個類型為 void * 的指標，正是緣於這個原因。程式語言「標準」表示，一個 void * 類型的指標，可以轉換為其他任何類型的指標。但是，有些編譯器，尤其是那些老式的編譯器，可能要求你在轉換時使用強制類型轉換（cast）。

對於要求邊界對齊的機器，malloc 所返回的記憶體的起始位置，將始終能夠滿足對邊界對齊要求最嚴格的類型之要求。

11.3　calloc 和 realloc

另外還有兩個記憶體分配函數，calloc 和 realloc。它們的原型如下所示：

```
void    *calloc( size_t num_elements,
            size_t element_size );
void    realloc( void *ptr, size_t new_size );
```

calloc 也用於分配記憶體。malloc 和 calloc 之間的主要區別，是後者在返回指向記憶體的指標之前把它初始化為 0。這個初始化常常能帶來方便，但如果你的程式只是想把一些值儲存到陣列中，那麼這個初始化純屬浪費時間。calloc 和 malloc 之間另一個較小的區別，是它們請求記憶體數量的方式不同。calloc 的參數包括所需元素的數量和每個元素的位元組數。根據這些值，它能夠計算出總共需要分配的記憶體。

realloc 函數用於修改一個原先已經分配的記憶體塊的大小。使用這個函數，你可以使一塊記憶體擴大或縮小。如果它用於擴大一個記憶體塊，那麼這塊記憶體原先的內容依然保留，「新增加的記憶體」添加到原先記憶體塊的後面，新記憶體並未以任何方法進行初始化。如果它用於縮小一個記憶體塊，該記憶體塊尾部的「部分記憶體」便被拿掉，剩餘部分記憶體的原先內容依然保留。

如果原先的記憶體塊無法改變大小，realloc 將分配另一塊正確大小的記憶體，並把「原先那塊記憶體的內容」複製到新的那塊上。因此，在使用 realloc 之後，你就不能再使用指向舊記憶體的指標，而是應該改用 realloc 所返回的新指標。

最後，如果 realloc 函數的第 1 個參數是 NULL，那麼它的行為就和 malloc 一模一樣。

11.4　使用動態分配的記憶體

這裡有一個例子，它用 malloc 分配一塊記憶體。

```
int     *pi;
...
pi = malloc( 100 );
if( pi == NULL ){
        printf( "Out of memory!\n" );
        exit( 1 );
}
```

符號 NULL 定義於 stdio.h，它實際上是字面常數（literal constant）0。它在這裡發揮視覺提醒器（visual reminder）的作用，提醒我們進行判斷（tested，測試）的值是一個指標而不是整數。

如果記憶體分配成功，那麼我們就擁有了一個指向 100 個位元組的指標。在整數型為 4 個位元組的機器上，這塊記憶體將被當作 25 個整數型元素的陣列，因為 pi 是一個指向整數型的指標。

提示

但是，如果你的目標就是獲得足夠儲存 25 個整數的記憶體，這裡有一個更好的技巧來實作這個目的。

```
pi = malloc( 25 * sizeof( int ) );
```

這個方法更好一些，因為它是可移植的。即使是在整數長度不同的機器上，它也能獲得正確的結果。

既然你已經有了一個指標，那麼你該如何使用這塊記憶體呢？當然，你可以使用間接存取和指標運算來存取「陣列」的不同整數位置，下面這個迴圈就是這樣做的，它把這個新分配的陣列的每個元素都初始化為 0：

```
int    *pi2, i;
...
pi2 = pi;
for( i = 0; i < 25; i += 1 )
        *pi2++ = 0;
```

正如你所見，你不僅可以使用指標，也可以使用索引（subscript，又譯下標）。下面的第 2 個迴圈所執行的任務和前一個相同。

```
int    i;
...
for( i = 0; i < 25; i += 1 )
        pi[i] = 0;
```

11.5   常見的動態記憶體錯誤

在使用動態記憶體分配的程式中，常常會出現許多錯誤。這些錯誤包括對 NULL 指標進行解參照操作、對分配的記憶體進行操作時越過邊界、釋放並非動態分配的記憶體、試圖釋放一塊動態分配的記憶體的一部分，以及一塊動態記憶體釋放之後被繼續使用。

> **警告**
>
> 動態記憶體分配最常見的錯誤，就是忘記檢查所請求的記憶體是否成功分配。**程式 11.1** 展現了一種技巧，可以很可靠地進行這個錯誤檢查。MALLOC 巨集接受元素的數量以及每種元素的類型，計算總共需要的記憶體位元組數，並呼叫 alloc 獲得記憶體[2]。alloc 呼叫 malloc 並進行檢查，確保返回的指標不是 NULL。
>
> 這個方法最後一個難解之處在於第 1 個非比尋常的 #define 指令。它用於防止「由於其他程式碼區塊直接塞入程式而導致的偶爾直接呼叫 malloc」的行為。增加這個指令以後，如果程式偶爾呼叫了 malloc，程式將由於語法錯誤而無法編譯。在 alloc 中必須加入 #undef 指令，這樣它才能呼叫 malloc 而不至於出錯。

> **警告**
>
> 動態記憶體分配的第二大錯誤來源是操作記憶體時超出了分配記憶體的邊界。舉例來說，如果你得到一個 25 個整數型的陣列，進行索引參照操作時，如果索引值小於 0 或大於 24，將引起兩種類型的問題。

---

[2] #define 巨集在「第 14 章」詳細描述。

第 1 種問題顯而易見：被存取的記憶體可能保存了其他變數的值。對它進行修改將破壞那個變數，修改那個變數將破壞你儲存在那裡的值。這種類型的 bug 非常難以發現。

第 2 種問題不是那麼明顯。在 malloc 和 free 的有些實作中，它們以連結串列（linked list）的形式維護可用的記憶體池。對分配的記憶體之外的區域進行存取，可能破壞這個連結串列，這有可能產生異常，進而終止程式。

程式 11.1a 錯誤檢查分配器（error checking allocator）：介面（alloc.h）

```
/*
** 定義一個不易發生錯誤的記憶體分配器。
*/
#include <stdlib.h>

#define malloc               /* 不要直接呼叫 malloc!*/
#define MALLOC(num,type) (type *)alloc( (num) * sizeof(type) )
extern  void *alloc( size_t size );
```

程式 11.1b 錯誤檢查分配器：實作（alloc.c）

```
/*
** 不易發生錯誤的記憶體分配器的實作。
*/
#include <stdio.h>
#include "alloc.h"
#undef  malloc

void *
alloc( size_t size )
{
    void    *new_mem;
    /*
    ** 請求所需的記憶體，並檢查確實分配成功。
    */
    new_mem = malloc( size );
    if( new_mem == NULL ){
            printf( "Out of memory!\n" );
            exit( 1 );
    }
    return new_mem;
}
```

```
/*
** 一個使用很少引起錯誤的記憶體分配器的程式。
*/
#include "alloc.h"

void
function()
{
        int *new_memory;

        /*
        ** 獲得一串整數的空間。
        */
        new_memory = MALLOC( 25, int );
        /* ... */
}
```

當一個使用動態記憶體分配的程式失敗時，人們很容易把問題的責任推給 malloc 和 free 函數。但它們實際上很少是罪魁禍首。事實上，問題幾乎總是出在你自己的程式中，而且常常是由於存取了分配記憶體以外的區域而引起的。

> **警告**
>
> 當你使用 free 時，可能出現各種不同的錯誤。傳遞給 free 的指標必須是一個從 malloc、calloc 或 realloc 函數返回的指標。傳給 free 函數一個指標，讓它釋放「一塊並非動態分配的記憶體」可能導致程式立即終止或在晚些時候終止。試圖釋放「一塊動態分配記憶體的一部分」也有可能引起類似的問題，像下面這樣：
>
> ```
> /*
> ** Get 10 integers
> */
> pi = malloc( 10 * sizeof( int ) );
> ...
> /*
> ** Free only the last 5 integers; keep the first 5
> */
> free( pi + 5 );
> ```
>
> 釋放一塊記憶體的一部分是不允許的。動態分配的記憶體必須整塊一起釋放。但是，realloc 函數可以縮小一塊動態分配的記憶體，有效地釋放它尾部的部分記憶體。

11.5.1 記憶體洩漏

當動態分配的記憶體不再需要使用時，它應該被釋放，這樣它以後可以被重新分配使用。分配記憶體但在使用完畢後不釋放，將引起記憶體洩漏（memory leak）。在那些所有執行程式共享一個通用記憶體池的作業系統中，記憶體洩漏將一點點地榨乾可用記憶體，最終使其一無所有。要擺脫這個困境，只有重啟系統。

其他作業系統能夠記住每個程式目前擁有的記憶體段，這樣當一個程式終止時，所有分配給它但未被釋放的記憶體都歸還給記憶體池。但即使在這類系統中，記憶體洩漏仍然是一個嚴重的問題，因為一個持續分配卻一點不釋放記憶體的程式最終將耗盡可用的記憶體。此時，這個有缺陷的程式將無法繼續執行下去，它的失敗有可能導致目前已經完成的工作統統丟失。

11.6　記憶體分配範例

動態記憶體分配一個常見的用途就是為那些「長度」在執行時才知的陣列分配記憶體空間。**程式 11.2** 讀取一列整數，並按升冪排列（ascending sequence）排列它們，最後列印這個列表。

程式 11.2 排序一列整數型值（sort.c）

```
/*
** 讀取、排序和列印一列整數型值。
*/
#include <stdlib.h>
#include <stdio.h>

/*
** 該函數由 'qsort' 呼叫，用於比較整數型值。
*/
int
compare_integers( void const *a, void const *b )
```

```
{
    register int  const *pa = a;
    register int  const *pb = b;

    return *pa > *pb ? 1 : *pa < *pb ? -1 : 0;
}

int
main()
{
    int  *array;
    int  n_values;
    int  i;

    /*
    ** 觀察共有多少個值。
    */
    printf( "How many values are there? " );
    if( scanf( "%d", &n_values ) != 1 || n_values <= 0 ){
        printf( "Illegal number of values.\n" );
        exit( EXIT_FAILURE );
    }

    /*
    ** 分配記憶體，用於儲存這些值。
    */
    array = malloc( n_values * sizeof( int ) );
    if( array == NULL ){
        printf( "Can't get memory for that many values.\n" );
        exit( EXIT_FAILURE );
    }

    /*
    ** 讀取這些數值。
    */
    for( i = 0; i < n_values; i += 1 ){
        printf( "? " );
        if( scanf( "%d", array + i ) != 1 ){
            printf( "Error reading value #%d\n", i );
            free( array );
            exit( EXIT_FAILURE );
        }
    }

    /*
    ** 對這些值排序。
    */
    qsort( array, n_values, sizeof( int ), compare_integers );

    /*
    ** 列印這些值。
    */
```

```
    for( i = 0; i < n_values; i += 1 )
        printf( "%d\n", array[i] );

    /*
    ** 釋放記憶體並退出。
    */
    free( array );
    return EXIT_SUCCESS;
}
```

用於保存這個列表的記憶體是動態分配的，這樣當你編寫程式時，就不必猜測使用者可能希望對多少個值進行排序。可以排序的值的數量僅受「分配給這個程式的動態記憶體數量」的限制。但是，當程式對一個小型的列表進行排序時，它實際分配的記憶體就是實際需要的記憶體，因此不會造成浪費。

現在讓我們考慮一個讀取字串的程式。如果你事先不知道「最長的那個字串」的長度，你就無法使用普通陣列作為緩衝區。反之，你可以使用動態分配記憶體。當你發現一個長度超過緩衝區的輸入列（input line）時，你可以重新分配一個更大的緩衝區，把該列的剩餘部分也裝到它裡面。這個技巧的實作將留做程式設計練習。

程式 11.3　複製字串（strdup.c）

```
/*
** 用動態分配記憶體製作一個字串的一份複製。
** 注意：呼叫程式應該負責檢查
** 這塊記憶體是否成功分配！
** 這樣做允許呼叫程式
** 以任何它所希望的方式對錯誤做出反應。
*/
#include <stdlib.h>
#include <string.h>

char *
strdup( char const *string )
{
    char  *new_string;

    /*
    ** 請求足夠長度的記憶體，
    ** 用於儲存字串和它的結尾 NUL 位元組。
    */
    new_string = malloc( strlen( string ) + 1 );

    /*
    ** 如果我們得到記憶體，就複製字串。
    */
    if( new_string != NULL )
```

```
        strcpy( new_string, string );

    return new_string;
}
```

輸入被讀入到緩衝區，每次讀取一列。此時可以確定字串的長度，然後就分配記憶體用於儲存字串。最後，字串被複製到新記憶體。這樣緩衝區又可以用於讀取下一個輸入列。

程式 11.3 中「名叫 strdup 的函數」返回一個輸入字串的複本，該複本儲存於一塊動態分配的記憶體中。函數首先試圖獲得足夠的記憶體來儲存這個複本。「記憶體的容量」應該比「字串的長度」多一個位元組，以便儲存字串結尾的 NUL 位元組。如果記憶體成功分配，字串就被複製到這塊新記憶體。最後，函數返回一個指向這塊記憶體的指標。注意，如果由於某些原因導致記憶體分配失敗，new_string 的值將為 NULL。在這種情況下，函數將返回一個 NULL 指標。

這個函數是非常方便的，也非常有用。事實上，儘管「標準」沒有提及，但許多環境都把它作為函式庫的一部分。

我們的最後一個例子說明了你可以怎樣使用動態記憶體分配來消除使用變體記錄（variant records）造成的記憶體空間浪費。**程式 11.4** 是「第 10 章」存貨系統（inventory system）例子的修改版本。**程式 11.4a** 包含了存貨記錄（inventory records）的宣告。

和之前一樣，存貨系統必須處理兩種類型的記錄，分別用於零件（part）和裝配件（subassembly）。第 1 個結構保存「零件」的專用資訊（這裡只顯示這個結構的一部分），第 2 個結構保存「裝配件」的專用資訊。最後一個宣告用於「存貨記錄」，它包含了「零件」和「裝配件」的一些共有資訊以及一個變體部分。

由於變體部分的不同欄位具有不同的長度（事實上，裝配件記錄的長度是可變的），所以「聯合」包含了指向結構的指標而不是結構本身。動態分配允許程式建立一條存貨記錄，它所使用的記憶體的大小就是「進行儲存的項目（item）」的長度，這樣就不會浪費記憶體。

程式 11.4b 是一個函數，它為每個裝配件建立一條存貨記錄。這個任務取決於裝配件所包含的不同零件的數量，所以這個值是作為參數傳遞給函數的。

這個函數為三樣東西分配記憶體：「存貨記錄」、「裝配件結構」和「裝配件結構中的零件陣列」。如果這些分配中的任何一個失敗，所有已經分配的記憶體將被釋放，函數返回一個 NULL 指標。否則，type 和 info.subassy->n_parts 欄位被初始化，函數返回一個指向該記錄的指標。

為零件存貨記錄分配記憶體較之裝配件存貨記錄容易一些，因為它只需要進行兩項記憶體分配。因此，這個函數在此不予解釋。

程式 11.4a 存貨系統宣告（inventor.h）

```
/*
** 存貨記錄的宣告。
*/

/*
** 包含零件專用資訊的結構。
*/
typedef struct   {
        int   cost;
        int   supplier;
        /* 其他資訊。 */
} Partinfo;

/*
** 儲存裝配件專用資訊的結構。
*/
typedef struct {
        int   n_parts;
        struct   SUBASSYPART {
                char    partno[10];
                short   quan;
        } *part;
} Subassyinfo;

/*
** 存貨記錄結構，它是一個變體記錄。
*/
typedef struct {
        char  partno[10];
        int   quan;
        enum  { PART, SUBASSY }  type;
        union   {
                Partinfo        *part;
                Subassyinfo     *subassy;
        } info;
} Invrec;
```

```
/*
** 用於建立 SUBASSEMBLY（裝配件）存貨記錄的函數。
*/

#include <stdlib.h>
#include <stdio.h>
#include "inventor.h"

Invrec *
create_subassy_record( int n_parts )
{
Invrec *new_rec;

        /*
        ** 試圖為 Invrec 部分分配記憶體。
        */
        new_rec = malloc( sizeof( Invrec ) );
        if( new_rec != NULL ){
            /*
            ** 記憶體分配成功，
            ** 現在儲存 SUBASSYINFO 部分。
            */
            new_rec->info.subassy =
                malloc( sizeof( Subassyinfo ) );
            if( new_rec->info.subassy != NULL ){
                /*
                ** 為零件獲取一個足夠大的陣列。
                */
                new_rec->info.subassy->part = malloc(
                    n_parts * sizeof( struct SUBASSYPART ) );
                if( new_rec->info.subassy->part != NULL ){
                    /*
                    ** 獲取記憶體，
                    ** 填滿我們已知道值的欄位，然後返回。
                    */
                    new_rec->type = SUBASSY;
                    new_rec->info.subassy->n_parts =
                        n_parts;
                    return new_rec;
                }

                /*
                ** 記憶體已用完，釋放我們原先分配的記憶體。
                */
                free( new_rec->info.subassy );
            }
            free( new_rec );
        }
        return NULL;
}
```

程式 11.4c 包含了這個例子的最後部分：一個用於銷毀存貨記錄的函數。這個函數對兩種類型的存貨記錄都適用。它使用一條 switch 陳述式判斷「傳遞給它的記錄的類型」並釋放所有動態分配給這個記錄的所有欄位的記憶體。最後，這個記錄便被刪除。

在這種情況下，一個常見的錯誤是在釋放「記錄中的欄位所指向的記憶體」前便釋放記錄。在記錄被釋放之後，你很可能無法安全地存取它所包含的任何欄位。

程式 11.4c 變體記錄的銷毀（invdelet.c）

```
/*
** 釋放存貨記錄的函數。
*/

#include <stdlib.h>
#include "inventor.h"

void
discard_inventory_record( Invrec *record )
{
    /*
    ** 刪除記錄中的變體部分
    */
    switch( record->type ){
    case SUBASSY:
            free( record->info.subassy->part );
            free( record->info.subassy );
            break;

    case PART:
            free( record->info.part );
            break;
    }

    /*
    ** 刪除記錄的主體部分
    */
    free( record );
}
```

下面的程式碼區段儘管看上去不是非常的一目瞭然，但它的效率比**程式 11.4c** 稍有提高：

```
if( record->typ == SUBASSY )
        free( record->info.subassy->part );

free( record->info.part );
free( record );
```

這段程式碼在釋放記錄的變體部分時並不區分「零件」和「裝配件」。聯合的任一成員都可以傳遞給 free 函數，因為後者並不理會指標所指向內容的類型。

11.7　總結

當陣列被宣告時，必須在編譯時知道它的長度。動態記憶體分配允許程式為「一個長度在執行時才知道的陣列」分配記憶體空間。

malloc 和 calloc 函數都用於動態分配一塊記憶體，並返回一個指向該塊記憶體的指標。malloc 的參數就是需要分配的記憶體的位元組數。和它不同的是，calloc 的參數是你需要分配的元素個數和每個元素的長度。calloc 函數在返回前把記憶體初始化為零，而 malloc 函數返回時記憶體並未以任何方式進行初始化。呼叫 realloc 函數可以改變一塊已經動態分配的記憶體的大小。增加記憶體塊大小時，有可能採取的方法是把原來記憶體塊上的所有資料複製到一個新的、更大的記憶體塊上。當一個動態分配的記憶體塊不再使用時，應該呼叫 free 函數，把它歸還給可用記憶體池。記憶體被釋放之後便不能再被存取。

如果請求的記憶體分配失敗，malloc、calloc 和 realloc 函數返回的將是一個 NULL 指標。錯誤地存取分配記憶體之外的區域所引起的後果類似「越界存取一個陣列」，但這個錯誤還可能破壞可用記憶體池，導致程式失敗。如果一個指標不是從早先的 malloc、calloc 或 realloc 函數返回的，它是不能作為參數傳遞給 free 函數的。你也不能只釋放一塊記憶體的一部分。

記憶體洩漏是指記憶體被動態分配以後，當它不再使用時未被釋放。記憶體洩漏會增加程式的體積，有可能導致程式或系統的崩潰。

11.8　警告的總結

1. 不檢查從 malloc 函數返回的指標是否為 NULL。

2. 存取動態分配的記憶體之外的區域。

3. 向 free 函數傳遞一個並非由 malloc 函數返回的指標。

4. 在動態記憶體被釋放之後再存取它。

11.9 程式設計提示的總結

1. 動態記憶體分配有助於消除程式內部存在的限制。

2. 使用 sizeof 計算資料類型的長度，提高程式的可攜性（可移植性）。

11.10 問題

1. 在你的系統中，你能夠宣告的靜態陣列最大長度能達到多少？使用動態記憶體分配，你最大能夠獲取的記憶體塊有多大？

2. 當你一次請求分配 500 個位元組的記憶體時，你實際獲得的「動態分配的記憶體數量」總共有多大？當你一次請求分配 5000 個位元組時又如何？它們存在區別嗎？如果有，你如何解釋？

✍ 3. 在一個從檔案讀取字串的程式中，有沒有什麼「值」可以合乎邏輯地作為輸入緩衝區（input buffer）的長度？

✍ 4. 有些 C 編譯器提供了一個稱為 alloca 的函數，它與 malloc 函數的不同之處在於它在堆疊（stack）上分配記憶體。這種類型的分配有什麼優點和缺點？

✍ 5. 下面的程式用於讀取整數，整數的範圍在 1 和從標準輸入讀取的 size 之間，它返回每個值出現的次數。這個程式包含了幾個錯誤，你能找出它們嗎？

```
#include <stdlib.h>

int *
frequency( int size )
{
        int *array;
        int i;
        /*
        ** 獲得足夠的記憶體來容納計數。
        */
        array = (int *)malloc ( size * 2 )

        /*
        ** 調整指標，讓它後退一個整數型位置，
        ** 這樣我們就可以使用範圍 1-size 的索引。
        */
        array -= 1;

        /*
        ** 把各個元素值清空為零。
        */
        for ( i =0; i <=size; i +=1 )
```

```
                    array[i]= 0 ;
        /*
        ** 計數每個值出現的次數，然後返回結果。
        */
        while(scanf( *%d*, &i ) = = ) )
                array[ i ] +=1;
        free(array);
        return array;
    }
```

6. 假設你需要編寫一個程式，並希望最大限度地減少堆疊的使用量。動態記憶體分配能不能對你有所幫助？使用純量資料又該如何？

7. 在**程式 11.4b** 中，刪除兩個 free 函數的呼叫會導致什麼後果？

11.11　程式設計練習

★ 1. 請自己嘗試編寫 calloc 函數，函數內部使用 malloc 函數來獲取記憶體。

★★ 2. 編寫一個函數，從標準輸入讀取一列整數，把這些值儲存於一個動態分配的陣列中，並返回這個陣列。函數透過觀察 EOF 判斷「輸入列表」是否結束。陣列的「第 1 個數」是陣列包含的值的個數，它的後面就是這些整數值。

★★★ 3. 編寫一個函數，從標準輸入讀取一個字串，把字串複製到動態分配的記憶體中，並返回該字串的複製。這個函數不應該對讀入字串的長度做任何限制！

★★★ 4. 編寫一個程式，按照下圖的樣子建立資料結構。最後三個物件都是動態分配的結構。第 1 個物件則可能是一個靜態的指向結構的指標。你不必使這個程式過於全面──我們將在下一章討論這個資料結構。

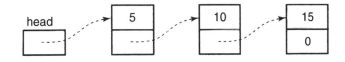

使用結構和指標

你可以透過組合使用「結構」和「指標」建立強大的資料結構。本章我們將深入討論一些使用「結構」和「指標」的技巧。我們將花許多時間討論一種稱為「連結串列」的資料結構,這不僅因為它非常有用,而且許多用於操縱連結串列的技巧也適用於其他資料結構。

12.1 連結串列

有些讀者可能還不熟悉連結串列,這裡對它做一簡單介紹。連結串列(linked list,又譯鏈結串列或鏈表)就是一些包含資料的獨立資料結構(通常稱為節點)的集合。連結串列中的每個節點(node)透過「連結」(link,又譯鏈結)或「指標」(pointer)連接在一起。程式透過「指標」存取連結串列中的節點。通常節點是動態分配的,但有時你也能看到由「節點陣列」建構的連結串列。即使在這種情況下,程式也是透過「指標」來巡訪(traverse,走訪)連結串列的。

12.2 單向連結串列

在單向連結串列(singly linked list)中,每個節點包含一個指向連結串列下一節點的指標。連結串列最後一個節點的指標欄位的值為 NULL,提示連結串列後面不再有其他節點。在你找到連結串列的「第 1 個節點」後,指標就可以帶你存取剩餘的

所有節點。為了記住連結串列的起始位置，可以使用一個根指標（root pointer）。「根指標」指向連結串列的「第 1 個節點」。注意，根指標只是一個指標，它不包含任何資料。

下面是一張單向連結串列的圖。

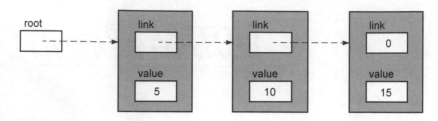

本例中的節點是用下面的宣告建立的結構。

```
typedef struct  NODE    {
        struct  NODE    *link;
        int             value;
} Node;
```

儲存於每個節點的資料是一個整數型值。這個連結串列包含三個節點。如果你從「根指標」開始，隨著指標到達「第 1 個節點」，你可以存取儲存於那個節點的資料。隨著「第 1 個節點」的指標可以到達「第 2 個節點」，你可以存取儲存在那裡的資料。最後，「第 2 個節點」的指標帶你來到「最後一個節點」。零值提示它是一個 NULL 指標，在這裡它表示連結串列中不再有更多的節點。

在上面的圖中，這些節點相鄰在一起，這是為了顯示連結串列所提供的邏輯順序（logical ordering）。事實上，連結串列中的節點可能分佈於記憶體中的各個地方。對於一個處理連結串列的程式而言，各節點在物理上是否相鄰並沒有什麼區別，因為程式始終用連結（指標）從一個節點移動到另一個節點。

單向連結串列可以透過連結從「開始位置」巡訪連結串列直到「結束位置」，但連結串列無法從相反的方向進行巡訪。換句話說，當你的程式到達連結串列的最後一個節點時，如果你想回到其他任何節點，你只能從「根指標」從頭開始。當然，程式在移動到下一個節點前，可以保存一個指向「當前位置」的指標，甚至可以保存指向「前面幾個位置」的指標。但是，連結串列是動態分配的，可能增長到幾百或幾千個節點，所以要保存「所有指向前面位置的節點的指標」是不可行的。

在這個特定的連結串列中，節點根據資料的值按升冪排序（ascending order）連結在一起。對於有些應用程式而言，這種順序非常重要，比如說，根據一天的時間安

排約會。對於那些不要求排序的應用程式，當然也可以建立無序（unordered）的連結串列。

12.2.1 在單向連結串列中插入

我們怎麼才能把一個新節點插入到一個有序的單向連結串列中呢？假定我們有一個新值，例如 12，想把它插入到前面那個連結串列中。從概念上說，這個任務非常簡單：從連結串列的「起始位置」開始，跟隨指標直到找到第 1 個值大於 12 的節點，然後把這個新值插入到那個節點之前的位置。

實際的演算法則比較有趣。我們按順序存取連結串列，當到達內容為 15 的節點（第 1 個值大於 12 的節點）時就停下來。我們知道這個新值應該添加到這個節點之前，但**前一個**節點的指標欄位（pointer field）必須進行修改，以實現這個插入。但是，我們已經越過了這個節點，無法返回去。解決這個問題的方法就是始終保存一個指向「連結串列當前節點之前的那個節點」的指標。

我們現在將開發一個函數，把一個節點插入到一個有序的單向連結串列中。**程式12.1** 是我們的第 1 次嘗試。

程式 12.1 插入到一個有序的單向連結串列：第 1 次嘗試（insert1.c）

```
/*
** 插入到一個有序的單向連結串列。函數的
** 參數是一個指向連結串列第 1 個節點的指標
** 以及需要插入的值。
*/
#include <stdlib.h>
#include <stdio.h>
#include "sll_node.h"

#define    FALSE  0
#define    TRUE   1

int
sll_insert( Node *current, int new_value )
{
    Node   *previous;
    Node   *new;

    /*
    ** 尋找正確的插入位置，
    ** 方法是按順序存取連結串列，
    ** 直到到達其值大於或等於新插入值的節點。
    */
    while( current->value < new_value ){
```

```
        previous = current;
        current = current->link;
    }

    /*
    ** 為新節點分配記憶體,
    ** 並把新值儲存到新節點中,
    ** 如果記憶體分配失敗,函數返回 FALSE。
    */
    new = (Node *)malloc( sizeof( Node ) );
    if( new == NULL )
        return FALSE;
    new->value = new_value;

    /*
    ** 把新節點插入到連結串列中,並返回 TRUE。
    */
    new->link = current;
    previous->link = new;
    return TRUE;
}
```

我們用下面這種方法呼叫這個函數:

```
result = sll_insert( root, 12 );
```

讓我們仔細追蹤程式碼的執行過程,看看它是否把新值 12 正確地插入(insert)到連結串列中。首先,傳遞給函數的參數是 root 變數的值,它是指向連結串列「第 1 個節點」的指標。當函數剛開始執行時,連結串列的狀態如下:

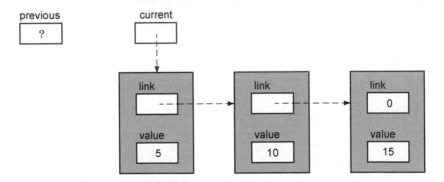

這張圖並沒有顯示 root 變數,因為函數不能存取它。它的值的一份複本作為形式參數 current 傳遞給函數,但函數不能存取 root。現在 current->value 是 5,它小於 12,所以迴圈體再次執行。當我們回到迴圈的頂端時,current 和 previous 指標都向前移動了一個節點。

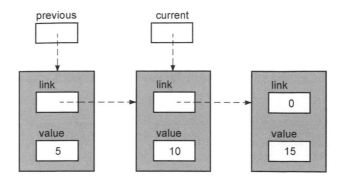

現在，current->value 的值為 10，因此迴圈體還將繼續執行，結果如下：

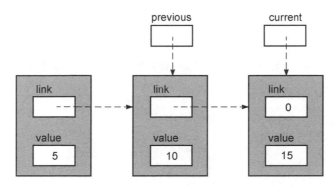

現在，current->value 的值大於 12，所以退出迴圈。

此時，重要的是 previous 指標，因為它指向我們必須加以修改以插入新值的那個節點。但首先，我們必須得到一個新節點，用於容納新值。下面這張圖顯示了新值被複製到新節點之後連結串列的狀態。

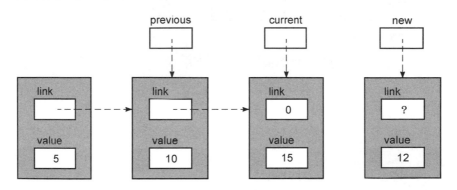

把這個新節點連結到連結串列中需要兩個步驟。第一個步驟是執行以下陳述式：

```
new->link = current;
```

使新節點指向將成為連結串列下一個節點的節點，也就是我們所找到的「第 1 個值大於 12 的那個節點」。在這個步驟之後，連結串列的內容如下所示：

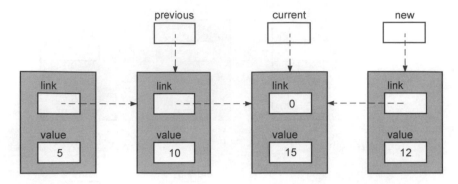

第二個步驟是讓 previous 指標所指向的節點（也就是「最後一個值小於 12 的那個節點」）指向這個新節點。下面這條陳述式用於執行這項任務：

```
previous->link = new;
```

這個步驟之後，連結串列的狀態如下：

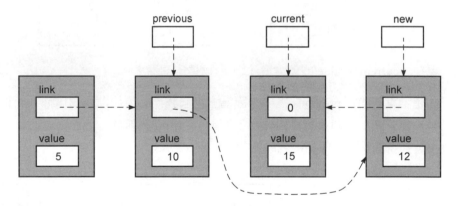

然後函數返回，連結串列的最終樣子如下所示：

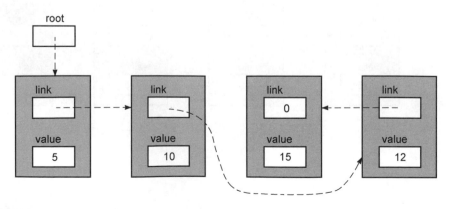

從根指標開始，隨各個節點的 link 欄位逐個存取連結串列，我們可以發現這個新節點已被正確地插入到連結串列之中。

一、debug 插入函數

> **警告**
>
> 不幸的是，這個插入函數（insert function）是不正確的。試試看，把 20 這個值插入到連結串列中，你就會發現一個問題：「while 迴圈」越過連結串列的尾部，並對「一個 NULL 指標」執行間接存取操作。為了解決這個問題，我們必須對 current 的值進行判斷（test，測試），在執行表達式 current->value 之前確保它不是一個 NULL 指標：
>
> ```
>   while( current != NULL & current->value < value ){
> ```

下一個問題更加棘手，試試看，把 3 這個值插入到連結串列中，看看會發生什麼事？

為了在連結串列的「起始位置」插入一個節點，函數必須修改「根指標」。但是，函數不能存取變數 root。修正這個問題最容易的方法是把 root 宣告為全域變數（global variable），這樣「插入函數」就能修改它。不幸的是，這是**最壞**的一種問題解決方法。因為這樣一來，函數只對這個連結串列起作用。

稍微好一點的解決方法是把「一個指向 root 的指標」作為參數（argument）傳遞給函數。然後，使用間接存取，函數不僅可以獲得 root（指向連結串列第 1 個節點的指標，也就是根指標）的值，也可以向它儲存一個新的指標值。這個參數（parameter）的類型是什麼呢？root 是一個指向 Node 的指標，所以參數的類型應該是 Node **，也就是一個指向 Node 的指標的指標。**程式 12.2** 的函數包含了這些修改。現在，我們必須以下面這種方式呼叫這個函數：

```
result = sll_insert( &root, 12 );
```

程式 12.2 插入到一個有序單向連結串列：第 2 次嘗試（insert2.c）

```
** 插入到一個有序單向連結串列。函數的
** 參數是一個指向連結串列根指標的指標，
** 以及一個需要插入的新值。
*/
#include <stdlib.h>
#include <stdio.h>
#include "sll_node.h"

#define FALSE   0
#define TRUE    1
```

```
int
sll_insert( Node **rootp, int new_value )
{
        Node    *current;
        Node    *previous;
        Node    *new;

        /*
        ** 得到指向第 1 個節點的指標。
        */
        current = *rootp;
        previous = NULL;

        /*
        ** 尋找正確的插入位置,
        ** 方法是按序存取連結串列,
        ** 直到到達一個其值大於或等於新值的節點。
        */
        while( current != NULL && current->value < new_value ){
            previous = current;
            current = current->link;
        }

        /*
        ** 為新節點分配記憶體,
        ** 並把新值儲存到新節點中,
        ** 如果記憶體分配失敗,函數返回 FALSE。
        */
        new = (Node *)malloc( sizeof( Node ) );
        if( new == NULL )
            return FALSE;
        new->value = new_value;

        /*
        ** 把新節點插入到連結串列中,並返回 TRUE。
        */
        new->link = current;
        if( previous == NULL )
                *rootp = new;
        else
                previous->link = new;
        return TRUE;
}
```

這第 2 個版本包含了另外一些陳述式。

```
previous = NULL;
```

我們需要這條陳述式，這樣我們在之後就可以檢查「新值」是否應為連結串列的第
1 個節點。

```
current = *rootp;
```

這條陳述式對「根指標參數」執行間接存取操作，得到的結果是 root 的值，也就是
指向連結串列「第 1 個節點」的指標。

```
if (previous == NULL)
        *rootp = new;
else
        previous->link = new;
```

這條陳述式被添加到函數的最後。它用於檢查「新值」是否應該被添加到連結串列
的起始位置。如果是，我們使用間接存取修改根指標，使它指向新節點。

這個函數可以正確完成任務，而且在許多語言中，這是你能夠獲得的最佳方案。但
是，我們還可以做得更好一些，因為 C 允許我們獲得現存物件（existing objects）
的位址（即指向該物件的指標）。

二、優化插入函數

看來，把一個節點插入到連結串列的起始位置，**必須**作為一種特殊情況（special
case）進行處理。畢竟，我們此時插入新節點需要修改的指標是「根指標」。對於
任何其他節點，對指標進行修改時實際修改的是「前一個節點的 link 欄位」。這兩
個看起來不同的操作實際上是一樣的。

消除特殊情況的關鍵在於：我們必須認識到，連結串列中的每個節點都有一個指向
它的指標。對於第 1 個節點，這個指標是「根指標」；對於其他節點，這個指標是
「前一個節點的 link 欄位」。重點在於每個節點都有一個指標指向它。至於該指標
是不是位於一個節點的內部則無關緊要。

讓我們再次觀察這個連結串列，弄清這個概念。這是「第 1 個節點」和指向它的指
標。

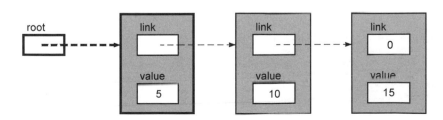

如果新值插入到「第 1 個節點」之前，這個指標就必須進行修改。

下面是「第 2 個節點」和指向它的指標。

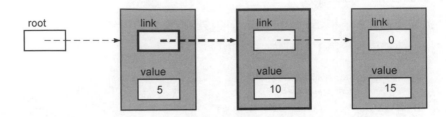

如果新值需要插入到「第 2 個節點」之前，那麼**這個**指標必須進行修改。注意，我們只考慮指向這個節點的指標，至於哪個節點包含這個指標則無關緊要。對於連結串列中的其他節點，都可以應用這個模式。

現在，讓我們看一下修改後的函數（當它開始執行時）。下面顯示了「第 1 條賦值陳述式」之後各個變數的情況。

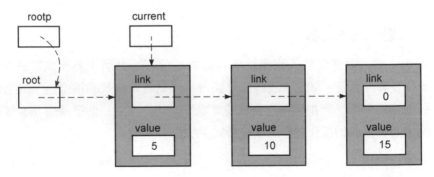

我們擁有一個指向當前節點（current node）的指標，以及一個「指向當前節點的 link 欄位的」指標。除此之外，我們就不需要別的了！如果當前節點的值大於新值，那麼 rootp 指標就會告訴我們「哪個 link 欄位」必須進行修改，以便讓新節點連結到連結串列中。如果在連結串列其他位置的插入也可以用同樣的方式進行表示，就不存在前面提到的特殊情況了。其關鍵在於我們前面看到的指標／節點關係。

當移動到下一個節點時，我們保存一個「指向下一個節點的 link 欄位的」指標，而不是保存一個指向「前一個節點」的指標。我們很容易畫出一張描述這種情況的圖。

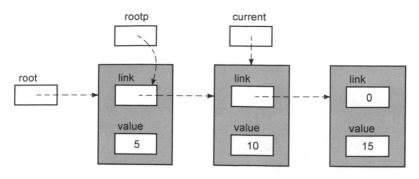

注意，這裡 rootp 並不指向節點本身，而是指向節點內部的 link 欄位。這是簡化插入函數的關鍵所在，但我們必須能夠取得當前節點的 link 欄位的位址。在 C 中，這種操作是非常容易的。表達式 &current->link 就可以達到這個目的。**程式 12.3** 是我們的插入函數的最終版本。rootp 參數現在稱為 linkp，因為它現在指向的是不同的 link 欄位，而不僅僅是根指標。我們不再需要 previous 指標，因為我們的 link 指標可以負責尋找「需要修改的 link 欄位」。前面那個函數最後部分用於處理特殊情況的程式碼也不見了，因為我們始終擁有一個指向「需要修改的 link 欄位」的指標——我們用一種和修改「節點的 link 欄位」完全一樣的方式來修改「root 變數」。最後，我們在函數的指標變數中增加了 register 宣告，用於提高結果程式碼的效率。

我們在最終版本中的 while 迴圈中增加了一個竅門，它嵌入（embed）了對 current 的賦值。下面是一個功能相同，但長度稍長的迴圈。

```
/*
** Look for the right place.
*/
current = *linkp;
while( current !=NULL && current->value < value ){
        linkp = &current->link;

current = * linkp;
}
```

一開始，current 被設置為指向連結串列的「第 1 個節點」。while 迴圈判斷（測試）我們是否到達了連結串列的尾部。如果沒有，它接著檢查我們是否到達了正確的插入位置。如果不是，迴圈體繼續執行，並把 linkp 設置為指向當前節點的 link 欄位，並使 current 指向下一個節點。

迴圈的最後一條陳述式和迴圈之前的那條陳述式相同，這就促使我們對它進行「簡化」（simplification），方法是把 current 的賦值嵌入到 while 表達式中。其結果是一個稍為複雜但更加緊湊的迴圈，因為我們消除了 current 的冗餘賦值。

程式 12.3 插入到一個有序的單向連結串列：最終版本（insert3.c）

```c
/*
** 插入到一個有序單向連結串列。函數的
** 參數是一個指向連結串列第 1 個節點的指標，
** 以及一個需要插入的新值。
*/
#include <stdlib.h>
#include <stdio.h>
#include "sll_node.h"

#define    FALSE   0
#define    TRUE    1

int
sll_insert( register Node **linkp, int new_value )
{
    register Node  *current;
    register Node  *new;

    /*
    ** 尋找正確的插入位置，
    ** 方法是按序存取連結串列，
    ** 直到到達一個其值大於或等於新值的節點。
    */
    while( ( current = *linkp ) != NULL &&
        current->value < new_value )
            linkp = &current->link;

    /*
    ** 為新節點分配記憶體，
    ** 並把新值儲存到新節點中，
    ** 如果記憶體分配失敗，函數返回 FALSE。
    */
    new = (Node *)malloc( sizeof( Node ) );
    if( new == NULL )
        return FALSE;
    new->value = new_value;

    /*
    ** 在連結串列中插入新節點，並返回 TRUE。
    */
    new->link = current;
    *linkp = new;
    return TRUE;
}
```

12.2.2　其他連結串列操作

為了讓單向連結串列更加有用，我們需要增加更多的操作，如尋找和刪除。但是，
用於這些操作的演算法非常直截了當，很容易用插入函數所說明的技巧來實現。因
此，我把這些函數留做練習。

12.3　雙向連結串列

單向連結串列的替代方案就是雙向連結串列（doubly linked list）。在一個雙向連結
串列中，每個節點都包含兩個指標——指向「前一個節點」的指標和指向「後一個
節點」的指標。這可以使我們以任何方向巡訪雙向連結串列，甚至可以隨意地在雙
向連結串列中存取。下面的圖展示了一個雙向連結串列。

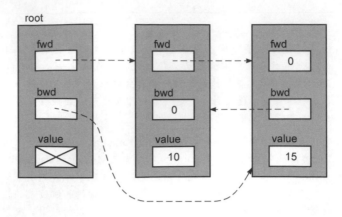

下面是節點類型的宣告。

```
typedef struct  NODE    {
        struct  NODE    *fwd;
        struct  NODE    *bwd;
        int             value;
} Node;
```

現在，存在兩個根指標：一個指向連結串列的「第 1 個節點」，另一個指向「最後一個節點」。這兩個指標允許我們從連結串列的任何一端開始巡訪連結串列。

我們可能想把兩個根指標分開宣告為兩個變數。但這樣一樣，我們必須把兩個指標都傳遞給插入函數。為根指標宣告一個完整的節點更為方便，只是它的值欄位（value field）絕不會被使用。在我們的例子中，這個技巧只是浪費了一個整數型值的記憶體空間。對於值欄位非常大的連結串列，分開宣告兩個指標可能更好一些。另外，我們也可以在根節點的值欄位中保存其他一些關於連結串列的資訊，例如連結串列當前包含的節點數量。

根節點的 fwd 欄位指向連結串列的「第 1 個節點」，根節點的 bwd 欄位指向連結串列的「最後一個節點」。如果連結串列為空，這兩個欄位都為 NULL。連結串列「第 1 個節點」的 bwd 欄位和「最後一個節點」的 fwd 欄位都為 NULL。在一個有序的連結串列中，各個節點將根據 value 欄位的值以升冪排列。

12.3.1 在雙向連結串列中插入

這一次，我們要編寫一個函數，把一個值插入到一個有序的雙向連結串列中。dll_insert 函數接受兩個參數：一個指向根節點的指標和一個整數型值。

我們先前所編寫的單向連結串列插入函數把「重複的值」也添加到連結串列中。在有些應用程式中，不插入「重複的值」可能更為合適。dll_insert 函數只有當「欲插入的值」原先不存在於連結串列中時才將其插入。

讓我們用一種更為規範的方法來編寫這個函數。當我們把一個節點插入到一個連結串列時，可能出現 4 種情況：

1. 新值可能必須插入到連結串列的中間位置。

2. 新值可能必須插入到連結串列的起始位置。

3. 新值可能必須插入到連結串列的結束位置。

4. 新值可能必須既插入到連結串列的起始位置，又插入到連結串列的結束位置（即原連結串列為空）。

在每種情況下，有 4 個指標必須進行修改。

- 在「情況 1」和「情況 2」中，新節點的 fwd 欄位必須設置為指向連結串列的下一個節點，連結串列下一個節點的 bwd 欄位必須設置為指向這個新節點。在「情況 3」和「情況 4」中，新節點的 fwd 欄位必須設置為 NULL，根節點的 bwd 欄位必須設置為指向新節點。

- 在「情況 1」和「情況 3」中，新節點的 bwd 欄位必須設置為指向連結串列的前一個節點，而連結串列前一個節點的 fwd 欄位必須設置為指向新節點。在「情況 2」和「情況 4」中，新節點的 bwd 欄位必須設置為 NULL，根節點的 fwd 欄位必須設置為指向新節點。

如果你覺得這些描述不甚清楚，**程式 12.4** 簡明的實作方法可以幫助你加深理解。

程式 12.4 簡明的雙向連結串列插入函數（dll_ins1.c）

```
/*
** 把一個值插入到一個雙向連結串列，
** rootp 是一個指向根節點的指標，
** value 是欲插入的新值。
** 返回值：如果欲插值原先已存在於連結串列中，函數返回 0；
** 如果記憶體不足導致無法插入，函數返回 -1；
** 如果插入成功，函數返回 1。
*/
#include <stdlib.h>
#include <stdio.h>
#include "doubly_linked_list_node.h"
```

```
int
dll_insert( Node *rootp, int value )
{
    Node   *this;
    Node   *next;
    Node   *newnode;

    /*
    ** 查看 value 是否已經存在於連結串列中，如果是就返回。
    ** 否則，為新值建立一個新節點（"newnode" 將指向它）。
    ** "this" 將指向應該在新節點之前的那個節點，
    ** "next" 將指向應該在新節點之後的那個節點。
    */
    for( this = rootp; (next = this->fwd) != NULL; this = next ){
        if( next->value == value )
            return 0;
        if( next->value > value )
            break;
    }
    newnode = (Node *)malloc( sizeof( Node ) );
    if( newnode == NULL )
        return -1;
    newnode->value = value;

    /*
    ** 把新值添加到連結串列中。
    */
    if( next != NULL ){
    /*
    ** 情況 1 或 2：並非位於連結串列尾部。
    */
        if( this != rootp ){     /* 情況 1：並非位於連結串列起始位置 */
            newnode->fwd = next;
            this->fwd = newnode;
            newnode->bwd = this;
            next->bwd = newnode;
        }
        else {                            /* 情況 2：位於連結串列起始位置 */
            newnode->fwd = next;
            rootp->fwd = newnode;
            newnode->bwd = NULL;
            next->bwd = newnode;
        }
    }
    else {
    /*
    ** 情況 3 或 4：位於連結串列尾部。
    */
        if( this != rootp ){     /* 情況 3：並非位於連結串列起始位置 */
            newnode->fwd = NULL;
            this->fwd = newnode;
            newnode->bwd = this;
```

```
                rootp->bwd = newnode;
        }
        else {                          /* 情況 4：位於連結串列起始位置 */
                newnode->fwd = NULL;
                rootp->fwd = newnode;
                newnode->bwd = NULL;
                rootp->bwd = newnode;
        }
    }
    return 1;
}
```

一開始，函數使 this 指向根節點。next 指標始終指向 this 之後的那個節點。它的思路是這兩個指標同步前進，直到新節點應該插入到這兩者之間。for 迴圈檢查 next 所指節點的值，判斷是否到達需要插入的位置。

如果在連結串列中找到新值，函數就簡單地返回。否則，當到達連結串列尾部或找到適當的插入位置時，迴圈終止。在任何一種情況下，新節點都應該插入到 this 所指的節點後面。注意，在我們決定「新值」是否應該實際插入到連結串列之前，並不為它分配記憶體。如果事先分配記憶體，但發現「新值」原先已經存在於連結串列之中，就有可能發生記憶體洩漏。

4 種情況是分開實作的。讓我們透過把 12 插入到連結串列中來觀察「情況 1」。下面這張圖顯示了 for 迴圈終止之後幾個變數的狀態。

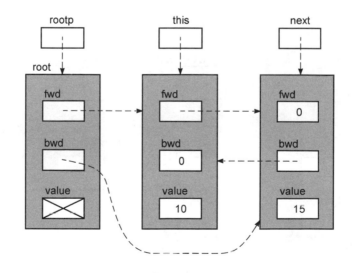

然後，函數為新節點分配記憶體，下面幾條陳述式執行之後，

```
newnode->fwd = next;
this->fwd = newnode;
```

連結串列的樣子如下所示：

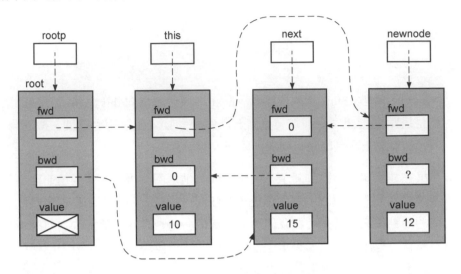

然後，執行下列陳述式：

```
newnode->bwd = this;
next->bwd = newnode;
```

這就完成了把「新值」插入到連結串列的過程：

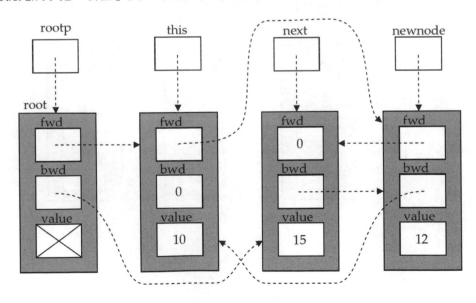

請研究一下程式碼，確定應該如何處理剩餘的幾種情況，確保它們都能正確工作。

一、簡化插入函數

對**程式 12.4** 最內層巢套的 if 陳述式進行提取，就產生了**程式 12.5** 的程式碼片段。
請將這段程式碼和前面的函數進行比較，確認它們是等價的。

程式 12.5 雙向連結串列插入邏輯的提取（dll_ins2.c）

```
/*
** 把新節點添加到連結串列中。
*/
if( next != NULL ){
    /*
    ** 情況 1 或 2：並非位於連結串列尾部。
    */
        newnode->fwd = next;
        if( this != rootp ){      /* 情況 1：並非位於連結串列起始位置 */
                this->fwd = newnode;
                newnode->bwd = this;
        }
        else {                         /* 情況 2：位於連結串列起始位置 */
                rootp->fwd = newnode;
                newnode->bwd = NULL;
        }
        next->bwd = newnode;
}
else {
    /*
    ** 情況 3 或 4：位於連結串列尾部。
    */
        newnode->fwd = NULL;
        if( this != rootp ){      /* 情況 3：並不位於連結串列起始位置 */
                this->fwd = newnode;
                newnode->bwd = this;
        }
        else {                         /* 情況 4：位於連結串列起始位置 */
                rootp->fwd = newnode;
                newnode->bwd = NULL;
        }
        rootp->bwd = newnode;
}
```

第 2 個簡化技巧很容易用下面這個例子進行說明：

```
if( pointer !=NULL )
        field = pointer;
else
        fileld = NULL;
```

這段程式碼的意圖是設置一個和 pointer 相等的變數，如果 pointer 未指向任何東西，這個變數就設置為 NULL。但是，請看下面這條陳述式：

```
field = pointer;
```

如果 pointer 的值不是 NULL，field 就像前面一樣獲得它的值的一份複本。但是，如果 pointer 的值是 NULL，那麼 field 將從 pointer 獲得一份 NULL 的複本，這和把它賦值為常數 NULL 的效果是一樣的。這條陳述式所執行的任務和前面那條 if 陳述式相同，但它明顯簡單多了。

在程式 12.5 中運用這個技巧的關鍵是找出那些「雖然看起來不一樣但實際上執行相同任務」的陳述式，然後對它們進行改寫，寫成同一種形式。我們可以把「情況 3」和「情況 4」的第 1 條陳述式改寫為：

```
newnode->fwd = next;
```

由於 if 陳述式剛剛判斷出 next == NULL。這個改動使 if 陳述式兩邊的「第 1 條陳述式」相等，所以我們可以把它提取出來。請做好這個修改，然後對剩餘的程式碼進行研究。

你發現了嗎？現在兩個巢套的 if 陳述式是相等的，所以它們也可以被提取出來。這些改動的結果顯示在程式 12.6 中。

我們還可以對程式碼做進一步的完善。第 1 條 if 陳述式的 else 子句（clause）的第 1 條陳述式可以改寫為：

```
this->fwd = newnode;
```

這是因為 if 陳述式已經判斷出 this == rootp。現在，這條改寫後的陳述式以及它的同類也可以被提取出來。

程式 12.7 是實作了所有修改的完整版本。它所執行的任務和最初的函數相同，但體積要小得多。局部指標（local pointers）被宣告為暫存器變數（register variables），進一步改善了程式碼的體積和速度。

程式 12.6 雙向連結串列插入邏輯的進一步提取（dll_ins3.c）

```
/*
** 把新節點添加到連結串列中。
*/
newnode->fwd = next;

if( this != rootp ){
```

```
    this->fwd = newnode;
    newnode->bwd = this;
}
else {
    rootp->fwd = newnode;
    newnode->bwd = NULL;
}
if( next != NULL )
    next->bwd = newnode;
else
    rootp->bwd = newnode;
```

程式 12.7 雙向連結串列插入函數的最終簡化版本（dll_ins4.c）

```
/*
** 把一個新值插入到一個雙向連結串列中。
** rootp 是一個指向根節點的指標，
** value 是需要插入的新值。
** 返回值：如果連結串列原先已經存在這個值，函數返回 0。
** 如果為新值分配記憶體失敗，函數返回 -1。
** 如果新值成功地插入到連結串列中，函數返回 1。
*/
#include <stdlib.h>
#include <stdio.h>
#include "doubly_linked_list_node.h"

int
dll_insert( register Node *rootp, int value )
{
    register Node   *this;
    register Node   *next;
    register Node   *newnode;

    /*
    ** 查看 value 是否已經存在於連結串列中，如果是就返回。
    ** 否則，為新值建立一個新節點（"newnode" 將指向它）。
    ** "this" 將指向應該在新節點之前的那個節點，
    ** "next" 將指向應該在新節點之後的那個節點。
    */
    for( this = rootp; (next = this->fwd) != NULL; this = next ){
        if( next->value == value )
            return 0;
        if( next->value > value )
            break;
    }
    newnode = (Node *)malloc( sizeof( Node ) );
    if( newnode == NULL )
            return -1;
    newnode->value = value;
```

```
    /*
    ** 把新節點添加到連結串列中。
    */
    newnode->fwd = next;
    this->fwd = newnode;

    if( this != rootp )
        newnode->bwd = this;
    else
        newnode->bwd = NULL;

    if( next != NULL )
        next->bwd = newnode;
    else
        rootp->bwd = newnode;

    return 1;
}
```

這個函數無法再大幅度改善了，但我們可以讓原始程式碼更小一些。第 1 條 if 陳述式的目的（purpose）是判斷賦值陳述式右邊一側的值。我們可以用一個條件表達式（conditional expression）取代 if 陳述式。我們也可以用條件表達式取代第 2 條 if 陳述式，但這個修改的意義並不是很大。

> **提示**
>
> 程式 12.8 的程式碼確實更小一些，但它是不是真的更好？儘管它的陳述式數量減少了，但必須執行的比較和賦值操作還是和前面的一樣多，所以這段程式碼的運行速度並不比前面的更快。這裡存在兩個微小的差別：newnode->bwd 和 ->bwd = newnode 都只編寫了一次而不是兩次。這些差別能不能產生更小的目標程式碼呢？也許會，這取決於你的編譯器優化措施是否出色。但是，即使會產生更小的程式碼，其差別也是很小的，但這段程式碼的可讀性較之前面的程式碼有所下降，尤其是對於那些缺乏經驗的 C 程式設計師而言。因此，程式 12.8 維護起來或許更困難一些。
>
> 如果程式的大小或者執行速度確實至關重要，我們可能只好考慮用組合語言（assembly language）來編寫函數。但即便在編碼方式上採取如此巨大的變化，也不能保證肯定會有任何重大的改進。另外還要考慮到組合程式碼（assembly code）難於編寫、難於閱讀和難於維護。所以，只有當迫不得已的時候，我們才能求諸於組合語言。

程式 12.8 使用條件表達式實現插入函數（dll_ins5.c）

```
/*
** 把新節點添加到連結串列中。
*/
newnode->fwd = next;
```

```
this->fwd = newnode;
newnode->bwd = this != rootp ? this : NULL;
( next != NULL ? next : rootp )->bwd = newnode;
```

12.3.2 其他連結串列操作

和單向連結串列一樣，雙向連結串列也需要更多的操作。本章的程式設計練習將給你更多的實踐機會來編寫它們。

12.4 總結

單向連結串列是一種使用指標來儲存值的資料結構。連結串列中的每個節點包含一個欄位，用於指向連結串列的下一個節點。另外有一個獨立的根指標指向連結串列的第 1 個節點。由於節點在建立時是採用動態分配記憶體的方式，所以它們可能分佈於記憶體之中。但是，巡訪連結串列是根據指標進行的，所以節點的物理排列（physical arrangement）無關緊要。單向連結串列只能以一個方向進行巡訪。

為了把一個新值插入到一個有序的單向連結串列中，你首先必須找到連結串列中合適的插入位置。對於無序單向連結串列，新值可以插入到任何位置。把一個新節點連結到連結串列中需要兩個步驟。首先，新節點的 link 欄位必須設置為指向它的目標後續節點。其次，前一個節點的 link 欄位必須設置為指向這個新節點。在許多其他語言中，插入函數保存一個指向前一個節點的指標來完成「第 2 個步驟」。但是，這個技巧使「插入到連結串列的起始位置」成為一種特殊情況，需要單獨處理。在 C 語言中，你可以透過保存一個指向「必須進行修改的 link 欄位」的指標，而不是保存一個指向「前一個節點」的指標，進而消除了這個特殊情況。

雙向連結串列中的每個節點包含兩個 link 欄位：其中一個指向連結串列的下一個節點，另一個指向連結串列的前一個節點。雙向連結串列有兩個根指標，分別指向第 1 個節點和最後一個節點。因此，巡訪雙向連結串列可以從任何一端開始，而且在巡訪過程中可以改變方向。為了把一個新節點插入到雙向連結串列中，我們必須修改 4 個指標。新節點的前向和後向 link 欄位必須被設置，「前一個節點的後向 link 欄位」和「後一個節點的前向 link 欄位」也必須進行修改，使它們指向這個新節點。

「陳述式提取」是一種簡化程式的技巧，其方法是消除程式中冗餘的陳述式。如果一條 if 陳述式的 then 和 else 子句以「相同序列的陳述式」（identical sequences of statements）結尾，它們可以被「一份單獨的、出現於 if 陳述式之後的複本」代替。「相同序列的陳述式」也可以從「if 陳述式的起始位置」提取出來，但這種提取不能改變 if 的判斷（測試）結果。如果不同的陳述式事實上執行相同的功能，你可以把它們寫成相同的樣子，然後再使用「陳述式提取」簡化程式。

12.5　警告的總結

1. 落到連結串列尾部的後面。

2. 使用指標時應格外小心，因為 C 並沒有對它們的使用提供安全網。

3. 從 if 陳述式中提取陳述式可能會改變判斷（測試）結果。

12.6　程式設計提示的總結

1. 消除特殊情況使程式碼更易於維護。

2. 透過提取陳述式消除 if 陳述式中的重複陳述式。

3. 不要僅僅根據程式碼的大小評估它的品質。

12.7　問題

1. 能否改寫程式 12.3，使其不使用 current 變數？如果可以，把你的答案和原先的函數進行比較。

✍ 2. 有些資料結構課本建議在單向連結串列中使用「標頭節點」（header node）。這個虛擬節點（dummy node，又譯啞節點）始終是連結串列的第 1 個元素，這就消除了「插入到連結串列起始位置」這個特殊情況。討論這個技巧的利與弊。

3. 在程式 12.3 中，插入函數會把「重複的值」插入到什麼位置？如果把比較運算子由 < 改為 <= 會有什麼效果？

✍ 4. 討論一些技巧，怎樣省略雙向連結串列中根節點的值欄位。

5. 如果**程式 12.7** 中對 malloc 的呼叫在函數的起始部分執行，會有什麼結果？

6. 能不能對一個無序的單向連結串列進行排序？

✍ 7. 索引表（concordance list）是一種字母連結串列，表中的節點是出現在一本書或一篇文章中的單詞（word）。你可以使用一個有序的字串單向連結串列實作索引表，使用插入函數時不插入重複的單詞。和這種實作方法有關的問題是，搜尋連結串列的時間將隨著連結串列「規模」的擴大而急劇增長。

圖 12.1 說明了另一種儲存索引表的資料結構。它的思路是把一個大型的連結串列分解為 26 個小型的連結串列——每個連結串列中的所有單詞都以「同一個字母」開頭。最初連結串列中的每個節點包含「一個字母」和一個指向「一個有序的、以該字母開頭的單詞的單向連結串列（以字串形式儲存）」的指標。

使用這種資料結構，搜尋一個特定的單詞所花費的時間，與使用一個儲存所有單詞的單向連結串列相比，有沒有什麼變化？

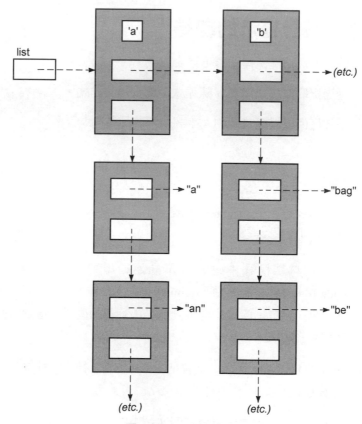

圖 12.1：一個索引表

12.8 程式設計練習

✍★ 1. 編寫一個函數，用於計數一個單向連結串列的節點個數。它的唯一參數就是一個指向連結串列第 1 個節點的指標。編寫這個函數時，你必須知道哪些資訊？這個函數還能用於執行其他任務嗎？

★ 2. 編寫一個函數，在一個無序的單向連結串列中尋找一個特定的值，並返回一個指向該節點的指標。你可以假設節點資料結構在標頭檔 singly_linked_list_node.h 中定義。

如果想讓這個函數適用於有序的單向連結串列，需不需要對它做些修改？

★★★ 3. 重新編寫**程式 12.7** 的 dll_insert 函數，使頭指標（head pointer）和尾指標（tail pointer）分別以一個單獨的指標傳遞給函數，而不是作為一個節點的一部分。從函數的邏輯而言，這個改動有何效果？

★★★★ 4. 編寫一個函數，反序排列一個單向連結串列的所有節點。函數應該具有下面的原型：

```
struct NODE * sll_reverse( struct NODE *first);
```

在標頭檔 singly_linked_list_node.h 中宣告節點資料結構。

函數的參數指向連結串列的第 1 個節點。當連結串列被重新排列之後，函數返回一個指向連結串列新頭節點的指標。連結串列「最後一個節點的 link 欄位的值」應設置為 NULL，在空連結串列 (first == NULL) 上執行這個函數將返回 NULL。

✍★★★ 5. 編寫一個程式，從一個單向連結串列中移除一個節點。函數的原型應該如下：

```
int sll_remove( struct NODE **rootp, struct NODE *node );
```

你可以假設節點資料結構在標頭檔 singly_linked_list_node.h 中定義。函數的「第 1 個參數」是一個指向「連結串列根指標」的指標，「第 2 個參數」是一個指向「欲移除的節點」的指標。如果連結串列並不包含「欲刪除的節點」，函數就返回假（false），否則它就移除這個節點並返回真（true）。

把一個指向「欲移除的節點」的指標（而不是「欲移除節點的值」）作為參數傳遞給函數，有哪些優點？

★★★ 6. 編寫一個程式，從一個雙向連結串列中移除一個節點。函數的原型如下：

```
int dll_remove( struct NODE *rootp, struct NODE *node );
```

你可以假設節點資料結構在標頭檔 doubly_linked_list_node.h 中定義。函數的「第 1 個參數」是一個指向包含連結串列根指標的節點的指標（和**程式 12.7** 相同），「第 2 個參數」是個指向欲移除的節點的指標。如果連結串列並不包含欲移除的節點，函數就返回假，否則函數移除該節點並返回真。

★★★★★ 7. 編寫一個函數，把一個新單詞插入到「問題 7」所描述的索引表中。函數接受兩個參數，一個指向 list 指標的指標和一個字串。該字串假定包含單個單詞。如果這個單詞原先並未存在於索引表中，它應該複製到一塊動態分配的節點並插入到索引表中。如果該字串成功插入，函數應該返回真。如果該字串原先已經存在於索引表中，或字串不是以一個字母開頭，或者出現其他錯誤，函數就返回假。

函數應該維護一個一級（primary）連結串列，節點的排列以字母為序。其餘的二級（secondary）連結串列則以單詞為序排列。

進階指標技巧

本章將介紹各式各樣涉及指標的技巧。有些技巧非常實用，另外一些技巧則學術味更濃一些，還有一些則純屬娛樂。但是，這些技巧都很好地說明了這門語言的各種原則。

13.1 進一步探討指向指標的指標

在上一章中，我們使用了指向指標的指標，用於簡化向「單向連結串列」插入新值的函數。另外還存在許多領域，指向指標的指標（a pointer to a pointer）能夠發揮重要的作用。

這裡有一個通用的例子：

```
int   i;
int   *pi;
int   **ppi;
```

這些宣告在記憶體中建立了下列變數。如果它們是自動變數（automatic variables），我們無法猜測它們的初始值。

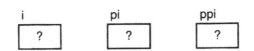

有了上面這些資訊之後，請問下面各條陳述式的效果是什麼呢？

```
① printf( "%d\n", ppi );
② printf( "%d\n", &ppi );
③ *ppi = 5;
```

① 如果 ppi 是個自動變數，它就未被初始化，這條陳述式將列印一個隨機值。如果它是個靜態變數，這條陳述式將列印 0。

② 這條陳述式將把「儲存 ppi 的位址」作為十進位整數列印出來。這個值並不是很有用。

③ 這條陳述式的結果是不可預測的。對 ppi 不應該執行間接存取操作，因為它尚未被初始化。

接下來的兩條陳述式用處比較大。

```
ppi = &pi;
```

這條陳述式把 ppi 初始化為指向變數 pi。以後我們就可以安全地對 ppi 執行間接存取操作了。

```
*ppi = &i;
```

這條陳述式把 pi（透過 ppi 間接存取）初始化為指向變數 i。經過上面最後兩條陳述式之後，這些變數變成了下面這個樣子：

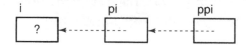

現在，下面各條陳述式具有相同的效果：

```
i='a';
*pi='a';
**ppi='a';
```

在一條簡單的對 i 賦值的陳述式就可以完成任務的情況下，為什麼還要使用更為複雜的涉及間接存取的方法呢？這是因為簡單賦值（simple assignment）並不總是可行，例如連結串列的插入。在那些函數中，我們無法使用簡單賦值，因為變數名稱在函數的作用域內部是未知的。函數所擁有的只是一個指向「需要修改的記憶體位置」的指標，所以要對該指標進行間接存取操作，以存取「需要修改的變數」。

在前一個例子中，變數 i 是一個整數，pi 是一個指向整數型的指標。但 ppi 是一個指向 pi 的指標，所以它是一個指向整數型的指標的指標。假定我們需要另一個變數，它需要指向 ppi。那麼，它的類型當然是「指向整數型的指標的指標的指標」，而且它應該像下面這樣宣告：

```
int   ***pppi;
```

間接存取的層次越多，你需要用到它的次數就越少。但是，一旦你真正理解了間接存取，無論出現多少層間接存取，你應該都能十分輕鬆地應付。

提示

只有當確實需要時，你才應該使用多層間接存取。不然的話，你的程式將會變得更龐大、更緩慢並且更難以維護。

13.2　高階宣告

在使用更進階的指標類型之前，我們必須觀察它們是如何宣告的。前面的章節介紹了表達式宣告的思路以及 C 語言的變數如何透過推論（inference）進行宣告。我們在「第 8 章」宣告「指向陣列的指標」時已經看到過一些推論宣告的例子。讓我們透過觀察一系列越來越複雜的宣告進一步探索這個話題。

首先讓我們來看幾個簡單的例子：

```
int    f;     /* 一個整數型變數 */
int    *f;    /* 一個指向整數型的指標 */
```

不過，請回憶一下「第 2 個宣告」是如何工作的：它把**表達式 *f** 宣告為一個整數。根據這個事實，你肯定能推斷出 f 是個指向整數型的指標。C 宣告的這種解釋方法可以透過下面的宣告得到驗證：

```
int^  f, g;
```

它並沒有宣告兩個指標。儘管它們之間存在空白（spacing），但星號是作用於 f 的，只有 f 才是一個指標。g 只是一個普通的整數型變數。

下面是另外一個例子，你以前曾見過：

```
int    f();
```

它把 f 宣告為一個函數，它的返回值是一個整數。舊式風格的宣告對函數的參數並未提供任何資訊。它只宣告 f 的返回值類型。現在我將使用這種舊式風格，這樣例子看上去簡單一些，後面我再回到完整的原型形式。

下面是一個新例子：

```
int    *f();
```

要想推斷出它的涵義，你必須確定表達式 *f() 是如何進行求值的。首先執行的是函數呼叫運算子 ()，因為它的優先順序高於間接存取運算子。因此，f 是一個函數，它的返回值類型是一個指向整數型的指標。

如果「推論宣告」看起來有點討厭，你只要這樣考慮就可以了：「用於宣告變數的表達式」和「普通的表達式」在求值時所使用的規則相同。你不需要為這類宣告學習一套單獨的語法。如果你能夠對一個複雜表達式求值，你同樣可以推斷出一個複雜宣告的涵義，因為它們的原理是相同的。

接下來的一個宣告更為有趣：

```
int    (*f)();
```

確定「括號」的涵義是分析這個宣告的一個重要步驟。這個宣告有兩對括號，每對的涵義各不相同。「第 2 對括號」是函數呼叫運算子（function call operator），但「第 1 對括號」只起到分組（grouping，組合）的作用。它迫使「間接存取」在「函數呼叫」之前進行，使 f 成為一個函數指標，它所指向的函數返回一個整數型值。

函數指標？是的，程式中的每個函數都位於記憶體中的某個位置，所以存在指向那個位置的指標是完全可能的。函數指標的初始化和使用將在本章後面詳述。

現在，下面這個宣告應該是比較容易弄懂了：

```
int    *(*f)();
```

它和前一個宣告基本相同，f 也是一個函數指標，只是所指向的函數的返回值是一個整數型指標，必須對其進行間接存取操作才能得到一個整數型值。

現在，讓我們把陣列也考慮進去：

```
int    f[];
```

這個宣告表示 f 是個整數型陣列。陣列的長度暫時省略，因為我們現在關心的是它的類型，而不是它的長度[1]。

下面這個宣告又如何呢？

```
int     *f[];
```

這個宣告又出現了兩個運算子。索引（subscript，又譯下標）的優先順序更高，所以 f 是一個陣列，它的元素類型是指向整數型的指標。

下面這個例子隱藏著一個圈套。不管怎樣，讓我們先推斷出它的涵義。

```
int     f()[];
```

f 是一個函數，它的返回值是一個整數型陣列。這裡的圈套在於「這個宣告是非法的」——函數只能返回純量值，不能返回陣列。

這裡還有一個例子，頗費思量。

```
int     f[]();
```

現在，f 似乎是一個陣列，它的元素類型是返回值為整數型的函數。這個宣告也是非法的，因為陣列元素必須具有相同的長度，但不同的函數顯然可能具有不同的長度。

但是，下面這個宣告是合法的：

```
int     (*f[])();
```

首先，你必須找到所有的運算子，然後按照正確的順序執行它們。同樣，這裡有兩對括號，它們分別具有不同的涵義。括號內的表達式 *f[] 首先進行求值，所以 f 是一個元素為某種類型的指標的陣列。表達式末尾的 () 是函數呼叫運算子，所以 f 肯定是一個陣列，陣列元素的類型是函數指標，它所指向的函數的返回值是一個整數型值。

如果你搞清楚了上面最後一個宣告，下面這個應該是比較容易的了：

```
int     *(*f[])();
```

---

[1]　如果它們的連結屬性是 external 或者是作用於函數的參數，即使它們在宣告時未註明長度，也仍然是合法的。

它和上面那個宣告的唯一區別就是多了一個間接存取運算子，所以這個宣告建立了一個指標陣列，指標所指向的類型是返回值為「整數型指標」的函數。

到現在為止，我使用的是舊式風格的宣告，目的是為了讓例子簡單一些。但 ANSI C 要求我們使用完整的函數原型，使宣告更為明確。例如：

```
int    (*f)( int, float );
int    *(*g[])( int, float );
```

前者把 f 宣告為一個函數指標，它所指向的函數接受兩個參數，分別是一個整數型值和浮點型值，並返回一個整數型值。後者把 g 宣告為一個陣列，陣列的元素類型是一個函數指標，它所指向的函數接受兩個參數，分別是一個整數型值和浮點型值，並返回一個整數型指標。儘管「原型」增加了宣告的複雜度，但我們還是應該大力提倡這種風格，因為它向編譯器提供了一些額外的資訊。

提示

如果你使用的是 UNIX 系統，並能存取 Internet，你可以獲得一個名叫 cdecl 的程式，它可以在 C 語言的宣告和英語之間進行轉換。它可以解釋一個現存的 C 語言宣告：

```
cdecl> explain int (*(*f)())[10];
declare f as pointer to function returning pointer to
    array 10 of int
```

或者給你一個宣告的語法：

```
cdecl> declare x as pointer to array 10 of pointer to
    function returning int
int (*(*x)[10])()
```

cdecl 的原始程式碼可以在 comp.sources.unix 新聞群組封存的第 14 卷（Volume 14）中獲得。

13.3　函數指標

你不會每天都使用函數指標（pointers to functions）。但是，它們確有用武之地，最常見的兩個用途是轉換表（jump table，又譯跳躍表或轉移表）和作為參數傳遞給另一個函數。本節，我們將探索這兩方面的一些技巧。但是，首先容我指出一個常見的錯誤，這是非常重要的。

初始化表達式中的 & 運算子是可選的，因為**函數名稱**（function names）被使用時總是由編譯器把它轉換為**函數指標**（function pointers）。& 運算子只是顯式地說明了編譯器將隱式執行的任務。

在函數指標被宣告並且初始化之後，我們就可以使用三種方式呼叫函數：

```
int    ans;

ans = f( 25 );
ans = (*pf)( 25 );
ans = pf( 25 );
```

第 1 條陳述式簡單地使用名稱呼叫函數 f，但它的執行過程可能和你想像的不太一樣。函數名 f 首先被轉換為一個函數指標，該指標指定函數在記憶體中的位置。然後，函數呼叫運算子叫用（invoke）該函數，執行開始於這個位址的程式碼。

第 2 條陳述式對 pf 執行間接存取操作，它把函數指標轉換為一個函數名稱。這個轉換並不是真正需要的，因為編譯器在執行函數呼叫運算子之前又會把它轉換回去。不過，這條陳述式的效果和第 1 條陳述式是完全一樣的。

第 3 條陳述式和前兩條陳述式的效果是一樣的。間接存取操作並非必需，因為編譯器需要的是一個函數指標。這個例了顯示了函數指標通常是如何使用的。

什麼時候我們應該使用函數指標呢？前面提到過，兩個最常見的用途是把函數指標作為參數傳遞給函數以及用於轉換表。讓我們各看一個例子。

13.3.1 回呼函數

這裡有一個簡單的函數,它用於在一個「單向連結串列」中尋找一個值。它的參數是一個指向連結串列「第 1 個節點」的指標以及那個需要尋找的值。

```
Node *
search_list( Node *node, int const value )
{
        while( node != NULL ){
                if( node->value == value )
                        break;
                node = node->link;
        }
        return node;
}
```

這個函數看上去相當簡單,但它只適用於值為「整數」的連結串列。如果你需要在一個字串連結串列中尋找,你不得不另外編寫一個函數。這個函數和上面那個函數的絕大部分程式碼相同,只是「第 2 個參數」的類型以及節點值的比較方法不同。

一種更為通用的方法是使尋找函數(searching function)與類型無關(typeless),這樣它就能用於任何類型的值的連結串列。我們必須對函數的兩個方面進行修改,使它與類型無關。首先,我們必須改變「比較」的執行方式,這樣函數就可以對任何類型的值進行比較。這個目標聽起來好像不可能,如果你編寫陳述式用於比較整數型值,它怎麼還可能用於其他類型(如字串)的比較呢?解決方案就是使用函數指標。呼叫者編寫一個函數,用於比較兩個值,然後把一個指向這個函數的指標作為「參數」傳遞給尋找函數。然後尋找函數呼叫這個函數來執行值的比較。使用這種方法,任何類型的值都可以進行比較。

我們必須修改的第 2 個方面是向函數傳遞一個指向「值」的指標而不是「值」本身。函數有一個 void * 形式參數,用於接收這個參數。然後指向這個值的指標便傳遞給比較函數(comparison function)。這個修改使「字串和陣列物件」也可以被使用。字串和陣列無法作為參數傳遞給函數,但指向它們的指標卻可以。

使用這種技巧的函數被稱為**回呼函數**(callback function),因為使用者把一個函數指標作為參數傳遞給其他函數,後者將「回呼」(calls back)使用者的函數。任何時候,如果你所編寫的函數必須能夠在不同的時刻執行不同類型的工作,或者執行只能由函數呼叫者定義的工作,你都可以使用這個技巧。許多視窗系統(windowing system)使用回呼函數連接多個動作,如拖曳滑鼠和點擊按鈕來指定使用者程式中的某個特定函數。

我們無法在這個上下文環境中為回呼函數編寫一個準確的原型，因為我們並不知道進行比較的值的類型。事實上，我們需要「尋找函數」能作用於任何類型的值。解決這個難題的方法是把參數類型宣告為 void *，表示「一個指向未知類型的指標」。

提示

在使用比較函數中的指標之前，它們必須被強制轉換為正確的類型。因為強制類型轉換能夠躲過一般的類型檢查，所以你在使用時必須格外小心，確保函數的參數類型是正確的。

在這個例子裡，回呼函數比較兩個值。「尋找函數」向「比較函數」傳遞兩個指向「需要進行比較的值」的指標，並檢查「比較函數」的返回值。例如，零表示相等的值，非零值表示不相等的值。現在，尋找函數就與類型無關，因為它本身並不執行實際的比較。確實，呼叫者必須編寫必需的比較函數，但這樣做是很容易的，因為呼叫者知道連結串列中所包含的值的類型。如果使用幾個分別包含不同類型值的連結串列，為每種類型編寫一個比較函數就允許「單個尋找函數」作用於所有類型的連結串列。

程式 13.1 是類型無關尋找函數（typeless search function）的一種實作方法。注意，函數的第 3 個參數是一個函數指標。這個參數用一個完整的原型進行宣告。同時注意，雖然函數絕不會修改參數 node 所指向的任何節點，但 node 並未被宣告為 const。如果 node 被宣告為 const，函數將不得不返回一個 const 結果，這將限制呼叫程式，它便無法修改「尋找函數」所找到的節點。

程式 13.1 類型無關的連結串列尋找（search.c）

```
/*
** 在一個單向連結串列中
** 尋找一個指定值的函數。它的參數是
** 一個指向連結串列第 1 個節點的指標、
** 一個指向我們需要尋找的值的指標
** 和一個函數指標，它所指向的函數
** 用於比較儲存於連結串列中的類型的值。
*/
#include <stdio.h>
#include "node.h"

Node *
search_list( Node *node, void const *value,
    int (*compare)( void const *, void const * ) )
{
        while( node != NULL ){
                if( compare( &node->value, value ) == 0 )
                        break;
```

```
        node = node->link;
        }
        return node;
}
```

指向值參數（value argument）的指標和 &node->value 被傳遞給比較函數。後者是「我們當前所檢查的節點」的值。在選擇比較函數的返回值時，我選擇了與直覺相反的約定（convention），就是「相等」返回零值，「不相等」返回非零值。它的目的是為了與標準函式庫的一些函數所使用的「比較函數規範」相容。在這個規範（specification）中，不相等運算元（unequal operands）的報告方式更為明確——負值表示「第 1 個參數」小於「第 2 個參數」，正值表示「第 1 個參數」大於「第 2 個參數」。

在一個特定的連結串列中進行尋找時，使用者需要編寫一個適當的比較函數，並把「指向該函數的指標」和「指向需要尋找的值的指標」傳遞給尋找函數。例如，下面是一個比較函數，它用於在一個整數連結串列中進行尋找。

```
int
compare_ints( void const *a, void const *b )
{
        if( *(int *)a == *(int *)b )
                return 0;
        else
                return 1;
}
```

這個函數將像下面這樣使用：

```
desired_node = search_list( root, &desired_value,
    compare_ints );
```

注意強制類型轉換：比較函數的參數必須宣告為 void * 以匹配尋找函數的原型，然後它們再強制轉換為 int * 類型，用於比較整數型值。

如果你希望在一個字串連結串列中進行尋找，下面的程式碼可以完成這項任務：

```
#include <string.h>
...
desired_node = search_list( root, "desired_value",
    strcmp );
```

碰巧，函式庫函數 strcmp 所執行的比較和我們需要的完全一樣，不過有些編譯器會發出警告資訊，因為它的參數被宣告為 char * 而不是 void *。

13.3.2 轉換表

轉換表（跳躍表）最好用個例子來解釋。下面的程式碼片段取自一個程式，它用於實作一個袖珍式計算器。程式的其他部分已經讀入兩個數（op1 和 op2）和一個運算子（oper）。下面的程式碼對運算子進行測試，然後決定呼叫哪個函數。

```
switch( oper ){
case ADD:
        result = add( op1, op2 );
        break;
case SUB:
        result = sub( op1, op2 );
        break;
case MUL:
        result = mul( op1, op2 );
        break;
case DIV:
        result = div( op1, op2 );
        break;
...
```

對於一個新奇的具有上百個運算子的計算器，這條 switch 陳述式將會非常之長。

為什麼要呼叫函數來執行這些操作呢？把具體操作和選擇操作的程式碼分開是一種良好的設計方案。更為複雜的操作將肯定以獨立的函數來實作，因為它們的長度可能很長。但即使是簡單的操作，也可能具有副作用，例如保存一個常數值用於以後的操作。

為了使用 switch 陳述式，表示運算子的程式碼必須是整數。如果它們是從零開始連續的整數，我們可以使用「轉換表」來實現相同的任務。轉換表就是一個函數指標陣列（an array of pointers to functions）。

建立一個轉換表需要兩個步驟。首先，宣告並初始化一個函數指標陣列。唯一需要留心之處就是確保這些函數的「原型」出現在這個陣列的宣告之前。

```
double  add( double, double );
double  sub( double, double );
double  mul( double, double );
double  div( double, double );
...
double  (*oper_func[])( double, double ) = {
        add, sub, mul, div, ...
};
```

初始化列表中,各個函數名稱的正確順序取決於程式中用於表示每個運算子的整數型程式碼。這個例子假定 ADD 是 0,SUB 是 1,MUL 是 2,依此類推。

第 2 個步驟是用下面這條陳述式替換前面整條 switch 陳述式!

```
result = oper_func[ oper ]( op1, op2 );
```

oper 從陣列中選擇正確的函數指標,而函數呼叫運算子將執行這個函數。

警告

在轉換表中,越界索引參照就像在其他任何陣列中一樣是不合法的。但一旦出現這種情況,把它診斷出來要困難得多。當這種錯誤發生時,程式有可能在三個地方終止。首先,如果索引值遠遠越過了陣列的邊界,它所標識的位置可能在分配給該程式的記憶體之外。有些作業系統能檢測到這個錯誤並終止程式,但有些作業系統並不這樣做。如果程式被終止,這個錯誤將在靠近轉換表陳述式的地方被報告,問題相對而言較易診斷。

如果程式並未終止,非法索引所標識的值被提取,處理器跳到該位置。這個不可預測的值可能代表程式中一個有效的位址,但也可能不是這樣。如果它不代表一個有效位址,程式此時也會終止,但錯誤所報告的位址從本質上來說是一個隨機數(亂數)。此時,問題的除錯(debugging)就極為困難。

如果程式此時還未失敗,機器將開始執行根據非法索引所獲得的虛假位址(bogus address)的指令,此時要 debug 出問題根源就更為困難了。如果這個隨機位址位於一塊儲存資料的記憶體中,程式通常會很快終止,這通常是由於「非法指令」或「非法的運算元位址」所致(儘管資料值有時也能代表有效的指令,但並不總是這樣)。要想知道機器為什麼會到達那個地方,唯一的線索是轉換表呼叫函數時儲存於堆疊中的返回位址(return address)。如果任何隨機指令在執行時修改了堆疊或堆疊指標,那麼連這個線索也消失了。

更糟的是,如果這個隨機位址恰好位於一個函數的內部,那麼該函數就會快樂地執行,修改誰也不知道的資料,直到它運行結束。但是,函數的返回位址並不是該函數所期望的保存於堆疊上的位址,而是另一個隨機值。這個值就成為下一個指令的執行位址,電腦將在各個隨機位址間跳轉,執行位於那裡的指令。

問題在於「指令」破壞了機器如何到達錯誤最後發生地點的線索。沒有了這方面的資訊,要查明問題的根源簡直難如登天。如果你懷疑轉換表有問題,可以在那個函數呼叫之前和之後各列印一條訊息(message)。如果「被呼叫函數」不再返回,用這種方法就可以看得很清楚。但困難在於,人們很難意識到程式「某個部分的失敗」可以是位於程式中相隔甚遠的且不相關部分的一個轉換表錯誤所引起的。

13.4 命令列參數

處理命令列參數（command line arguments）是「指向指標的指標」的另一個用武之地。有些作業系統，包括 UNIX 和 MS-DOS，讓使用者在命令列中編寫參數來啟動（initiate）一個程式的執行。這些參數被傳遞給程式，程式按照它認為合適的任何方式對它們進行處理。

13.4.1 傳遞命令列參數

這些參數如何傳遞給程式呢？C 程式的 main 函數具有兩個形式參數[2]。第 1 個通常稱為 argc，它表示命令列參數的數目。第 2 個通常稱為 argv，它指向一組參數值。由於參數的數目並沒有內在的限制，因此 argv 指向這組參數值（從本質上來說是一個陣列）的第 1 個元素。這些元素的每個都是指向一個參數文本（text）的指標。如果程式需要存取命令列參數，main 函數在宣告時就要加上這些參數：

```
int
main( int argc, char **argv )
```

注意，這兩個參數通常取名為 argc 和 argv，但它們並無神奇之處。如果你喜歡，也可以把它們稱為 fred 和 ginger，只不過程式的可讀性會差一點。

圖 13.1 顯示了下面這條命令列是如何進行傳遞的（passed）：

```
$ cc -c -O main.c insert.c -o test
```

---

[2] 實際上，有些作業系統向 main 函數傳遞第 3 個參數，它是一個指向環境變數列表以及它們的值的指標。請參考你的編譯器或作業系統文件，理解更多細節。

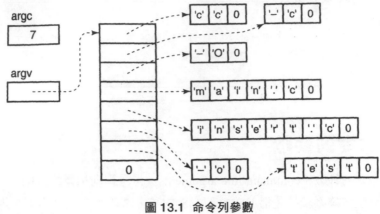

圖 13.1 命令列參數

注意指標陣列:這個陣列的每個元素都是一個字元指標,陣列的末尾是一個 NULL 指標。argc 的值和這個 NULL 值都用於確定實際傳遞了多少個參數。argv 指向陣列的第 1 個元素,這就是它為什麼被宣告為「一個指向字元的指標的指標」的原因。

最後一個需要注意的地方是「第 1 個參數就是程式的名稱」。把程式名稱作為參數傳遞有什麼用意呢?程式顯然知道自己的名稱,通常這個參數是被忽略的。不過,如果程式通常採用幾組不同的選項進行啟動,此時這個參數就有用武之地了。UNIX 中用於列出一個目錄的所有檔案的「ls 命令」就是一個這樣的程式。在許多 UNIX 系統中,這個命令具有幾個不同的名稱。當它以名稱 ls 啟動時,它將產生一個檔案(file)的簡單列表;當它以名稱 l 啟動,它就產生一個多行(multicolumn)的簡單列表;如果它以名稱 ll 啟動,它就產生一個檔案的詳細列表(detailed listing)。程式對「第 1 個參數」進行檢查,確定它是由哪個名稱啟動的,進而根據這個名稱選擇啟動選項。

在有些系統中,參數字串是挨個儲存的。這樣當你把「指向第 1 個參數的指標」向後移動,越過第 1 個參數的尾部時,就到達了第 2 個參數的起始位置。但是,這種排列方式是由編譯器定義的,所以你不能依賴它。為了尋找一個參數的起始位置,你應該使用陣列中合適的指標。

程式是如何存取這些參數的呢?**程式 13.2** 是一個非常簡單的例子──它簡單地列印出它的所有參數(除了程式名稱),非常像 UNIX 的 echo 命令。

```
/*
** 一個列印其命令列參數的程式。
*/
#include <stdio.h>
#include <stdlib.h>

int
main( int argc, char **argv )
{
        /*
        ** 列印參數，
        ** 直到遇到 NULL 指標（未使用 argc)。
        ** 程式名稱被跳過。
        */
        while( *++argv != NULL )
                printf( "%s\n", *argv );
        return EXIT_SUCCESS;
}
```

while 迴圈增加 argv 的值，然後檢查 *argv，看看是否到達了參數列表的尾部，方法是把每個參數都與表示列表末尾的 NULL 指標進行比較。如果還存在另外的參數，迴圈體就執行，列印出這個參數。在迴圈一開始就增加 argv 的值，程式名稱就被自動跳過了。

printf 函數的格式字串中的 %s 格式碼要求參數是一個指向字元的指標。printf 假定該字元是一個以 NUL 位元組結尾的字串的第 1 個字元。對 argv 參數使用間接存取操作產生它所指向的值，也就是一個指向字元的指標──這正是格式所要求的。

13.4.2 處理命令列參數

讓我們編寫一個程式，用一種更加現實的方式處理命令列參數。這個程式將處理一種非常常見的形式──檔案名稱參數前面的選項參數（option arguments）。在程式名稱的後面，可能有零個或多個選項，後面跟隨零個或多個檔案名稱，像下面這樣：

```
prog -a -b -c name1 name2 name3
```

每個選項都以一條橫槓（a dash，破折號）開頭，後面是一個字母，用於在幾個可能的選項中標明程式所需的一個。每個檔案名稱以某種方式進行處理。如果命令列中沒有檔案名稱，就對標準輸入進行處理。

為了讓這些例子更為通用，我們的程式設置了一些變數，記錄程式所找到的選項。一個現實程式的其他部分可能會測試這些變數，用於確定命令所請求的處理方式。在一個現實的程式中，如果程式發現它的命令列參數有一個選項，其對應的處理程序可能也會執行。

下面的**程式 13.3** 和**程式 13.2** 頗為相似，因為它包含了一個迴圈，檢查所有的參數。它們的主要區別在於我們現在必須區分「選項參數」和「檔案名稱參數」。當迴圈到達「並非以橫槓開關的參數」時就結束。第 2 個迴圈用於處理檔案名稱。

程式 13.3 處理命令列參數（cmd_line.c）

```
/*
** 處理命令列參數。
*/
#include <stdio.h>
#define    TRUE 1

/*
** 執行實際任務的函數的原型。
*/
void   process_standard_input( void );
void   process_file( char *file_name );

/*
** 選項旗標，預設初始化為 FALSE。
*/
int    option_a, option_b  /* etc. */ ;

void
main( int argc, char **argv )
{
        /*
        ** 處理選項參數：跳到下一個參數，
        ** 並檢查它是否以一個橫槓開頭。
        */
        while( *++argv != NULL && **argv == '-' ){
                /*
                ** 檢查橫槓後面的字母。
                */
                switch( *++*argv ){
                case 'a':
                    option_a = TRUE;
                    break;

                case 'b':
                    option_b = TRUE;
                    break;

                /* etc. */
```

```
                }
        }

        /*
        ** 處理檔案名稱參數
        */
        if( *argv == NULL )
                process_standard_input();
        else {
                do {
                    process_file( *argv );
                } while( *++argv != NULL );
        }
}
```

注意，在**程式 13.3** 的 while 迴圈中，增加了下面這個測試：

```
**argv == '-'
```

雙重間接存取操作（double indirection）存取參數的「第 1 個字元」，如圖 13.2 所示。如果這個字元不是一個橫槓，那就表示不再有其他的選項，迴圈終止。注意，在測試 **argv 之前先測試 *argv 是非常重要的。如果 *argv 為 NULL，那麼 **argv 中的第 2 個間接存取就是非法的。

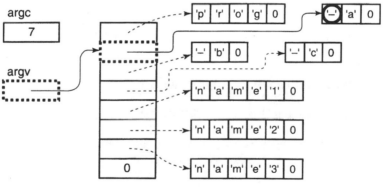

圖 13.2：存取參數

switch 陳述式中的 *++*argv 表達式你以前曾見到過。第 1 個間接存取操作存取 argv 所指的位置，然後這個位置執行自增操作（incremented）。最後一個間接存取操作根據「自增後的指標」進行存取，如圖 13.3 所示。switch 陳述式根據「找到的選項字母」設置一個變數，while 迴圈中的 ++ 運算子使 argv 指向下一個參數，用於迴圈的下一次迭代（iteration）。

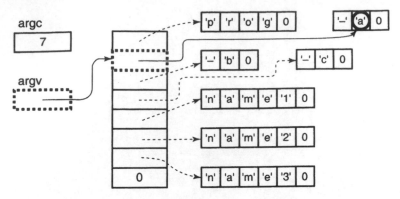

圖 13.3：存取參數中的下一個字元

當不再存在其他選項時，程式就處理檔案名稱。如果 argv 指向 NULL 指標，命令列參數裡就沒有別的東西了，程式就處理標準輸入。否則，程式就逐個處理檔案名稱。這個程式的函數呼叫較為通用，它們並未顯示一個現實程式可能執行的任何實際工作。然而，這個設計方式是非常好的。main 程式處理參數，這樣執行處理過程的「函數」就無需擔心怎樣對「選項」進行解析或者怎樣挨個存取檔案名稱。

有些程式允許使用者在一個參數中放入多個選項字母，像下面這樣：

```
prog -abc name1 name2 name3
```

一開始你可能會覺得這個改動會使我們的程式變得複雜，但實際上它很容易進行處理。每個參數都可能包含多個選項，所以我們使用另一個迴圈來處理它們。這個迴圈在遇到參數末尾的 NUL 位元組時應該結束。

程式 13.3 中的 switch 陳述式由下面的程式碼片段代替。

```
while( ( opt = *++*argv ) != '\0' ){
        switch( opt ){
        case 'a':
                option_a = TRUE;
                break;
        /* etc. */
        }
}
```

迴圈中的判斷（test，測試）使「參數指標」移動到橫槓後的那個位置，並複製一份位於那裡的字元。如果這個字元並非 NUL 位元組，那麼就像前面一樣使用 switch 陳述式來設置合適的變數。注意，選項字元被保存到局部變數 opt 中，這可以避免在 switch 陳述式中對 **argv 進行求值。

本章的其中一個問題就是對這個思路的延伸。

13.5　字串常數

現在是時候對以前曾提過的一個話題進行更深入的討論了，這個話題就是字串常數（string literal）。當一個字串常數出現在表達式中時，它的值是個指標常數（pointer constant）。編譯器把這些指定字元的一份複本儲存在記憶體的某個位置，並儲存一個指向第 1 個字元的指標。但是，當陣列名稱用於表達式中時，它們的值也是指標常數。我們可以對它們進行索引參照、間接存取以及指標運算。這些操作對於字串常數是不是也有意義呢？讓我們來看一些例子。

下面這個表達式是什麼意思呢？

```
"xyz" + 1
```

對於絕大多數程式師而言，它看上去像堆垃圾。它好像是試圖在一個字串上面執行某種類型的加法運算。但是，當你記得字串常數實際上是個指標時，它的意義就變得清楚了。這個表達式計算「指標值加上 1」的值。它的結果是個指標，指向字串中的第 2 個字元：y。

那麼下面這個表達式又是什麼呢？

```
*"xyz"
```

對一個指標執行間接存取操作時，其結果就是指標所指向的內容。字串常數的類型是「指向字元的指標」，所以這個間接存取的結果就是它所指向的字元：x。注意表達式的結果並不是整個字串，而只是它的第 1 個字元。

卜一個例子看起來也是有點奇怪，不過現在你應該能夠推斷出這個表達式的值就是字元 z。

```
"xyz" [2]
```

最後這個例子包含了一個錯誤。偏移量 4 超出了這個字串的範圍,所以這個表達式的結果是一個不可預測的字元。

```
*( "xyz" + 4 )
```

什麼時候人們可能想使用類似上面這些形式的表達式呢?**程式 13.4** 的函數是一個有用的例子。你能夠推斷出這個神秘的函數執行了什麼任務嗎?提示:用幾個不同的輸入值追蹤函數的執行過程,並觀察它的列印結果。答案將在本章結束時給出。

同時,讓我們來看一個另外的例子。**程式 13.5** 包含了一個函數,它把二進位值轉換為字元並把它們列印出來。你第 1 次看到這個函數是在**程式 7.6** 中。我們將修改這個例子,以十六進位的形式列印結果值。第 1 個修改很容易:只要把結果除以 16 而不是 10 就可以了。但是,現在餘數可能是 0 ～ 15 的任何值,而 10 ～ 15 的值應該以字母 A ～ F 來表示。下面的程式碼是解決這個問題的一種典型方法。

```
remainder = value % 16;
if( remainder < 10 )
        putchar( remainder + '0' );
else
        putchar( remainder - 10 + 'A' );
```

這裡使用了一個局部變數來保存餘數,而不是三次分別計算它。對於 0 ～ 9 的餘數,就和以前一樣列印一個十進位數字。但對於其他餘數,就把它們以字母的形式列印出來。程式碼中的推斷(測試)是必要的,因為在任何常見的「字元集」中,字母 A ～ F 並不是立即位於數字的後面。

程式 13.4　神秘函數(mystery.c)

```
/*
** 神秘函數。
**
**     參數是一個 0~100 的值。
*/
#include <stdio.h>

void
mystery( int n )
{
    n += 5;
    n /= 10;
    printf( "%s\n", "**********" + 10 - n );
}
```

```
/*
** 接受一個整數型值（無符號），
** 把它轉換為字元，並列印出來。
** 前置字元零 (Leading zeros) 被去除。
*/
#include <stdio.h>

void
binary_to_ascii( unsigned int value )
{
    unsigned int    quotient;

    quotient = value / 10;
    if( quotient != 0 )
            binary_to_ascii( quotient );
    putchar( value % 10 + '0' );
}
```

下面的程式碼用一種不同的方法解決這個問題。

```
putchar( "0123456789ABCDEF" [value % 16 ] );
```

同樣，餘數將是一個 0 ～ 15 的值。但這次它使用「索引」從字串常數中選擇一個字元進行列印。前面的程式碼是比較複雜的，因為字母和數字在「字元集」中並不是相鄰的。這個方法定義了一個字串，使字母和數字相鄰，進而避免了這種複雜性。餘數將從字串中選擇一個正確的數字。

第 2 種方法比傳統的方法要快，因為它所需要的操作更少。但是，它的程式碼並不一定比原來的方法更小。雖然指令減少了，但它付出的代價是多了一個 17 個位元組的字串常數。

提示

但是，如果程式的可讀性大幅度下降，對於因此獲得的執行速度的略微提高是得不償失的。當你使用一種不尋常的技巧或陳述式時，應確保增加一條註解（comment），描述它的工作原理。一旦解釋清楚了這個例子，它實際上比傳統的程式碼更容易理解，因為它更短一些。

現在讓我們回到神秘函數。你是不是已經猜出它的意思？它根據參數值的一定比例列印相應數量的星號。如果參數為 0，它就列印 0 個星號；如果參數為 100，它就列印 10 個星號；位於 0 ～ 100 的參數值就列印出 0 ～ 10 個的星號。換句話說，這

個函數列印一幅直方圖（histogram，又譯柱狀圖）的一條（bar），它比傳統的迴圈方案要容易得多，效率也高得多。

13.6 總結

如果宣告得當，一個指標變數可以指向另一個指標變數。和其他的指標變數一樣，一個指向指標的指標在它使用之前必須進行初始化。為了取得目標物件，必須對指標的指標執行雙重的間接存取操作。更多層的間接存取也是允許的（例如「一個指向整數型的指標的指標的指標」），但它們與簡單的指標相比，用得較少。你也可以建立指向函數和陣列的指標，還可以建立包含這類指標的陣列。

在 C 語言中，宣告是以推論的形式進行分析的。下面這個宣告

```
int   *a;
```

把表達式 *a 宣告為一個整數型。你必須隨之推斷出 a 是個指向整數型的指標。透過推論宣告，閱讀宣告的規則就和閱讀表達式的規則一樣了。

你可以使用函數指標來實作回呼函數。一個指向回呼函數的指標作為「參數」傳遞給另一個函數，後者使用這個指標呼叫「回呼函數」。使用這種技巧，你可以建立通用型函數（generic functions），用於執行普通的操作，例如：在一個連結串列中進行尋找。任何特定問題的某個實體（instance）的工作，比如說在連結串列中進行值的比較，將由客戶提供的回呼函數執行。

轉換表也使用函數指標。轉換表像 switch 陳述式一樣執行選擇（selection）。轉換表由一個函數指標陣列組成（這些函數必須具有相同的原型）。函數透過索引選擇某個指標，再透過指標呼叫對應的函數。你必須始終保證「索引值」處於適當的範圍之內，因為在轉換表中 debug 錯誤是非常困難的。

如果某個執行環境實作了命令列參數，則這些參數是透過兩個形式參數傳遞給 main 函數的。這兩個形式參數通常稱為 argc 和 argv。argc 是一個整數，用於表示參數的數量。argv 是一個指標，它指向一個序列的字元型指標。該序列中的每個指標指向一個命令列參數。該序列以一個 NULL 指標作為結束旗標。其中第 1 個參數就是程式的名稱。程式可以透過對 argv 使用間接存取操作來存取命令列參數。

出現在表達式中的字串常數的值是一個常數指標，它指向字串的第 1 個字元。和陣列名稱一樣，你既可以用「指標表達式」也可以用「索引」來使用字串常數。

13.7　警告的總結

1. 對一個未初始化的指標執行間接存取操作。

2. 在轉換表中使用越界索引。

13.8　程式設計提示的總結

1. 如果並非必要，避免使用多層間接存取。

2. cdecl 程式可以協助你分析複雜的宣告。

3. 把 void * 強制轉換為其他類型的指標時，必須小心。

4. 使用轉換表時，應始終驗證索引的有效性。

5. 破壞性的命令列參數處理方式，使得以後無法再次進行處理。

6. 對於不尋常的程式碼，始終應該加上一條註解，描述它的目的和原理。

13.9　問題

1. 下面顯示了一列宣告。

   a.　`int abc();`

   b.　`int abc[3];`

   c.　`int **abc();`

   d.　`int (*abc)();`

   e.　`int (*abc)[6];`

   f.　`int *abc();`

   g.　`int **(*abc[6])();`

   h.　`int **abc[6];`

   i.　`int *(*abc)[6];`

   j.　`int *(*abc())();`

   k.　`int (**(*abc)())();`

   l.　`int (*(*abc)())[6];`

   m.　`int *(*(*(*abc)())[6])();`

從下面的列表中挑出與上面各個宣告匹配的最佳描述。

I. int 型指標（指向 int 的指標）。

II. int 型指標的指標。

III. int 型陣列。

IV. 指向「int 型陣列」的指標。

V. int 型指標陣列。

VI. 指向「int 型指標陣列」的指標。

VII. int 型指標的指標陣列。

VIII. 返回值為 int 的函數。

IX. 返回值為「int 型指標」的函數。

X. 返回值為「int 型指標的指標」的函數。

XI. 返回值為 int 的函數指標。

XII. 返回值為「int 型指標」的函數指標。

XIII. 返回值為「int 型指標的指標」的函數指標。

XIV. 返回值為 int 的函數指標的陣列。

XV. 指向「返回值為 int 型指標的函數」的指標的陣列。

XVI. 指向「返回值為 int 型指標的指標的函數」的指標的陣列。

XVII. 返回值為「返回值為 int 的函數指標」的函數。

XVIII. 返回值為「返回值為 int 的函數的指標的指標」的函數。

XIX. 返回值為「返回值為 int 型指標的函數指標」的函數。

XX. 返回值為「返回值為 int 的函數指標」的函數指標。

XXI. 返回值為「返回值為 int 的函數指標的指標」的函數指標。

XXII. 返回值為「返回值為 int 型指標的函數指標」的函數指標。

XXIII. 返回值為「指向 int 型陣列的指標」的函數指標。

XXIV. 返回值為「指向 int 型指標陣列的指標」的函數指標。

XXV. 返回值為「指向『返回值為 int 型指標的函數指標』的陣列的指標」的函數指標。

XXVI. 非法。

2. 給定下列宣告：

```
char    *array[10];
char    **ptr = array;
```

如果變數 ptr 加上 1，它的效果是什麼樣的？

3. 假定你將要編寫一個函數，它的起始部分如下所示：

```
void func( int ***arg ){
```

參數的類型是什麼？畫一張圖，顯示這個變數的正確用法。如果想取得這個參數所指代的整數，你應該使用怎樣的表達式？

✎ 4. 下面的程式碼可以如何進行改進？

```
Transaction *trans;
trans->product->orders += 1;
trans->product->quantity_on_hand -= trans->quantity;
trans->product->supplier->reorder_quantity
        += trans->quantity;
if( trans->product->export_restricted ){
        ...
}
```

5. 給定下列宣告：

```
typedef        struct {
        int    x;
        int    y;
} Point;

Point   p;
Point   *a = &p;
Point   **b = &a;
```

判斷下面各個表達式的值。

a. a

b. *a

c. a->x

d. b

e. b->a

f. b->x

g. *b

h. *b->a

i. *b->x

j. `b->a->x`

k. `(*b)->a`

l. `(*b)->x`

m. `**b`

6. 給定下列宣告：

```
typedef        struct {
        int    x;
        int    y;
} Point;

Point   x, y;
Point   *a = &x, *b = &y;
```

解釋下列各陳述式的涵義。

a. `x = y;`

b. `a = y;`

c. `a = b;`

d. `a = *b;`

e. `*a = *b;`

✎ 7. 許多 ANSI C 的實作都包含了一個函數，稱為 getopt。這個函數用於幫助處理命令列參數。但是，getopt 在「標準」中並未提及。擁有這樣一個函數，有什麼優點？又有什麼缺點？

8. 下面的程式碼片段有什麼錯誤（如果有的話）？你如何修正它？

```
char    *pathname = "/usr/temp/XXXXXXXXXXXXXXX";
...
/*
** Insert the filename into the pathname.
*/
strcpy( pathname + 10, "abcde" );
```

9. 下面的程式碼片段有什麼錯誤（如果有的話）？你如何修正它？

```
char    pathname[] = "/usr/temp/";
...
/*
** Append the filename to the pathname.
*/
strcat( pathname, "abcde" );
```

10. 下面的程式碼片段有什麼錯誤（如果有的話）？你如何修正它？

```
char    *pathname[20] = "/usr/temp/";
...
/*
** Append the filename to the pathname.
*/
stroat( pathrame, filename );
```

✐ 11. 「標準」規定，如果對一個字串常數進行修改，其效果是未定義的。如果你修改了字串常數，有可能會出現什麼問題呢？

13.10　程式設計練習

✐★★ 1. 編寫一個程式，從標準輸入讀取一些字元，並根據下面的分類計算各類字元所占的百分比。

> 控制字元
> 空白字元
> 數字
> 小寫字母
> 大寫字母
> 標號符號
> 不可列印字元

這些字元的分類是根據 ctype.h 中的函數定義的。不能使用一系列的 if 陳述式。

★ 2. 編寫一個通用目的的函數，巡訪一個單向連結串列。它應該接受兩個參數：「一個指向連結串列第 1 個節點的指標」和〔一個指向一個回呼函數的指標」。回呼函數應該接受單個參數，也就是指向「一個連結串列節點」的指標。對於連結串列中的每個節點，都應該呼叫一次這個回呼函數。這個函數需要知道連結串列節點的什麼資訊？

★★ 3. 轉換下面的程式碼片段，使它改用轉換表而不是 switch 陳述式。

```
Node    *list;
Node    *current;
Transaction *transaction;
typedef enum  { NEW, DELETE, FORWARD, BACKWARD,
    SEARCH, EDIT } Trans_type;
...
```

```
        switch( transaction->type ) {
        case    NEW
                add_new_trans( list, transaction );
                break;

        case    DELETE:
                current = delete_trans( list, current );
                break;

        case    FORWARD:
                current = current->next;
                break;

        case    BACKWARD:
                current = current->prev;
                break;

        case    SEARCH:
                current = search( list, transaction );
                break;

        case    EDIT:
                edit( current, transaction );
                break;

        default:
                printf( "Illegal transaction type!\n" );
                break;
        }
```

★★★★ 4. 編寫一個名叫 sort 的函數，它用於對一個任何類型的陣列進行排序。為了使函數更為通用，它的其中一個參數必須是一個指向「比較回呼函數」的指標，該回呼函數由呼叫程式提供。比較函數接受兩個參數，也就是兩個指向「需要進行比較的值」的指標。如果兩個值相等，函數返回零；如果「第 1 個值」小於「第 2 個」，函數返回一個小於零的整數；如果「第 1 個值」大於「第 2 個」，函數返回一個大於零的整數。

sort 函數的參數將是：

1. 一個指向「需要排序的陣列的第 1 個值」的指標。

2. 陣列中「值」的個數。

3. 每個陣列元素的長度。

4. 一個指向「比較回呼函數」（comparison callback function）的指標。

sort 函數沒有返回值。

你將不能根據實際類型宣告陣列參數,因為函數應該可以對「不同類型的陣列」進行排序。如果你把資料當作一個「字元陣列」使用,你可以用第 3 個參數尋找實際陣列中每個元素的起始位置,也可以用它交換兩個陣列元素(每次一個位元組)。

對於簡單的交換排序(a simple exchange sort),你可以使用下面的演算法,當然也可以使用你認為更好的演算法。

```
for i = 1 to 元素數 -1 do
    for j = i + 1 to 元素數 do
        if 元素 i > 元素 j then
            交換元素 i 和元素 j
```

★★★★★ 5. 編寫程式碼處理命令列參數是十分乏味的,所以最好有一個標準函數來完成這項工作。但是,不同的程式以不同的方式處理它們的參數。所以,這個函數必須非常靈活,以便使它能用於更多的程式。在本題中,你將編寫這樣一個函數。你的函數透過尋找(locate)和提取(extract)參數來提供靈活性。使用者所提供的回呼函數將執行實際的處理工作。

下面是函數的原型。注意,它的第 4 個和第 5 個參數是回呼函數的原型。

```
char **
do_args( int argc, char **argv, char *control,
    void (*do_arg)( int ch, char *value ),
    void (*illegal_arg)( int ch ) );
```

頭兩個參數就是 main 函數的參數,main 函數對它們不做修改,直接傳遞給 do_args。第 3 個參數是個字串,用於標識程式期望接受的命令列參數。最後兩個參數都是函數指標,它們是由使用者提供的。

do_args 函數按照下面這樣的方式處理命令列參數:

```
跳過程式名稱參數
while 下一次參數以一個橫槓開頭
    對於參數橫槓後面的每個字元
        處理字元
返回一個指標,指向下一個參數指標。
```

為了「處理字元」(process the character),你首先必須觀察該字元是否位於 control 字串內。如果它並不位於那裡,呼叫 illegal_arg 所指向函數,把這個字元作為參數傳遞過去。如果它位於 control 字串內,但它的後面並不是跟一個 + 號,那麼就呼叫 do_arg 所指向的函數,把這個字元和一個 NULL 指標作為參數傳遞過去。

如果該字元位於 control 字串內並且後面跟一個 + 號，那麼就應該有一個「值」與這個字元相聯繫。如果當前參數還有其他字元，它們就是我們需要的值。否則，下一個參數才是這個值。在任何一種情況下，你應該呼叫 do_arg 所指向的函數，把「這個字元」和「指向這個值的指標」傳遞過去。如果不存在這個值（當前參數沒有其他字元，且後面不再有參數），那麼你應該改而呼叫 illegal_arg 函數。**注意：**你必須保證這個值中的字元以後不會被處理。

當所有以一個橫槓開頭的參數被處理完畢後，你應該返回一個指向「下一個命令列參數的指標」的指標（也就是一個諸如 &argv[4] 或 argv+4 的值）。如果所有的命令列參數都以一個橫槓開頭，你就返回一個指向「命令列參數列表中結尾的 NULL 指標」的指標。

這個函數必須既不能修改命令列參數指標，也不能修改參數本身。為了說明這一點，假定程式 prog 呼叫這個函數：下面的例子顯示了幾個不同集合的參數的執行結果。

命令列：	$ prog -x -y z
control：	"x"
do_args 呼叫：	(*do_arg)('x',0)
	(*illegal_arg)('y')
並且返回：	&argv[3]
命令列：	$ prog -x -y -z
control：	"x+y+z+"
do_args 呼叫：	(*do_arg)('x',"-y")
	(*illegal_arg)('z')
並且返回：	&argv[4]
命令列：	$ prog -abcd -ef ghi jkl
control：	"ab+cdef+g"
do_args 呼叫：	(*do_arg)('a',0)
	(*do_arg)('b',"cd")
	(*do_arg)('e',0)
	(*do_arg)('f',"ghi")
並且返回：	&argv[4]
命令列：	$ prog -a b -c -d -e -f
control：	"abcdef"
do_args 呼叫：	(*do_arg)('a',0)
並且返回：	&argv[2]

預處理器

編譯一個 C 程式涉及很多步驟。其中第 1 個步驟被稱為預處理（preprocessing，又譯前置處理）階段。C 預處理器（preprocessor，又譯前置處理器）在原始程式碼編譯之前對其進行一些文本性質的操作。它的主要任務包括刪除註解、插入被 #include 指令包含的檔案的內容、定義和替換由 #define 指令定義的符號，以及確定程式碼的部分內容是否應該根據一些條件編譯指令（conditional compilation directives）進行編譯。

14.1　預定義符號

表 14.1 總結了由預處理器定義的符號（symbols）。它們的值或者是「字串常數」，或者是「十進位數字常數」。__FILE__ 和 __LINE__ 在確認 debug 輸出的來源方面很有用處。__DATE__ 和 __TIME__ 常常用於在「被編譯的程式」中加入版本資訊。__STDC__ 用於那些在 ANSI 環境和非 ANSI 環境都必須進行編譯的程式中結合「條件編譯」（本章稍後描述）。

表 14.1：預處理器符號

符號	範例值	涵義
__FILE__	"name.c"	進行編譯的原始檔案名稱
__LINE__	26	檔案當前行的行號 (line number)
__DATE__	"Jan 31 1997"	檔案被編譯的日期

符號	範例值	涵義
__TIME__	"18:04:30"	檔案被編譯的時間
__STDC__	1	如果編譯器遵循 ANSI C，其值就為 1，否則未定義

14.2 #define

你已經見過 #define 指令的一些簡單用法，就是為「數值」命名一個「符號」。在本節，我將介紹 #define 指令的更多用途。首先讓我們觀察一下它的更為正式的描述。

```
#define  name   stuff
```

有了這條指令以後，每當有符號 name 出現在這條指令後面時，預處理器就會把它替換成 stuff。

> **K&R C**
>
> 早期的 C 編譯器要求 # 出現在每行的起始位置，不過它的後面可以跟一些空白。在 ANSI C 中，這條限制被取消了。

替換文本並不僅限於數值字面常數（numeric literal constant）。使用 #define 指令，你可以把**任何**文本替換到程式中。這裡有幾個例子：

```
#define reg          register
#define do_forever   for(;;)
#define CASE         break;case
```

第 1 個定義只是為關鍵字 register 建立了一個簡短的別名（alias）。這個較短的名稱使各個宣告更容易透過 Tab 進行排列。第 2 條宣告用一個更具描述性的符號來代替一種用於實作無限迴圈（infinite loop）的 for 陳述式類型。最後一個 #define 定義了一種簡短表示法，以便在 switch 陳述式中使用。它自動地把一個 break 放在每個 case 之前，這使得 switch 陳述式看上去更像其他語言的 case 陳述式。

如果定義中的 stuff 非常長，它可以分成幾行，除了最後一行之外，每行的末尾都要加一個反斜線，如下面的例子所示：

```
#define DEBUG_PRINT printf( "File %s line %d:" \
                    " x=%d, y=%d, z=%d", \
                    __FILE__, __LINE__, \
                    x, y, z )
```

這裡利用了「相鄰的字串常數被自動連接為一個字串」這個特性。當你 debug 一個程式，這個程式存在許多涉及一組變數的不同計算過程時，這種類型的宣告非常有用。你可以很容易地插入一條 debug 陳述式，列印出它們的當前值。

```
x *= 2;
y += x;
z = x * y;
DEBUG_PRINT;
```

警告

這條陳述式在 DEBUG_PRINT 後面加了一個分號，所以你不應該在巨集定義的尾部加上分號。如果你這樣做了，結果就會產生兩條陳述式──一條 printf 陳述式後面再加一條空陳述式。有些場合只允許出現一條陳述式，如果放入兩條陳述式就會出現問題，例如：

```
if( ... )
        DEBUG_PRINT;
else
        ...
```

你也可以使用 #define 指令把一序列陳述式插入到程式中。這裡有一個完整迴圈的宣告：

```
#define PROCESS_LOOP                \
        for( i = 0; i < 10; i += 1 ){ \
                sum += i;             \
                if( i > 0 )           \
                        prod *= i;    \
        }
```

提示

不要濫用這種技巧。如果相同的程式碼需要出現在程式的幾個地方，通常更好的方法是把它實作為一個函數。本章後面我將詳細討論 #define 巨集和函數之間的優劣。

14.2.1 巨集

#define 機制包括了一個規定，允許把參數替換到文本中，這種實現通常稱為**巨集**（macro）或定義巨集（defined macro）。下面是巨集的宣告方式：

```
#define  name(parameter-list)  stuff
```

其中，parameter-list（參數列表）是一個由逗號分隔的符號列表，它們可能出現在 stuff 中。參數列表的左括號必須與 name 緊鄰。如果兩者之間有任何空白存在，參數列表就會被解釋為 stuff 的一部分。

當巨集被呼叫（invoke）時，名稱後面是一個由逗號分隔的值的列表，每個值都與「巨集定義中的一個參數」相對應，整個列表用一對括號包圍。當參數出現在程式中時，與每個參數對應的實際值都將被替換到 stuff 中。

這裡有一個巨集，它接受一個參數：

```
#define  SQUARE(x)    x * x
```

如果在上述宣告之後，你把

```
SQUARE( 5 )
```

置於程式中，預處理器就會用下面這個表達式替換上面的表達式：

```
5 * 5
```

警告

但是，這個巨集存在一個問題。觀察下面的程式碼片段：

```
a = 5;
printf("%d\n", SQUARE( a + 1 ) );
```

乍看之下，你可能覺得這段程式碼將列印 36 這個值。事實上，它將列印 11。想知道為什麼？請觀察被替換的巨集文本。參數 x 被文本 a + 1 替換，所以這條陳述式實際上變成了

```
printf("%d\n", a + 1 * a + 1 );
```

現在問題清楚了：由替換產生的表達式並沒有按照預想的次序進行求值。

在巨集定義中加上兩個括號，這個問題便很輕鬆地解決了：

```
#define  SQUARE(x)    (x) * (x)
```

在前面那個例子裡，預處理器現在將用下面這條陳述式執行替換，進而產生預期的結果：

```
printf("%d\n", ( a + 1 ) * ( a + 1 ) );
```

這裡有另外一個巨集定義：

```
#define  DOUBLE(x)    (x) + (x)
```

定義中使用了括號，用於避免前面出現的問題。但是，使用這個巨集，可能會出現另外一個不同的錯誤。下面這段程式碼將列印出什麼值？

```
a = 5;
printf("%d\n", 10 * DOUBLE( a ) );
```

下面是一對有趣的巨集：

```
#define   repeat     do
#define   until(x)   while( ! (x) )
```

這兩個巨集建立了一種「新」的迴圈，其工作過程類似於其他語言中的 repeat/until 迴圈。它按照下面這樣的方式使用：

```
repeat {
        statements
} until( i >= 10 );
```

預處理器將用下面的程式碼進行替換：

```
do {
        statements
} while( ! ( i >= 10 ) );
```

表達式 i>=10 兩邊的括號用於確保在「!運算子」執行之前先完成這個表達式的求值。

14.2.2 #define 替換

在程式中擴展（expand）#define 定義符號和巨集時，需要涉及幾個步驟。

1. 在呼叫巨集時，首先對參數進行檢查，看看是否包含了任何由 #define 定義的符號。如果是，它們首先被替換。

2. 替換文本隨後被插入到程式中原來文本的位置。對於巨集，參數名稱被它們的值所替代。

3. 最後，再次對結果文本進行掃描，看看它是否包含了任何由 #define 定義的符號。如果是，就重複上述處理過程。

這樣，巨集參數和 #define 定義可以包含其他 #define 定義的符號。但是，巨集不可以出現遞迴。

當預處理器搜尋 #define 定義的符號時，並不檢查字串常數的內容。如果想把巨集參數插入到字串常數中，可以使用兩種技巧。第一個技巧是，鄰近字串自動連接的特性使我們很容易把一個字串分成幾段，每段實際上都是一個巨集參數。這裡有一個這種技巧的例子：

```
#define PRINT(FORMAT,VALUE)          \
        printf( "The value is " FORMAT "\n", VALUE )
...
PRINT( "%d", x + 3 );
```

這種技巧只有當「字串常數」作為「巨集參數」給出時才能使用。

第 2 個技巧使用預處理器把一個巨集參數轉換為一個字串。#argument 這種結構被預處理器翻譯為「argument」。這種翻譯（translation）可以讓你像下面這樣編寫程式碼：

```
#define PRINT(FORMAT,VALUE)            \
        printf( "The value of " #VALUE \
        " is " FORMAT "\n", VALUE )
...
PRINT( "%d", x + 3 );
```

它將產生下面的輸出：

```
The value of x + 3 is 25
```

結構則執行一種不同的任務。它把位於自己兩邊的符號連接成一個符號。作為用途之一，它允許巨集定義從「分離的文本片段」建立識別字（identifiers）。下面這個例子使用這種連接（concatenation）把一個值添加到幾個變數之一：

```
#define ADD_TO_SUM( sum_number, value ) \
        sum ## sum_number += value
...
ADD_TO_SUM( 5, 25 );
```

最後一條陳述式把值 25 加到變數 sum5。注意，這種連接必須產生一個合法的識別字。否則，其結果就是未定義的。

14.2.3 巨集與函數

巨集非常頻繁地用於執行簡單的計算，比如說，在兩個表達式中尋找其中較大（或較小）的一個：

```
#define MAX( a, b )     ( (a) > (b) ? (a) : (b) )
```

為什麼不用函數來完成這個任務呢？有兩個原因。首先，用於呼叫和從函數返回的程式碼很可能比實際執行這個小型計算工作的程式碼更大，所以使用巨集比使用函數在程式的「規模」和「速度」方面都更勝一籌。

但是，更為重要的是，函數的參數必須宣告為一種特定的類型（a specific type），所以它只能在類型合適的表達式上使用。反之，上面這個巨集可以用於整數型、長整數型、單浮點型、雙浮點數以及其他任何可以用「> 運算子」比較值大小的類型。換句話說，巨集是與類型無關的（typeless）。

和使用函數相比，使用巨集的不利之處在於每次使用巨集時，一份巨集定義程式碼的複本都將插入到程式中。除非巨集非常短，否則使用巨集可能會大幅度增加程式的長度。

還有一些任務根本無法用函數實現。讓我們仔細觀察定義於**程式 11.1a** 的巨集。這個巨集的第 2 個參數是一種類型，它無法作為「函數參數」進行傳遞。

```
#define MALLOC(n, type) \
        ( (type *)malloc( (n) * sizeof( type ) ) )
```

你現在可以觀察一下這個巨集確切的工作過程。下面這個例子中的「第 1 條陳述式」被預處理器轉換為「第 2 條陳述式」：

```
pi = MALLOC( 25, int );
pi = ( ( int * )malloc( ( 25 ) * sizeof( int ) ) );
```

同樣，請注意巨集定義並沒有用一個分號結尾。分號出現在呼叫這個巨集的陳述式中。

14.2.4　帶副作用的巨集參數

當巨集參數在巨集定義中出現的次數超過一次時，如果這個參數具有副作用，那麼當你使用這個巨集時就可能出現危險，導致不可預料的結果。**副作用**（side effect）就是在表達式求值時出現的永久性效果。例如，下面這個表達式

```
x + 1
```

可以重複執行幾百次，它每次獲得的結果都是一樣的。這個表達式不具有副作用。但是

```
x++
```

就具有副作用：它增加 x 的值。當這個表達式下一次執行時，它將產生一個不同的結果。MAX 巨集可以證明具有副作用的參數所引起的問題。觀察下列程式碼，你認為它將列印出什麼？

```
#define MAX( a, b )    ( (a) > (b) ? (a) : (b) )
...
x = 5;
y = 8;
z = MAX( x++, y++ );
printf( "x=%d, y=%d, z=%d\n", x, y, z );
```

這個問題並不輕鬆。記住第 1 個表達式是一個條件表達式，用於確定執行另兩個表達式中的哪一個，剩餘的那個表達式將不會執行。其結果是：x=6，y=10，z=9。

和往常一樣，只要檢查一下用巨集替換後產生的程式碼，這個奇怪的結果就變得一目瞭然了。

```
z = ( ( x++ ) > ( y++ ) ? ( x++ ) : ( y++ ) );
```

雖然那個較小的值只增值了一次，但那個較大的值卻增值了兩次——第 1 次是在比較時，第 2 次在執行？符號後面的表達式時。

副作用並不僅限於修改變數的值。下面這個表達式

```
getchar()
```

也具有副作用。呼叫這個函數將「消耗」（consume）輸入的一個字元，所以該函數的後續呼叫將得到不同的字元。如果使用者的意圖並不是想「消耗」輸入字元，那麼就不能重複呼叫這個函數。

考慮下面這個巨集。

```
#define EVENPARITY( ch )                     \
        ( ( count_one_bits( ch ) & 1 ) ? \
        ( ch ) | PARITYBIT : ( ch ) )
```

它使用了**程式 5.1** 的 count_one_bits 函數，該函數返回它的參數的二進位位元模式中 1 的個數。這個巨集的目的是產生一個具有偶同位[1]的字元。它首先計數字元中「位元 1」的個數，如果結果是一個奇數，PARITYBIT 值（一個值為 1 的位元）與該字元執行 OR 操作，否則該字元就保留不變。但是，當這個巨集以下面這種方式使用時，請想像一下會發生什麼？

```
ch = EVENPARITY( getchar() );
```

這條陳述式看上去很合理：讀取一個字元並計算它的同位位元。但是，它的結果是失敗的，因為它實際上讀入了兩個字元！

14.2.5 命名約定

#define 巨集的行為和真正的函數相比存在一些不同的地方，表 14.2 對此進行了總結。由於這些不同之處，因此讓程式設計師知道「一個識別字」究竟是一個巨集還是一個函數是非常重要的。不幸的是，使用巨集的語法和使用函數的語法是完全一樣的，所以語言本身並不能協助你區分這兩者。

---

[1] 同位（parity）是一種錯誤檢測機制（error detection mechanism）。在資料被儲存或透過通訊線路傳送之前，為一個值計算（並添加）一個同位位元（parity bit，又譯校驗位元），使資料的二進位模式中 1 的個數為一個偶數。以後，資料可以透過計算它的位元 1 的個數來驗證其有效性。如果結果是奇數，那麼資料就出現了錯誤。這個技巧被稱為偶同位元檢查（even parity，又譯偶校驗）。奇同位檢查（odd parity，又譯奇校驗）的工作原理相同，只是計算並添加同位位元之後，資料的二進位位元模式中 1 的個數是奇數。

表 14.2：巨集和函數的不同之處

屬性	#define 巨集	函數
程式碼長度	每次使用時，巨集程式碼都被插入到程式中。除了非常小的巨集之外，程式的長度將大幅度增長。	函數程式碼只出現於一個地方；每次使用這個函數時，都呼叫那個地方的同一份程式碼。
執行速度	更快。	存在函數呼叫／返回的額外開銷。
運算子優先順序	巨集參數的求值是在所有周圍表達式的上下文環境裡，除非它們加上括號，否則鄰近運算子的優先順序可能會產生不可預料的結果。	函數參數只在函數呼叫時求值一次，它的結果值傳遞給函數。表達式的求值結果更容易預測。
參數求值	參數每次用於巨集定義時，它們都將重新求值。由於多次求值，「具有副作用的參數」可能會產生不可預料的結果。	參數在函數被呼叫前只求值一次。在函數中多次使用參數，並不會導致多次求值過程。參數的副作用並不會造成任何特殊的問題。
參數類型	巨集與類型無關。只要對參數的操作是合法的，它可以使用於任何參數類型。	函數的參數是與類型有關的。如果參數的類型不同，就需要使用不同的函數，即使它們執行的任務是相同的。

14.2.6 #undef

下面這條預處理指令用於移除一個巨集定義：

```
#undef   name
```

如果一個現存的名稱需要被重新定義，那麼它的舊定義首先必須用 #undef 移除。

14.2.7 命令列定義

許多 C 編譯器提供了一種能力，允許你在命令列中定義符號，用於啟動編譯過程。當我們根據同一個原始檔案編譯一個程式的不同版本時，這個特性是很有用的。例如，假定某個程式宣告了一個某種長度的陣列。如果某個機器的記憶體很有限，這個陣列必須很小，但在另一個記憶體充裕的機器上，你可能希望陣列能夠大一些。如果陣列是用類似下面的形式進行宣告的，

```
int     array[ARRAY_SIZE];
```

那麼，在編譯程式時，ARRAY_SIZE 的值可以在命令列中指定。

在 UNIX 編譯器中，-D 選項可以完成這項任務。我們可以用如下兩種方式使用這個選項。

```
-Dname
-Dname=stuff
```

第 1 種形式定義了符號 name，它的值為 1。第 2 種形式把該符號的值定義為等號後面的 stuff。用於 MS-DOS 的 Borland C 編譯器使用相同的語法提供相同的功能。請查閱你的編譯器文件，獲取和你的系統有關的資訊。

回到我們的例子，在 UNIX 系統中，編譯這個程式的命令列可能是下面這個樣子：

```
cc -DARRAY_SIZE=100 prog.c
```

這個例子說明了在程式中將數量（quantity，如陣列長度）參數化所帶來的另一個好處。如果在陣列的宣告中，它的長度以「字面常數」的形式給出，或者，如果需要在迴圈內部用「一個字面常數」作為上限（a limit）存取陣列，這種技巧就無法使用。在你需要參照「陣列長度」的地方，都必須使用符號常數（symbolic constant）。

在命令列中提供符號定義的編譯器，通常也會提供在命令列中移除符號定義的功能。在 UNIX 編譯器上，-U 選項用於執行這項任務。指定 -Uname 將導致程式中符號 name 的初始定義被忽略。當它與條件編譯（conditional compilation）結合使用時，這個特性是很有用的。

14.3　條件編譯

在編譯一個程式時，如果我們可以選擇翻譯或忽略某條陳述式或某組陳述式，常常會很方便。只用於除錯工具的陳述式就是一個明顯的例子。它們不應該出現在程式的產品版本（production versions）中，但是我們可能並不想把這些陳述式從原始程式碼中物理刪除，因為在需要一些維護性修改時，可能需要重新 debug 這個程式，此時還需要這些陳述式。

條件編譯（conditional compilation）可以實現這個目的。使用條件編譯，可以選擇程式碼的一部分是被正常編譯還是完全忽略。用於支援條件編譯的基本結構是 #if 指令和與其匹配的 #endif 指令。下面顯示了它最簡單的語法形式：

```
#if constant-expression
        statements
#endif
```

其中，constant-expression（常數表達式）由預處理器進行求值。如果它的值是非零值（真），那麼 statements 部分就被正常編譯，否則預處理器就安靜地刪除它們。

所謂常數表達式，就是說它或者是字面常數，或者是一個由 #define 定義的符號。如果變數在執行期之前無法獲得它們的值，那麼它們如果出現在常數表達式中就是非法的，因為它們的值在編譯時是不可預測的。

例如，讓所有的 debug 程式碼都以下面這種形式出現：

```
#if DEBUG
        printf( "x=%d, y=%d\n", x, y );
#endif
```

這樣，無論是想編譯還是忽略這個程式碼，都很容易辦到。如果想要編譯它，只要使用

```
#define DEBUG  1
```

這個符號定義就可以了。如果想要忽略它，只要把這個符號定義為 0 就可以了。無論哪種情況，這段程式碼都可以保留在原始檔案中。

條件編譯的另一個用途是在編譯時選擇不同的程式碼部分。為了支援這個功能，#if 指令還具有可選的 #elif 和 #else 子句。完整的語法如下所示：

```
#if constant-expression
        statements
#elif constant-expression
        other statements ...
#else
        other statements
#endif
```

#elif 子句出現的次數可以不限。每個 constant-expression（常數表達式）只有當前面所有常數表達式的值都為「假」時才會被編譯。#else 子句中的陳述式只有當前面所有常數表達式的值都為「假」時才會被編譯，在其他情況下它都會被忽略。

> **K&R C**
>
> 最初的 K&R C 並沒有 #elif 指令。但是，在這類編譯器中，可以使用巢套（nested）的指令來獲得相同的效果。

下面這個例子取自一個以幾個不同版本進行銷售的程式。每個版本都有一組不同的選項特性（optional features）。編寫這個程式碼的困難在於如何讓它產生不同的版本。必須避免為每個版本編寫一組不同的原始檔案，因為這個代價太大了！由於各組原始檔案的絕大多數程式碼都是一樣的，維護這個程式將成為一場惡夢。幸運的是，條件編譯可以解決這個問題。

```
    if( feature_selected == FEATURE1 )
#if     FEATURE1_ENABLED_FULLY
        feature1_function( arguments );
#elif   FEATURE1_ENABLED_PARTIALLY
        feature1_partial_function( arguments );
#else
        printf( "To use this feature, send $39.95;"
            " allow ten weeks for delivery. \n" );
#endif
```

這樣，我們只需要編寫一組原始檔案。當它們被編譯時，每個當前版本所需的特性（或特性層次（feature levels））符號被定義為 1，其餘的符號被定義為 0。

14.3.1 是否被定義

測試一個符號是否已被定義也是可能的。在條件編譯中完成這個任務往往更為方便，因為程式如果並不需要「控制編譯的符號」所控制的特性，就不需要定義符號。這個測試可以透過下列任何一種方式進行：

```
#if     defined(symbol)
#ifdef  symbol

#if     !defined(symbol)
#ifndef symbol
```

每對定義的兩條陳述式是等價的，但 #if 形式功能更強。因為常數表達式可能包含額外的條件，如下面所示：

```
#if X > 0 || defined( ABC ) && defined( BCD )
```

> **K&R C**
> 有些 K&R C 編譯器可能並未包含所有這些功能，這取決於它們的年代有多久遠。

14.3.2 巢套指令

前面提到的這些指令可以巢套（嵌套）於另一個指令內部，如下面的程式碼片段所示：

```
#if     defined( OS_UNIX )
        #ifdef  OPTION1
                unix_version_of_option1();
        #endif
        #ifdef  OPTION2
                unix_version_of_option2();
        #endif
#elif   defined( OS_MSDOS )
        #ifdef  OPTION2
                msdos_version_of_option2();
        #endif
#endif
```

在這個例子中，作業系統的選擇將決定不同的選項可以使用哪些方案。這個例子同時說明了預處理器指令可以在它們前面添加空白，形成縮排，進而提高可讀性。

為了幫助讀者記住複雜的巢套指令（nested directives），為每個 #endif 加上一個註解標籤是很有幫助的，標籤的內容就是 #if（或 #ifdef）後面的那個表達式。當 #if（或 #ifdef）和 #endif 之間的程式碼區塊非常長時，這種做法尤為有用。例如：

```
#ifdef OPTION1
        lengthy code for option1;
#else
        lengthy code for alternative;
#endif /* OPTION1 */
```

有些編譯器允許一個符號出現於 #endif 指令中,它的作用和上面這種標籤類似。不過這個符號對實際程式碼不會產生任何作用。「標準」並沒有提及這種做法是否合法,所以更安全的做法還是使用註解(comment)。

14.4　檔案引入(檔案包含)

前面已經看到,#include 指令使另一個檔案的內容被編譯,就像它實際出現於 #include 指令出現的位置一樣。這種替換執行的方式很簡單:預處理器刪除這條指令,並用引入檔案的內容取而代之。這樣,一個標頭檔(header file)如果被引入(包含)到 10 個原始檔案中,它實際上被編譯了 10 次。

> **提示**
>
> 這個事實意味著使用 #include 檔案涉及一些開銷,但根據兩個十分充分的理由,你不必擔心這種開銷。首先,這種額外開銷實際上並不大。如果兩個原始檔案都需要同一組宣告,「把這些宣告複製到每個原始檔案中」所花費的編譯時間跟「把這些宣告放入一個標頭檔,然後再用 #include 指令把它引入到每個原始檔案」所花費的編譯時間相差無幾。同時,這個開銷只是在程式被編譯時才存在,所以對執行時效率並無影響。但是,更為重要的是,把這些宣告放在一個標頭檔中具有重要的意義。如果其他原始檔案還需要這些宣告,就不必把這些複本逐一複製到這些原始檔案中,因此它們的維護任務也變得簡單了。

> **提示**
>
> 當標頭檔被引入時,位於標頭檔內的所有內容都要被編譯。這個事實意味著每個標頭檔只應該包含一組函數或資料的宣告。和把一個程式需要的所有宣告都放入一個巨大的標頭檔相比,使用幾個標頭檔,每個標頭檔包含用於某個特定函數或模組的宣告的做法更好一些。

> **提示**
>
> 程式設計和模組化的原則也支持這種方法。只把必要的宣告包含於一個檔案中會更好一些,這樣檔案中的陳述式就不會意外地存取應該屬於私有的函數或變數。同時,這種方法使得我們也不需要在數百行不相關的程式碼中尋找所需的那組宣告,因此它們的維護工作也更容易一些。

14.4.1 函式庫檔案引入

編譯器支援兩種不同類型的 #include 檔案引入：函式庫檔案（library file）和本地檔案（local file）。事實上，它們之間的區別很小。

函式庫標頭檔引入使用下面的語法：

```
#include <filename>
```

對於 filename，並不存在任何限制，不過根據約定，標準函式庫標頭檔以一個 .h 後綴[2] 結尾。

編譯器透過觀察由編譯器定義的「一系列標準位置」尋找函式庫標頭檔。你所使用的編譯器的文件應該說明這些標準位置（standard locations）是什麼，以及怎樣修改它們或者在列表中添加其他位置。例如，在典型情況下，運行於 UNIX 系統上的 C 編譯器在 /user/include 目錄尋找函式庫標頭檔。這種編譯器有一個命令列選項，允許你把其他目錄添加到這個列表中，這樣就可以建立自己的標頭檔函式庫。同樣，請查閱你使用的編譯器的文件，看看你的系統在這方面是怎樣規定的。

14.4.2 本地檔案引入

下面是 #include 指令的另一種形式：

```
#include "filename"
```

程式語言「標準」允許編譯器自行決定，是否把「本地形式的 #include」和「函式庫形式的 #include」區別對待。可以先對「本地標頭檔」使用一種特殊的處理方式，如果失敗，編譯器再按照「函式庫標頭檔」的處理方式對它們進行處理。處理本地標頭檔的一種常見策略就是在原始檔案所在的當前目錄進行尋找，如果該標頭檔並未找到，編譯器就像尋找函式庫標頭檔一樣在「標準位置」尋找本地標頭檔。

你可以在所有的 #include 陳述式中使用「雙引號」而不是「尖括號」。但是，使用這種方法，有些編譯器在查找函式庫標頭檔時可能會浪費少許時間。對函式庫標頭檔使用「尖括號」的另一個較好的理由是它能給讀者提供一些資訊。使用尖括號，下面這條陳述式

```
#include <errno.h>
```

---

[2] 從技術上來說，函式庫標頭檔並不需要以檔案的形式儲存，但對於程式設計師而言，這並非顯而易見。

顯然參照的是一個函式庫標頭檔。如果使用下面這種形式：

```
#include "errno.h"
```

就無法弄清楚這個和上面相同的檔案到底是一個函式庫標頭檔還是一個本地標頭檔。要想弄明白它究竟是哪種類型？唯一的方法是檢查執行編譯過程的目錄。

UNIX 系統和 Borland C 編譯器所支援的一種變體形式是使用絕對路徑名稱（absolute pathname），它不僅指定檔案的名稱，還指定了檔案的位置。UNIX 系統中的絕對路徑名稱以一條斜線開頭，如下所示：

```
/home/fred/C/my_proj/declaration2.h
```

在 MS-DOS 系統中，它所使用的是反斜線（backslash）而不是斜線（slash）。如果一個絕對路徑名稱出現在「任何一種形式的 #include」，那麼正常的目錄尋找（directory searching）就被跳過，因為這個路徑名稱指定了標頭檔的位置。

14.4.3 巢狀檔案引入

完全可以在「一個將被其他檔案引入（包含）的檔案」中使用 #include 指令。例如，考慮一組讀取輸入並且執行各種輸入有效性驗證任務的函數。函數返回的是被驗證後的資料，如果到達檔案結尾，就返回常數 EOF。

這些函數的原型將被放入一個標頭檔中，並且用 #include 指令引入到「需要使用這些函數的原始檔案」中。但是，每個使用 I/O 函數的檔案必須同時包含 stdio.h 以獲得 EOF 的宣告。因此，引入這些函數原型的標頭檔也可能包含一條陳述式：

```
#include <stdio.h>
```

包含了這個標頭檔，就自動引入了標準 I/O 宣告。

程式語言「標準」要求編譯器必須支援至少 8 層的標頭檔巢套，但它並沒有限定巢狀深度（nesting depth）的最大值。事實上，我們並沒有很好的理由讓 #include 指令的巢狀深度超過一層或兩層。

提示

巢狀 #include 檔案的一個不利之處在於它使得我們很難判斷原始檔案之間的真正依賴關係。有些程式，如 UNIX 的 make 實用程式（utility，又譯為公用程式、工具程式），必須知道這些依賴關係，以便決定當某些檔案被修改之後，哪些檔案需要重新編譯。

> 巢狀 #include 檔案的另一個不利之處在於一個標頭檔可能會被多次引入。為了說明這種錯誤，考慮下面的程式碼：
>
> ```
> #include "x.h"
> #include "x.h"
> ```
>
> 顯然，這裡檔案 x.h 被引入了兩次。沒有人會故意編寫這樣的程式碼。但下面的程式碼
>
> ```
> #include "a.h"
> #include "b.h"
> ```
>
> 看上去沒什麼問題。如果 a.h 和 b.h 都包含一個巢套的 #include 檔案 x.h，那麼 x.h 在此處也同樣出現了兩次，只不過它的形式不是那麼明顯而已。

多重引入（multiple inclusion，多重包含）在絕大多數情況下出現於大型程式中，它往往需要使用很多標頭檔，因此要發現這種情況並不容易。要解決這個問題，我們可以使用條件編譯。如果所有的標頭檔都像下面這樣編寫：

```
#ifndef _HEADERNAME_H
#define _HEADERNAME_H 1
/*
** All the stuff that you want in the header file
*/
#endif
```

那麼，多重引入的危險就被消除了。當標頭檔第 1 次被引入時，它被正常處理，符號 _HEADERNAME_H 被定義為 1。如果標頭檔被再次引入，透過條件編譯，它的所有內容被忽略。符號 _HEADERNAME_H 按照「被引入檔案的檔案名稱」進行取名，以避免由於其他標頭檔使用相同的符號而引起的衝突。

注意，前一個例子中的定義也可以寫作

```
#define _HEADERNAME_H
```

它的效果完全一樣。儘管現在它的值是一個空字串而不是「1」，但這個符號仍然被定義。

但是，你必須記住預處理器仍將讀入整個標頭檔，即使這個檔案的所有內容將被忽略。由於這種處理將拖慢編譯速度，因此如果可能，應避免出現多重引入，不管它是否是「巢套的 #include 檔案」導致的。

14.5　其他指令

預處理器還支援其他一些指令（directives）。首先，當程式編譯之後，#error 指令允許你產生錯誤訊息。下面是它的語法：

```
#error    text of error message
```

下面的程式碼片段顯示了你可以如何使用這個指令。

```
#if     defined( OPTION_A )
        stuff needed for option A
#elif   defined( OPTION_B )
        stuff needed for option B
#elif   defined( OPTION_C )
        stuff needed for option C
#else
        #error No option selected!
#endif
```

另外還用一種用途較小的 #line 指令，它的形式如下：

```
#line    number    "string"
```

它通知預處理器 number 是下一行輸入的行號（line number）。如果給出了可選部分 "string"，預處理器就把它作為當前檔案的名稱。值得注意的是，這條指令將修改 __LINE__ 符號的值，如果加上可選部分，它還將修改 __FILE__ 符號的值。

這條指令最常用於把其他語言的程式碼轉換為 C 程式碼的程式。C 編譯器產生的錯誤訊息可以參照原始檔案（而不是翻譯程式產生的 C 中間原始檔案）的檔案名稱和行號。

#pragma 指令是另一種機制，用於支援因編譯器而異的特性。它的語法也是因編譯器而異。有些環境可能提供一些 #pragma 指令，允許一些編譯選項或其他任何方式無法實現的一些處理方式。例如，有些編譯器使用 #pragma 指令在編譯過程中「打開」或「關閉」清單（listing）顯示，或者把組合程式碼插入到 C 程式中。從本質上來說，#pragma 是不可攜的（不可移植的）。預處理器將忽略它不認識的 #pragma 指令，兩個不同的編譯器可能以兩種不同的方式解釋同一條 #pragma 指令。

最後，無效指令（null directive）就是一個 # 符號開頭，但後面不跟任何內容的一行。這類指令只是被預處理器簡單地刪除。下面例子中的無效指令，藉由把 #include 與周圍的程式碼分隔開來，突顯它的存在：

```
#
#include <stdio.h>
#
```

我們也可以透過插入空行（blank lines）取得相同的效果。

14.6　總結

編譯一個 C 程式的第 1 個步驟就是對它進行預處理。預處理器共支援 5 個符號，它們在表 14.1 中描述。

#define 指令把一個符號名稱與一個任意的字元序列聯繫在一起。例如，這些字元可能是一個字面常數、表達式或者程式陳述式。這個序列到該行的末尾結束。如果該序列較長，可以把它分開數行，但在最後一行之外的每一行末尾加一個反斜線。巨集就是一個被定義的序列（defined sequence），它的參數值將被替換。當一個巨集被呼叫時，它的每個參數都被一個具體的值替換。為了防止可能出現於表達式中的「與巨集有關的錯誤」，在巨集完整定義的兩邊應該加上括號。同樣，在巨集定義中每個參數的兩邊也要加上括號。#define 指令可以用於「重寫」（rewrite）C 語言，使它看上去像是其他語言。

#argument 結構（construct）由預處理器轉換為字串常數 "argument"。## 運算子用於把它兩邊的文本連接成同一個識別字。

有些任務既可以用巨集也可以用函數實作。但是，巨集與類型無關，這是一個優點。巨集的執行速度快於函數，因為它不存在函式呼叫／返回的開銷。但是，使用巨集通常會增加程式的長度，但函數卻不會。同樣，具有副作用的參數可能在巨集的使用過程中產生不可預料的結果，而函數參數的行為更容易預測。由於這些區別，使用一種命名約定，讓程式設計師很容易地判斷一個識別字是「函數」還是「巨集」是非常重要的。

在許多編譯器中，符號可以從命令列定義。#undef 指令將導致一個名稱的原來定義被忽略。

使用條件編譯，你可以從一組單一的原始檔案建立程式的不同版本。#if 指令根據編譯時測試的結果，引入或忽略一個序列的程式碼。當同時使用 #elif 和 #else 指令時，你可以從幾個序列的程式碼中選擇其中之一進行編譯。除了判斷（測試）

常數表達式之外，這些指令還可以判斷（測試）某個符號是否已被定義。#ifdef 和 #ifndef 指令也可以執行這個任務。

#include 指令用於實作檔案引入（file inclusion，檔案包含）。它有兩種形式。如果檔案名稱位於一對「尖括號」中，編譯器將在「由編譯器定義的標準位置」尋找這個檔案。這種形式通常用於引入函式庫標頭檔時。另一種形式是檔案名稱出現在一對「雙引號」內。不同的編譯器可以用不同的方式處理這種形式。但是，如果用於處理「本地標頭檔」的任何特殊處理方法無法找到這個標頭檔，那麼編譯器接下來就使用「標準尋找過程」來尋找它。這種形式通常用於包含自己編寫的標頭檔。檔案引入可以巢套，但很少需要進行超過一層或兩層的檔案引入巢套。「巢套的引入檔案」將會增加多次包含同一個檔案的危險，而且使我們更難以確定「某個特定的原始檔案」依賴的究竟是哪個標頭檔。

#error 指令在編譯時產生一條錯誤訊息，訊息中包含的是你所選擇的文本。#line 指令允許你告訴編譯器下一行輸入的行號，如果它加上了可選內容，它還將告訴編譯器「輸入原始檔案」的名稱。因編譯器而異的 #pragma 指令允許編譯器提供「不標準的處理過程」，比如說，向一個函數插入內嵌的組合程式碼（inline assembly code）。

14.7 警告的總結

1. 不要在一個巨集定義的末尾加上分號，使其成為一條完整的陳述式。

2. 在巨集定義中使用參數，但忘了在它們周圍加上括號。

3. 忘了在整個巨集定義的兩邊加上括號。

14.8 程式設計提示的總結

1. 避免用 #define 指令定義可以用函式實作的很長序列的程式碼。

2. 在那些對表達式求值的巨集中，每個巨集參數出現的地方都應該加上括號，並且在整個巨集定義的兩邊也加上括號。

3. 避免使用 #define 巨集建立一種新語言。

4. 採用命名約定，使程式設計師很容易看出某個識別字是否為 #define 巨集。

5. 只要合適就應該使用檔案引入（檔案包含），不必擔心它的額外開銷。

6. 標頭檔只應該包含一組函數和（或）資料的宣告。

7. 把不同集合的宣告分離到不同的標頭檔中可以改善資訊隱藏（information hiding）。

8. 巢套的 #include 檔案使我們很難判斷原始檔案之間的依賴關係（dependency）。

14.9 問題

1. 預處理器定義了 5 個符號，給出了「進行編譯的檔案名稱」、「檔案的當前行號」、「當前日期和時間」以及「編譯器是否為 ANSI C 編譯器」。為每個符號舉出一種可能的用途。

2. 說出使用「#define 定義的名稱」替代「字面常數」的兩個優點。

3. 編寫一個用於 debug 的巨集，列印出任意的表達式。它被呼叫時應該接受兩個參數。第 1 個是 printf 格式碼，第 2 個是需要列印的表達式。

4. 下面的程式將列印出什麼？在展開 #define 內容時必須非常小心！

```
#define MAX(a,b)    (a)>(b)?(a):(b)
#define SQUARE(x)   x*x
#define DOUBLE(x)   x+x

main()
{
        int   x, y, z;

        y = 2; z = 3;
        x = MAX(y,z);
/* a */ printf( "%d %d %d\n", x, y, z );

        y = 2; z = 3;
        x = MAX(++y,++z);
/* b */ printf( "%d %d %d\n", x, y, z );

        x = 2;
        y = SQUARE(x);
        z = SQUARE(x+6);
/* c */ printf( "%d %d %d\n", x, y, z );

        x = 2;
```

```
                    y = 3;
                    z = MAX(5*DOUBLE(x),++y);
        /* d */ printf( "%d %d %d\n", x, y, z );
        }
```

5. putchar 函數定義於檔案 stdio.h 中，儘管它的內容比較長，但它是作為一個巨集實作的。你認為它為什麼以這種方式定義？

✍ 6. 下列程式碼是否有錯？如果有，錯在何處？

```
/*
** Process all the values in the array.
*/
result = 0;
i = 0;
while( i < SIZE ){
        result += process( value[ i++ ] );
}
```

✍ 7. 下列程式碼是否有錯？如果有，錯在何處？

```
#define SUM( value )  ( ( value ) + ( value ) )
int     array[SIZE];
...
/*
** Sum all the values in the array.
*/
sum = 0;
i = 0;
while( i < SIZE )
        sum += SUM( array[ i++ ] );
```

8. 下列程式碼是否有錯？如果有，錯在何處？

```
            在文件 header1.h 中:
            #ifndef  _HEADER1_H
            #define  _HEADER1_H
            #include  "header2.h"
                其他宣告
            #endif

            在文件 header2.h 中:
            #ifndef  _HEADER2_H
            #define  _HEADER2_H
            #include  "header1.h"
                其他宣告
            #endif
```

9. 在一次提高程式可讀性的嘗試中，一位程式設計師編寫了下面的宣告。

```
#if sizeof( int ) == 2
        typedef long int32;
#else
        typedef int int32;
#endif
```

這段程式碼是否有錯？如果有，錯在何處？

14.10　程式設計練習

✍ ★★ 1. 你所在的公司向市場投放了一個程式，用於處理金融交易（financial transactions）並列印它們的報表（reports）。為了擴展潛在的市場，這個程式以幾個不同的版本進行銷售，每個版本都有不同選項的組合——選項越多，價格就越高。你的任務是為一個列印函數（printing function）實作程式碼，這樣它可以很容易地進行編譯，產生程式的不同版本。

你的函數名為 print_ledger。它接受一個 int 參數，沒有返回值。它應該呼叫一個或多個下面的函數，具體應取決於該函數被編譯時定義了哪個符號（如果有的話）。

如果這個符號被定義為 ...	那麼就呼叫這個函數
OPTION_LONG	print_ledger_long
OPTION_DETAILED	print_ledger_detailed
（無）	print_ledger_default

每個函數都接受單個 int 參數。把收到的值傳遞給應該呼叫的函數。

★★ 2. 編寫一個函數，返回一個值，提示執行這個函數的電腦的類型。這個函數將由一個能夠運行於許多不同電腦的程式使用。

我們將使用條件編譯來實現這個魔法。你的函數應該叫作 cpu_type，它不接受任何參數。當的函數被編譯時，在下表「定義符號」欄位中的符號之一可能會被定義。函數應該從「返回值」欄位中返回對應的符號。如果左邊欄位中的所有符號均未定義，那麼函數就返回 CPU_UNKNOWN 這個值。如果超過一個的符號被定義，那麼其結果就是未定義的。

定義符號	返回值
VAX	CPU_VAX
M68000	CPU_68000
M68020	CPU_68020
I80386	CPU_80386
X6809	CPU_6809
X6502	CPU_6502
U3B2	CPU_3B2
（無）	CPU_UNKNOWN

「返回值」欄位中的符號將被 #define 定義為各種不同的整數型值，其內容位於標頭檔 cpu_type.h 中。

輸入／輸出函數

和早期的 C 相比，ANSI C 的一個最大優點就是它在規範（specification）裡包含了函式庫。每個 ANSI 編譯器必須支援一組規定的函數，並具備規範所要求的介面，而且按照規定的行為工作。這種情況較之早期的 C 是一個巨大的改進。以前，不同的編譯器可以透過修改或擴展普通函式庫的功能來「改善」它們。這些改變可能在那個做出修改的特定系統上很有用，但它們卻限制了可攜性（可移植性），因為依賴這些修改的程式碼在缺乏這些修改（或者具有不同修改）的其他編譯器上將會失敗。

ANSI 編譯器並未被禁止在它們的函式庫的基礎上增加其他函數。但是，標準函數必須根據「標準」所定義的方式執行。如果大家關心可攜性（可移植性），只要避免使用任何非標準函數就可以了。

本章討論 ANSI C 的輸入和輸出（input and output，I/O）函數。我們首先學習兩個非常有用的函數，它們用於報告錯誤以及對錯誤做出反應。

15.1 錯誤報告

perror 函數以一種簡單、統一的方式報告錯誤。ANSI C 函式庫的許多函數呼叫作業系統來完成某些任務，I/O 函數尤其如此。任何時候，當作業系統根據要求執行一些任務的時候，都存在失敗的可能。舉例來說，如果一個程式試圖從一個並不存在

的磁碟檔案（disk file）讀取資料，作業系統除了提示發生了錯誤之外，就沒什麼好做的了。函式庫函數（library function）在一個外部整數型變數 errno（在 errno.h 中定義）中保存「錯誤代碼」之後，把這個訊息傳遞給使用者程式，提示操作失敗的準確原因。

perror 函數簡化「向使用者報告這些特定錯誤」的過程。它的原型定義於 stdio.h，如下所示：

```
void  perror( char const *message );
```

如果 message 不是 NULL 並且指向一個非空的字串，perror 函數就列印出這個字串，後面跟著一個分號和一個空格，然後列印出一條用於解釋 errno 當前錯誤代碼的訊息。

> **提示**
>
> perror 最大的優點就是它容易使用。良好的程式設計實踐要求「任何可能產生錯誤的操作」都應該在執行之後進行檢查，確定它是否成功執行。即使是那些十拿九穩不會失敗的操作也應該進行檢查，因為它們遲早可能失敗。這種檢查需要稍許額外的工作，但與可能付出的大量除錯時間相比，它們還是非常值得的。perror 將在本章許多地方以例子的方式進行說明。
>
> 注意，只有當一個函式庫函數失敗時，errno 才會被設置。當函數成功運行時，errno 的值不會被修改。這意味著我們不能透過判斷（test，測試）errno 的值來判斷是否有錯誤發生。反之，只有當被呼叫的函數提示有錯誤發生時，檢查 errno 的值才有意義。

15.2　終止執行

另一個有用的函數是 exit，它用於終止（terminate）一個程式的執行（execution）。它的原型定義於 stdlib.h，如下所示：

```
void  exit( int status );
```

status 參數返回給作業系統，用於提示程式是否正常完成。這個值和 main 函數返回的整數型狀態值相同。預定義符號 EXIT_SUCCESS 和 EXIT_FAILURE 分別提示程式的終止是成功還是失敗。雖然程式也可以使用其他的值，但它們的具體涵義將取決於編譯器。

當程式發現錯誤情況使它無法繼續執行下去時，這個函數尤其有用。我們經常會在呼叫 perror 之後再呼叫 exit 終止程式。儘管終止程式並非處理所有錯誤的正確方法，但和「一個註定失敗的程式繼續執行以後再失敗」相比，這種做法更好一些。

注意，這個函數沒有返回值。當 exit 函數結束時，程式已經消失，所以它無處可返。

15.3　標準 I/O 函式庫

K&R C 最早的編譯器的函式庫在支援輸入和輸出方面功能甚弱。其結果是，程式設計師如果需要使用比函式庫所提供的 I/O 更為複雜的功能，將不得不自己實作。

有了標準 I/O 函式庫（Standard I/O Library）之後，這種情況得到了極大的改觀。標準 I/O 函式庫具有一組 I/O 函數，在原先的 I/O 函式庫基礎上實作了許多程式設計師自行添加的額外功能。這個函式庫對現存的函數進行了擴展，例如為 printf 建立了不同的版本，使之用於各種不同的場合。函式庫同時引進了緩衝 I/O 的概念，提高了絕大多數程式的效率。

這個函式庫存在兩個主要的缺陷。首先，它是在某台特定類型的機器上實作的，並沒有對其他具有不同特性的機器做過多考慮。這就可能出現一種情況，就是在某台機器上運行良好的程式碼在另一台機器上無法運行，原因僅僅是兩台機器之間的架構不同。第 2 個缺陷與第 1 個缺陷有直接有關係。在設計人員發現上述問題後，他們試圖透過修改函式庫函數來進行修正。但是，只要他們這樣做了，這個函式庫就不再「標準」，程式的可攜性（可移植性）就會降低。

ANSI C 函式庫中的 I/O 函數是舊式標準 I/O 函式庫函數的直接後代，只是這些 ANSI 版函數做了一些改進。在設計 ANSI 函式庫時，可攜性和完整性是兩個關鍵的考慮內容。但是，與現有程式的向後相容性（backward compatibility）也不得不予以考慮。ANSI 版函數和它們的祖先之間的絕大多數區別就是它在可攜性和功能性方面進行了改進。

針對可攜性最後再說一句：這些函數是對原來的函數進行諸多完善之後的結果，它們仍可能進一步改進，變得更完美。ANSI C 的一個主要優點就是這些修改將透過增加不同函數的方式實作，而不是透過對現存函數進行修改來實作。因此，程式的可攜性不會受到影響。

15.4 ANSI I/O 概念

標頭檔 stdio.h 包含了與 ANSI 函式庫的 I/O 部分有關的宣告。它的名稱來源於舊式的標準 I/O 函式庫。儘管不包含這個標頭檔也可以使用某些 I/O 函數，但絕大多數 I/O 函數在使用前都需要包含這個標頭檔。

15.4.1 串流

目前的電腦具有大量不同的設備，很多都與 I/O 操作有關。CD-ROM 驅動器、軟碟和硬碟驅動器、網路連線、通訊連接埠和視訊卡（顯示卡）就是這類很常見的設備。每種設備具有不同的特性和操作協定。作業系統負責這些不同設備的通訊細節，並向程式設計師提供一個更為簡單和統一的 I/O 介面。

ANSI C 進一步對 I/O 的概念進行了抽象。就 C 程式而言，所有的 I/O 操作只是簡單地從程式移進或移出位元組。因此，毫不驚奇的是，這種位元組串流便被稱為串流（stream）。程式只需要關心建立正確的輸出位元組資料，以及正確地解釋從輸入讀取的位元組資料。特定 I/O 設備的細節對程式設計師是隱藏的。

絕大多數串流是完全緩衝的（fully buffered），這意味著「讀取」和「寫入」實際上是從一塊被稱為緩衝區（buffer）的記憶體區域來回複製資料。從記憶體中來回複製資料是非常快速的。用於輸出串流的緩衝區只有被寫滿時才會刷新（flush，物理寫入）到設備或檔案中。把寫滿的緩衝區一次性寫入相較於逐片把程式產生的輸出分別寫入，其效率更高。類似地，輸入緩衝區為空時會透過從設備或檔案讀取下一塊較大的輸入，重新填充緩衝區。

使用標準輸入和輸出時，這種緩衝可能會引起混淆。所以，只有當作業系統可以斷定它們與互動設備並無聯繫時才會進行完全緩衝。否則，它們的緩衝狀態將因編譯器而異。一個常見（但並不普遍）的策略是把「標準輸出」和「標準輸入」聯繫在一起，就是當請求輸入時同時刷新「輸出緩衝區」。這樣，在使用者必須進行輸入之前，「提示使用者進行輸入的訊息」和「以前寫入到輸出緩衝區中的內容」將出現在螢幕上。

> **警告**
>
> 儘管這種緩衝通常是我們所需的，但在 debug 程式時仍可能引起混淆。一個常見的 debug 策略是把一些 printf 函數的呼叫散佈於程式中，確定錯誤出現的具體位置。但是，這些函式呼叫的輸出結果被寫入到緩衝區中，並不立即顯示到螢幕上。事實上，如果程式失

敗，緩衝輸出可能不會被實際寫入，這就可能使程式設計師無法得到錯誤出現的正確位置。這個問題的解決方法就是在每個用於 debug 的 printf 函數之後立即呼叫 fflush，如下所示：

```
printf("something or other" );
fflush( stdout );
```

fflush（本章後面將有更多描述）迫使緩衝區的資料立即寫入，不管它是否已滿。

一、文本串流

串流分為兩種類型，文本串流（text stream）和二進位串流（binary stream）。文本串流的有些特性在不同的系統中可能不同。其中之一就是文本列（text line）的最大長度。「標準」規定至少允許 254 個字元。另一個可能不同的特性是文本列的結束方式。例如，在 MS-DOS 系統中，文字檔案約定（規範）以一個 Carriage Return（歸位字元）和一個 Newline（換行字元，或稱為 Line Feed）結尾。但是，UNIX 系統只使用一個 Newline 結尾。

提示

程式語言「標準」把文本列定義為零個或多個字元，後面跟一個表示結束的 Newline 字元。對於那些文本列的外在表現形式與這個定義不同的系統上，函式庫函數負責外部形式和內部形式之間的翻譯。例如，在 MS-DOS 系統中，在輸出時，文本中的 Newline 被寫成一對 Carriage Return/Newline。在輸入時，文本中的 Carriage Return 字元被丟棄。這種不必考慮文本的外部形式而操縱文本的能力，簡化了可移植程式的建立。

二、二進位串流

另一方面，二進位串流中的位元組將完全根據程式編寫它們的形式寫入到檔案或設備中，而且完全根據它們從檔案或設備讀取的形式讀入到程式中。它們並未做任何改變。這種類型的串流適用於非文本資料（nontextual data），但是如果你不希望 I/O 函數修改文字檔案的行末字元（end-of-line character），也可以把它用於文字檔案。

15.4.2 檔案

stdio.h 所包含的宣告之一就是 FILE 結構。請不要把它和儲存於磁碟上的資料檔案相混淆。FILE 是一個資料結構（data structure），用於存取一個串流。如果同時啟動了幾個串流，每個串流都有一個相應的 FILE 與它關聯。為了在串流上執行一

些操作，需要呼叫一些合適的函數，並向它們傳遞一個與這個串流關聯的 FILE 參數。

對於每個 ANSI C 程式，執行時系統必須提供至少 3 個串流——標準輸入（standard input）、標準輸出（standard output）和標準錯誤（standard error）。這些串流的名稱分別為 stdin、stdout 和 stderr，它們都是一個指向 FILE 結構的指標。標準輸入是預設情況下輸入的來源，標準輸出是預設的輸出設備。具體的預設值因編譯器而異，通常標準輸入為鍵盤設備，標準輸出為終端或螢幕。

許多作業系統允許使用者在程式執行時修改預設的標準輸入和輸出設備。例如，MS-DOS 和 UNIX 系統都支援用下面這種方法進行輸入 / 輸出重新導向（redirection）：

```
$ program < data > answer
```

當執行這個程式時，它會將檔案 data（而不是鍵盤）作為「標準輸入」進行讀取，而且把「標準輸出」寫入到檔案 answer 中（而不是螢幕上）。有關 I/O 重新導向的細節，請查閱你的系統文件。

標準錯誤就是錯誤訊息寫入的地方。perror 函數把它的輸出也寫到這個地方。在許多系統中，標準輸出和標準錯誤在預設情況下是相同的。但是，為錯誤訊息準備一個不同的串流意味著，即使標準輸出重新導向到其他地方，錯誤訊息仍將出現在螢幕或其他預設的輸出設備上。

15.4.3 標準 I/O 常數

在 stdio.h 中定義了數量眾多的與輸入和輸出有關的常數。你已經見過的 EOF 是許多函數的返回值，它提示到達了檔案結尾。EOF 所選擇的實際值比一個字元要多幾位元，這是為了避免二進位值被錯誤地解釋為 EOF。

一個程式同時最多能夠打開多少個檔案呢？它和編譯器有關，但可以保證至少能同時打開 FOPEN_MAX 個檔案。常數 FOPEN_MAX 包括了三個標準串流，它的值至少是 8。

常數 FILENAME_MAX 是一個整數型值，用於提示一個字元陣列應該多大，以便容納編譯器所支援的最長合法檔案名稱。如果對檔案名稱的長度沒有一個實際的限制，那麼這個常數的值就是檔案名稱的建議（recommended）最大長度。其餘的一些常數將在本章剩餘部分和使用它們的函數一起描述。

15.5 串流 I/O 總覽

標準函式庫函數使得我們可以輕鬆地在 C 程式中執行與檔案相關的 I/O 任務。下面是關於檔案 I/O 的一般概況。

1. 程式為必須同時處於活動狀態的每個檔案宣告一個指標變數，其類型為 FILE *。這個指標指向這個 FILE 結構，當它處於活動狀態時由串流使用。

2. 串流透過呼叫 fopen 函數打開。為了打開（open）一個串流，必須指定需要存取的檔案或設備，以及它們的存取方式（例如，讀、寫或者既讀又寫）。fopen 向作業系統驗證檔案或設備確實存在（在有些作業系統中，還會驗證是否允許執行你所指定的存取方式），並初始化 FILE 結構。

3. 然後，根據需要對該檔案進行讀取或寫入。

4. 最後，呼叫 fclose 函數關閉串流。關閉（close）一個串流可以防止與它相關聯的檔案被再次存取，保證任何儲存於緩衝區的資料被正確地寫到檔案中，並且釋放 FILE 結構，好讓它可以用於另外的檔案。

標準串流的 I/O 更為簡單，因為它們並不需要打開或關閉。

I/O 函數以 3 種基本的形式處理資料：單個字元、文本列和二進位資料。對於每種形式，都有一組特定的函數對它們進行處理。表 15.1 列出了用於每種 I/O 形式的函數或函數家族。函數家族在表中以「斜體」表示，它指一組函數中的每個都執行相同的基本任務，只是方式稍有不同。這些函數的區別在於「獲得輸入的來源」或「輸出寫入的地方」不同。這些變體用於執行下面的任務：

表 15.1：執行字元、文本列和二進位 I/O 的函數

資料類型	輸入	輸出	描述
字元	getchar	putchar	讀取（寫入）單個字元
文本列	gets	puts	文本列未格式化的輸入（輸出）
	scanf	printf	格式化的輸入（輸出）
二進位資料	fread	fwrite	讀取（寫入）二進位資料

1. 只用於 stdin 或 stdout。

2. 隨作為參數的串流使用。

3. 使用記憶體中的字串而不是串流。

需要一個串流參數（stream argument）的函數將接受 stdin 或 stdout 作為它的參數。有些函數家族並不具備用於字串的變體函數，因為使用其他陳述式或函數來實現相同的結果更為容易。表 15.2 列出了每個家族的函數。各個函數將在本章的後面詳細描述。

表 15.2：輸入／輸出函數家族

家族名稱	目的	可用於所有的串流	只用於 stdin 和 stdout	記憶體中的字串
getchar	字元輸入	fgetc、getc	getchar	[1]
putchar	字元輸出	fputc、putc	putchar	[1]
gets	文本列輸入	fgets	gets	[2]
puts	文本列輸出	fputs	puts	[2]
scanf	格式化輸入	fscanf	scanf	sscanf
printf	格式化輸出	fprintf	printf	sprintf

[1] 對指標使用索引參照或間接存取操作，從記憶體獲得一個字元（或向記憶體寫入一個字元）。
[2] 使用 strcpy 函數從記憶體讀取文本列（或向記憶體寫入文本列）。

15.6　打開串流

fopen 函數打開一個特定的檔案，並把一個串流和這個檔案相關聯。它的原型如下所示：

```
FILE *fopen( char const *name, char const *mode );
```

兩個參數都是字串。name（名稱）參數是你希望打開的檔案或設備的名稱。建立檔案名稱的規則，在不同的系統中可能各不相同，所以 fopen 把整個檔案名稱視為一個字串，而不是將它拆解成路徑名稱、驅動器字母、檔案副檔名等並各準備一個參數。這個 name 參數指定要打開的檔案—— FILE * 變數的名稱供程式用來保存 fopen 的返回值，它並不影響哪個檔案被打開。mode（模式）參數提示串流是用於唯讀、唯寫還是既讀又寫，以及它是文本串流還是二進位串流。下面的表格列出了一些常用的模式。

表 15.3：常用模式

	讀取	寫入	添加
文本	"r"	"w"	"a"
二進位	"rb"	"wb"	"ab"

mode 以 r、w 或 a 開頭，分別表示打開的串流用於讀取（Read）、寫入（Write）還是添加（Append）。如果一個打開的檔案是用於讀取的，那麼它必須是原先已經存在。但是，如果一個打開的檔案是用於寫入的，如果它原先已經存在，那麼它原來的內容就會被刪除。如果它原先不存在，就建立一個新檔案。如果一個打開的用於添加的檔案原先並不存在，那麼它將被建立。如果它原先已經存在，它原先的內容並不會被刪除。無論在哪一種情況下，資料只能從檔案的尾部寫入。

在 mode 中添加 a + 表示打開該檔案用於更新，並且串流既允許讀取也允許寫入。但是，如果你已經從該檔案讀入了一些資料，那麼在開始向它寫入資料之前，你必須呼叫其中一個檔案定位函數（fseek、fsetpos、rewind，它們將在本章稍後描述）。在向檔案寫入一些資料之後，如果又想從該檔案讀取一些資料，則首先必須呼叫 fflush 函數或者檔案定位函數（file positioning functions）之一。

如果 fopen 函數執行成功，它將返回一個指向 FILE 結構的指標，該結構代表這個新建立的串流。如果函數執行失敗，它就返回一個 NULL 指標，errno 會提示問題的性質。

警告

你應該始終檢查 fopen 函數的返回值！如果函數失敗，它會返回一個 NULL 值。如果程式不檢查錯誤，這個 NULL 指標就會傳給後續的 I/O 函數。它們將對這個指標執行間接存取，並將失敗。下面的例子說明了 fopen 函數的用法：

```
FILE *input;

input = fopen( "data3", "r" );
if( input == NULL ){
        perror( "data3" );
        exit( EXIT_FAILURE );
}
```

首先，fopen 函數被呼叫。這個被打開的檔案名為 data3，用於讀取。這個步驟之後就是對返回值進行檢查，確定檔案打開是否成功，這非常重要。如果失敗，錯誤就被回報給使用者，程式也將終止。呼叫 perror 所產生的確切輸出結果在不同的作業系統中可能各不相同，但它大致應該像下面這個樣子：

```
data3: No such file or directory
```

這種類型的訊息清楚地向使用者報告有一個地方出了差錯，並很好地提示了問題的性質。在那些讀取檔案名稱或者從命令列接受檔案名稱的程式中，回報這些錯誤尤其重要。當使用者輸入一個檔案名稱時，存在出錯的可能性。顯然，描述性的錯誤訊息能夠幫助使用者判斷哪裡出了錯以及如何修正它。

---

freopen 函數用於打開（或重新打開）一個特定的檔案串流。它的原型如下：

```
FILE *freopen( char const *filename, char const *mode, FILE *stream );
```

最後一個參數就是需要打開的串流。它可能是一個先前從 fopen 函數返回的串流，也可能是標準串流 stdin、stdout 或 stderr。

這個函數首先試圖關閉這個串流，然後用指定的檔案和模式重新打開（reopen）這個串流。如果打開失敗，函數返回一個 NULL 值。如果打開成功，函數就返回它的第 3 個參數值。

15.7　關閉串流

串流是用函數 fclose 關閉的，它的原型如下：

```
int  fclose( FILE *f );
```

對於輸出串流，fclose 函數在檔案關閉之前刷新（flush）緩衝區。如果它執行成功，fclose 返回零值，否則返回 EOF。

程式 15.1 把它的命令列參數解釋為一個檔案名稱列表。它打開每個檔案並逐個對它們進行處理。如果有任何一個檔案無法打開，它就列印一條包含該檔案名稱的錯誤訊息。然後程式繼續處理列表中的下一個檔案名稱。退出狀態（exit_status）取決於是否有錯誤發生。

前文提到，任何有可能失敗的操作都應該進行檢查，確定它是否成功執行。這個程式對 fclose 函數的返回值進行了檢查，看看是否有什麼地方出現了問題。許多程式設計師懶得執行這個測試，他們爭辯說關閉檔案沒理由失敗。更何況，此時對這個檔案的操作已經結束，即使 fclose 函數失敗也並無大礙。然而，這個分析並不完全正確。

程式 15.1　打開和關閉檔案（open_cls.c）

```
/*
** 處理每個檔案名稱出現於命令列的檔案。
*/
#include <stdlib.h>
#include <stdio.h>

int
main( int ac, char **av )
{
```

```
int    exit_status = EXIT_SUCCESS;
FILE   *input;

/*
** 當還有更多的檔案名稱時 ...
*/
while( *++av != NULL ){
    /*
    ** 試圖打開這個檔案。
    */
    input = fopen( *av, "r" );
    if( input == NULL ){
        perror( *av );
        exit_status = EXIT_FAILURE;
        continue;
    }

    /*
    ** 在這裡處理這個檔案 ...
    */

    /*
    ** 關閉檔案（期望這裡不會發生什麼錯誤）。
    */
    if( fclose( input ) != 0 ){
        perror( "fclose" );
        exit( EXIT_FAILURE );
    }
}

return exit_status;
}
```

input 變數可能因為 fopen 和 fclose 之間的一個程式 bug 而發生修改。這個 bug 無疑將導致程式失敗。在那些並不檢查 fopen 函數返回值的程式中，input 的值甚至有可能是 NULL。在任何一種情況下，fclose 都將失敗，而且程式很可能在 fclose 被呼叫之前很早便已終止。

那麼是否應該對 fclose（或任何其他操作）進行錯誤檢查呢？在做出決定之前，先問自己兩個問題：

1. 如果操作成功應該執行什麼？

2. 如果操作失敗應該執行什麼？

如果這兩個問題的答案是不同的，那麼就應該進行錯誤檢查。只有當這兩個問題的答案是相同時，跳過錯誤檢查才是合理的。

15.8　字元 I/O

當一個串流被打開之後，它可以用於輸入和輸出。它最簡單的形式是字元 I/O。字元輸入是由 getchar 函數家族執行的，它們的原型如下所示：

```
int   fgetc( FILE *stream );
int   getc( FILE *stream );
int   getchar( void );
```

需要操作的串流作為參數傳遞給 getc 和 fgetc，但 getchar 始終從標準輸入讀取。每個函數從串流中讀取下一個字元，並把它作為函數的返回值返回。如果串流中不存在更多的字元，函數就返回常數值 EOF。

這些函數都用於讀取字元，但它們都返回一個 int 型值而不是 char 型值。儘管表示字元的程式碼本身是小整數型（small integers），但返回 int 型值的真正原因是為了允許函數報告檔案的末尾（EOF）。如果返回值是 char 型，那麼在 256 個字元中必須有一個被指定用於表示 EOF。如果這個字元出現在檔案內部，那麼這個字元以後的內容將不會被讀取，因為它被解釋為 EOF 旗標。

讓函數返回一個 int 型值就能解決這個問題。EOF 被定義為一個整數型，它的值在任何可能出現的字元範圍之外。這種解決方法允許我們使用這些函數來讀取二進位檔案。在二進位檔案中，所有的字元都有可能出現，文字檔案也是如此。

為了把單個字元寫入到串流當中，可以使用 putchar 函數家族。它們的原型如下：

```
int   fputc( int character, FILE *stream );
int   putc( int character, FILE *stream );
int   putchar( int character );
```

第 1 個參數是要被列印的字元。在列印之前，函數把這個整數型參數裁剪（truncate，又譯截斷）為一個無符號字元型值，所以

```
putchar( 'abc' );
```

只列印一個字元（至於是哪一個，則與編譯器相關，不同的編譯器可能不同）。

如果由於任何原因（例如寫入到一個已被關閉的串流）導致函數失敗，它們就返回 EOF。

15.8.1 字元 I/O 巨集

fgetc 和 fputc 都是真正的函數，但 getc、putc、getchar 和 putchar 都是透過 #define 指令定義的巨集。巨集在執行時間上效率稍高，而函數在程式的長度方面更勝一籌。之所以提供兩種類型的方法，是為了允許使用者根據程式的長度和執行速度選擇正確的方法。這個區別實際上不必太看重，藉由對實際程式的觀察，不論採用何種類型，其結果通常相差甚微。

15.8.2 撤銷字元 I/O

在你實際讀取之前，你並不知道串流的下一個字元是什麼。因此，偶爾你所讀取的字元是「自己想要讀取的字元」的後面一個字元。例如，假定你必須從一個串流中逐個讀入一串數字。由於在實際讀入之前，無法知道下一個字元，因此必須連續讀取，直到讀入一個非數位字元。但是如果不希望丟棄（losing）這個字元，那麼你該如何處置它呢？

ungetc 函數可以解決這種類型的問題。下面是它的原型：

```
int  ungetc( int character, FILE *stream );
```

ungetc 把一個先前讀入的字元返回到串流當中，這樣它可以在以後被重新讀入。**程式 15.2** 說明了 ungetc 的用法。它從標準輸入讀取字元並把它們轉換為一個整數。如果沒有 ungetc，這個函數將不得不把「這個多餘的字元」返回給呼叫程式，後者負責把它發送到讀取下一個字元的程式部分。處理這個額外字元所涉及的特殊情況和額外邏輯顯著提高了程式的複雜性。

程式 15.2 把字元轉換為整數（char_int.c）

```c
/*
** 把一串從標準輸入讀取的數字轉換為整數。
*/

#include <stdio.h>
#include <ctype.h>

int
read_int()
{
        int  value;
        int  ch;

        value = 0;
```

```
/*
** 轉換從標準輸入讀入的數字,
** 當我們得到一個非數字字元時就停止。
*/
while( ( ch = getchar() ) != EOF && isdigit( ch ) ){
        value *= 10;
        value += ch - '0';
}

/*
** 把非數字字元退回到串流中,這樣它就不會丟失。
*/
ungetc( ch, stdin );
return value;
}
```

每個串流都允許至少退回(push back,撤銷(ungotten))一個字元。如果一個串流允許退回多個字元,那麼這些字元再次被讀取的順序,就以退回時的反序進行。注意,把字元退回到串流中和寫入到串流中並不相同。與一個串流相關聯的外部儲存並不受 ungetc 的影響。

警告

「撤銷」字元和串流的當前位置有關,所以如果用 fseek、fsetpos 或 rewind 函數改變了串流的位置,所有撤銷的字元都將被丟棄(discard)。

15.9　未格式化的列 I/O

列 I/O 可以用兩種方式執行——未格式化的或格式化的。這兩種形式都用於操縱(manipulate)字串。區別在於未格式化的列 I/O(unformatted line I/O)簡單讀取或寫入字串,而格式化的 I/O 則執行數字和其他變數的內部和外部表示形式之間的轉換。本節將討論「未格式化的列 I/O」。

gets 和 puts 函數家族是用於操作字串而不是單個字元。這個特徵使它們在那些處理一列列文本輸入的程式中非常有用。這些函數的原型如下所示:

```
char  *fgets( char *buffer, int buffer_size, FILE *stream );
char  *gets( char *buffer );

int  fputs( char const *buffer, FILE *stream );
int  puts( char const *buffer );
```

fgets 從指定的 stream 讀取字元並把它們複製到 buffer 中。當它讀取一個 Newline 字元並儲存到緩衝區之後就不再讀取。如果緩衝區內儲存的字元數達到 buffer_size-1 個時它也停止讀取。在這種情況下，並不會出現資料丟失的情況，因為下一次呼叫 fgets 將從串流的「下一個字元」開始讀取。在任何一種情況下，一個 NUL 位元組將被添加到緩衝區所儲存資料的末尾，使它成為一個字串。

如果在任何字元讀取前就到達了檔案結尾，緩衝區就未進行修改，fgets 函數返回一個 NULL 指標。否則，fgets 返回它的第 1 個參數（指向緩衝區的指標）。這個返回值通常只用於檢查是否到達了檔案結尾。

傳遞給 fputs 的緩衝區必須包含一個字串，它的字元被寫入到串流中。這個字串預期以 NUL 位元組結尾，所以這個函數沒有一個緩衝區長度參數。這個字串是逐字寫入的：如果它不包含一個 Newline，就不會寫入 Newline。如果它包含了好幾個 Newline，所有的 Newline 都會被寫入。因此，當 fgets 每次都讀取一整列（one whole line）時，fputs 既可以一次寫入一列的一部分，也可以一次寫入一整列，甚至可以一次寫入好幾列。如果寫入時出現了錯誤，fputs 返回常數值 EOF，否則它將返回一個非負值。

程式 15.3 是一個函數，它從一個檔案讀取輸入列並原封不動地把它們寫入到另一個檔案。常數 MAX_LINE_LENGTH 決定緩衝區的長度，也就是可以被讀取的一列文本的最大長度。在這個函數中，這個值並不重要，因為不管長列（long lines）是被一次性讀取還是分段讀取，它所產生的結果檔案都是相同的。另一方面，如果函數需要計數被複製的列的數目，太小的緩衝區將產生一個不正確的計數，因為一個長列可能會被分成數段進行讀取。我們可以透過增加程式碼，觀察每段是否以 Newline 結尾來修正這個問題。

緩衝區長度的正確值通常是根據「需要執行的處理過程」的本質而做出的折衷。但是，即使溢出它的緩衝區，fgets 也絕不引起錯誤。

警告

注意 fgets 無法把字串讀入到一個長度小於兩個字元的緩衝區，因為其中一個字元需要為 NUL 位元組保留。

---

gets 和 puts 函數幾乎和 fgets 與 fputs 相同。它們之所以存在是為了允許「向後相容」。它們之間的一個主要的功能性區別在於當 gets 讀取一列輸入時，它並不在緩

衝區中儲存結尾的 Newline。當 puts 寫入一個字串時，它在字串寫入之後再向「輸出」中添加一個 Newline。

程式 15.3 從一個檔案向另一個檔案複製文本列（copyline.c）

```
/*
** 把標準輸入讀取的文本列逐列複製到標準輸出。
*/
#include <stdio.h>

#define        MAX_LINE_LENGTH  1024   /* 可以複製的最長列 */

void
copylines( FILE *input, FILE *output )
{
        char  buffer[MAX_LINE_LENGTH];

        while( fgets( buffer, MAX_LINE_LENGTH, input ) != NULL )
                fputs( buffer, output );
}
```

15.10   格式化的列 I/O

「格式化的列 I/O」（formatted line I/O）這個名稱從某種意義上來說並不準確，因為 scanf 和 printf 函數家族並不僅限於單列（single lines）。它們也可以在列的一部分或多列上執列 I/O 操作。

15.10.1 scanf 家族

scanf 函數家族的原型如下所示。每個原型中的省略號表示一個可變長度的指標列表。從輸入轉換而來的值逐個儲存到這些指標參數所指向的記憶體位置。

```
int   fscanf( FILE *stream, char const *format, ... );
int   scanf( char const *format, ... );
int   sscanf( char const *string, char const *format, ... );
```

這些函數都從輸入來源讀取字元，並根據 format 字串給出的格式碼對它們進行轉換。fscanf 的輸入來源就是作為參數給出的串流，scanf 從標準輸入讀取，而 sscanf 則從第 1 個參數所給出的字串中讀取字元。

當格式化字串到達末尾，或者讀取的輸入不再匹配格式字串所指定的類型時，輸入就停止。在任何一種情況下，被轉換的輸入值的數目作為「函數的返回值」返回。如果在任何輸入值被轉換之前檔案就已到達尾部，函數就返回常數值 EOF。

警告

為了能讓這些函數正常運行，指標參數的類型必須是對應格式碼的正確類型。函數無法驗證它們的指標參數是否為正確的類型，所以函數就假定它們是正確的，於是繼續執行並使用它們。如果指標參數的類型是不正確的，那麼結果值就會是垃圾，而鄰近的變數有可能在處理過程中被改寫（overwrite）。

警告

現在，大家對於 scanf 函數的參數前面為什麼要加一個 & 符號，應該是比較清楚的了。由於 C 的傳值參數傳遞機制，把一個記憶體位置作為參數傳遞給函數的唯一方法，就是傳遞一個指向該位置的指標。在使用 scanf 函數時，一個非常容易出現的錯誤就是忘了加上 & 符號。省略這個符號將導致變數的值作為參數傳遞給函數，而 scanf 函數（或其他兩個）卻把它解釋為一個指標。當它被解參照時，要嘛導致程式終止，要嘛導致一個不可預料的記憶體位置的資料被改寫。

15.10.2 scanf 格式碼

scanf 函數家族中的 format 字串參數可能包含下列內容：

- 空白字元：它們與輸入中的零個或多個空白字元匹配，在處理過程中將被忽略。

- 格式碼：它們指定函數如何解釋接下來的輸入字元。

- 其他字元：當任何其他字元出現在格式字串時，下一個輸入字元必須與它匹配。如果匹配，該輸入字元隨後就被丟棄。如果不匹配，函數就不再讀取而是直接返回。

scanf 函數家族的格式碼都以一個百分號開頭，後面可以是 (1) 一個可選的星號、(2) 一個可選的寬度、(3) 一個可選的限定詞（qualifier）、(4) 格式碼。星號將使「轉換後的值」被丟棄而不是被儲存。這個技巧可以用於跳過「不需要的輸入字元」。寬度以一個非負值的整數給出，用於限制將被讀取用於轉換的輸入字元的個數。如果未給出寬度，函數就連續讀入字元，直到遇見輸入中的下一個空白字元。限定詞用於修改有些格式碼的涵義，它們在表 15.4 中列出。

表 15.4：scanf 限定詞

格式碼	使用限定詞的結果		
	h	l	L
d、i、n	short	long	
o、u、x	unsigned short	unsigned long	
e、f、g		double	long double

警告

限定詞的目的是為了指定參數的長度。如果整數型參數比預設的整數型值更短或更長時，在格式碼中省略限定詞就是一個常見的錯誤。浮點類型也是如此。如果省略了限定詞，可能會導致一個較長變數只有部分被初始化，或者一個較短變數的鄰近變數也被修改，這些都取決於這些類型的相對長度。

提示

在一個預設的整數型長度和 short 相同的機器上，在轉換一個 short 值時，限定詞 h 並非必需。但是，對於那些預設的整數型長度比 short 長的機器，這個限定詞是必需的。因此，如果在轉換所有的 short、long 型整數值和 long double 型變數時，都使用適當的限定詞，你的程式將更具可攜性。

格式碼就是一個單一字元，用於指定如何解釋輸入字元。如表 15.5 所示。

讓我們來看一些使用 scanf 函數家族的例子。同樣，這裡只顯示與這些函數有關的部分程式碼。第 1 個例子非常簡單明瞭。它從輸入串流成對地讀取數字，並對它們進行一些處理。當讀取到檔案末尾時，迴圈就終止。

```
int   a, b;

while( fscanf( input, "%d %d", &a, &b ) == 2 ){
        /*
        ** Process the values a and b.
```

```
                */
    }
```

這段程式碼並不精緻,因為從串流中輸入的任何非法字元,都將導致迴圈終止。同樣,由於 fscanf 跳過空白字元,所以它沒有辦法驗證這兩個值是位於同一列還是分屬兩個不同的輸入列。要解決這個問題,可以使用一種技巧,參見在後面的例子。

下一個例子使用了欄位寬度(field width):

```
  nfields = fscanf( input, "%4d %4d %4d", &a, &b, &c )
```

這個寬度參數把整數值的寬度限制為 4 個數字或者更少。使用下面的輸入,

```
  1 2
```

a 的值將是 1,b 的值將是 2,c 的值沒有改變,nfields 的值將是 2。但是,如果使用下面的輸入,

```
  12345 67890
```

a 的值是 1234,b 的值是 5,c 的值是 6789,而 nfields 的值是 3。輸入中的最後一個 0 將保持在未輸入狀態。

在使用 fscanf 時,在輸入中保持列邊界的同步是很困難的,因為它把 Newline 也當作空白字元跳過。例如,假定有一個程式讀取的輸入是由 4 個值所組成的一組值。這些值然後透過某種方式進行處理,然後再讀取接下來的 4 個值。在這類程式中準備輸入的最簡單方法,是把每組的 4 個值放在一個單獨的輸入列,這就很容易觀察哪些值形成一組。但如果某個列包含了太多或太少的值,程式就會產生混淆。例如,考慮下面這個輸入,它的第 2 列包含了一個錯誤:

```
  1 1 1 1
  2 2 2 2 2
  3 3 3 3
  4 4 4 4
  5 5 5 5
```

如果使用 fscanf 按照一次讀取 4 個值的方式讀取這些資料,頭兩組資料是正確的,但第 3 組讀取的資料將是「2, 3, 3, 3」,接下來的各組資料也都將不正確。

表 15.5：scanf 格式碼

格式碼	參數	涵義
c	char *	讀取和儲存單個字元。前置的空白字元並不跳過。如果給出寬度,就讀取和儲存這個數目的字元。字元後面不會添加 (append) 一個 NUL 位元組。參數必須指向一個足夠大的字元陣列。
i d	int *	一個可選的有符號整數被轉換。d 把輸入解釋為十進位數字;i 根據它的第 1 個字元決定值的底數 (base,基數),就像整數型字面常數的表示形式一樣。
u o x	unsigned *	一個可選的有符號整數被轉換,但它按照無符號數儲存。如果使用 u,值被解釋為十進位數;如果使用 o,值被解釋為八進位數;如果使用 x,值被解釋為十六進位數 (X 和 x 同義)。
e f g	float *	期待一個浮點值。它的形式必須像一個浮點型字面常數,但小數點並非必需的 (E 和 G 分別與 e 和 g 同義)。
s	char *	讀取一串非空白字元。參數必須指向一個足夠大的字元陣列。當發現空白時輸入就停止,字串後面會自動加上 NUL 結束字元。
[xxx]	char *	根據給定組合的字元從輸入中讀取一串字元。參數必須指向一個足夠大的字元陣列。當遇到第 1 個不在給定組合中出現的字元時,輸入就停止。字串後面會自動加上 NUL 結束字元。格式碼 %[abc] 表示字元組合包括 a、b 和 c。如果列表中以一個 ^ 字元開頭,表示字元組合是所列出的字元的補集 (complement),所以 %[^abc] 表示字元組合為 a、b、c 之外的所有字元。右方括號也可以出現在字元列表中,但它必須是列表的第 1 個字元。至於橫槓 (破折號) 是否用於指定某個範圍的字元 (例如 %[a-z]),則因編譯器而異。
p	void *	輸入預期為一串字元,諸如那些由 printf 函數的 %p 格式碼所產生的輸出 (後面會介紹)。它的轉換方式因編譯器而異,但是當按照上面描述的方式進行列印時,轉換結果應該與產生這些字元的值相同。
n	int *	到目前為止透過呼叫 scanf 函數從輸入讀取的字元數будет返回。%n 轉換的字元並不計算在 scanf 函數的返回值之內。它本身並不消耗任何輸入。
%	(無)	這個格式碼與輸入中的一個 % 相匹配,該 % 符號將被丟棄。

程式 15.4 使用一種更為可靠的方法讀取這種類型的輸入。這個方法的優點在於現在的輸入**是逐步處理的**(processed line by line)。它不可能讀入一組起始於某一列但結束於另一列的值。而且,透過嘗試轉換 5 個值,無論是輸入列的值太多還是太少,都會被檢測出來。

```
/*
** 用 sscanf 處理列導向 (line-oriented) 的輸入
*/
#include <stdio.h>
#define BUFFER_SIZE  100   /* 我們將要處理的最長列 */

void
function( FILE *input )
{
        int    a, b, c, d, e;
        char   buffer[ BUFFER_SIZE ];

        while( fgets( buffer, BUFFER_SIZE, input ) != NULL ){
            if( sscanf( buffer, "%d %d %d %d %d",
                &a, &b, &c, &d, &e ) != 4 ){
                    fprintf( stderr, "Bad input skipped: %s",
                        buffer );
                    continue;
            }

            /*
            ** 處理這組輸入
            */
        }
}
```

一個相關的技巧可用於讀取可能以「幾種不同的格式」出現的列導向輸入。每個輸入列先用 fgets 讀取，然後用幾個 sscanf（每個都使用一種不同的格式）進行掃描。輸入列由**第 1 個** sscanf 決定，後者用於轉換預期數目的值。例如，**程式 15.5** 檢查一個以前讀取的緩衝區的內容。它從一個輸入列中提取或者 1 個或者 2 個或者 3 個值，並對那些沒有輸入值的變數賦予（assign）預設的值。

程式 15.5 使用 sscanf 處理可變格式的輸入（scanf2.c）

```
/*
** 使用 sscanf 處理可變格式的輸入
*/
#include <stdio.h>
#include <stdlib.h>

#define       DEFAULT_A    1     /* 或其他 ... */
#define       DEFAULT_B    2     /* 或其他 ... */

void
function( char *buffer )
{
        int    a, b, c;
```

```
/*
** 看看 3 個值是否都已給出。
*/
if( sscanf( buffer, "%d %d %d", &a, &b, &c ) != 3 ){
    /*
    ** 否，對 a 使用預設值，
    ** 看看其他兩個值是否都已給出。
    */
        a = DEFAULT_A;
        if( sscanf( buffer, "%d %d", &b, &c ) != 2 ){
        /*
        ** 也為 b 使用預設值，尋找剩餘的值。
        */
            b = DEFAULT_B;
            if( sscanf( buffer, "%d", &c ) != 1 ){
                fprintf( stderr, "Bad input: %s",
                buffer );
                exit( EXIT_FAILURE );
            }
        }
    }
    /*
    ** 處理 a, b, c
    */
}
```

15.10.3 printf 家族

printf 函數家庭用於建立格式化的輸出。這個家族共有 3 個函數：fprintf、printf 和 sprintf。它們的原型如下所示：

```
int fprintf( FILE *stream, char const *format, ... );
int printf( char const *format, ... );
int sprintf( char *buffer, char const *format, ... );
```

你在「第 1 章」就曾見過，printf 根據格式碼和 format 參數中的其他字元，對參數列表中的值進行格式化。這個家族的另兩個函數的工作過程也類似。使用 printf，結果輸出送到標準輸出。使用 fprintf，你可以使用任何輸出串流，而 sprintf 把它的結果作為「一個以 NUL 結尾的字串」儲存到「指定的 buffer 緩衝區」而不是寫入到串流當中。這 3 個函數的返回值是實際列印或儲存的字元數。

15.10.4　printf 格式碼

printf 函數原型中的 format 字串可能包含格式碼,它使參數列表的下一個值根據指
定的方式進行格式化,至於其他的字元則原樣逐字列印。格式碼由一個百分號開
頭,後面可以跟:(1) 零個或多個旗標字元,用於修改有些轉換的執行方式;(2) 一
個可選的最小欄位寬度;(3) 一個可選的精度;(4) 一個可選的修飾詞(modifier);
(5) 轉換類型。

旗標(flag)和其他欄位的準確涵義取決於使用何種轉換(conversion)。表 15.6 描
述了轉換類型格式碼,表 15.7 描述了旗標字元和它們的涵義。

表 15.6：printf 格式碼

格式碼	參數	涵義
c	int	參數被裁剪為 unsigned char 類型並作為字元列印。
d i	int	參數作為一個十進位整數列印。如果給出了精度而且值的位數少於精度位數，前面就用 0 填充。
u o x、X	unsigned int	參數作為一個無符號值列印，u 使用十進位；o 使用八進位；x 或 X 使用十六進位 (兩者的區別是 x 約定使用 abcdef，而 X 約定使用 ABCDEF)。
e E	double	參數根據指數形式列印。例如，6.023000e23 是使用格式碼 e，6.023000E23 是使用格式碼 E。小數點後面的位數由精度欄位決定，預設值是 6。
f	double	參數按照常規的浮點格式列印。精度欄位決定小數點後面的位數，預設值是 6。
g G	double	參數以 %f 或 %e(如 G 則 %E) 的格式列印，取決於它的值。如果指數大於等於 -4 但小於精度欄位，就使用 %f 格式，否則使用指數格式。
s	char *	列印一個字串。
p	void *	指標值被轉換為一串因編譯器而異的可列印字元。這個格式碼主要是和 scanf 中的 %p 格式碼組合使用。
n	int *	這個格式碼是獨特的，因為它並不產生任何輸出。反之，到目前為止函數所產生的輸出字元數目，將被保存到對應的參數中。
%	(無)	列印一個 % 字元。

表 15.7：printf 格式旗標

旗標	涵義
-	值在欄位中左對齊，預設情況下是右對齊。
0	當數值為右對齊時，預設情況下是使用空格填充值左邊未使用的列。這個旗標表示用零來填充，它可用於 d、i、u、o、x、X、e、E、f、g 和 G 格式碼。使用 d、i、u、o、x 和 X 格式碼時，如果給出了精度欄位，零旗標就被忽略。如果格式碼中出現了負號旗標，零旗標也沒有效果。
+	當用於一個格式化某個有符號值的格式碼時，如果值非負，正號旗標就會給它加上一個正號。如果該值為負，就像往常一樣顯示一個負號。在預設情況下，正號並不會顯示。
空格	只用於轉換有符號值的格式碼。當值非負時，這個旗標把一個空格添加到它的開始位置。注意，這個旗標和正號旗標是相互排斥的，如果兩個同時給出，空格旗標便被忽略。
#	選擇某些格式碼的另一種轉換形式。它們在表 15.9 中描述。

欄位寬度是一個十進位整數，用於指定將出現在結果中的最小字元數。如果值的字元數少於欄位寬度，就對它進行填充以增加長度。旗標決定填充（padding）是用空白還是零，以及它出現在值的左邊還是右邊。

對於 d、i、u、o、x 和 X 類型的轉換，精度欄位指定將出現在結果中的最小的數字個數並覆蓋（override）零旗標。如果轉換後的值的位數小於寬度，就在它的前面插入零。如果值為零且精度也為零，則轉換結果就不會產生數字。對於 e、E 和 f 類型的轉換，精度決定將出現在小數點之後的數字位元數。對於 g 和 G 類型的轉換，它指定將出現在結果中的最大有效位數。當使用 s 類型的轉換時，精度指定將被轉換的最多字元數。精度以一個句點開頭，後面跟一個可選的十進位整數。如果未給出整數，精度的預設值為零。

如果用於表示欄位寬度和／或精度的十進位整數由一個星號代替，那麼 printf 的下一個參數（必須是個整數）就提供寬度和（或）精度。因此，這些值可以透過計算獲得而不必預先指定。

當字元或短整數值作為 printf 函數的參數時，它們在傳遞給函數之前先轉換為整數。有時候轉換可以影響函數產生的輸出。同樣，在一個長整數的長度大於普通整數的環境裡，當一個長整數作為參數傳遞給函數時，printf 必須知道這個參數是個長整數。表 15.8 所示的修飾詞用於指定整數和浮點數參數的準確長度，進而解決了這個問題。

表 15.8：printf 格式碼修飾詞

修飾詞	用於 …… 時	表示參數是 ……
h	d、i、u、o、x、X	一個 (可能是無符號)short 型整數
h	n	一個指向 short 型整數的指標
l	d、i、u、o、x、X	一個 (可能是無符號)long 型整數
l	n	一個指向 long 型整數的指標
L	e、E、f、g、G	一個 long double 型值

在有些環境裡，int 和 short int 的長度相等，此時 h 修飾詞就沒有效果。否則，當 short int 作為參數傳遞給函數時，這個被轉換的值將升級為（無符號）int 類型。這個修飾詞在轉換發生之前使它被裁剪回原先的 short 形式。在十進位轉換中，一般並不需要進行剪裁（truncation）。但在有些八進位或十六進位的轉換中，h 修飾詞將保證列印適當位元數的數字。

在 int 和 long int 長度相同的機器上，1 修飾詞並無效果。在所有其他機器上，需要使用 1 修飾詞，因為這些機器上的長整數型分為兩部分傳遞到執行時堆疊 (runtime stack)。如果並未給出這個修飾詞，那就只有「第 1 部分」被提取用於轉換。如此一來，不但轉換將產生不正確的結果，而且這個值的「第 2 部分」會被解釋為一個單獨的參數，這樣就破壞了後續參數和它們的格式碼之間的對應關係。

旗標可以用於幾種 printf 格式碼，為轉換選擇一種替代形式。這些形式的細節列於表 15.9。

表 15.9：printf 轉換的其他形式

用於 ……	# 旗標 ……
o	保證產生的值以一個零開頭。
x、X	在非零值前面加 0x 前綴 (%X 則為 0X)。
e、E、f	確保結果始終包含一個小數點，即使它後面沒有數字。
g、G	和上面的 e、E 和 f 格式碼相同。另外，綴尾的 0 並不從小數中去除。

提示

由於有些機器在列印長整數值時要求 1 修飾詞而另外一些機器可能不需要，因此，當列印長整數值時，最好堅持使用 1 修飾詞。這樣，當你把程式移植到任何一台機器上時，就不太需要進行改動。

printf 函數可以使用豐富的格式碼、修飾詞、限定詞、替代形式和可選欄位，這使得它看上去極為複雜。但是，它們能夠在格式化輸出時提供極大的靈活性。所以，我們應該耐心一些，花一些時間把它們全部學會！這裡有一些例子，可以幫助大家學習它們。

圖 15.1 顯示了格式化字串可能產生的一些變型。只有顯示出來的字元才被列印。為了避免歧義，符號 ¤ 用於表示一個空白。圖 15.2 顯示了用不同的整數格式碼格式化一些整數值的結果。圖 15.3 顯示了浮點值被格式化的一些可能方法。最後，圖 15.4 顯示了用「與圖 15.3 相同的那些格式碼」來格式化一個非常大的浮點數的結果。在前兩個輸出中出現了明顯的錯誤，因為它們所列印的有效數字（significant digit）的位數超出了指定記憶體位置所能儲存的位元數。

格式碼	轉換後的字串		
	A	ABC	ABCDEFGH
%s	A	ABC	ABCDEFGH
%5s	¤¤¤¤A	¤¤ABC	ABCDEFGH
%.5s	A	ABC	ABCDE
%5.5s	¤¤¤¤A	¤¤ABC	ABCDE
%-5s	A¤¤¤¤	ABC¤¤	ABCDEFGH

圖 15.1：用 printf 格式化字串

格式碼	轉換後的字串			
	1	-12	12345	123456789
%d	1	-12	12345	123456789
%6d	¤¤¤¤¤1	¤¤¤-12	¤12345	123456789
%.4d	0001	-0012	12345	123456789
%6.4d	¤¤0001	¤-0012	¤12345	123456789
%-4d	1¤¤¤	-12¤	12345	123456789
%04d	0001	-012	12345	123456789
%+d	+1	-12	+12345	+123456789

圖 15.2：用 printf 格式化整數

格式碼	轉換後的字串			
	1	.01	.00012345	12345.6789
%f	1.000000	0.010000	0.000123	12345.678900
%10.2f	¤¤¤¤¤¤1.00	¤¤¤¤¤¤0.01	¤¤¤¤¤¤0.00	¤¤12345.68
%e	1.000000e+00	1.000000e-02	1.234500e-04	1.234568e+04
%.4e	1.0000e+00	1.0000e-02	1.2345e-04	1.2346e+04
%g	1	0.01	0.00012345	12345.7

圖 15.3：用 printf 格式化浮點值

格式碼	轉換後的字串
	6.023e23
%f	60229999999999999975882752.000000
%10.2f	60229999999999999975882752.00
%e	6.023000e+23
%.4e	6.0230e+23
%g	6.023e+23

圖 15.4：用 printf 格式化大浮點值

15.11　二進位 I/O

把資料寫到檔案中時，效率最高的方法是用二進位形式寫入。二進位輸出避免了在數值轉換為字串過程中所涉及的開銷和精度損失。但二進位資料並非人眼所能閱讀，所以這個技巧只有當資料將被另一個程式按順序讀取時才能使用。

fread 函數用於讀取二進位資料，fwrite 函數用於寫入二進位資料。它們的原型如下所示：

```
size_t  fread( void *buffer, size_t size, size_t count,  FILE *stream );
size_t  fwrite( void *buffer, size_t size, size_t count, FILE *stream );
```

buffer 是一個指向「用於保存資料的記憶體位置」的指標，size 是緩衝區中每個元素的位元組數，count 是讀取或寫入的元素數，當然 stream 是資料讀取或寫入的串流。

buffer 參數被解釋為一個或多個值的陣列。count 參數指定陣列中有多少個值，所以讀取或寫入一個純量時，count 的值應為 1。函數的返回值是實際讀取或寫入的**元素**（並非位元組）數目。如果輸入過程中遇到了檔案結尾或者輸出過程中出現了錯誤，這個數字可能比「請求的元素數目」要小。

讓我們觀察一個使用這些函數的程式碼片段：

```
struct  VALUE {
        long a;
        float b;
        char c[SIZE];
} values[ARRAY_SIZE];
...
n_values = fread( values, sizeof( struct VALUE ),
    ARRAY_SIZE, input_stream );
（處理陣列中的資料）
fwrite( values, sizeof( struct VALUE ),
    n_values, output_stream );
```

這個程式從一個輸入檔案讀取二進位資料，對它執行某種類型的處理，把結果寫入到一個輸出檔案。前面提到，這種類型的 I/O 效率很高，因為每個值中的位元直接從串流讀取或向串流寫入，不需要任何轉換。例如，假定陣列中的一個長整數的值是 4,023,817。代表這個值的位元是 0x003d6609 ——這些位元將被寫入到串流之中。二進位資訊非人眼所能閱讀，因為這些位元並不對應任何合理的字元。如果將它們解釋為字元，其值將是 \0=f\t，這顯然不能很好地向我們傳達原數的值。

15.12 刷新和定位函數

在處理串流時，另外還有一些函數也較為有用。首先是 fflush，它迫使一個輸出串流的緩衝區內的資料進行物理寫入，不管它是不是已經寫滿。它的原型如下：

```
int  fflush( FILE *stream );
```

當我們需要立即把「輸出緩衝區的資料」進行物理寫入時，應該使用這個函數。例如，呼叫 fflush 函數可以保證 debug 資訊即時列印出來，而不是保存在緩衝區中，直到以後才列印。

在正常情況下，資料以線性的方式寫入，這意味著在檔案中，「後面寫入的資料的位置」是在以前所有寫入資料的後面。C 同時支援隨機存取 I/O，也就是以任意循序存取檔案的不同位置。要實現隨機存取（random access），必須在讀取或寫入之前定位到（seeking to，尋找到）檔案中所需的位置。有兩個函數用於執行這項操作，它們的原型如下：

```
long  ftell( FILE *stream );
int  fseek( FILE *stream, long offset, int from );
```

ftell 函數返回串流的當前位置，也就是說，下一個讀取或寫入將要開始的位置距離「檔案起始位置」的偏移量。這個函數允許你保存一個檔案的當前位置，這樣你可能在將來會返回到這個位置。在二進位串流中，這個值就是當前位置距離「檔案起始位置」之間的位元組數。

在文本串流中，這個值表示一個位置，但它並不一定準確地表示「當前位置」和「檔案起始位置」之間的字元數，因為有些系統將對行末字元（end-of-line character）進行翻譯轉換。但是，ftell 函數返回的值總是可以用於 fseek 函數，作為一個距離「檔案起始位置」的偏移量。

fseek 函數允許你在一個串流中定位。這個操作將改變下一個讀取或寫入操作的位置。它的第 1 個參數是需要改變的串流。它的第 2 個參數和第 3 個參數識別「檔案中需要定位的位置」。表 15.10 描述了第 2 個參數和第 3 個參數可以使用的三種方法。

試圖定位到一個檔案的起始位置之前是一個錯誤。定位到檔案結尾之後並進行寫入，將擴展（extend）這個檔案。定位到檔案結尾之後並進行讀取，將導致返回一條「到達檔案結尾」的訊息。在二進位串流中，從 SEEK_END 進行定位可能不被支援，所以應該避免。在文本串流中，如果 from 是 SEEK_CUR 或 SEEK_END， offset 必須是零。如果 from 是 SEEK_SET，offset 必須是一個從「同一個串流」中以前呼叫 ftell 時所返回的值。

表 15.10：fseek 參數

如果 from 是 ……	將定位到 ……
SEEK_SET	從串流的起始位置起 offset 個位元組，offset 必須是一個非負值。
SEEK_CUR	從串流的當前位置起 offset 個位元組，offset 的值可正可負。
SEEK_END	從串流的尾部位置起 offset 個位元組，offset 的值可正可負。如果它是正值，它將定位到檔案結尾的後面。

之所以存在這些限制，部分原因在於文本串流所執行的行末字元映射（end-of-line character mapping）。由於這種映射的存在，「文字檔案的位元組數」可能和「程式寫入的位元組數」不同。因此，一個可移植的程式不能根據實際寫入字元數的計算結果定位到文本串流的一個位置。

用 fseek 改變一個串流的位置會帶來三個副作用。首先，行末指示字元（end-of-file indicator）被清除。其次，如果在 fseek 之前使用 ungetc 把一個字元返回到串流當中，那麼這個被退回的字元會被丟棄，因為在定位操作以後，它不再是「下一個字元」。最後，定位允許你從寫入模式切換到讀取模式，或者回到打開的串流，以便更新。

程式 15.6 使用 fseek 存取一個學生資訊檔案。記錄數參數（record number argument）的類型是 size_t，這是因為它不可能是個負值。需要定位的檔案位置透過將「記錄數」（record number）和「記錄長度」（record size）相乘得到。只有當檔案中的所有記錄都是同一長度時，這種計算方法才是可行的。最後，fread 的結果被返回，這樣呼叫程式就可以判斷操作是否成功。

另外還有 3 個額外的函數，它們用一些限制更嚴的方式執行相同的任務。它們的原型如下：

```
void   rewind( FILE *stream );
int    fgetpos( FILE *stream, fpos_t *position );
int    fsetpos( FILE *stream, fpos_t const *position );
```

rewind 函數將「讀/寫指標」設置回指定串流的起始位置。它同時清除串流的錯誤提示旗標。fgetpos 和 fsetpos 函數分別是 ftell 和 fseek 函數的替代方案。

它們的主要區別在於這對函數接受「一個指向 fpos_t 的指標」作為參數。fgetpos 在這個位置儲存檔案的當前位置，fsetpos 把檔案位置設置為儲存在這個位置的值。

用 fpos_t 表示一個檔案位置的方式並不是由程式語言「標準」定義的。它可能是檔案中的一個位元組偏移量,也可能不是。因此,使用一個從 fgetpos 函數返回的 fpos_t 類型的值,唯一安全的用法,是把它作為參數傳遞給後續的 fsetpos 函數。

程式 15.6 隨機檔案存取(rd_rand.c)

```
/*
** 從一個檔案讀取一個特定的記錄。
** 參數分別是進行讀取的串流、
** 需要讀取的記錄數和
** 指向放置資料的緩衝區的指標。
*/
#include <stdio.h>
#include "student_info.h"

int
read_random_record( FILE *f, size_t rec_number, StudentInfo *buffer )
{
        fseek( f, (long)rec_number * sizeof( StudentInfo ),
               SEEK_SET );
        return fread( buffer, sizeof( StudentInfo ), 1, f );
}
```

15.13 改變緩衝方式

在串流上執行的緩衝方式有時並不合適,下面兩個函數可以用於對緩衝方式進行修改。只有當指定的串流被打開,但還沒有在它上面執行任何其他操作前,這兩個函數才能被呼叫。

```
void setbuf( FILE *stream, char *buf );
int  setvbuf( FILE *stream, char *buf, int mode, size_t size );
```

setbuf 設置了另一個陣列,用於對串流進行緩衝。這個陣列的字元長度必須為 BUFSIZ(定義於 stdio.h)。為一個串流自行指定緩衝區可以防止 I/O 函式庫為它動態分配一個緩衝區。如果用一個 NULL 參數呼叫這個函數,setbuf 函數將關閉串流的所有緩衝方式。字元準確地按「程式所規定的方式」進行讀取和寫入[1]。

---

[1] 在宿主式執行時環境中,作業系統可能執行自己的緩衝方式,不依賴於串流。因此,僅僅呼叫 setbuf 將不允許程式從「鍵盤」即輸即讀入字元,因為作業系統通常對這些字元進行緩衝,用於實作退格編輯(backspace editing)。

setvbuf 函數更為通用。mode 參數用於指定緩衝的類型。_IOFBF 指定一個完全緩衝
的串流（a fully buffered stream），_IONBF 指定一個不緩衝的串流（an unbuffered
stream），_IOLBF 指定一個列緩衝串流（a line buffered stream）。所謂列緩衝，就
是每當一個 Newline 寫入到緩衝區時，緩衝區便進行刷新。

buf 和 size 參數用於指定需要使用的緩衝區。如果 buf 為 NULL，那麼 size 的值必須
是 0。一般而言，最好用「一個長度為 BUFSIZ 的字元陣列」作為緩衝區。儘管使用
一個非常大的緩衝區可能會稍稍提高程式的效率，但如果使用不當，也有可能降低
程式的效率。例如，絕大多數作業系統在內部對磁碟的輸入／輸出進行緩衝操作。
如果你自行指定了一個緩衝區，但它的長度卻不是作業系統內部使用的緩衝區的整
數倍，就可能需要一些額外的磁碟操作，用於讀取或寫入一個區塊的一部分。如果
需要使用一個很大的緩衝區，它的長度應該是 BUFSIZ 的整數倍。在 MS-DOS 機器
中，緩衝區的大小如果和磁碟叢集（cluster）的大小相匹配，可能會提高一些效率。

15.14　串流錯誤函數

下面的函數用於判斷串流的狀態：

```
int  feof( FILE *stream );
int  ferror( FILE *stream );
void clearerr( FILE *stream );
```

如果串流當前處於檔案結尾，feof 函數返回「真」。這個狀態可以透過對串流執行
fseek、rewind 或 fsetpos 函數來清除。ferror 函數報告串流的錯誤狀態，如果出現任
何讀／寫錯誤，函數就返回「真」。最後，clearerr 函數對「指定串流的錯誤旗標」
進行重置。

15.15 暫存檔案

為了方便起見，我們偶爾會使用一個檔案來臨時保存資料。當程式結束時，這個檔案便被刪除，因為它所包含的資料不再有用。tmpfile 函數就是用於這個目的的：

```
FILE *tmpfile( void );
```

這個函數建立了一個檔案，當檔案被關閉或程式終止時，這個檔案便自動刪除。該檔案以 wb+ 模式打開，這使它可用於二進位和文本資料。

如果暫存檔案（temporary file）必須以其他模式打開，或者由一個程式打開但由另一個程式讀取，就不適合用 tmpfile 函數建立。在這些情況下，我們必須使用 fopen 函數，而且當結果檔案不再需要時，必須使用 remove 函數（稍後描述）顯式地刪除。

暫存檔案的名稱可以用 tmpnam 函數建立，它的原型如下：

```
char  *tmpnam( char *name );
```

如果傳遞給函數的參數為 NULL，那麼這個函數便返回一個指向靜態陣列的指標，該陣列包含了被建立的檔案名稱。否則，參數便假定是一個指向長度至少為 L_tmpnam 的字元陣列的指標。在這種情況下，檔案名稱在這個陣列中建立，返回值就是這個參數。

無論是哪一種情況，這個被建立的檔案名稱保證不會與「已經存在的檔案名稱」同名[2]。只要呼叫次數不超過 TMP_MAX 次，tmpnam 函數每次呼叫時都能產生一個新的不同名稱。

15.16 檔案操縱函數

有兩個函數用於操縱（manipulate）檔案但不執行任何輸入／輸出操作。它們的原型如下所示。如果執行成功，這兩個函數都返回零值；如果失敗，它們都返回非零值。

---

[2] 注意：這個用於保證唯一性（uniqueness）的方法可能會在「多程式系統」（multiprogramming system）或「那些共享一個網路檔案伺服器（network file server）的系統」中失敗。問題的根源是「名稱被建立的時間」和「該名稱所標識的檔案被建立的時間」，這兩者之間存在延遲。如果幾個程式恰好都建立了一個相同的名字，並在任何檔案被實際建立之前測試是否存在這個名稱的檔案，此時測試結果是否定的，於是每個程式都以為這是個唯一的名稱。在檔案名稱被建立之後立即建立檔案，可以減少（但不能根除）這種潛在的衝突。

```
int    remove( char const *filename );
int    rename( char const *oldname, char const *newname );
```

remove 函數刪除一個指定的檔案。如果當 remove 被呼叫時檔案處於打開狀態，其結果則取決於編譯器。

rename 函數用於改變一個檔案的名稱，從 oldname 改為 newname。如果已經有一個名為 newname 的檔案存在，其結果取決於編譯器。如果這個函數失敗，檔案仍然可以用原來的名稱進行存取。

15.17　總結

程式語言「標準」規定了標準函式庫中的函數的介面和操作，這有助於提高程式的可攜性。一種編譯器可以在它的函式庫中提供額外的函數，但不應修改「標準」要求提供的函數。

perror 函數提供了一種向使用者回報錯誤的簡單方法。當檢測到一個致命的錯誤時，可以使用 exit 函數終止程式。

stdio.h 標頭檔包含了使用 I/O 函式庫函數所需要的宣告。所有的 I/O 操作都是一種在程式中移進或移出位元組的事務。函式庫為 I/O 所提供的介面（interface）稱為串流（stream）。在預設情況下，串流 I/O 是進行緩衝的。二進位串流主要用於二進位資料，位元組可以不經修改地從二進位串流讀取或向二進位串流寫入。另一方面，文本串流則用於字元。文本串流能夠允許的最大文本列因編譯器而異，但至少允許 254 個字元。根據定義，一列由一個 Newline 字元結尾。如果宿主式作業系統使用不同的約定（規範）結束文本列，I/O 函數必須在「這種形式」和「文本列的內部形式」之間進行翻譯轉換。

FILE 是一種資料結構，用於管理緩衝區和儲存串流的 I/O 狀態。執行時環境為每個程式提供了三個串流——標準輸入、標準輸出和標準錯誤。最常見的情況是把標準輸入預設設置為鍵盤，其他兩個串流預設設置為顯示器。錯誤訊息使用一個單獨的串流，這樣即使標準輸出的預設值重新導向為其他位置，錯誤訊息仍然能夠顯示在它的預設位置。FOPEN_MAX 是你能夠同時打開的最多檔案數目，具體數目因編譯器而異，但不能小於 8。FILENAME_MAX 是用於儲存檔案名稱的字元陣列的最大限制長度。如果不存在長度限制，這個值就是推薦的最大長度。

為了對一個檔案執行串流 I/O 操作，首先必須用 fopen 函數打開檔案，它返回一個指向 FILE 結構的指標，這個 FILE 結構指派給進行操作的串流。這個指標必須在一個 FILE * 類型的變數中保存。然後，這個檔案就可以進行讀取和（或）寫入。讀寫完畢後，應該關閉檔案。許多 I/O 函數屬於同一個家族，它們在本質上執行相同的任務，但在「從何處讀取」或「從何處寫入」方面存在一些微小的差別。通常一個函數家族的各個變型包括接受一個串流參數的函數、一個只用於標準串流之一的函數，以及一個使用記憶體中的緩衝區（而不是串流）的函數。

串流用 fopen 函數打開。它的參數是「需要打開的檔案名稱」和「需要採用的串流模式」。模式指定串流用於讀取、寫入還是添加，它同時指定串流為二進位串流還是文本串流。freopen 函數用於執行相同的任務，但可以自己指定「需要使用的串流」。這個函數最常用於重新打開一個標準串流。應該始終檢查 fopen 或 freopen 函數的返回值，看看有沒有發生錯誤。在結束了一個串流的操作之後，應該使用 fclose 函數將它關閉。

逐字元的 I/O 由 getchar 和 putchar 函數家族實現。輸入函數 fgetc 和 getc 都接受一個串流參數，getchar 則只從標準輸入讀取。第一個以「函數」的方式實作，後兩個則以「巨集」的方式實作。它們都返回一個用整數型值表示的單一字元。除了用於執行輸出而不是輸入之外，fputc、putc 和 putchar 函數具有和「對應的輸入函數」相同的屬性。ungetc 用於把「一個不需要的字元」退回到串流當中。這個被退回的字元將是下一個輸入操作所返回的「第 1 個字元」。改變串流的位置（定位）將導致「這個退回的字元」被丟棄。

列 I/O 既可以是格式化的，也可以是未格式化的。gets 和 puts 函數家族執行「未格式化的列 I/O」。fgets 和 gets 都從一個指定的緩衝區讀取一列。前者接受一個串流參數，後者從標準輸入讀取。fgets 函數更為安全，它把緩衝區長度作為參數之一，因此可以保證「一個長輸入列」不會溢出緩衝區，而且資料並不會丟失──長輸入列的剩餘部分（超山緩衝區長度的那部分）將被「fgets 函數的下一次呼叫」讀取。fputs 和 puts 函數把文本寫入到串流當中。它們的介面類似對應的輸入函數。為了保證向後相容，gets 函數將去除它所讀取的列的 Newline，puts 函數在寫入到緩衝區的文本後面加上一個 Newline。

scanf 和 printf 函數家族執行「格式化的 I/O 操作」。輸入函數共有三種：fscanf 接受一個串流參數；scanf 從標準輸入讀取；sscanf 從一個記憶體中的緩衝區接收字元。printf 家族也有三個函數，它們的屬性也類似。scanf 家族的函數根據一個格式

字串對字元進行轉換。一個指標參數列表用於提示結果值的儲存地點。函數的返回值是被轉換的值的個數，如果沒有任何值被轉換就遇到檔案結尾，函數返回 EOF。printf 家族的函數根據一個格式字串把值轉換為字元形式。這些值是作為參數傳遞給函數的。

使用「二進位串流」寫入二進位資料（如整數和浮點數）比使用「字元 I/O」效率更高。二進位 I/O 直接讀寫值的各個位元，而不必把值轉換為字元。但是，二進位輸出的結果非人眼所能閱讀。fread 和 fwrite 函數執行二進位 I/O 操作。每個函數都接受 4 個參數：指向緩衝區的指標、緩衝區中每個元素的長度、需要讀取或寫入的元素個數，以及需要操作的串流。

在預設情況下，串流是順序讀取的。但是，可以透過在讀取或寫入之前定位到「一個不同的位置」實現隨機 I/O 操作。fseek 函數允許你指定檔案中的一個位置，它用一個偏移量表示，參考位置可以是檔案起始位置，也可以是檔案的當前位置，還可以是檔案的結尾位置。ftell 函數返回檔案的當前位置。fsetpos 和 fgetpos 函數是前兩個函數的替代方案。但是，對於 fsetpos 函數，唯一合法的參數是先前由「同一個串流」上的 fgetpos 函數返回的值。最後，rewind 函數返回到檔案的起始位置。

在執行任何串流操作之前，呼叫 setbuf 函數可以改變串流所使用的緩衝區。用這種方式指定一個緩衝區，可以防止系統為串流動態分配一個緩衝區。向這個函數傳遞一個 NULL 指標作為緩衝區參數，表示禁止使用緩衝區。setvbuf 函數更為通用，可以用它指定一個並非標準長度的緩衝區。你也可以選擇自己希望的緩衝方式：完全緩衝、列緩衝或不緩衝。

ferror 和 clearerr 函數和串流的錯誤狀態有關，也就是說，是否出現了任何讀／寫錯誤。第 1 個函數返回錯誤狀態，第 2 個函數重置錯誤狀態。如果串流當前位於檔案的末尾，那麼 feof 函數就返回真。

tmpfile 函數返回一個與「一個暫存檔案」關聯的串流。當串流被關閉之後，這個檔案被自動刪除。tmpnam 函數為暫存檔案建立一個合適的檔案名稱。這個名稱不會與現存的檔案名稱衝突。把檔案名稱作為參數傳遞給 remove 函數，可以刪除這個檔案。rename 函數用於修改一個檔案的名稱。它接受兩個參數，檔案的當前名稱和檔案的新名稱。

15.18　警告的總結

1. 忘了在一條 debug 用的 printf 陳述式後面跟一個 fflush 呼叫。

2. 不檢查 fopen 函數的返回值。

3. 改變檔案的位置將丟棄任何被退回到串流的字元。

4. 在使用 fgets 時指定太小的緩衝區。

5. 使用 gets 輸入時，緩衝區溢出且未被檢測到。

6. 使用任何 scanf 系列函數時，格式碼和參數指標類型不匹配。

7. 在任何 scanf 系列函數的每個非陣列、非指標參數前忘了加上 & 符號。

8. 注意，在使用 scanf 系列函數轉換 double、long double、short 和 long 整數型時，在格式碼中加上合適的限定詞。

9. sprintf 函數的輸出溢出了緩衝區且未檢測到。

10. 混淆 printf 和 scanf 格式碼。

11. 使用任何 printf 系列函數時，格式碼和參數類型不匹配。

12. 在有些「長整數」長於「普通整數」的機器上列印長整數值時，忘了在格式碼中指定 l 修飾詞。

13. 使用自動陣列作為串流的緩衝區時應多加小心。

15.19　程式設計提示的總結

1. 在可能出現錯誤的場合，檢查並報告錯誤。

2. 操縱文本列而無需顧及它們的外部表示形式，這有助於提高程式的可攜性。

3. 使用 scanf 限定詞提高可攜性。

4. 當你列印長整數時，即使你所使用的機器並不需要，堅持使用 l 修飾詞可以提高可攜性。

15.20 問題

✎ 1. 如果對 fopen 函數的返回值不進行錯誤檢查，可能會出現什麼後果？

✎ 2. 如果試圖對一個從未打開過的串流進行「列 I/O 操作」，會發生什麼情況？

3. 如果一個 fclose 呼叫失敗，但程式並未對它的返回值進行錯誤檢查，可能會出現什麼後果？

✎ 4. 如果一個程式在執行時，它的標準輸入已重新導向到一個檔案，程式如何檢測到這個情況？

5. 如果呼叫 fgets 函數時，使用一個長度為 1 的緩衝區，會發生什麼？長度為 2 呢？

6. 為了保證下面這條 sprintf 陳述式所產生的字串不溢出，緩衝區至少應該有多大？假定你的機器上的整數長度為 2 個位元組。

```
sprintf( buffer, "%d %c %x", a, b, c );
```

7. 為了保證下面這條 sprintf 陳述式所產生的字串不溢出，緩衝區至少應該有多大？

```
sprintf( buffer, "%s", a );
```

8. %f 格式碼所列印的最後一位數字是經過四捨五入呢，還是未列印的數字被簡單地截掉呢？

9. 如何得到 perror 函數可能列印的所有的錯誤訊息列表？

10. 為什麼 fprintf、fscanf、fputs 和 fclose 函數都接受「一個指向 FILE 結構的指標」作為參數而不是 FILE 結構本身？

11. 你希望打開一個檔案進行寫入，假定：(1) 你不希望檔案原先的內容丟失；(2) 你希望能夠寫入到檔案的任何位置。那麼你該怎樣設置打開模式呢？

12. 為什麼需要 freopen 函數？

13. 對於絕大多數程式，你覺得有必要考慮 fgetc(stdin) 或 getchar 哪個更好嗎？

14. 在你的系統上，下面的陳述式將列印什麼內容？

```
printf( "%d\n", 3.14 );
```

15. 請解釋使用 %-6.10s 格式碼將列印出什麼形式的字串。

✐ 16. 當一個特定的值用格式碼 %.3f 列印時，其結果是 1.405。但這個值用格式碼 %.2f 列印時，其結果是 1.40。似乎出現了明顯錯誤，請解釋其原因。

15.21　程式設計練習

★ 1. 編寫一個程式，把標準輸入的字元逐個複製到標準輸出。

✐★ 2. 修改你對「程式設計練習 1」的解決方案，使它每次讀寫一整列。你可以假定檔案中每一列所包含的字元數不超過 80 個（不包括結尾的 Newline）。

★★ 3. 修改你對「程式設計練習 2」的解決方案，去除每列 80 個字元的限制。處理這個檔案時，你仍應該每次處理一列，但對於那些長於 80 個字元的列，你可以每次處理其中的一段。

★★★ 4. 修改你對「程式設計練習 3」的解決方案，提示使用者輸入兩個檔案名稱，並從標準輸入讀取它們。第 1 個作為輸入檔案，第 2 個作為輸出檔案。這個修改後的程式應該打開這兩個檔案，並把輸入檔案的內容按照前面的方式複製到輸出檔案。

★★★ 5. 修改你對「程式設計練習 4」的解決方案，使它尋找那些以「一個整數」開始的列。這些整數值應該進行求和，其結果應該寫入到輸出檔案的末尾。除了這個修改之外，這個修改後的程式的其他部分應該和「程式設計練習 4」一樣。

★★ 6. 在「第 9 章」，你編寫了一個名為 palindrome 的函數，用於判斷一個字串是否是一個迴文。在這個程式設計練習中，你需要編寫一個函數，判斷「一個整數型變數的值」是不是迴文。例如，245 不是迴文，但 14741 卻是迴文。這個函數的原型應該如下：

```
int  numeric_palindrome( int value );
```

如果 value 是迴文，函數返回真（true），否則返回假（false）。

★★★ 7. 某個資料檔案包含了家庭成員的年齡。同一個家庭，其成員的年齡都位於同一列，中間由一個空格分隔。例如，下面的資料

```
45   42   22
36   35   7   3   1
22   20
```

描述了三個家庭中所有成員的年齡，它們分別有 3 個、5 個和 2 個成員。

編寫一個程式，計算用這種檔案表示的每個家庭所有成員的平均年齡。程式應該用格式碼 %5.2f 列印出平均年齡，後面是一個冒號和輸入資料。你可以假定每個家庭的成員數量都不超過 10 個。

★★★★ 8. 編寫一個程式，產生一個檔案的十六進位傾印碼（dump）。它應該從命令列接受單個參數，也就是需要進行傾印的檔案名稱。如果命令列中未給出參數，程式就列印標準輸入的傾印碼。

傾印碼的每列都應該具有下面的格式。

行	內容
1 ～ 6	檔案的當前偏移位置，用十六進位表示，前面用零填充。
9 ～ 43	檔案接下來 16 個位元組的十六進位表示形式。它們分成 4 組，每組由 8 個十六進位數字組成，每組之間以一個空格分隔。
46	一個星號。
47 ～ 62	檔案中上述 16 個位元組的字元表示形式。如果某個字元是不可列印字元或空白，就列印一個句點。
63	一個星號。

所有的十六進位數應該使用大寫的 A ～ F 而不是小寫的 a ～ f。

下面是一些範例列，用於說明這種格式：

```
000200  D4O5C000 82102004 91D02000 9010207F  *...... ... ... .*
000210  82102001 91D02000 0001C000 2F757372  *.. ... ...../usr*
000220  2F6C6962 2F6C642E 736F002F 6465762F  */lib/ld.so./dev/*
```

✍★★★ 9. UNIX 的 fgrep 程式從命令列接受一個字串和一系列檔案名稱作為參數。然後，它逐一查看每個檔案的內容。對於檔案中每個包含「命令列中給定字串」的文本列，程式將列印出它所在的檔案名稱、一個冒號和包含該字串的列。

編寫這個程式。首先出現的是字串參數（string argument），它不包含任何 Newline 字元。然後是檔案名稱參數（filename argument）。如果沒有給出任何檔案名稱，程式應該從標準輸入讀取。在這種情況下，程式所列印的列不包括檔案名稱和冒號。你可以假定各檔案所有文本列的長度都不會超過 510 個字元。

★★★★ 10. 編寫一個程式，計算檔案的 checksum（校驗和）。該程式按照下面的方式進行呼叫：

```
$ sum [ -f ] [ file ... ]
```

其中，-f 選項是可選的。稍後我將描述它的涵義。

接下來是一個可選的檔案名稱列表，如果未給出任何檔案名稱，程式就處理標準輸入。否則，程式根據各個檔案在命令列中出現的順序，逐個對它們進行處理。「處理檔案」（processing a file）就是計算和列印檔案的 checksum。

計算 checksum 的演算法是很簡單的。檔案中的每個字元都和一個 16 位元的無符號整數相加，其結果就是 checksum 的值。不過，雖然它很容易實作，但這個演算法可不是個優秀的錯誤檢測方法。如果在檔案中對兩個字元進行互換，這種方法將不會檢測出是個錯誤。

正常情況下，當到達每個檔案的檔案結尾時，checksum 就寫入到標準輸出。如果命令列中給出了 -f 選項，checksum 就寫入到一個檔案而不是標準輸出。如果輸入檔案的名稱是 file，那麼這個輸出檔案的名稱應該是 file.cks。當程式從標準輸入讀取時，這個選項是非法的，因為此時並不存在輸入檔案名稱。

下面是這個程式執行的幾個例子。它們在那些使用 ASCII 字元集的系統中是有效的。檔案 hw 包含了文本列「Hello, World!」，後面跟一個 Newline。檔案 hw2 包含了兩個這樣的文本列。所有的輸入都不包含任何綴尾的空格或 Tab。

```
$ sum
hi
^D
219
$ sum hw
1095
$ sum -f
-f illegal when reading standard input
$ sum -f hw2
$

(file hw2.cks now contains 2190)
```

★★★★★ 11. 編寫一個程式，用於保存零件及其價值的存貨記錄。每個零件都有一份描述資訊，其長度為 1 ～ 20 個字元。當一個新零件被添加到存貨記錄檔案時，程式將下一個可用的零件號碼（part number）指定給它。第 1 個零件的零件號碼為 1。程式應該儲存每個零件的當前數量和總價值。

這個程式應該從命令列接受單個參數，也就是存貨記錄檔案的名稱。如果這個檔案並不存在，程式就建立一個空的存貨記錄檔案。然後程式要求使用者輸入需要處理的交易類型，並逐個對它們進行處理。

程式允許處理下列交易（transactions）：

    new *description*, *quantity*, *cost-each*

new 交易向系統添加一個新零件。description 是該零件的描述資訊，它的長度不超過 20 個字元。quantity 是保存到存貨記錄檔案中該零件的數量，它不可以是個負數。cost-each 是每個零件的單價。一個新零件的描述資訊如果和一個現有的零件相同，這並不是錯誤。程式必須計算和保存這些零件的總價值。對於每個新增加的零件，程式為其指定下一個可用的零件號碼。零件號碼從 1 開始，線性遞增。被刪除零件的零件號碼可以重新分配給新添加的零件。

    buy *part-number*, *quantity*, *cost-each*

buy 交易為存貨記錄中一個現存的零件增加一定的數量。part-number 是該零件的零件號碼，quantity 是購入的零件數量（它不能是負數），cost-each 是每個零件的單價。程式應該把新的零件數量和總價值添加到原先的存貨記錄中。

    sell *part-number*, *quantity*, *price-each*

sell 交易從存貨記錄中一個現存的零件減去一定的數量。part-number 是該零件的零件號碼，quantity 是出售的零件數量（它不能是負數，也不能超過該零件的現有數量），price-each 是每個零件出售所獲得的金額。程式應該從存貨記錄中減去這個數量，並減少該零件的總價值。然後，它應該計算銷售所獲得的利潤，也就是零件的購買價格和零件的出售價格之間的差價。

    delete *part-number*

這個交易從存貨記錄檔案中刪除指定的零件。

    print *part-number*

這個交易列印指定零件的資訊，包括描述資訊、現存數量和零件的總價值。

```
print all
```

這個交易以表格的形式列印記錄中所有零件的資訊。

```
total
```

這個交易計算和列印記錄中所有零件的總價值。

```
end
```

這個交易終止程式的執行。

當零件以「不同的購買價格」獲得時，計算存貨記錄的真正價值將變得很複雜，而且取決於首先使用的是最便宜的零件還是最昂貴的零件。這個程式所使用的方法比較簡單：只保存每種零件的總價值，每種零件的單價被認為是相等的。例如，假定 10 個迴紋針（paper clip）原先以每個 $1.00 的價格購買。這個零件的總價值便是 $10.00。以後，又以每個 $1.25 的價格購入另外 10 個迴紋針，這樣這個零件的總價值便成了 $22.50。此時，每個迴紋針的當前單價便是 $1.125。存貨記錄並不保存每批零件的購買記錄，即使它們的購買價格不同。當迴紋針出售時，利潤根據上面計算所得的當前單價進行計算。

這裡有一些關於設計這個程式的提示。首先，使用零件號碼判斷存貨記錄檔案中一個零件的寫入位置。第 1 個零件號碼是 1，這樣記錄檔案中「零件號碼為 0 的位置」可以用於保存一些其他資訊。其次，你可以在刪除零件時，把它的描述資訊設置為空字串，便於以後檢測該零件是否已被刪除。

標準函式庫（Standard Library）是一個工具箱，它極大地擴展了 C 程式設計師的能力。但是，在使用這個能力之前，必須熟悉函式庫函數（library function）。忽略函式庫相當於只學習怎樣使用油門、方向盤和剎車來開車，卻不想費神學習使用定速巡航控制（Cruise Control）、收音機和空調。雖然這樣仍然能夠駕車到達你想去的地方，但過程更艱難一些，樂趣也少很多。

本章描述前面章節未曾探討的一些函式庫函數。各小節的標題包括了要獲得這些函數原型而必須用 #include 指令包含的檔案名稱。

16.1　整數型函數

這組函數返回整數型值（integer value）。這些函數分為三類：算術（arithmetic）、隨機數（random number）和字串轉換（string conversion）。

16.1.1　算術 <stdlib.h>

標準函式庫包含了四個整數型算術函數：

```
int abs( int value );
long int labs( long int value );
div_t div( int numerator, int denominator );
ldiv_t ldiv( long int numer, long int denom );
```

abs 函數返回它的參數的絕對值（absolute value）。如果其結果不能用一個整數表示，這個行為就是未定義的。labs 用於執行相同的任務，但它的作用對象是長整數。

div 函數把它的第 2 個參數（分母）除以第 1 個參數（分子），產生商（quotient）和餘數（remainder），然後用一個 div_t 結構返回。這個結構包含下面兩個欄位：

```
int    quot;    //  商
int    rem;     //  餘數
```

但這兩個欄位並不一定以這個順序出現。如果不能整除，商將是「所有小於代數商（algebraic quotient）的整數」中最靠近它的那個整數。注意，/ 運算子的除法運算結果並未精確定義。當 / 運算子的任何一個運算元為負而不能整除時，到底「商」是最大的那個小於等於代數商的整數，還是最小的那個大於等於代數商的整數，則取決於編譯器。ldiv 所執行的任務和 div 相同，但它作用於長整數，其返回值是一個 ldiv_t 結構。

16.1.2 隨機數 <stdlib.h>

有些程式在每次執行時不應該產生相同的結果，如遊戲（game）和模擬（simulation），此時隨機數就非常有用。下面兩個函數合在一起使用，能夠產生**偽隨機數**（pseudo-random number，又譯偽亂數）。之所以如此稱呼，是因為它們透過計算產生隨機數，因此有可能重複出現，所以並不是真正的隨機數。

```
int   rand( void );
void  srand( unsigned int seed );
```

rand 返回一個範圍在 0 和 RAND_MAX（至少為 32,767）之間的偽隨機數。當它重複呼叫時，函數返回這個範圍內的其他數。為了得到一個更小範圍的偽隨機數，首先需要把「這個函數的返回值」根據「所需範圍的大小」進行取餘數（modulo），然後透過加上或減去一個偏移量對它進行調整。

為了避免程式每次執行時獲得相同的隨機數序列，我們可以呼叫 srand 函數。它用它的參數值對隨機數產生器（random number generator）進行初始化。一個常用的技巧是使用「每天的時間」作為隨機數產生器的**種子**（seed），如下面的程式所示：

```
srand( (unsigned int)time( 0 ) );
```

time 函數將在本章後面描述。

程式 16.1 中的函數使用整數來表示遊戲用的牌卡（card），並且使用隨機數在「一副牌桌上的牌」（deck）中「洗」（shuffle）指定數目的牌。

程式 16.1 用隨機數洗牌（shuffle.c）

```
/*
** 使用隨機數在牌桌上洗「牌」。
** 第 2 個參數指定牌的數目。
** 當這個函數第 1 次被呼叫時,
** 呼叫 srand 函數初始化隨機數產生器。
*/
#include <stdlib.h>
#include <time.h>
#define      TRUE     1
#define      FALSE    0

void shuffle( int *deck, int n_cards )
{
      int     i;
      static int    first_time = TRUE;

/*
** 如果尚未進行初始化,
** 則用當天的當前時間作為隨機數產生器。
*/
if( first_time ){
      first_time = FALSE;
      srand( (unsigned int)time( NULL ) );
}

/*
** 透過交換隨機對的牌進行「洗牌」。
*/
for( i = n_cards - 1; i > 0; i -= 1 ){
      int     where;
      int     temp;

      where = rand() % i;
      temp = deck[ where ];
      deck[ where ] = deck[ i ];
      deck[ i ] = temp;
   }
}
```

16.1.3 字串轉換 <stdlib.h>

字串轉換函數把「字串」轉換為「數值」。其中最簡單的函數是 atoi 和 atol，用於執行底數（base，基數）為 10 的轉換。strtol 和 strtoul 函數允許在轉換時指定底數，同時還允許存取字串的剩餘部分。

```
int atoi( char const *string );
long int atol( char const *string );
long int strtol( char const *string, char **unused, int base );
unsigned long int strtoul( char const *string, char **unused,
    int base );
```

如果任何一個上述函數的「第 1 個參數」包含了前置空白字元，它們將被跳過。然後函數把合法的字元轉換為指定類型的值。如果存在任何非法綴尾字元，它們也將被忽略。

atoi 和 atol 分別把字元轉換為整數和長整數值。strtol 和 atol 同樣把參數字串轉換為 long。但是，strtol 保存一個指向「轉換值後面第 1 個字元」的指標。如果函數的第 2 個參數並非 NULL，這個指標便保存在第 2 個參數所指向的位置。這個指標允許字串的剩餘部分進行處理，而無須推測「轉換」在字串的哪個位置終止。strtoul 和 strtol 的執行方式相同，但它產生一個無符號長整數。

這兩個函數的第 3 個參數是轉換所執行的底數。如果底數為 0，任何在程式中用於書寫整數字面值（integer literals）的形式都將被接受，包括指定數字底數的形式，如 0x2af4 和 0377。否則，底數值應該在 2 ～ 36 的範圍內——然後「轉換」根據這個給定的底數進行。對於底數 11 ～ 36，字母 A ～ Z 分別被解釋為數值 10 ～ 35。在這個上下文環境中，小寫字母 a ～ z 被解釋為與對應的大寫字母相同的意思。因此，

```
x = strtol("    590bear", next, 12 );
```

的返回值為 9947，並把一個指向字母 e 的指標保存在 next 所指向的變數中。轉換在 b 處終止，因為在底數為 12 時，e 不是一個合法的數字。

如果這些函數的 string 參數中並不包含一個合法的數值，函數就返回 0。如果被轉換的值無法表示，函數便在 errno 中儲存 ERANGE 這個值，並返回表 16.1 中的一個值。

表 16.1：strtol 和 strtoul 返回的錯誤值

函數	返回值
strtol	如果值太大且為負數，則返回 LONG_MIN；如果值太大且為正數，則返回 LONG_MAX。
strtoul	如果值太大，則返回 ULONG_MAX。

16.2　浮點型函數

標頭檔 math.h 包含了函式庫中剩餘的數學函數的宣告。這些函數的返回值以及絕大多數參數都是 double 類型。

警告

一個常見的錯誤就是在使用這些函數時忘記包含這個標頭檔，如下所示：

```
double  x;
x = sqrt( 5.5 );
```

編譯器在此之前未曾見到過 sqrt 函數的原型，因此錯誤地假定它返回一個整數，然後錯誤地把這個值的類型轉換為 double。這個結果值是沒有意義的。

如果一個函數的參數不在該函數的定義域（domain，又譯領域）之內，則稱為**定義域錯誤**（**domain error**，又譯領域錯誤）。例如：

```
sqrt( -5.0 );
```

就是個定義域錯誤，因為負值的平方根是未定義的。當出現一個定義域錯誤時，函數返回一個由編譯器定義的錯誤值，並且在 errno 中儲存 EDOM 這個值。如果一個函數的結果值過大或過小，無法用 double 類型表示，這稱為**範圍錯誤**（**range error**）。例如：

```
exp( DBL_MAX )
```

將產出一個範圍錯誤，因為它的結果值太大。在這種情況下，函數將返回 HUGE_VAL，它是一個在 math.h 中定義的 double 類型的值。如果一個函數的結果值太小，無法用一個 double 表示，函數將返回 0。這種情況也屬於範圍錯誤，但 errno 會不會設置為 ERANGE 則取決於編譯器。

16.2.1 三角函數 <math.h>

標準函式庫提供了常見的三角函數：

```
double sin( double angle );
double cos( double angle );
double tan( double angle );
double asin( double value );
double acos( double value );
double atan( double value );
double atan2( double x, double y );
```

sin、cos 和 tan 函數的參數是一個用弧度（radian）表示的角度，這些函數分別返回這個角度的正弦、餘弦和正切值。

asin、acos 和 atan 函數分別返回它們的參數的反正弦、反餘弦和反正切值。如果 asin 和 acos 的參數並不位於 -1 和 1 之間，就出現一個定義域錯誤。asin 和 atan 的返回值是範圍在 $-\pi/2$ 和 $\pi/2$ 之間的一個弧度，acos 的返回值是一個範圍在 0 和 π 之間的一個弧度。

atan2 函數返回表達式 y/x 的反正切值，但它使用這兩個參數的符號來決定結果值位於哪個象限。它的返回值是一個範圍在 $-\pi$ 和 π 之間的弧度。

16.2.2 雙曲函數 <math.h>

```
double sinh( double angle );
double cosh( double angle );
double tanh( double angle );
```

這些函數分別返回它們的參數的雙曲正弦（hyperbolic sine）、雙曲餘弦（hyperbolic cosine）和雙曲正切（hyperbolic tangent）值。每個函數的參數都是一個以弧度表示的角度。

16.2.3 對數和指數函數 <math.h>

標準函式庫存在一些直接處理對數（logarithm）和指數（exponent）的函數：

```
double exp( double x );
double log( double x );
double log10( double x );
```

exp 函數返回 e 值的 x 次方，也就是 e^x。

log 函數返回 x 以 e 為底的對數，也就是常說的自然對數（natural logarithm）。
log10 函數返回 x 以 10 為底的對數。請注意，可以這樣計算 x 以任意一個以 b 為底的對數：

$$\log_b x = \frac{\log_e x}{\log_e b}$$

如果它們的參數為負數，則兩個對數函數都將出現定義域錯誤。

16.2.4 浮點表示形式 <math.h>

下面這三個函數提供了一種「根據一個編譯器定義的格式來儲存一個浮點值」的方法：

```
double frexp( double value, int *exponent );
double ldexp( double fraction, int exponent );
double modf( double value, double *ipart );
```

frexp 函數計算一個**指數**（exponent）和一個**小數**（fraction），這樣 fraction ×
$2^{exponent}$ = value，其中 $0.5 \leq$ fraction < 1，exponent 是一個整數。exponent 儲存於第 2
個參數所指向的記憶體位置，函數返回 fraction 的值。與它相關的函數 ldexp 的返
回值是 fraction × $2^{exponent}$，也就是它原先的值。當你必須在那些浮點格式不相容的機
器之間傳遞浮點數時，這些函數是非常有用的。

modf 函數把一個浮點值分成整數和小數兩個部分，每個部分都具有和原值一樣的符
號（sign）。整數部分以 double 類型儲存於第 2 個參數所指向的記憶體位置，小數
部分作為函數的返回值返回。

16.2.5 冪 <math.h>

這個家族共有兩個函數：

```
double pow( double x, double y );
double sqrt( double x );
```

pow 函數返回 x^y 的值。由於在計算這個值時可能要用到對數，所以如果 x 是一個負
數且 y 不是一個整數，就會出現一個定義域錯誤。

sqrt 函數返回其參數的平方根（square root）。如果參數為負，就會出現一個定義域
錯誤。

16.2.6　向下取整、向上取整、絕對值和餘數 <math.h>

這些函數的原型如下所示：

```
double floor( double x );
double ceil( double x );
double fabs( double x );
double fmod( double x, double y );
```

floor 函數返回不大於其參數的最大整數值。這個值以 double 的形式返回，這是因為 double 能夠表示的範圍遠大於 int。ceil 函數返回不小於其參數的最小整數值。

fabs 函數返回其參數的絕對值。fmod 函數返回 x 除以 y 所產生的餘數，這個除法的商被限制為一個整數值。

16.2.7　字串轉換 <stdlib.h>

下面這些函數和「整數型字串轉換函數」類似，只不過它們返回浮點值：

```
double atof( char const *string );
double strtod( char const *string, char **unused );
```

如果任一函數的參數包含了前置的空白字元，這些字元將被忽略。函數隨後把合法的字元轉換為一個 double 值，忽略任何綴尾的非法字元。這兩個函數都接受程式中所有浮點數字面值（floating-point literals）的書寫形式。

strtod 函數把參數字串轉換為一個 double 值，其方法和 atof 類似，但它保存一個指向「字串中被轉換的值後面的第 1 個字元」的指標。如果函數的第 2 個參數不是 NULL，那麼「這個被保存的指標」就儲存於第 2 個參數所指向的記憶體位置。這個指標允許對字串的剩餘部分進行處理，而不用猜測「轉換」會在字串中的什麼位置結束。

如果這兩個函數的字串參數並不包含任何合法的數值字元，函數就返回零。如果轉換值太大或太小，無法用 double 表示，那麼函數就在 errno 中儲存 ERANGE 這個值。如果值太大（無論是正數還是負數），函數返回 HUGE_VAL。如果值太小，函數返回零。

16.3　日期和時間函數

函式庫提供了一組非常豐富的函數，用於簡化日期和時間的處理。它們的原型位於 time.h。

16.3.1　處理器時間 <time.h>

clock 函數返回從程式開始執行起處理器所消耗的時間：

```
clock_t  clock( void );
```

注意，這個值可能是個近似值（approximation）。如果需要更精確的值，你可以在 main 函數剛開始執行時呼叫 clock，然後把以後呼叫 clock 時所返回的值減去前面這個值。如果機器無法提供處理器時間，或者如果時間值太大，無法用 clock_t 變數表示，函數就返回 -1。

clock 函數返回一個數字，它是由編譯器定義的。通常它是處理器時鐘滴答的次數。為了把這個值轉換為秒，你應該把它除以常數 CLOCKS_PER_SEC。

> **警告**
>
> 在有些編譯器中，這個函數可能只返回程式所使用的處理器時間的近似值。如果宿主式作業系統不能追蹤處理器時間，函數可以返回已經流逝的實際時間數量。在有些一次不能執行超過一個程式的簡單作業系統中，就可能出現這種情況。本章的一個練習就是探索你的系統在這方面的表現方式如何。

16.3.2　當天時間 <time.h>

time 函數返回當前的日期和時間：

```
time_t  time( time_t *returned_value );
```

如果參數是一個非 NULL 的指標，時間值也將透過這個指標進行儲存。如果機器無法提供當前的日期和時間，或者時間值太大，無法用 time_t 變數表示，函數就返回 -1。

程式語言「標準」並未規定時間的編碼方式，所以不應該使用字面常數（literal constant），因為它們在不同的編譯器中可能具有不同的涵義。一種常見的表示形式

是返回從「一個任意選定的時刻」開始流逝的秒數。在 MS-DOS 和 UNIX 系統中，這個時刻是 1970 年 1 月 1 日 00:00:00[1]。

警告

呼叫 time 函數兩次並把兩個值相減，由此判斷期間所流逝的時間是很有誘惑力的。但這個技巧是很危險的，因為「標準」並未要求函數的結果值用秒來表示。difftime 函數（下一節描述）可以用於這個目的。

16.3.3　日期和時間的轉換 <time.h>

下面的函數用於操縱 time_t 值：

```
char *ctime( time_t const *time_value );
double difftime( time_t time1, time_t time2 );
```

ctime 函數的參數是一個指向 time_t 的指標，並返回一個指向字串的指標，字串的格式如下所示：

```
Sun Jul 4 04:02:48 1976\n\0
```

字串內部的空格是固定的。一個月的每一天總是佔據兩個位置，即使第 1 個是空格。時間值的每部分都用兩個數字表示。「標準」並未提及儲存這個字串的記憶體類型，許多編譯器使用一個靜態陣列。因此，下一次呼叫 ctime 時，這個字串將被覆蓋（overwrite）。所以，如果需要保存它的值，應該事先為其複製一份。注意，ctime 實際上可能以下面這種方式實作：

```
asctime( localtime( time_value ) );
```

difftime 函數計算 time1 - time2 的差，並把結果值轉換為秒。注意，它返回的是一個 double 類型的值。

接下來的兩個函數把一個 time_t 值轉換為一個 tm 結構，後者允許我們很方便地存取日期和時間的各個組成部分：

```
struct  tm *gmtime( time_t  const *time_value );
struct  tm *localtime( time_t  const *time_value );
```

---

[1] 在許多編譯器中，time_t 被定義為一個有符號的 32 位元量。2038 年應該是比較有趣的：從 1970 年開始計數的秒數將在該年導致 time_t 變數溢出。

gmtime 函數把時間值轉換為**世界協調時間**（Coordinated Universal Time，UTC）。UTC 以前被稱為**格林威治標準時間**（Greenwich Mean Time），這也是 gmtime 這個名稱的來歷。正如其名稱所提示的那樣，localtime 函數把一個時間值轉換為當地時間。「標準」包含了這兩個函數，但它並沒有描述如何實作 UTC 和當地時間之間的關係。

tm 結構包含了表 16.2 所列出的欄位，不過這些欄位在結構中出現的順序並不一定如此。

> **警告**
>
> 使用這些值最容易出現的錯誤就是錯誤地解釋月份。這些值表示從 1 月開始的月份，所以 0 表示 1 月，11 表示 12 月。儘管初看上去很不符合直覺，但這種編號方式被證明是一種行之有效的月份編碼方式，因為它允許把這些值作為索引值（下標值）使用，存取一個包含月份名稱的陣列。

表 16.2：tm 結構的欄位

類型 & 名稱	範圍	涵義
int tm_sec;	0 ～ 61	分之後的秒數 *
int tm_min;	0 ～ 59	小時之後的分數
int tm_hour;	0 ～ 23	午夜之後的小時數
Int tm_mday;	1 ～ 31	當月的日期
int tm_mon;	0 ～ 11	1 月之後的月數
int tm_year;	0 ～ ??	1900 之後的年數
int tm_wday;	0 ～ 6	星期日之後的天數
int tm_yday;	0 ～ 365	1 月 1 日之後的天數
int tm_isdst;		夏令時間旗標

* 制訂 C++ 標準的 ANSI 標準委員會考慮非常周詳，它允許偶爾出現的「閏秒」（leap seconds）加到每年的最後一分鐘，對我們的時間標準進行調整，以適應地球旋轉的細微變慢現象。

> **警告**
>
> 接下來一個常見的錯誤就是忘了 tm_year 這個值只是 1900 年之後的年數。為了計算實際的年份，這個值必須與 1900 相加。

當你擁有了一個 tm 結構之後，你既可以直接使用它的值，也可以把它作為參數傳遞給下面的函數之一。

```
char *asctime( struct tm const*tm_ptr );
size_t strftime( char *string, size_t maxsize, char const *format,
    struct tm const *tm_ptr );
```

asctime 函數把參數所表示的時間值轉換為一個以下面的格式表示的字串：

```
Sun Jul 4 04:02:48 1976\n\0
```

這個格式和 ctime 函數所使用的格式一樣，後者在內部很可能呼叫了 asctime 來實現自己的功能。

strftime 函數把「一個 tm 結構」轉換為一個根據某個格式字串而定的字串。這個函數在格式化日期方面提供了令人難以置信的靈活性。如果轉換結果字串的長度小於 maxsize 參數，那麼該字串就被複製到「第 1 個參數」所指向的陣列中，strftime 函數返回字串的長度。否則，函數返回 -1，且陣列的內容是未定義的。

格式字串包含了普通字元（ordinary characters）和格式碼（format codes）。普通字元被複製到「它們原先在字串中出現的位置」。格式碼則被一個日期或時間值代替。格式碼包括一個 % 字元，後面跟一個表示所需值的類型的字元。表 16.3 列出了已經實作的格式碼。如果 % 字元後面是一個其他任何字元，其結果是未定義的，這就允許各個編譯器自由地定義額外的格式碼。你應該避免使用這種自訂的格式碼，除非你不怕犧牲可攜性（可移植性）。特定於 locale 的值由「當前的 locale」決定，我們將在本章的後面討論它。%U 和 %W 格式碼基本相同，區別在於前者把「當年的第 1 個星期日」作為第 1 個星期的開始，而後者把「當年的第 1 個星期一」作為第 1 個星期的開始。如果無法判斷時區（time zone），%Z 格式碼就由一個空字串代替。

表 16.3：strftime 格式碼

格式碼	被 …… 代替
%%	一個 % 字元
%a	一星期的某天，以當地的星期幾的簡寫形式表示
%A	一星期的某天，以當地的星期幾的全寫形式表示
%b	月份，以當地月份名的簡寫形式表示
%B	月份，以當地月份名的全寫形式表示
%c	日期和時間，使用 %x %X
%d	一個月的第幾天 (01 ~ 31)
%H	小時，以 24 小時的格式表示 (00 ~ 23)
%I	小時，以 12 小時的格式表示 (01 ~ 12)
%J	一年的第幾天 (001 ~ 366)

格式碼	被 …… 代替
%m	月數 (01 ～ 12)
%M	分鐘（00 ～ 59）
%P	AM 或 PM（不論哪個合適）的當地對等表示形式
%S	秒 (00 ～ 61)
%U	一年的第幾星期 (00 ～ 53)，以星期日為第 1 天
%w	一星期的第幾天，星期日為第 0 天
%W	一年的第幾星期 (00 ～ 53)，以星期一為第 1 天
%x	日期，使用本地的日期格式
%X	時間，使用本地的時間格式
%y	當前世紀的年份 (00 ～ 99)
%Y	年份的全寫形式 (例如 1984)
%Z	時區的簡寫

最後，mktime 函數用於把「一個 tm 結構」轉換為一個 time_t 值：

```
time_t  mktime( struct tm *tm_ptr );
```

在 tm 結構中，tm_wday 和 tm_yday 的值被忽略，其他欄位的值也無須限制在它們的通常範圍（usual ranges）之內。在轉換之後，該 tm 結構會進行正規化（normalized），因此 tm_wday 和 tm_yday 的值將是正確的，其餘欄位的值也都位於它們通常的範圍之內。這個技巧是一種用於判斷「某個特定的日期屬於星期幾」的簡單方法。

16.4　非本地跳轉 <setjmp.h>

setjmp 和 longjmp 函數提供了一種類似 goto 陳述式的機制，但它並不局限於一個函數的作用域（scope）之內。這些函數常用於深層巢套的函式呼叫鏈（deeply nested chains of function calls）。如果在某個低層的函數中檢測到一個錯誤，可以立即返回到頂層函數，不必向呼叫鏈中的每個中間層函數返回一個錯誤旗標。

為了使用這些函數，你必須包含標頭檔 setjmp.h。這兩個函數的原型如下所示：

```
int  setjmp( jmp_buf  statc );
void  longjmp( jump_buf  state, int value );
```

宣告一個 jmp_buf 變數，並呼叫 setjmp 函數對它進行初始化，setjmp 的返回值為零。setjmp 把程式的狀態資訊（例如，堆疊指標的當前位置和程式的計數器）保存

到跳轉緩衝區（jump buffer）[2]。你呼叫 setjmp 時所處的函數便成為你的「頂層」（top-level）函數。

以後，在頂層函數或其他任何它所呼叫的函數（不論是直接呼叫還是間接呼叫）內的任何地方呼叫 longjmp 函數時，將導致這個被保存的狀態重新恢復。longjmp 的效果就是使執行流透過再次從 setjmp 函數返回，進而立即跳回到頂層函數中。

如何區別從 setjmp 函數的兩種不同返回方式呢？當 setjmp 函數第 1 次被呼叫時，它返回 0。當 setjmp 作為 longjmp 的執行結果再次返回時，它的返回值是 longjmp 的第 2 個參數，它必須是個非零值。透過檢查它的返回值，程式可以判斷是否呼叫了 longjmp。如果存在多個 longjmp，也可以由此判斷呼叫了哪個 longjmp。

16.4.1　範例

程式 16.2 使用 setjmp 來處理它所呼叫的函數檢測到的錯誤，但無須使用尋常的返回和檢查錯誤代碼（error code）的邏輯。setjmp 的第 1 次呼叫確立了一個地點，如果呼叫 longjmp，程式的執行流將在這個地點恢復執行。setjmp 的返回值為 0，這樣程式便進入交易處理迴圈（transaction processing loop）。如果 get_trans、process_trans 或其他任何被這些函數呼叫的函數檢測到一個錯誤，它將像下面這樣呼叫 longjmp：

```
longjmp( restart, 1 );
```

執行流將立即在 restart 這個地點重新執行，setjmp 的返回值為 1。

這個例子可以處理兩種不同類型的錯誤：一種是阻止程式繼續執行的致命錯誤（fatal errors）；另一種是只破壞「正在處理的交易」的小錯誤（minor errors）。這個對 longjmp 的呼叫屬於後者。當 setjmp 返回 1 時，程式就列印一條錯誤訊息，並再次進入交易處理迴圈。為了報告一個致命錯誤，可以用任何其他值呼叫 longjmp，程式將保存它的資料並退出。

程式 16.2 setjmp 和 longjmp 範例（setjmp.c）

```
/*
** 一個說明 setjmp 用法的程式。
*/
#include "trans.h"
```

---

[2]　程式當前正在執行的指令的位址。

```c
#include <stdio.h>
#include <stdlib.h>
#include <setjmp.h>

/*
** 用於儲存 setjmp 的狀態資訊的變數。
*/
jmp_buf     restart;

int
main()
{
    int     value;
    Trans   *transaction;

    /*
    ** 確立一個希望在 longjmp 的呼叫之後
    ** 執行流恢復執行的地點。
    */
    value = setjmp( restart );

    /*
    ** 從 longjmp 返回後判斷下一步執行什麼。
    */
    switch( setjmp( restart ) ){
    default:
        /*
        **longjmp 被呼叫 -- 致命錯誤。
        */
            fputs( "Fatal error.\n", stderr );
            break;

    case 1:
            /*
            **longjmp 被呼叫 -- 小錯誤。
            */
            fputs( "Invalid transaction.\n", stderr );
            /* FALL THROUGH 並繼續進行處理 */

    case 0:
            /*
            ** 最初從 setjmp 返回的地點：執行正常的處理。
            */
            while( (transaction = get_trans()) != NULL )
                    process_trans( transaction );

    }

    /*
    ** 保存資料並退出程式。
    */
    write_data_to_file();
```

```
        return value == 0 ? EXIT_SUCCESS : EXIT_FAILURE;
}
```

16.4.2 何時使用非本地跳轉

setjmp 和 longjmp 並不是絕對必需的，因為你總是可以透過返回一個錯誤代碼並在呼叫函數中對其進行檢查，來實現相同的效果。返回錯誤代碼的方法有時候不是很方便，特別是當函數已經返回了一些值的時候。如果存在一長串的函數呼叫鏈，即使只有最深層的那個函數發現了錯誤，呼叫鏈中的所有函數都必須返回並檢查錯誤代碼。在這種情況下，使用 setjmp 和 longjmp 去除了中間函數的錯誤代碼邏輯，進而對它們進行了簡化。

> **警告**
>
> 當頂層函數（呼叫 setjmp 的那個）返回時，保存在跳轉緩衝區的狀態資訊便不再有效。在此之後呼叫 longjmp 很可能失敗，而它的症狀很難除錯。這就是 longjmp 只能在頂層函數或者在頂層函數所呼叫的函數中進行呼叫的原因。只有這個時候保存在跳轉緩衝區的狀態資訊才是有效的。

> **提示**
>
> 由於 setjmp 和 longjmp 有效地實現了 goto 陳述式的功能，因此在使用它們時必須遵循某些誡律。在程式 16.2 中，這兩個函數有助於編寫更清晰、複雜度更低的程式碼。但是，如果 setjmp 和 longjmp 用於在一個函數內部模擬（simulate）goto 陳述式，或者程式中存在許多執行流可能返回的跳轉緩衝區時，那麼程式的邏輯就會變得更加難以理解，程式將會變得更難 debug 和維護，而且失敗的可能性也變得更大。儘管可以使用 setjmp 和 longjmp，但應該合理地使用它們。

16.5　訊號

程式中所發生的事件絕大多數都是由程式本身所引發的，例如執行各種陳述式和請求輸入。但是，有些程式必須遇到的事件（event）卻不是程式本身所引發的。一個常見的例子就是使用者中斷了程式。如果部分計算好的結果必須進行保存以避免資料的丟失，程式必須預備對這類事件做出反應，雖然它並沒有辦法預測什麼時候會發生這種情況。

訊號就是用於這種目的。**訊號**（signal）表示一種事件，它可能非同步地發生，也就是並不與程式執行過程的任何事件同步。如果程式並未安排怎樣處理一個特定的訊號，那麼當該訊號出現時，程式就做出一個預設的反應。「標準」並未定義這個預設反應（default action）是什麼，但絕大多數編譯器都選擇終止（abort）程式。另外，程式可以呼叫 signal 函數，或者忽略這個訊號，或者設置一個**訊號處理函數**（signal handler），當訊號發生時，程式就呼叫這個函數。

16.5.1 訊號名稱 <signal.h>

表 16.4 列出了「標準」所定義的訊號，但編譯器並不需要實作所有這些訊號，而且如果覺得合適，編譯器也可以定義其他的訊號。

SIGABRT 是一個由 abort 函數所引發的訊號，用於終止程式。至於哪些錯誤將引發 SIGFPE 訊號則取決於編譯器。常見的有算術上溢（overflow）或下溢（underflow）以及除以零錯誤。有些編譯器對這個訊號進行了擴展，提供了關於導致（cause）這個訊號的操作的特定資訊。使用這個資訊可以允許程式對這個訊號做出更智慧的反應，但這樣做將影響程式的可攜性（可移植性）。

表 16.4：訊號

訊號	涵義
SIGABRT	程式請求異常終止
SIGFPE	發生一個算術錯誤
SIGILL	檢測到非法指令
SIGSEGV	檢測到對記憶體的非法存取
SIGINT	收到一個互動性注意訊號
SIGTERM	收到一個終止程式的請求

SIGILL 訊號提示 CPU 試圖執行一條非法的指令。這個錯誤可能是因為不正確的編譯器設置所導致的。例如，用 Intel 80386 指令編譯一個程式，但把這個程式運行在一台 80286 電腦上。另一個可能的原因是程式的執行流出現了錯誤，例如使用一個未初始化的函數指標呼叫一個函數，導致 CPU 試圖執行實際上是資料的東西（把資料段當成了程式碼片段）。SIGSEGV 訊號提示程式試圖非法存取記憶體。導致這個訊號有兩個最常見的原因，其中一個是程式試圖存取未安裝於機器上的記憶體，或者存取作業系統未曾分配給這個程式的記憶體，另一個是程式違反了記憶體存取的邊界要求。後者可能發生在那些要求資料邊界對齊（boundary alignment）的機器上。例如，如果整數要求位於偶數的邊界（儲存的起始位置是編號為偶數的位

址），一條指定在奇數邊界存取一個整數的指令，將違反邊界規則。未初始化的指標常常會引起這類錯誤。

前面幾個訊號是同步的（synchronous），因為它們都是在程式內部發生的。儘管無法預測一個算術錯誤何時將會發生，如果使用相同的資料反覆執行這個程式，每次在相同的地方將出現相同的錯誤。最後兩個訊號，SIGINT 和 SIGTERM 則是非同步的（asynchronous）。它們在程式的外部產生，通常是由程式的使用者所觸發，表示使用者試圖向程式傳達一些資訊。

SIGINT 訊號在絕大多數機器中都是在使用者試圖中斷程式時發生的。SIGTERM 則是另一種用於請求終止程式的訊號。在實作了這兩個訊號的系統中，一種常用的策略是為 SIGINT 定義一個訊號處理函數，目的是執行一些日常維護工作（housekeeping），並在程式退出前保存資料。但是，SIGTERM 則不配備訊號處理函數，這樣當程式終止時便不必執行這些日常維護工作。

16.5.2 處理訊號 <signal.h>

通常，我們關心的是怎樣處理那些自主發生的訊號，也就是無法預測其什麼時候會發生的訊號。raise 函數用於顯式地引發一個訊號。

```
int  raise( int sig );
```

呼叫這個函數將引發它的參數所指定的訊號。程式對這類訊號的反應和那些自主發生的訊號是相同的。你可以呼叫這個函數對訊號處理函數進行測試。但如果誤用，它可能會實作一種非局部（nonlocal）的 goto 效果，因此要避免以這樣方式使用它。

當一個訊號發生時，程式可以使用三種方式對它做出反應。預設的反應是由編譯器定義的，通常是終止程式。程式也可以指定其他行為對訊號做出反應：訊號可以被忽略，或者程式可以設置一個訊號處理函數，當訊號發生時呼叫這個函數。signal 函數用於指定程式希望採取的反應：

```
void ( *signal( int sig, void ( *handler )( int ) ) )( int );
```

這個函數的原型看上去有些嚇人，所以讓我們對它進行分析。首先，我將省略返回類型，這樣可以先對參數進行研究：

```
signal( int sig, void ( *handler )( int ) )
```

第 1 個參數是表 16.4 所列的訊號之一,第 2 個參數是你希望為這個訊號設置的訊號處理函數。這個處理函數是一個函數指標(a pointer to a function),它所指向的函數接受一個整數型參數且沒有返回值。當訊號發生時,訊號碼作為參數傳遞給「訊號處理函數」。這個參數允許一個處理函數處理幾種不同的訊號。

現在從原型中去掉參數,這樣函數的返回類型看上去就比較清楚:

```
void ( *signal() )( int );
```

signal 是一個函數,它返回一個函數指標,後者所指向的函數接受一個整數型參數且沒有返回值。事實上,signal 函數返回一個指向該訊號「以前的處理函數」的指標。藉由保存這個值,可以為訊號設置一個處理函數,並在將來恢復為先前的處理函數。如果呼叫 signal 失敗,例如由於非法的訊號碼(illegal signal code)所致,函數將返回 SIG_ERR 值。這個值是個巨集,它在 signal.h 標頭檔中定義。

signal.h 標頭檔還定義了另外兩個巨集,SIG_DFL 和 SIG_IGN,它們可以作為 signal 函數的第 2 個參數。SIG_DFL 恢復對該訊號的預設反應,SIG_IGN 使該訊號被忽略。

16.5.3 訊號處理函數

當一個已經設置了訊號處理函數的訊號發生時,系統首先恢復(reinstate)對該訊號的預設行為[3]。這樣做是為了防止「如果訊號處理函數內部也發生這個訊號」可能導致的無限迴圈。然後,訊號處理函數被呼叫,訊號碼作為參數傳遞給函數。

訊號處理函數可能執行的工作類型是很有限的。如果訊號是非同步的,也就是說,不是因為呼叫 abort 或 raise 函數引起的,訊號處理函數便不應呼叫除了 signal 之外的任何函式庫函數,因為在這種情況下其結果是未定義的。而且,訊號處理函數除了能向「一個類型為 volatile sig_atomic_t 的靜態變數」(volatile 在下一節描述)賦予一個值以外,可能無法存取其他任何靜態資料。為了保證真正的安全,訊號處理函數所能做的就是對這些變數之一進行設置然後返回。程式的剩餘部分必須定期檢查變數的值,看看是否有訊號發生。

---

[3] 當訊號處理函數正在執行時,編譯器可以選擇「阻塞」(block)訊號而不是恢復預設行為(請參閱系統相關文件)。

這些嚴格的限制是由訊號處理的本質產生的。訊號通常用於提示發生了錯誤。在這些情況下，CPU 的行為是精確定義的，但在程式中，錯誤所處的上下文環境可能很不相同，因此它們並不一定能夠良好定義。例如，當 strcpy 函數正在執行時，如果產生一個訊號，原因可能是「當時目標字串暫時未以 NUL 位元組終結」；或者，當一個函數被呼叫時，如果產生一個訊號，原因可能是「當時堆疊處於不完整的狀態」。如果依賴這種上下文環境的「函式庫函數」被呼叫，它們就可能以不可預料的方式失敗，很可能引發另一個訊號。

存取限制（access restrictions）定義了在訊號處理函數中保證能夠運行的最小功能。類型 sig_atomic_t 定義了一種 CPU 可以以原子方式存取的資料類型，也就是不可分割的存取單位。例如，一台 16 位的機器可以以原子方式存取一個 16 位元整數，但存取一個 32 位元整數可能需要兩個操作。在存取非原子資料的中間步驟時，如果產生一個可能導致不一致結果的訊號，在訊號處理函數中把資料存取限制為原子單位（atomic unit）則可以消除這種可能性。

> **警告**
>
> 程式語言「標準」表示訊號處理函數可以透過呼叫 exit 終止程式。用於處理 SIGABRT 之外所有訊號的處理函數，也可以透過呼叫 abort 終止程式。但是，由於這兩個都是函式庫函數，因此當它們被非同步訊號處理函數呼叫時，可能無法正常運行。如果必須用這種方式終止程式，注意仍然存在一種微小的可能性導致它失敗。如果發生這種情況，函數的失敗可能破壞資料或者表現出奇怪的症狀，但程式最終將終止。

一、volatile 資料

訊號可能在任何時候發生，所以由訊號處理函數修改的變數的值，可能會在任何時候發生改變。因此，不能指望這些變數在兩條相鄰的程式陳述式中肯定具有相同的值。volatile 關鍵字告訴編譯器這個事實，防止它以一種可能修改程式涵義（meaning）的方式「優化」程式。考慮下面的程式段：

```
if( value ){
        printf( "True\n" );
}
else {
        printf( "False\n" );
}
if( value ){
        printf( "True\n" );
}
else {
```

```
        printf( "False\n" );
}
```

在普通情況下，大家會認為「第 2 個測試」和「第 1 個測試」具有相同的結果。如果訊號處理函數修改了這個變數，「第 2 個測試」的結果可能不同。除非變數被宣告為 volatile，否則編譯器可能會用下面的程式碼進行替換，進而對程式進行「優化」。這些陳述式在通常情況下是正確的：

```
if( value ){
        printf( "True\n" );
        printf( "True\n" );
}
else {
        printf( "False\n" );
        printf( "False\n" );
}
```

二、從訊號處理函數返回

從一個訊號處理函數返回，將導致程式的執行流從「訊號發生的地點」恢復執行。這個規則的例外情況是 SIGFPE。由於計算無法完成，所以從這個訊號返回的效果是未定義的。

警告

如果希望捕捉將來同種類型的訊號，從當前這個訊號的處理函數返回之前，注意要呼叫 signal 函數重新設置（reinstall）訊號處理函數。否則，只有第 1 個訊號才會被捕捉。接下來的訊號將使用預設反應進行處理。

提示

由於各種電腦對不可預料的錯誤的反應各不相同，因此訊號機制的規範也比較寬鬆。例如，編譯器並不一定要使用「標準」定義的所有訊號，而且在呼叫某個訊號的處理函數之前，可能會也可能不會重新設置訊號的預設行為。此外，對訊號處理函數所施加的嚴重限制，反映了不同的硬體和軟體環境所施加的限制的交集（intersection）。

這些限制和平台依賴性的結果就是「使用訊號處理函數的程式」比「不使用訊號處理函數的程式」可攜性弱一些。只有當需要時才使用訊號以及不違反訊號處理函數的規則，有助於使「這種類型的程式內部固有的可攜性問題」降低到最低限度。

16.6　列印可變參數列表 <stdarg.h>

下面這組函數用於必須列印「可變參數列表」的場合。注意，它們要求包含標頭檔 stdio.h 和 stdarg.h。

```
int vprintf( char const *format, va_list arg );
int vfprintf( FILE *stream, char const *format, va_list arg );
int vsprintf( char *buffer, char const *format, va_list arg );
```

這些函數與它們對應的標準函數基本相同，但它們使用了一個可變參數列表（請參閱「第 7 章」有關可變參數列表的詳細內容）。在呼叫這些函數之前，arg 參數必須使用 va_start 進行初始化。這些函數都不需要呼叫 va_end。

16.7　執行環境

這些函數與程式的執行環境進行通訊或者對後者施加影響。

16.7.1　終止執行 <stdlib.h>

下面這三個函數與正常或不正常的程式終止有關：

```
void abort( void )
void atexit( void (*func)( void ) );
void exit( int status );
```

abort 函數用於不正常地終止一個正在執行的程式。由於這個函數將引發 SIGABRT 訊號，因此可以在程式中為這個訊號設置一個訊號處理函數，在程式終止（或乾脆不終止）之前採取任何你想採取的動作，甚至可以不終止程式。

atexit 函數可以把一些函數註冊為**退出函數**（exit function）。當程式將要正常終止時（或者由於呼叫 exit，或者由於 main 函數返回），退出函數將被呼叫。退出函數不能接受任何參數。

exit 函數在「第 15 章」已經做了描述，它用於正常終止程式。如果程式以 main 函數返回一個值結束，那麼其效果相當於用這個值作為參數呼叫 exit 函數。

當 exit 函數被呼叫時，所有被 atexit 函數註冊為退出函數的函數，將按照它們所註冊的順序被反序依次呼叫。然後，所有用於串流的緩衝區被刷新，所有打開的檔案被關閉。用 tmpfile 函數建立的檔案被刪除。然後，退出狀態（exit status）返回給宿主環境（host environment），程式停止執行。

16.7.2 斷言 <assert.h>

斷言（assertion）就是宣告某種東西應該為真（true）。ANSI C 實作了一個 assert
巨集，它在 debug 程式時很有用。它的原型如下所示 [4]：

```
void assert( int expression );
```

當它被執行時，這個巨集對表達式參數進行測試。如果它的值為假（零），它就向
「標準錯誤」列印一條診斷訊息（diagnostic message）並終止程式。這條訊息的格
式是由編譯器定義的，它將包含這個表達式和原始檔案的名稱以及斷言所在的行號
（line number）。如果表達式為真（非零），它不列印任何東西，程式繼續執行。

這個巨集提供了一種方便的方法，對應該是「真」的東西進行檢查。舉例來說，如
果一個函數必須用一個「不能為 NULL 的指標參數」進行呼叫，那麼函數可以用斷
言驗證這個值：

```
assert( value !- NULL );
```

如果函數錯誤地接受了一個 NULL 參數，程式就會列印一條類似下面形式的訊息：

```
Assertion failed: value != NULL, file list.c, line 274
```

提示

用這種方法使用斷言使 debug 變得更容易，因為一旦出現錯誤，程式就會停止。而且，
這條訊息準確地提示了症狀出現的地點。如果沒有斷言，程式可能繼續執行，並在以後
失敗，這就很難進行 debug。

注意，assert 只適用於驗證必須為「真」的表達式。由於它會終止程式，所以無法
用它檢查那些你試圖進行處理的情況，例如「檢測非法的輸入，並要求使用者重新
輸入一個值」。

---

[4] 由於它是一個巨集而不是函數，assert 實際上並不具有原型。但是，這個原型說明了 assert 的用法。

當程式被完整地測試完畢之後，可以在編譯時透過定義 NDEBUG 消除所有的斷言[5]。可以使用 -DNDEBUG 編譯器命令列選項，或者在原始檔案中包含標頭檔 assert.h 之前增加下面這個定義：

```
#define NDEBUG
```

當 NDEBUG 被定義之後，預處理器（前置處理器）將丟棄（discard）所有的斷言，這樣就消除了這方面的開銷，而不必從原始檔案中把所有的斷言實際刪除。

16.7.3 環境 <stdlib.h>

環境（environment）就是一個由編譯器定義的名稱／值對（name/value pairs）的列表，它由作業系統進行維護。getenv 函數在這個列表中尋找一個特定的名稱，如果找到，則返回一個指向其對應值的指標。程式不能修改返回的字串。如果名稱未找到，函數就返回一個 NULL 指標。

```
char *getenv( char const *name );
```

注意，「標準」並未定義一個對應的 putenv 函數。有些編譯器以某種方式提供了這個函數，不過如果需要考慮程式的可攜性，最好還是避免使用它。

16.7.4 執行系統命令 <stdlib.h>

system 函數把它的字串參數傳遞給宿主式作業系統，這樣它就可以作為一條命令，由系統的命令處理器（command processor）執行。

```
int system( char const *command );
```

這個任務執行的準確行為因編譯器而異，system 的返回值也是如此。但是，system 可以使用一個 NULL 參數來呼叫，用於詢問命令處理器是否實際存在。在這種情況下，如果存在一個可用的命令處理器，system 返回一個非零值，否則它返回零。

---

[5]　可以把它定義為任何值，編譯器只關心是否定義了 NDEBUG。

16.8　排序和尋找 <stdlib.h>

qsort 函數在一個陣列中以升冪（ascending power）的方式對資料進行排序。由於它和類型無關（typeless），因此可以使用 qsort 排序任意類型的資料，只是陣列中元素的長度是固定的。

```
void qsort( void *base, size_t n_elements, size_t el_size,
    int (*compare)(void const *, void const * ) );
```

第 1 個參數指向需要排序的陣列；第 2 個參數指定陣列中元素的數目；第 3 個參數指定每個元素的長度（以字元為單位）；第 4 個參數是一個函數指標，用於對需要排序的元素類型進行比較。在排序時，qsort 呼叫這個函數對陣列中的資料進行比較。透過傳遞一個指向「合適的比較函數」的指標，可以使用 qsort 排序任意類型值的陣列。

比較函數（comparison function）接受兩個參數，它們是指向「兩個需要進行比較的值」的指標。函數應該返回一個整數，大於零、等於零和小於零分別表示「第 1 個參數」大於、等於和小於「第 2 個參數」。

由於這個函數與類型無關，因此參數被宣告為 void * 類型。在比較函數中必須使用「強制類型轉換」把它們轉換為合適的指標類型。**程式 16.3** 說明了如何對一個包含結構元素的陣列進行排序，這些結構元素包括了一個關鍵字值（key）和其他一些資料（other_data）。

程式 16.3 用 qsort 排序一個陣列（qsort.c）

```
/*
** 使用 qsort 對一個元素為某種結構的陣列進行排序。
*/
#include <stdlib.h>
#include <string.h>

typedef struct  {
        char key[ 10 ];      /* 陣列的排序關鍵字。  */
        int  other_data;     /* 與關鍵字關聯的資料。  */
} Record;

/*
** 比較函數：只比較關鍵字的值。
*/
int r_compare( void const *a, void const *b ){
        return strcmp( ((Record *)a)->key, ((Record *)b)->key );
}
```

```
int
main()
{
        Record  array[ 50 ];

        /*
        ** 用 50 個元素填充陣列的程式碼
        */
        qsort( array, 50, sizeof( Record ), r_compare );

        /*
        ** 現在，陣列已經根據結構的關鍵字欄位排序完畢。
        */

        return EXIT_SUCCESS;
}
```

bsearch 函數在一個已經排好序的陣列中，用二分法（Binary Search）尋找一個特定的元素。如果陣列尚未排序，其結果是未定義的。

```
void *bsearch(void const *key, void const *base, size_tn_elements,
    size_t el_size, int (*compare)(void const *, void const * ) );
```

第 1 個參數指向需要尋找的值，第 2 個參數指向尋找所在的陣列，第 3 個參數指定陣列中元素的數目，第 4 個參數是每個元素的長度（以字元為單位）。最後一個參數是指向比較函數的指標（與 qsort 中相同）。bsearch 函數返回一個指向尋找到的陣列元素的指標。如果需要尋找的值不存在，函數返回一個 NULL 指標。

注意，「關鍵字參數的類型」必須與「陣列元素的類型」相同。如果陣列中的結構包含了一個關鍵字欄位和其他一些資料，你必須建立一個完整的結構並填充關鍵字欄位。其他欄位可以留空，因為比較函數只檢查關鍵字欄位（key field）。bsearch 函數的用法如程式 16.4 所示。

程式 16.4 用 bsearch 在陣列中尋找（bsearch.c）

```
/*
** 用 bsearch 在一個元素類型為結構的陣列中尋找。
*/
#include <stdlib.h>
#include <string.h>

typedef struct {
        char    key[ 10 ];   /* 陣列的排序關鍵字。 */
        int     other_data;  /* 與關鍵字關聯的資料。 */
} Record;

/*
```

```
** 比較函數：只比較關鍵字的值。
*/
int r_compare( void const *a, void const *b ){
        return strcmp( ((Record *)a)->key, ((Record *)b)->key );
}

int
main()
{
        Record  array[ 50 ];
        Record  key;
        Record  *ans;

        /*
        ** 用 50 個元素填充陣列並進行排序的程式碼
        */

        /*
        ** 建立一個關鍵字結構
        ** （只用需要尋找的值填充關鍵字欄位），
        ** 並在陣列中尋找。
        */
        strcpy( key.key, "value" );
        ans = bsearch( &key, array, 50, sizeof( Record ),
            r_compare );

        /*
        ** ans 現在指向關鍵字欄位與值匹配的資料元素，
        ** 如果無匹配，ans 為 NULL
        */

        return EXIT_SUCCESS;
}
```

16.9　locale

為了使 C 語言在全世界的範圍內更為通用，「標準」定義了 locale，這是一組特定的參數（parameter），每個國家可能各不相同。在預設情況下是 "C" locale，編譯器也可以定義其他的 locale。修改 locale 可能影響函式庫函數的運行方式。修改 locale 的效果在本節的最後進行描述。

setlocale 函數的原型如下所示，它用於修改整個或部分 locale：

```
char *setlocale( int category, char const *locale );
```

category 參數指定 locale 的哪個部分需要進行修改。它所允許出現的值列於表 16.5 中。

如果 setlocale 的第 2 個參數為 NULL，函數將返回一個指向「給定類型的當前 locale 的名稱」的指標。這個值可能被保存並在後續的 setlocale 函數中使用，用來恢復以前的 locale。如果第 2 個參數不是 NULL，它指定需要使用的新 locale。如果函數呼叫成功，它將返回新 locale 的值，否則返回一個 NULL 指標，原來的 locale 不受影響。

表 16.5：setlocale 類型

值	修改
LC_ALL	整個 locale
LC_COLLATE	對照序列，它將影響 strcoll 和 strxfrm 函數的行為 (後續討論)
LC_CTYPE	定義於 ctype.h 中的函數所使用的字元類型分類資訊
LC_MONETARY	在格式化貨幣值時使用的字元
LC_NUMERIC	在格式化非貨幣值時使用的字元。同時修改由格式化輸入 / 輸出函數和字串轉換函數所使用的小數點符號
LC_TIME	strftime 函數的行為

16.9.1 數值和貨幣格式 <locale.h>

格式化數值和貨幣值的規則，在全世界的不同地方可能並不相同。例如，在美國，一個寫作 1,234.56 的數字在許多歐洲國家將被寫成 1.234,56。localeconv 函數用於獲得所需的資訊，來根據「當前的 locale」對「非貨幣值」和「貨幣值」進行合適的格式化。注意，這個函數並不實際執行格式化任務，它只是提供一些如何進行格式化的資訊。

```
struct lconv *localeconv( void );
```

lconv 結構包含兩種類型的參數：字元和字元指標。字元參數為非負值。如果一個字元參數為 CHAR_MAX，那個這個值就在「當前的 locale」中不可用（或不使用）。對於字元指標參數，如果它指向一個空字串，則表示的意義和上面相同。

一、數值格式化

表 16.6 列出的參數用於格式化非貨幣的數值量。grouping 字串按照下面的方式進行解釋。該字串的「第 1 個值」指定小數點左邊多少個數字組成一組。「第 2 個值」指定再往左邊一組數字的個數，依此類推。有兩個值具有特別的意義：CHAR_MAX 表示剩餘的數字並不分組；0 表示前面的值適用於數值中剩餘的各組數字。

表 16.6：格式化非貨幣數值的參數

欄位和類型	涵義
char *decimal_point	用作小數點的字元。這個值絕不能是個空字串
char *thousands_sep	用作分隔小數點左邊各組數字的符號
char *grouping	指定小數點左邊多少個數字組成一組

典型的北美格式是用下面的參數指定的：

```
decimal_point = "."
thousands_sep = ","
grouping = "\3"
```

grouping 字串包含一個 3 [6]，後面是一個 0（也就是用於結尾的 NUL 位元組）。這些值表示小數點左邊的第 1 組數字將包括 3 個數字，其餘的各組也將包括 3 個數字。值 1234567.89 根據這些參數進行格式化以後，將以 1,234,567.89 的形式出現。

下面是另外一個例子：

```
grouping = "\4\3"
thousands_sep = "-"
```

這些值表示格式化北美地區電話號碼的規則。根據這些參數，值 2125551234 將被格式化為 212-555-1234 的形式。

二、貨幣格式化

格式化貨幣值的規則要複雜得多。這是因為存在許多不同的提示正值和負值的方法、貨幣符號相對於值的位置不同等等。另外，當貨幣值的格式化用於國際化時，規則又有所修改。首先，讓我們研究 些用於格式化「本地（非國際）貨幣量」的參數（parameter），見表 16.7。

表 16.7：格式化本地貨幣值（local monetary values）的參數

欄位和類型	涵義
char *currency_symbol	本地貨幣符號
char *mon_decimal_point	小數點字元
char *mon_thousands_sep	用於分隔小數點左邊各組數字的字元
char *mon_grouping	指定出現在小數點左邊每組數字的數字個數
char *positive_sign	用於提示非負值的字串

---

[6] 注意這個數字是二進位的 3，而不是字元 3！

欄位和類型	涵義
char *negative_sign	用於提示負值的字串
char frac_digits	出現在小數點右邊的數字個數
char p_cs_precedes	如果 currency_symbol 出現在一個非負值之前，其值為 1；如果出現在後面，其值為 0
char n_cs_precedes	如果 currency_symbol 出現在一個負值之前，其值為 1；如果出現在後面，其值為 0
char p_sep_by_space	如果 currency_symbol 和非負值之間用一個空格分隔，其值為 1，否則為 0
char n_sep_by_space	如果 currency_symbol 和負值之間用一個空格分隔，其值為 1，否則為 0
char p_sign_posn	提示 positive_sign 出現在一個非負值的位置。允許下列值： 0 貨幣符號和值兩邊的括號 1 正號出現在貨幣符號和值之前 2 正號出現在貨幣符號和值之後 3 正號緊鄰貨幣符號之前 4 正號緊隨貨幣符號之後
char n_sign_posn	提示 negative_sign 出現在一個負值中的位置。用於 p_sign_posn 的值也可用於此處

當按照國際化的用途格式化貨幣值時，字串 int_curr_symbol 替代了 currency_symbol，字元 int_frac_digits 替代了 frac_digits。國際貨幣符號是根據 ISO 4217:1987 標準形成的。這個字串的頭 3 個字元是字母形式的國際貨幣符號，第 4 個字元用於分隔符號和值。

下面的值用一種可以被美國接受的方式對貨幣進行格式化：

```
currency_symbol="$"       p_cs_precedes='\1'
mon_decimal_point="."     n_cs_precedes='\1'
mon_thousands_sep=","     p_sep_by_space='\0'
mon_grouping="\3"         n_sep_by_space='\0'
positive_sign=""          p_sign_posn='\1'
negative_sign="CR"        n_sign_posn='\2'
frac_digits='\2'
```

使用上面這些參數，值 1234567890 和 -1234567890 將分別以 \$1,234,567,890.00 和 \$1,234,567,890.00CR 的形式出現。

設置 n_sign_posn='\0' 可以使上面的負值以 (\$1,234,567,890.00) 的形式出現。

16.9.2 字串和 locale<string.h>

一台機器的字元集的對照序列（collating sequence）是固定的，但 locale 提供了一種方法來指定不同的序列。當你必須使用一個並非預設的對照序列時，可以使用下列兩個函數：

```
int  strcoll( char const *s1, char const *s2 );
size_t  strxfrm( char *s1, char const *s2, size_t size );
```

strcoll 函數對兩個字串進行比較，這兩個字串是根據當前 locale 的 LC_COLLATE 類型參數所指定的。它返回一個大於、等於或小於零的值，分別表示「第 1 個參數」大於、等於或小於「第 2 個參數」。

注意，這個比較可能比 strcmp 需要更多的計算量，因為它需要遵循一個並非是本地機器的對照序列。當字串必須以這種方式反覆進行比較時，我們可以使用 strxfrm 函數減少計算量。它把根據當前 locale 解釋的「第 2 個參數」轉換為另一個不依賴於 locale 的字串。儘管「轉換後的字串」的內容是未確定的，但「使用 strcmp 函數對這種字串進行比較」和「使用 strcoll 函數對原先的字串進行比較」的結果是相同的。

16.9.3 改變 locale 的效果

除了前面描述的那些效果之外，改變 locale 還會產生一些另外的效果。

1. locale 可能向正在執行的程式所使用的字元集增加字元（但可能不會改變現存字元的涵義）。例如，許多歐洲語言使用了能夠提示重音、貨幣符號和其他特殊符號的擴充字元集（extended character sets）。

2. 列印的方向可能會改變。尤其是，locale 決定一個字元應該根據「前面一個被列印的字元」的哪個方向進行列印。

3. printf 和 scanf 函數家族使用當前 locale 定義的小數點符號。

4. 如果 locale 擴展了正在使用的字元集，isalpha、islower、isspace 和 isupper 函數可能比以前包括更多的字元。

5. 正在使用的字元集的對照序列可能會改變。這個序列由 strcoll 函數使用，用於字串之間的相互比較。

6. strftime 函數所產生的日期和時間格式的許多方面都是特定於 locale 的（前面已有所描述）。

16.10　總結

標準函式庫包含了許多有用的函數。第一組函數返回整數型結果。abs 和 labs 函數返回它們的參數的絕對值。div 和 ldiv 函數用於執行整數除法。與 / 運算子不同，當其中一個參數為負時，商的值是精確定義的。rand 函數返回一個偽隨機數。呼叫 srand 允許我們從一串偽隨機值中的「任意一個位置」開始產生隨機數。atoi 和 atol 函數把一個字串轉換為整數型值。strtol 和 strtoul 執行相同的轉換，但它們可以給予更多的控制。

下一組函數中的絕大部分接受一個 double 參數並返回 double 結果。標準函式庫提供了常用的三角函數 sin、cos、tan、asin、acos、atan 和 atan2。前 3 個函數接受一個以弧度表示的角度參數，分別返回該角度對應的正弦、餘弦、正切值。接下來的 3 個函數分別返回與它們的參數對應的反正弦、反餘弦和反正切值。最後一個函數根據 x 和 y 參數計算反正切值。雙曲正弦、雙曲餘弦和雙曲正切分別由 sinh、cosh 和 tanh 函數進行計算。exp 函數返回以 e 值為底，其參數為冪（power，又譯次方）的指數值。log 函數返回其參數的自然對數，log10 函數返回以 10 為底的對數。

frexp 和 ldexp 函數在建立「與機器無關的浮點數表示形式」方面是很有用的。frexp 函數用於計算一個給定值的表示形式。ldexp 函數用於解釋一個表示形式，恢復它的原先值。modf 函數用於把一個浮點值分割成整數和小數部分。pow 函數計算以第 1 個參數為底，第 2 個參數為冪的指數值。sqrt 函數返回其參數的平方根。floor 函數返回不大於其參數的最大整數，ceil 函數返回不小於其參數的最小整數。fabs 函數返回其參數的絕對值。fmod 函數接受兩個參數，返回「第 2 個參數」除以「第 1 個參數」的餘數。最後，atof 和 strtod 函數把字串轉換為浮點值。後者能夠在轉換時提供更多的控制。

接下來的一組函數用於處理日期和時間。clock 函數返回從程式執行開始到呼叫這個函數之間所花費的處理器時間。time 函數用一個 time_t 值返回當前的日期和時間。ctime 函數把一個 time_t 值轉換為人眼可讀的日期和時間表示形式。difftime 函數計算兩個 time_t 值之間以「秒」為單位的時間差。gmtime 和 localtime 函數把一個 time_t 值轉換為一個 tm 結構，tm 結構包含了日期和時間的所有組成部分。

gmtime 函數使用世界協調時間，localtime 函數使用本地時間。asctime 和 strftime 函數把「一個 tm 結構值」轉換為人眼可讀的日期和時間的表示形式。strftime 函數對轉換結果的格式提供了強大的控制。最後，mktime 把儲存於 tm 結構中的值進行正規化，並把它們轉換為一個 time_t 值。

非本地跳轉由 setjmp 和 longjmp 函數提供。呼叫 setjmp 在一個 jmp_buf 變數中保存處理器的狀態資訊。接著，後續的 longjmp 呼叫將恢復這個被保存的處理器狀態。在呼叫 setjmp 的函數返回之後，可能無法再呼叫 longjmp 函數。

訊號表示在一個程式的執行期間，可能發生的不可預料的事件，諸如使用者中斷程式或者發生一個算術錯誤。當一個訊號發生時，系統所採取的預設反應是由編譯器定義的，但一般都是終止程式。你可以透過定義一個訊號處理函數並使用 signal 函數對其進行設置，進而改變訊號的預設行為。你可以在訊號處理函數中執行的工作類型是受到嚴格限制的，因為程式在訊號出現之後，可能處於不一致的狀態。volatile 資料的值可能會改變，而且很可能是由於自身所致。例如，一個在訊號處理函數中修改的變數，應該宣告為 volatile。raise 函數產生一個由它的參數指定的訊號。

vprintf、vfprintf 和 vsprintf 函數和 printf 函數家族執行相同的任務，但需要列印的值以「可變參數列表」的形式傳遞給函數。abort 函數透過產生 SIGABRT 訊號終止程式。atexit 函數用於註冊（register）退出函數，它們在程式退出前被呼叫。assert 巨集用於斷言，當一個應該為「真」的表達式實際為「假」時，它就會終止程式。當 debug 完成之後，可以透過定義 NDEBUG 符號去除程式中的所有斷言，而不必把它們物理性地從原始程式碼中刪除。getenv 從作業系統環境中提取值。system 接受一個字串參數，把它作為命令用本地命令處理器執行。

qsort 函數把一個陣列中的值按照升冪進行排序，bsearch 函數用於在一個已經排好序的陣列中用「二分法」尋找一個特定的值。由於這兩個函數都是與類型無關的，因此可以用於任何資料類型的陣列。

locale 就是一組參數，根據世界各國的約定（規範）差異，對 C 語言程式的行為進行調整。setlocale 函數用於修改整個或部分 locale。locale 包括了一些用於定義數值如何進行格式化的參數。它們描述的值包括「非貨幣值」、「本地貨幣值」和「國際貨幣值」。locale 本身並不執行任何形式的格式化，它只是簡單地提供格式化的規範。locale 可以指定一個和機器的預設序列不同的對照序列。在這種情況下，

strcoll 用於根據「當前的對照序列」對字串進行比較。它所返回的數值類型類似「strcmp 函數的返回值」。strxfrm 函數把一個當前對照序列的字串轉換為一個位於預設對照序列的字串。用這種方式轉換的字串，可以用 strcmp 函數進行比較，比較的結果與「用 strcoll 比較原先的字串的結果」相同。

16.11 警告的總結

1. 忘了包含 math.h 標頭檔可能導致數學函數產生不正確的結果。

2. clock 函數可能只產生處理器時間的近似值。

3. time 函數的返回值並不一定是以秒為單位的。

4. tm 結構中月份的範圍並不是從 1 ~ 12。

5. tm 結構中的年是從 1900 年開始計數的年數。

6. longjmp 不能返回到一個已經不再處於活動狀態的函數。

7. 從非同步訊號的處理函數中呼叫 exit 或 abort 函數是不安全的。

8. 在訊號每次發生時，必須重新設置訊號處理函數。

9. 避免 exit 函數的多重呼叫。

16.12 程式設計提示的總結

1. 濫用 setjmp 和 longjmp 可能導致晦澀難懂的程式碼。

2. 對訊號進行處理將導致程式的可攜性（可移植性）變差。

3. 使用斷言可以簡化程式的除錯。

16.13 問題

1. 下面的函數呼叫返回什麼？

```
strtol( "12345", NULL, -5 );
```

2. 如果說 rand 函數產生的「隨機」數並不是真正的隨機數，那麼事實上它們能不能滿足我們的需要呢？

✍ 3. 在你的系統上，下面的程式是什麼結果？

```c
#include <stdlib.h>
int
main()
{
    int  i;
    for( i - 0; i < 100; i += 1 )
        printf( "%d\n", rand() % 2 );
}
```

4. 怎樣編寫一個程式，判斷在你的系統中「clock 函數」衡量 CPU 時間用的是「CPU 使用時間」還是「總流逝時間」？

✍ 5. 下面的程式碼片段試圖用軍事格式（military format）列印當前時間。它有什麼錯誤？

```c
#include <time.h>
struct tm *tm;
time_t now;
...
now = time();
tm = locatime( now );
printf( "%d:%02d:%02d %d/%02d/%02d\n"
    tm->tm_hour, tm->tm_min, tm->tm_sec,
    tm->tm_mon, tm->tm_mday, tm->tm_year );
```

6. 下面的程式有什麼錯誤？當它在你的系統上執行時會發生什麼？

```c
#include <stdlib.h>
#include <setjmp.h>

jmp_buf jbuf;

void
set_buffer()
{
        setjmp( jbuf );
}
int
main( int ac, char **av )
{
        int  a = atoi( av[ 1 ] );
        int  b = atoi( av[ 2 ] );

        set_buffer();
        printf( "%d plus %d equals %d\n",
            a, b, a + b );
        longjmp( jbuf, 1 );
        printf( "After longjmp\n" );
        return EXIT_SUCCESS;
}
```

7. 編寫一個程式，判斷一個整數除以零或者一個浮點數除以零，會不會產生 SIGFPE 訊號。你如何解釋這個結果？

8. qsort 函數所使用的比較函數在「第 1 個參數」小於「第 2 個參數」的情況下應該返回一個負值，在「第 1 個參數」大於「第 2 個參數」的情況下應該返回一個正值。如果比較函數返回相反的值，對 qsort 的行為有沒有什麼影響？

16.14　程式設計練習

★ 1. 資訊界中頗為流行的一個笑話是「我 29 歲，但我不告訴你這個數字的底數！」如果底數是 16，這個人實際上是 41 歲。編寫一個程式，接受一個年齡作為命令列參數，並在 2 ～ 36 的範圍中計算那個字面值小於等於 29 的最小底數。例如，如果使用者輸入 41，程式應該計算出這個最小底數為 16。因為在十六進位中，十進位 41 的值是 29。

★★ 2. 編寫一個函數，透過返回一個範圍為 1 ～ 6 的隨機整數來模擬擲骰子。注意，這 6 個值出現的機率應該相同。當這個函數第 1 次呼叫時，它應該用當天的當前時間作為種子（seed）來產生隨機數。

★★ 3. 編寫一個程式，以一種 3 歲小孩的方式來說明當前的時間（例如，時針在 6 上面，分針在 12 上面）。

★★ 4. 編寫一個程式，接受 3 個整數為命令列參數，把它們分別解釋為月（1 ～ 12）、日（1 ～ 31）和年（0 ～ ?）。然後，它應該列印出這個日子是星期幾（或將是星期幾）。對於哪個範圍的年份，這個程式的結果才是正確的？

★★ 5. 冬天的天氣預報常常會出現「風寒」（wind chill）這個詞，它的意思是一個特定的溫度或風速所感覺到的寒冷度。例如，如果氣溫為攝氏 -5 度（華氏 23 度），並且風速每秒 10 米（22.37mph，即每小時 22.37 英里），那麼風寒度便是攝氏 -22.3 度（華氏 -8.2 度）。

編寫一個函數，使用下面的原型，計算風寒度。

```
double  wind_chill( double temp, double velocity );
```

temp 是攝氏氣溫的度數，velocity 是風速（米 / 秒，meters per second）。函數返回攝氏形式的風寒度。

風寒度是用下面的公式計算的：

$$Windchil = \frac{\left(A + B\sqrt{V} + CV\right)\Delta t}{A + B\sqrt{X} + CX}$$

對於一個給定的氣溫和風速，這個公式給出在風速為 4mph（風寒度標準）的情況下產生相同寒冷感的溫度。V 是以米 / 秒計的風速，Δt 是 33-temp，也就是皮膚溫度適中（攝氏 33 度）和氣溫之間的溫度差。常數 A=10.45，B=10，C=-1。X=1.78816，它是 4mph 轉換為米 / 秒的值。

★★ 6. 用於計算貸款（mortgage）的月付金額的公式是：

$$P = \frac{AI}{1 - \left(1 + I\right)^{-N}}$$

A 是貸款的數量，I 是每個時段的利率（小數形式，而不是百分數形式），N 是貸款需要支付的時段數。例如，一筆 100,000 美元的 20 年期利率 8% 的貸款，每月需要支付 836.44 美元（20 年共有 240 個支付時段，每個支付時段的利率為 0.66667）。

編寫一個函數，它的原型如下所示，計算每月支付的貸款。

```
double payment( double amount, double interest, int years );
```

years 指定貸款的時期（duration），amount 是貸款的數量（amount），interest 是用百分數形式（如 12%）表示的年利率（annual interest rate）。函數應該計算並返回貸款的月付金額，四捨五入至美分（penny）。

✎★★★ 7. 設計良好的「隨機數產生器」所產生的值，看上去很像隨機數，但隨著時間的延長，其結果會顯示出一致性。從隨機值衍生（derive）而來的數字也具有這些屬性（property）。例如，一個設計欠佳的隨機數產生器的返回值，看上去像是隨機數，但實際上卻是奇數和偶數交替出現。如果將這些看似的隨機數對 2 取餘數（例如，用於模擬拋硬幣的結果），其結果將是一個 0 和 1 交叉的序列。另一種較差的隨機數產生器只返回奇數值。將這些值對 2 取餘數的結果，將是一個連續的 0 序列。這兩類值都無法作為隨機數使用，因為它們不夠「隨機」。

編寫一個程式，在你的系統中測試隨機數產生器。你應該產生 10,000 個隨機數並執行兩種類型的測試。首先是頻率測試（frequency test），把每個隨

機數對 2 取餘數,看看結果 0 和 1 的次數各有多少。然後對 3 ～ 10 進行同樣的測試。這些結果將不會具有精確的一致性,但各個餘數在頻率上的峰谷(peaks or valleys)差異不應該太大。

其次是週期性頻率(cyclic frequency)測試,取每個隨機數和它之前的那個隨機數,將它們對 2 取餘數。使用這兩個餘數作為一個二維陣列的索引(下標),並增加指定位置的值。對 3 ～ 10 重複進行上面的取餘數測試。同樣,這些結果將不會具有很嚴格的規律,但應該具有近似的一致性。

修改你的程式,這樣你可以為隨機數產生器提供不同的種子,並對使用幾個不同的種子所產生的隨機值進行測試。你的隨機數產生器是不是足夠優秀?

★★★ 8. 某個資料檔案包含了家庭成員的年齡。同一個家庭,其成員的年齡都位於同一列,中間由一個空格分隔。例如,下面的資料

```
45   42   22
36   35   7   3   1
22   20
```

描述了三個家庭中所有成員的年齡,它們分別有 3 個、5 個和 2 個成員。

編寫一個程式,計算用這種檔案表示的每個家庭所有成員的平均年齡。程式應該用格式碼 %5.2f 列印出平均年齡,後面是一個冒號和輸入資料。這個問題和前一章的「程式設計練習 7」類似,但它沒有家庭成員數量的限制!不過,你可以假定每個輸入列的長度不超過 512 個字元。

★★★ 9. 在一個有 30 名學生的班級裡,兩個學生的生日是同一天的機率(odds)有多大?如果一群人中兩個成員的生日是同一天的機率為 50%,那麼這個人群應該有多少人?

編寫一個程式,回答這些問題。取 30 個隨機數,並把它們對 365 取餘數,分別表示一年內的各天(忽略閏年)。然後對這些值進行檢查,看看有沒有相同的。重複這個測試 10,000 次,對這個機率做一個估計。

為了回答第 2 個問題,對程式進行修改,使其把「人數」(group size)作為一個命令列參數,把「當天的時間」作為隨機數產生器的種子,數次執行這個程式,以獲得這個機率較為精確的估計值。

★★★★ 10. 插入排序（insertion sort）就是逐個把值插入到一個陣列中。第 1 個值儲存於
資料的起始位置。每個後續的值在陣列中尋找合適的插入位置，如果需要的
話，對陣列中原有的值進行移動以留出空間，然後再插入該值。

編寫一個名叫 insertion_sort 的函數執行這個任務。它的原型應該和 qsort 函
數一樣。**提示**：考慮把陣列的左邊作為已排序的部分，右邊作為未排序的部
分。最初已排序部分為空。在函數插入每個值時，已排序部分和未排序部分
的邊界向右移動，以便插入。當所有的元素都被插入時，未排序部分便為
空，陣列排序完畢。

經典抽象資料類型 17

有些 ADT（abstract data type，抽象資料類型，又譯抽象資料型別或抽象資料型態）是 C 程式設計師不可或缺的工具，這是由它們的屬性（property）決定的。這類 ADT 有串列（list）、堆疊（stack）、佇列（queue）和樹（tree）等。「第 12 章」已經討論了連結串列（linked list，又譯鏈結串列或鏈表），本章我們將討論剩餘的 ADT。

本章首先描述了這些結構的屬性和基本實作方法，然後探討了如何提高它們在實作上的靈活性，以及由此導致的安全性的妥協。

17.1　記憶體分配

所有的 ADT 都必須確定一件事情——如何獲取記憶體來儲存值。有三種可選的方案：靜態陣列、動態分配的陣列，以及動態分配的鏈式結構。

靜態陣列要求結構的長度固定。而且這個長度必須在編譯時確定。這個方案最為簡單，而且最不容易出錯。

如果使用動態陣列，那麼可以在執行時才決定陣列的長度。而且，如果需要的話，可以透過分配一個新的、更大的陣列，把原來陣列的元素複製到新陣列中，然後刪除原先的陣列，進而達到動態改變陣列長度的目的。在決定是否採用動態陣列時，

你需要在由此增加的「複雜性」和隨之產生的「靈活性」（不需要一個固定的、預先確定的長度）之間做一番權衡。

最後，鏈式結構（linked structure）提供了最大程度的靈活性。每個元素在需要時才單獨進行分配，所以除了不能超過機器的可用記憶體之外，這種方式對元素的數量幾乎沒有什麼限制。但是，鏈式結構的 link 欄位（連結欄位）需要消耗一定的記憶體，在鏈式結構中存取一個特定元素的效率不如陣列。

17.2　堆疊

堆疊（stack）這種資料最鮮明的特點就是其資料是後進先出（Last-In First-Out，LIFO）的。參加聚會的人應該很熟悉堆疊。主人的車道就是一個汽車的堆疊，最後一輛進入車道的汽車必須首先開出，第一輛進入車道的汽車只有等其餘所有車輛都開走後才能開出。

17.2.1　堆疊介面

基本的堆疊操作通常被稱為 push 和 pop。push 就是把一個新值壓入到堆疊的頂部，pop 就是把堆疊頂部的值移出堆疊並返回這個值。堆疊只提供對它的頂部值（top value）的存取。

在傳統的堆疊介面（stack interface）中，存取頂部元素的唯一方法就是把它移除。另一類堆疊介面提供三種基本的操作：push、pop 和 top。push 操作和前面描述的一樣，pop 只把頂部元素從堆疊中移除，它並不返回這個值。top 返回頂部元素的值，但它並不把頂部元素從堆疊中移除。

提示

傳統的 pop 函數具有一個副作用：它將改變堆疊的狀態。它也是存取堆疊頂部元素的唯一方法。top 函數允許反覆存取堆疊頂部元素的值，而不必把它保存在一個局部變數（local variable，又譯區域變數）中。這個例子再次說明了設計「不帶副作用的函數」的好處。

我們需要兩個額外的函數來使用堆疊。一個空堆疊不能執行 pop 操作，所以我們需要一個函數告訴我們堆疊是否為空。在實作堆疊時，如果存在最大長度限制，那麼也需要另一個函數告訴我們堆疊是否已滿。

17.2.2 實作堆疊

堆疊是最容易實作的 ADT 之一。它的基本方法是當「值」被 push 到堆疊時，把它們儲存於陣列中連續的位置上。我們必須記住最近一個被 push 的值的索引（subscript，又譯下標）。如果需要執行 pop 操作，只需要簡單地減少這個索引值就可以了。**程式 17.1** 的標頭檔描述了一個堆疊模組（stack module）的非傳統介面。

提示

注意「介面」只包含了使用者使用堆疊所需要的資訊，特別是它並沒有展示堆疊的實作方式。事實上，對這個標頭檔稍做修改（稍後討論），它可以用於所有三種實作方式。用這種方式定義「介面」是一種好方法，因為它可以防止使用者以為它依賴於某種特定的實作方式。

程式 17.1 堆疊介面（stack.h）

```
/*
** 一個堆疊模組的介面。
*/

#define STACK_TYPE int/* 堆疊所儲存的值的類型。 */

/*
** push
** 把一個新值壓入到堆疊中。
** 它的參數是需要被壓入的值。
*/
void push( STACK_TYPE value );

/*
** pop
** 從堆疊彈出一個值，並將其丟棄。
*/
void pop( void );

/*
** top
** 返回堆疊頂部元素的值，但不對堆疊進行修改。
*/
STACK_TYPE top( void );

/*
** is_empty
** 如果堆疊為空，返回 TRUE，否則返回 FALSE。
*/
int is_empty( void );
```

```
/*
** is_full
** 如果堆疊已滿，返回 TRUE，否則返回 FALSE。
*/
int is_full( void );
```

一、陣列堆疊

在程式 17.2 中，第 1 種實作方式是使用一個靜態陣列。堆疊的長度以一個 #define
定義的形式出現，在模組被編譯之前，使用者必須對陣列長度進行設置。我們後面
所討論的堆疊實作方案就沒有這個限制。

程式 17.2 用靜態陣列實作堆疊（a_stack.c）

```
/*
** 用一個靜態陣列實作的堆疊。
** 陣列的長度只能透過修改 #define 定義
** 並對模組重新進行編譯來實作。
*/

#include "stack.h"
#include <assert.h>

#define        STACK_SIZE     100/* 堆疊中值數量的最大限制 */

/*
** 儲存堆疊中值的陣列和一個指向堆疊頂部元素的指標。
*/
static STACK_TYPE    stack[ STACK_SIZE ];
static int           top_element = -1;

/*
** push
*/
```

```
void
push( STACK_TYPE value )
{
        assert( !is_full() );
        top_element += 1;
        stack[ top_element ] = value;
}

/*
** pop
*/
void
pop( void )
{
        assert( !is_empty() );
        top_element -= 1;
}

/*
** top
*/
STACK_TYPE top( void )
{
        assert( !is_empty() );
        return stack[ top_element ];
}

/*
** is_empty
*/
int
is_empty( void )
{
        return top_element == -1;
}

/*
** is_full
*/
int
is_full( void )
{
        return top_element == STACK_SIZE - 1;
}
```

變數 top_element 保存堆疊頂部元素的索引值。它的初始值為 -1，提示堆疊為空。
push 函數在儲存新元素前先增加這個變數的值，這樣 top_element 始終包含頂部元

素的索引值。如果它的初始值為 0，top_element 將指向陣列的下一個可用位置。這種方式當然也可行，但它的效率稍差一些，因為它需要執行一次減法運算才能存取頂部元素。

一種簡單明瞭的傳統 pop 函數的寫法如下所示：

```
STACK_TYPE
pop( void )
{
        STACK_TYPE temp;

        assert( !is_empty() );
        temp = stack[ top_element ];
        top_element -= 1;
        return temp;
}
```

這些操作的順序是很重要的。top_element 在元素被複製出陣列之後才減 1，這和 push 相反，後者是在被元素複製到陣列之前先加 1。我們可以透過消除這個臨時變數以及隨之帶來的複製操作，來提高效率：

```
assert( !is_empty() );
return stack[ top_element-- ];
```

pop 函數不需要從陣列中刪除元素——只減少頂部指標的值就足矣，因為使用者此時已不能再存取這個舊值了。

提示

這個堆疊模組有一個值得注意的特性，即它使用了 assert 來防止非法操作，諸如從一個空堆疊彈出元素或者向一個已滿的堆疊壓入元素。這個斷言呼叫 is_full 和 is_empty 函數而不是判斷（測試）top_element 本身。如果以後決定以不同的方法來檢測空堆疊和滿堆疊，使用這種方法顯然要容易很多。

對於使用者無法消除的錯誤，使用斷言是很合適的。但如果使用者希望確保程式不會終止，那麼程式向堆疊壓入一個新值之前，必須檢測堆疊是否仍有空間。因此，斷言必須只能夠對「那些使用者自己也能進行檢查的內容」進行檢查。

二、動態陣列堆疊

接下來的這種實作方式使用了一個動態陣列，但我們首先需要在介面中定義兩個新函數：

```
/*
** create_stack
** 建立堆疊。參數指定堆疊可以保存多少個元素。
** 注意：這個函數並不用於靜態陣列版本的堆疊。
*/
void  create_stack( size_t  size );

/*
** destroy_stack
** 銷毀堆疊。它釋放堆疊所使用的記憶體。
** 注意：這個函數也不用於靜態陣列版本的堆疊。
*/
void  destroy_stack( void );
```

第 1 個函數用於建立堆疊，使用者向它傳遞一個參數，用於指定陣列的長度。第 2 個函數用於刪除堆疊，為了避免記憶體洩漏，這個函數是必需的。

這些宣告可以添加到 stack.h 中，儘管前面的堆疊實作中並沒有定義這兩個函數。注意，使用者在使用靜態陣列類型的堆疊時，並不存在錯誤地呼叫這兩個函數的危險，因為它們在那個模組中並不存在。

提示

一個更好的方法是把「不需要的函數」在陣列模組中以 stub（譯為虛設常式或椿程式）的形式實作。如此一來，這兩種實作方式的介面將是相同的，因此從其中一個轉換到另一個會容易一些。

有趣的是，使用動態分配陣列在實作上改動得並不多（見**程式 17.3**）。陣列由一個指標代替，程式引入 stack_size 變數保存堆疊的長度。它們在預設情況下都初始化為零。

create_stack 函數首先檢查堆疊是否已經建立。然後分配所需數量的記憶體，並檢查分配是否成功。destroy_stack 在釋放記憶體之後，把長度和指標變數重新設置為零，這樣它們可以用於建立另一個堆疊。

模組剩餘部分的唯一改變是在 is_full 函數中與 stack_size 變數進行比較，而不是與常數 STACK_SIZE 進行比較，並且在 is_full 和 is_empty 函數中都增加了一條斷言。這條斷言可以防止任何堆疊函數在堆疊被建立前就被呼叫。其餘的堆疊函數並不需要這條斷言，因為它們都呼叫了這兩個函數中的其中一個。

```c
/*
** 一個用動態分配陣列實作的堆疊。
** 堆疊的長度在建立堆疊的函數被呼叫時給出，
** 該函數必須在任何其他操作堆疊的函數被呼叫之前呼叫。
*/
#include "stack.h"
#include <stdio.h>
#include <stdlib.h>
#include <malloc.h>
#include <assert.h>
/*
** 用於儲存堆疊元素的陣列和指向堆疊頂部元素的指標。
*/
static   STACK_TYPE    *stack;
static   size_t        stack_size;
static   int           top_element = -1;

/*
** create_stack
*/
void
create_stack( size_t size )
{
        assert( stack_size == 0 );
        stack_size = size;
        stack = malloc( stack_size * sizeof( STACK_TYPE ) );
        assert( stack != NULL );
}

/*
** destroy_stack
*/
void
destroy_stack( void )
{
        assert( stack_size > 0 );
        stack_size = 0;
        free( stack );
        stack = NULL;
}

/*
** push
*/
void
push( STACK_TYPE value )
{
        assert( !is_full() );
        top_element += 1;
        stack[ top_element ] = value;
}
```

```
/*
** pop
*/
void
pop( void )
{
        assert( !is_empty() );
        top_element -= 1;
}

/*
** top
*/
STACK_TYPE top( void )
{
        assert( !is_empty() );
        return stack[ top_element ];
}

/*
** is_empty
*/
int
is_empty( void )
{
        assert( stack_size > 0 );
        return top_element == -1;
}

/*
** is_full
*/
int
is_full( void )
{
        assert( stack_size > 0 );
        return top_element == stack_size - 1;
}
```

警告

在記憶體有限的環境中,使用 assert 檢查記憶體分配是否成功並不合適,因為它很可能導致程式終止,這未必是我們希望的結果。一種替代策略是從 create_stack 函數返回一個值,提示記憶體分配是否成功。當這個函數失敗時,使用者程式可以用一個較小的長度再試一次。

三、鏈式堆疊

由於只有堆疊的頂部元素才可以被存取，因此使用單向連結串列（singly linked list）就可以很好地實作鏈式堆疊（linked stack）。把一個新元素壓入到堆疊是透過在「連結串列的起始位置」添加一個元素實作的。從堆疊中彈出一個元素是透過從連結串列中移除「第 1 個元素」實作的。位於連結串列頭部（head）的元素總是很容易被存取。

在**程式 17.4** 所示的實作中，不再需要 create_stack 函數，但可以實作 destroy_stack 函數，以用於清空堆疊。由於用於儲存元素的記憶體是動態分配的，它必須予以釋放，以避免記憶體洩漏（memory leak）。

程式 17.4 用連結串列實作堆疊（l_stack.c）

```
/*
** 一個用連結串列實作的堆疊。
** 這個堆疊沒有長度限制。
*/
#include "stack.h"
#include <stdio.h>
#include <stdlib.h>
#include <malloc.h>
#include <assert.h>

#define        FALSE 0

/*
** 定義一個結構以儲存堆疊元素，
** 其中 link 欄位將指向堆疊的下一個元素。
*/
typedef struct  STACK_NODE {
        STACK_TYPE     value;
        struct STACK_NODE *next;
} StackNode;

/*
** 指向堆疊中第一個節點的指標。
*/
static  StackNode     *stack;

/*
** create_stack
*/
void
create_stack( size_t size )
{
}
```

```
/*
** destroy_stack
*/
void
destroy_stack( void )
{
        while( !is_empty() )
                pop();
}

/*
** push
*/
void
push( STACK_TYPE value )
{
        StackNode       *new_node;

        new_node = malloc( sizeof( StackNode ) );
        assert( new_node != NULL );
        new_node->value = value;
        new_node->next = stack;
        stack = new_node;
}

/*
** pop
*/
void
pop( void )
{
        StackNode       *first_node;

        assert( !is_empty() );
        first_node = stack;
        stack = first_node->next;
        free( first_node );
}

/*
** top
*/
STACK_TYPE top( void )
{
        assert( !is_empty() );
        return stack->value;
}

/*
** is_empty
*/
int
```

```
is_empty( void )
{
        return stack == NULL;
}

/*
** is_full
*/
int
is_full( void )
{
        return FALSE;
}
```

STACK_NODE 結構用於把一個值和一個指標捆綁在一起,而 stack 變數是一個指向這些結構變數之一的指標。當 stack 指標為 NULL 時,堆疊為空,也就是初始時的狀態。

提示

destroy_stack 函數連續從堆疊中彈出元素,直到堆疊為空。同樣,注意這個函數使用了現存的 is_empty 和 pop 函數,而不是重複那些用於實際操作的程式碼。

create_stack 是一個空函數,由於鏈式堆疊不會填滿,所以 is_full 函數始終返回假。

17.3　佇列

佇列和堆疊的順序不同:佇列是一種先進先出(First-IN First-OUT,FIFO)的結構。排隊就是一種典型的佇列——首先輪到的是排在隊伍最前面的人,新入隊的人總是排在隊伍的最後。

17.3.1　佇列介面

和堆疊不同,在佇列中,用於執行元素的插入(insertion)和刪除(removal)的函數並沒有被普遍接受的名稱,所以我們將使用 insert 和 delete 這兩個名稱。同樣,對於「插入」應該在佇列的頭部還是尾部,也沒有完全一致的意見。從原則上來說,在佇列的哪一端插入並沒有區別。但是,在佇列的尾部插入以及在頭部刪除更容易記憶一些,因為它準確地描述了人們在排隊時的實際體驗。

在傳統的介面中，delete 函數從佇列的頭部刪除一個元素並將其返回。在另一種介面中，delete 函數從佇列的頭部刪除一個元素，但並不返回它。first 函數返回佇列第 1 個元素的值，但並不將它從佇列中刪除。

程式 17.5 的標頭檔定義了後面那種介面。它包括鏈式和動態分配實作的佇列需要使用的 create_queue 和 destroy_queue 函數的原型。

程式 17.5 佇列介面（queue.h）

```
/*
** 一個佇列模組的介面。
*/

#include <stdlib.h>

#define         QUEUE_TYPE      int/* 佇列元素的類型。 */

/*
** create_queue
** 建立一個佇列，參數指定
** 佇列可以儲存的元素的最大數量。
** 注意：這個函數只適用於使用動態分配陣列的佇列。
*/
void create_queue( size_t size );

/*
** destroy_queue
** 銷毀一個佇列。
** 注意：這個函數只適用於鏈式和動態分配陣列的佇列。
*/
void  destroy_queue( void );

/*
** insert
** 向佇列添加一個新元素，參數就是需要添加的元素。
*/
void  insert( QUEUE_TYPE value );

/*
** delete
** 從佇列中移除一個元素並將其丟棄。
*/
void  delete( void );

/*
** first
** 返回佇列中第一個元素的值，但不修改佇列本身。
*/
QUEUE_TYPE first( void );
```

```
/*
** is_empty
** 如果佇列為空，返回 TRUE，否則返回 FALSE。
*/
int   is_empty( void );

/*
** is_full
** 如果佇列已滿，返回 TRUE，否則返回 FALSE。
*/
int   is_full( void );
```

17.3.2 實作佇列

佇列的實作比堆疊要難得多。它需要兩個指標——一個指向佇列頭端（front，隊頭），一個指向佇列尾端（rear，隊尾）。同時，陣列並不像適合堆疊那樣適合佇列的實作，這是由佇列使用記憶體的方式決定的。

堆疊總是紮根於資料的一端。但是，當佇列的元素插入和刪除時，它所使用的是陣列中的不同元素。考慮一個用 5 個元素的陣列實作的佇列。下面的圖是 10、20、30、40 和 50 這幾個值插入佇列以後，佇列的樣子：

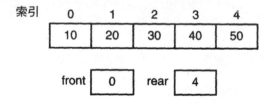

經過 3 次刪除之後，佇列的樣子如下所示：

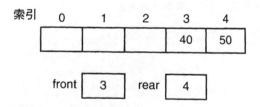

陣列並未滿，但它的尾部已經沒有空間，無法再插入新的元素。

這個問題的一種解決方法是當一個元素被刪除之後，佇列中的其餘元素朝陣列起始位置方向移動一個位置。由於複製元素所需的開銷，這種方法幾乎不可行，尤其是那些較大的佇列。

一個好一點的方案是讓佇列的尾部「環繞」到陣列的頭部，這樣新元素就可以儲存到以前刪除元素後所留出來的空間中。這個方法常常被稱為**循環陣列**（circular array）。下圖說明這個概念：

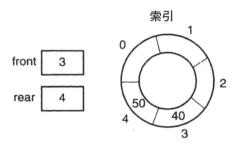

插入另一個元素之後的結果如下：

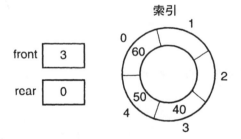

循環陣列很容易實作——當尾部索引移出陣列尾部時，把它設置為 0。用下面的程式碼便可以實作：

```
rear += 1;
if( rear >= QUEUE_SIZE )
        rear = 0;
```

下面的方法具有相同的結果：

```
rear = ( rear + 1 ) % QUEUE_SIZE;
```

在對 front 增值時也必須使用同一個技巧。

但是，循環陣列自身也引入了一個問題。它更難以判斷一個循環陣列是否為空或者已滿。假定佇列已滿，如下圖所示：

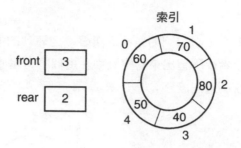

注意，front 和 rear 的值分別是 3 和 2。如果有 4 個元素從佇列中刪除，front 將增值 4 次，佇列中的情況如下圖所示：

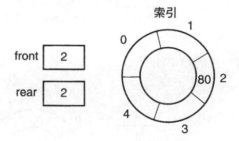

當最後一個元素被刪除時，佇列中的情況如下圖所示：

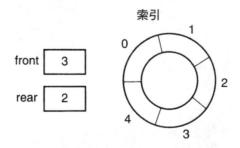

問題是現在 front 和 rear 的值是相同的，這和佇列已滿時的情況是一樣的。當佇列為空或者已滿時對 front 和 rear 進行比較，其結果都是真。所以，我們無法藉由比較 front 和 rear 來測試佇列是否為空。

有兩種方法可以解決這個問題。第 1 種是引入一個新變數，用於記錄佇列中的元素數量。它在每次插入元素時加 1，在每次刪除元素時減 1。對這個變數的值進行測試，就可以很容易分清佇列空間為空還是已滿。

第 2 種方法是重新定義「滿」（full）的涵義。如果使陣列中的一個元素始終保留不用，這樣當佇列「滿」時 front 和 rear 的值便不相同，可以和佇列為空時的情況區分開來。透過不允許陣列完全填滿，問題便得以避免。

不過還是留下一個小問題：當佇列為空時，front 和 rear 的值應該是什麼？當佇列只有一個元素時，我們需要使 front 和 rear 都指向這個元素。一次插入操作將增加 rear 的值，所以為了使 rear 在第 1 次插入後指向這個插入的元素，當佇列為空時，rear 的值必須比 front 小 1。幸運的是，從佇列中刪除最後一個元素後的狀態也是如此，因此，刪除最後一個元素並不會造成一種特殊情況。

當滿足下面的條件時，佇列為空：

```
( rear + 1 ) % QUEUE_SIZE == front
```

由於在 front 和 rear 正好滿足這個關係之前，我們必須停止插入元素，因此當滿足下列條件時，佇列必須認為已「滿」：

```
( rear + 2 ) % QUEUE_SIZE == front
```

一、陣列佇列

程式 17.6 用一個靜態陣列實作了一個佇列。它使用「不完全填滿陣列」的技巧來區分空佇列（empty queue）和滿佇列（full queue）。

程式 17.6 用靜態陣列實作佇列（a_queue.c）

```c
/*
** 一個用靜態陣列實作的佇列。
** 陣列的長度只能透過修改 #define 定義
** 並重新編譯模組來調整。
*/

#include "queue.h"
#include <stdio.h>
#include <assert.h>

#define    QUEUE_SIZE    100/* 佇列中元素的最大數量 */
#define    ARRAY_SIZE    ( QUEUE_SIZE + 1 )/* 陣列的長度 */

/*
** 用於儲存佇列元素的陣列和指向佇列頭和尾的指標。
*/
static QUEUE_TYPE    queue[ ARRAY_SIZE ];
static size_t        front = 1;
static size_t        rear = 0;
```

```c
/*
** insert
*/
void
insert( QUEUE_TYPE value )
{
        assert( !is_full() );
        rear = ( rear + 1 ) % ARRAY_SIZE;
        queue[ rear ] = value;
}

/*
** delete
*/
void
delete( void )
{
        assert( !is_empty() );
        front = ( front + 1 ) % ARRAY_SIZE;
}

/*
** first
*/
QUEUE_TYPE first( void )
{
        assert( !is_empty() );
        return queue[ front ];
}

/*
** is_empty
*/
int
is_empty( void )
{
        return ( rear + 1 ) % ARRAY_SIZE == front;
}

/*
** is_full
*/
int
is_full( void )
{
        return ( rear + 2 ) % ARRAY_SIZE == front;
}
```

QUEUE_SIZE 常數設置為使用者希望佇列可以容納的元素的最大數量。由於這種實作方式永遠不會真正填滿佇列，ARRAY_SIZE 的值被定義為比 QUEUE_SIZE 大1。這些函數是我們所討論的那些技巧的簡單明瞭的實作。

我們可以使用任何值初始化 front 和 rear，只要 rear 比 front 小 1。**程式 17.6** 所使用的初始值使陣列的「第 1 個元素」保留不用，直到 rear 第 1 次「環繞」至陣列頭部。猜猜接下來會怎樣？

二、動態陣列佇列和鏈式佇列

用動態陣列實作佇列所需要的修改與堆疊的情況類似。因此，它的實作留作練習。

鏈式佇列在幾個方面比陣列形式的佇列簡單。它不使用陣列，所以不存在循環陣列的問題。在判斷（測試）佇列是否為空時，只是簡單判斷連結串列是否為空就可以了。判斷佇列是否已滿的結果總是假（false），鏈式佇列的實作也留作練習。

17.4　樹

對樹的所有種類進行完整的描述超出了本書的範圍。但是，藉由描述一種非常有用的樹，即**二元搜尋樹**（binary search tree，BST），可以很好地說明實作樹的技巧。

樹是一種資料結構，它要麼為空，要麼具有一個值並具有零個或多個**孩子**（child，**又譯子樹**），每個孩子本身也是樹。這個遞迴的定義正確地提示了一棵樹的高度（height）並沒有內在的限制。**二元樹**（binary tree）是樹的一種特殊形式，它的每個節點（node）至多具有兩個孩子，分別稱為**左孩子**（left）和**右孩子**（right）。二元搜尋樹具有一個額外的屬性（property）：每個節點的值比「它的左子樹（left subtree）的所有節點的值」都要大，但比「它的右子樹（right subtree）的所有節點的值」都要小。注意，這個定義排除了樹中存在值相同的節點的可能性。這些屬性使「二元搜尋樹」成為一種用「關鍵值」快速尋找資料的優秀工具。圖 17.1 是「二元搜尋樹」的一個例子。這棵樹的每個節點都正好具有一個雙親節點（parent，它的上層節點），並有零個、一個或兩個孩子（直接在它下面的節點）。唯一的例外是最上面的那個節點，稱為樹根（the root of the tree），它沒有雙親節點。沒有孩

子的節點被稱為**葉節點**（leaf node）或**葉子**（leaf）。在繪製樹時，根位於頂端，葉子位於底部[1]。

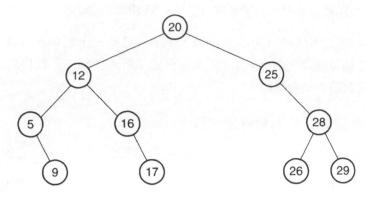

圖 17.1：二元搜尋樹

17.4.1 在二元搜尋樹中插入

當一個新值添加到一棵二元搜尋樹時，它必須被放在合適的位置，繼續保持二元搜尋樹的屬性。幸運的是，這個任務是很簡單的。其基本演算法如下所示：

```
如果樹為空：
        把新值作為根節點插入
否則：
        如果新值小於當前節點的值：
                把新值插入到當前節點的左子樹
        否則：
                把新值插入到當前節點的右子樹
```

這個演算法的遞迴表達式正是「樹的遞迴定義」的直接結果。

為了把 15 插入到圖 17.1 的樹，把 15 和 20 比較。15 更小，所以它被插入到左子樹。左子樹的根為 12，因此重複上述過程：把 15 和 12 比較。這次 15 更大，所以它被插入到 12 的右子樹。現在把 15 和 16 比較。15 更小，所以插入到節點 16 的左子樹。但這個子樹是空的，所以包含 15 的節點便成為節點 16 的新左子樹的根節點。

---

[1]　注意，這和自然世界中「根在底、葉在上的樹」實際上是顛倒的。

17.4.2 從二元搜尋樹刪除節點

從樹中刪除一個值比從堆疊或佇列刪除一個值更為困難。從一棵樹的中間刪除一個節點，將導致它的子樹和樹的其餘部分斷開——我們必須重新連接它們，否則它們將會丟失。

我們必須處理三種情況：刪除沒有孩子的節點；刪除只有一個孩子的節點；刪除有兩個孩子的節點。第一種情況很簡單，刪除一個葉節點不會導致任何子樹斷開，所以不存在重新連接的問題。

刪除只有一個孩子的節點幾乎同樣容易：把這個節點的雙親節點和它的孩子連接起來就可以了。這個解決方法防止了子樹的斷開，而且仍能維持二元搜尋樹的次序。

最後一種情況要困難得多。如果一個節點有兩個孩子，則它的雙親不能連接到它的兩個孩子。解決這個問題的一種策略是不刪除這個節點，而是刪除它的左子樹中「值最大的那個節點」，並用「這個值」代替「原先應被刪除的那個節點的值」。刪除函數的實作留作練習。

17.4.3 在二元搜尋樹中尋找

由於二元搜尋樹的有序性，因此在樹中尋找一個特定的值是非常容易的。下面是它的演算法：

```
如果樹為空：
        這個值不存在於樹中
否則：
        如果這個值和根節點的值相等：
                成功找到這個值
        否則：
                如果這個值小於根節點的值：
                        尋找左子樹
                否則：
                        尋找右子樹
```

這個遞迴演算法也屬於尾部遞迴，所以採用迭代方案來實作效率更高。

當值被找到時，你該做些什麼呢？這取決於使用者的需要。有時，使用者只需要確定這個值是否存在於樹中。這時，返回一個真／假值就足夠了。如果資料是一個由一個關鍵值欄位標識的結構，使用者需要存取這個尋找到的結構的「非關鍵值成員」，這就要求函數返回一個指向該結構的指標。

17.4.4 樹的巡訪

與堆疊和佇列不同，樹並未限制使用者只能存取一個值。因此樹具有另一個基本操作——巡訪（traversal，又譯走訪或遍歷）。當你檢查一棵樹的所有節點時，就是在巡訪這棵樹。巡訪樹的節點有幾種不同的次序，最常用的是**前序**（pre-order）、**中序**（in-order）、**後序**（post-order）和**層次巡訪**（breadth-first）。所有類型的巡訪都是從「樹的根節點」或「你希望開始巡訪的子樹的根節點」開始。

前序巡訪檢查節點的值，然後遞迴地巡訪左子樹和右子樹。例如，下面這棵樹的前序巡訪將從處理 20 這個值開始：

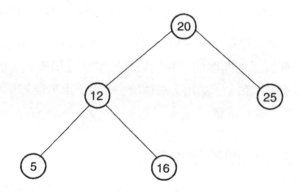

然後再巡訪它的左子樹：

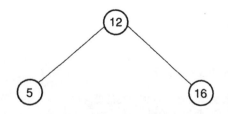

在處理完 12 這個值之後，我們繼續巡訪它的左子樹：

並處理 5 這個值。它的左右子樹皆為空，所以就完成了這棵子樹的巡訪。

在完成了節點 12 的左子樹巡訪之後，我們繼續巡訪它的右子樹：

並處理 16 這個值。它的左右子樹皆為空，這意味著我們已經完成了「根為 16 的子樹」和「根為 12 的子樹」的巡訪。

在完成了節點 20 的左子樹巡訪之後，下一個步驟就是處理它的右子樹：

處理完 25 這個值以後便完成了整棵樹的巡訪。

對於一個較大的例子，考慮圖 17.1 所示的二元搜尋樹。在檢查每個節點時列印出它的值，那麼它的前序巡訪的輸出結果將是：20，12，5，9，16，17，25，28，26，29。

中序巡訪首先巡訪左子樹，然後檢查當前節點的值，最後巡訪右子樹。圖 17.1 所示的樹的中序巡訪結果將是：5，9，12，16，17，20，25，26，28，29。

後序巡訪首先巡訪左右子樹，然後檢查當前節點的值。圖 17.1 所示的樹的後序巡訪結果將是：9，5，17，16，12，26，29，28，25，20。

最後，層次巡訪逐層檢查樹的節點。首先處理根節點，接著是它的孩子，再接著是它的孫子，依此類推。用這種方法巡訪圖 17.1 所示的樹的次序是：20，12，25，5，16，28，9，17，26，29。前三種巡訪方法可以很容易地使用「遞迴」來實作，但最後這種層次巡訪要採用一種使用「佇列」的迭代演算法（iterative algorithm）。本章的程式設計練習對它有更詳細的描述。

17.4.5 二元搜尋樹介面

程式 17.7 的介面提供了用於把值插入到一棵二元搜尋樹的函數的原型。它同時包含了一個 find 函數，用於尋找樹中某個特定的值，它的返回值是一個指向「找到的值」的指標。它只定義了一個巡訪函數（traversal function），因為其餘巡訪函數的介面只是名稱不同而已。

```
/*
** 二元搜尋樹模組的介面。
*/


#define        TREE_TYPE int     /* 樹的數值型別 */

/*
** insert
** 向樹添加一個新值。
** 參數是需要被添加的值，它必須原先並不存在於樹中。
*/
void insert( TREE_TYPE value );

/*
** find
** 尋找一個特定的值，這個值作為第 1 個參數傳遞給函數。
*/
TREE_TYPE *find( TREE_TYPE value );

/*
** pre_order_traverse
** 執行樹的前序巡訪。它的參數是一個回呼函數指標，
** 它所指向的函數將在樹中處理每個節點時被呼叫，
** 節點的值作為參數傳遞給這個函數。
*/
void pre_order_traverse(void (*callback)( TREE_TYPE value ));
```

17.4.6 實作二元搜尋樹

儘管樹的鏈式實作是最為常見的，但將二元搜尋樹儲存於陣列中也是完全可能的。當然，陣列的固定長度（fixed length）限制了可以插入到樹中的元素的數量。如果使用動態陣列，當原先的陣列溢出時，就可以建立一個更大的空間，並把值複製給它。

一、陣列形式的二元搜尋樹

用陣列表示樹的關鍵是使用「索引」來尋找某個特定值的雙親和孩子。規則很簡單：

節點 N 的雙親是節點 N/2。
節點 N 的左孩子是節點 2N。
節點 N 的右孩子是節點 2N+1。

雙親節點的公式是成立的，因為整除運算子（integer division operator）將截去小數部分。

程式 17.8 是一個用靜態陣列實作的二元搜尋樹。這個實作方法有幾個有趣之處。它使用第 1 種更簡單的規則來確定孩子節點，這樣陣列宣告的長度比宣稱的長度大 1，它的第 1 個元素被忽略。它定義了一些函數來存取一個節點的左右孩子。儘管計算很簡單，這些函數名稱還是讓使用這些函數的程式碼看上去更清晰。這些函數同時簡化了「修改模組以便使用其他規則」的任務。

這種實作方法使用 0 這個值提示一個節點未被使用。如果 0 是一個合法的資料值，那就必須另外挑選一個不同的值，而且陣列元素必須進行動態初始化。另一個技巧是使用一個比較陣列，它的元素是布林型值，用於提示哪個節點被使用。

陣列形式的樹的問題在於陣列空間常常利用得不夠充分。空間之所以被浪費，是由於新值必須插入到樹中特定的位置，無法隨便放置到陣列中的空位置。

為了說明這種情況，假定我們使用「一個擁有 200 個元素的陣列」來容納一棵樹。如果值 1，2，3，4，5，6 和 7 以這個次序插入，它們將分別儲存在陣列中 1，3，7，15，31，63 和 127 的位置。但現在值 8 不能被插入，因為 7 的右孩子將儲存於位置 255，陣列的長度沒有那麼長。這個問題會不會實際發生，取決於值插入的順序。如果相同的值以 4，2，1，3，6，5 和 7 這樣的順序插入，它們將佔據陣列 1 至 7 的位置，這樣插入 8 這個值便毫無困難。

使用動態分配的陣列，當需要更多空間時，我們可以對陣列進行重新分配。但是，對於一棵不平衡的樹（unbalanced tree），這個技巧並不是一個好的解決方案，因為每次的新插入都將導致「陣列的大小」擴大一倍，這樣可用於動態分配的記憶體很快便會耗盡。一個更好的方法是使用鏈式二元樹（a linked binary tree）而不是陣列。

```
/*
** 一個使用靜態陣列實作的二元搜尋樹。
** 陣列的長度只能透過修改 #define 定義
** 並對模組進行重新編譯來實作。
*/
#include "tree.h"
#include <assert.h>
#include <stdio.h>

#define TREE_SIZE 100 /* Max # of values in the tree */
#define ARRAY_SIZE    ( TREE_SIZE + 1 )

/*
** 用於儲存樹的所有節點的陣列。
*/
static TREE_TYPE tree[ ARRAY_SIZE ];

/*
** left_child
** 計算一個節點左孩子的索引。
*/
static int
left_child( int current )
{
        return current * 2;
}

/*
** right_child
** 計算一個節點右孩子的索引。
*/
static int
right_child( int current )
{
        return current * 2 + 1;
}

/*
** insert
*/
void
insert( TREE_TYPE value )
{
        int     current;

        /*
        ** 確保值為非零，因為零用於提示一個未使用的節點。
        */
        assert( value != 0 );

        /*
```

```
**  從根節點開始。
*/
current = 1;

/*
**  從合適的子樹開始，直到到達一個葉節點。
*/
while( tree[ current ] != 0 ){
/*
**  根據情況，進入葉節點或右子樹（確信未出現重複的值）。
*/
        if( value < tree[ current ] )
                current = left_child( current );
        else {
                assert( value != tree[ current ] );
                current = right_child( current );
        }
        assert( current < ARRAY_SIZE );
}

tree[ current ] = value;
}

/*
** find
*/
TREE_TYPE *
find( TREE_TYPE value )
{
        int     current;

        /*
        ** 從根節點開始。直到找到那個值，進入合適的子樹。
        */
        current = 1;

        while( current < ARRAY_SIZE && tree[ current ] != value ){
        /*
        ** 根據情況，進入左子樹或右子樹。
        */
            if( value < tree[ current ] )
                    current = left_child( current );
            else
                    current = right_child( current );
        }
        if( current < ARRAY_SIZE )
                return tree + current;
        else
                return 0;
}

/*
```

```
**  do_pre_order_traverse
**  執行一層前序巡訪,
**  這個幫助函數用於保存當前正在處理的節點的資訊,
**  它並不是使用者介面的一部分。
*/
static void
do_pre_order_traverse( int current,
    void (*callback)( TREE_TYPE value ) )
{
            if( current < ARRAY_SIZE && tree[ current ] != 0 ){
                callback( tree[ current ] );
                do_pre_order_traverse( left_child( current ),
                    callback );
                do_pre_order_traverse( right_child( current ),
                    callback );
            }
}

/*
**  pre_order_traverse
*/
void
pre_order_traverse( void (*callback)( TREE_TYPE value ) )
{
    do_pre_order_traverse( 1, callback );
}
```

二、鏈式二元搜尋樹

佇列的鏈式實作消除了陣列空間利用不充分的問題,這是透過「為每個新值動態分配記憶體,並把這些結構連結到樹中」實作的。因此,不存在「不使用的記憶體」。

程式 17.9 是二元搜尋樹的鏈式實作方法。請將它和**程式 17.8** 的陣列實作方法進行比較。由於樹中的每個節點必須指向它的左右孩子,所以節點用一個結構來容納值和兩個指標。陣列由「一個指向樹根節點的指標」代替。這個指標最初為 NULL,表示此時為一棵空樹。

insert 函數使用兩個指標[2]。第 1 個指標用於檢查樹中的節點,尋找新值插入的合適位置。第 2 個指標指向另一個節點,後者的 link 欄位指向當前正在檢查的節點。當到達一個葉節點時,這個指標必須進行修改,以插入新節點。這個函數自上而下,

---

[2] 這裡使用的技巧與「第 12 章」的函數中「把值插入到一個有序的單向連結串列」的技巧相同。如果沿著從根到葉的路徑觀察插入發生的位置,就會發現它本質上就是一個單向連結串列。

根據新值和當前節點值的比較結果選擇進入左子樹或右子樹，直到到達葉節點。然後，建立一個新節點並連結到樹中。這個迭代演算法在插入第 1 個節點時也能正確處理，不會造成特殊情況。

三、樹介面的變型

find 函數只用於驗證值是否存在於樹中。返回一個指向找到元素的指標並無大用，因為呼叫程式已經知道這個值：它就是傳遞給函數的參數嘛！

假定樹中的元素實際上是一個結構，它包括一個關鍵值和一些資料。現在我們可以修改 find 函數，使它更加實用。透過它的關鍵值尋找一個特定的節點，並返回一個指向該結構的指標，可以向使用者提供更多的資訊——與這個關鍵值相關聯的資料。但是，為了取得這個結果，find 函數必須設法只比較每個節點元素的關鍵值部分。解決辦法是編寫一個函數執行這個比較，並把一個指向該函數的指標傳遞給 find 函數，就像我們在 qsort 函數中所採取的方法一樣。

有時候，使用者可能要求自己巡訪整棵樹，例如，計算每個節點的孩子數量。因此，TreeNode 結構和指向樹根節點的指標，都必須宣告為公用（public，公開），以便使用者巡訪該樹。最安全的方法是透過函數向使用者提供根指標（root pointer），這樣可以防止使用者自行修改根指標，進而導致丟失整棵樹。

程式 17.9　鏈式二元搜尋樹（l_tree.c）

```
/*
** 一個使用動態分配的鏈式結構實作的二元搜尋樹。
*/
#include "tree.h"
#include <assert.h>
#include <stdio.h>
#include <malloc.h>

/*
** TreeNode 結構包含了值和兩個指向某個樹節點的指標。
*/
typedef struct TREE_NODE {
        TREE_TYPE      value;
        struct TREE_NODE *left;
        struct TREE_NODE *right;
} TreeNode;

/*
** 指向樹根節點的指標。
*/
static  TreeNode    *tree;
```

```
/*
** insert
*/
void
insert( TREE_TYPE value )
{
        TreeNode *current;
        TreeNode **link;

        /*
        ** 從根節點開始。
        */
        link = &tree;

        /*
        ** 持續尋找值，進入合適的子樹。
        */
        while( (current = *link) != NULL ){
        /*
        ** 根據情況，進入左子樹或右子樹
        ** （確認沒有出現重複的值）。
        */
                if( value < current->value )
                        link = &current->left;
                else {
                        assert( value != current->value );
                        link = &current->right;
                }
}

/*
** 分配一個新節點，使適當節點的 link 欄位指向它。
*/
current = malloc( sizeof( TreeNode ) );
assert( current != NULL );
current->value = value;
current->left = NULL;
current->right = NULL;
*link = current;
}

/*
** find
*/
TREE_TYPE *
find( TREE_TYPE value )
{
    TreeNode     *current;

    /*
    ** 從根節點開始，直到找到這個值，進入合適的子樹。
```

```
*/
    current = tree;

    while( current != NULL && current->value != value ){
    /*
    ** 根據情況，進入左子樹或右子樹。
    */
        if( value < current->value )
                        current = current->left;
        else
                        current = current->right;
    }

        if( current != NULL )
                        return &current->value;
        else
                        return NULL;
    }

/*
** do_pre_order_traverse
** 執行一層前序巡訪。
** 這個幫助函數用於保存當前正在處理的節點的資訊。
** 這個函數並不是使用者介面的一部分。
*/
static void
do_pre_order_traverse( TreeNode *current,
    void (*callback)( TREE_TYPE value ) )
{
    if( current != NULL ){
        callback( current->value );
        do_pre_order_traverse( current->left, callback );
        do_pre_order_traverse( current->right, callback );
    }
}

/*
** pre_order_traverse
*/
void
pre_order_traverse( void (*callback)( TREE_TYPE value ) )
{
    do_pre_order_traverse( tree, callback );
}
```

讓每個樹節點擁有一個指向「它的雙親節點」的指標，常常是很有用的。使用者可以利用「這個雙親節點指標」在樹中上下移動。這種更為開放的樹的 find 函數，可以返回一個指向這個樹節點的指標，而不是節點值，這就允許使用者利用這個指標執行其他形式的巡訪。

程式的最後一個可供改進之處，是用一個 destroy_tree 函數釋放所有分配給這棵樹的記憶體。這個函數的實作留作練習。

17.5 實作的改進

本章的實作方法說明了不同的 ADT 是如何工作的。但是，當它們用於現實的程式時，它們在好幾個方面是不夠充分的。本節的目的是找出這些問題並給出解決建議。我們使用陣列形式的堆疊作為例子，但這裡所討論的技巧適用於其他所有 ADT。

17.5.1 擁有超過一個的堆疊

到目前為止的實作中，最主要的一個問題是它們把用於保存結構的記憶體和那些用於操縱它們的函數都封裝在一起了。這樣一來，一個程式便不能擁有超過一個的堆疊！

這個限制很容易解決，只要從堆疊的實作模組中去除陣列和 top_element 的宣告，並把它們放入使用者程式碼即可。然後，它們透過參數被堆疊函數存取，這些函數便不再固定於某個陣列。使用者可以建立任意數量的陣列，並透過呼叫堆疊函數將它們作為堆疊使用。

警告

這個方法的危險之處在於它失去了封裝性（encapsulation）。如果使用者擁有資料，便可以直接存取它。非法的存取，例如在一個錯誤的位置向陣列增加一個新值，或者增加一個新值，但並不調整 top_element，都有可能導致資料丟失，或者產生非法資料，或者導致堆疊函數執行失敗。

一個相關的問題是當每個堆疊函數被呼叫時，使用者應該確保向它傳遞正確的堆疊和 top_element 參數。如果這些參數發生混淆，其結果就是垃圾。我們可以透過把堆疊陣列和它的 top_element 值捆綁在一個結構裡，來減少這種情況發生的可能性。

當堆疊模組包含資料時，就不存在出現上述兩種問題的危險性。本章的程式設計練習部分描述了一個修改方案，允許堆疊模組管理超過一個的堆疊。

17.5.2 擁有超過一種的類型

即使前面的問題得以解決，儲存於堆疊的值的類型在編譯時也已固定，它就是 stack.h 標頭檔中所定義的類型。如果需要一個整數堆疊和一個浮點數堆疊，就沒那麼幸運了。

解決這個問題最簡單的方法是另外編寫一份堆疊函數的複本，用於處理不同的資料類型。這種方法可以達到目的，但它涉及大量重複程式碼（duplicated code），這就使得程式的維護工作變得更為困難。

一種更為優雅的方法是把整個堆疊模組實作為一個 #define 巨集，把目標類型作為參數。這個定義然後便可以用於建立每種目標類型的堆疊函數。但是，為了使這種解決方案得以運作，我們必須找到一種方法，為不同類型的堆疊函數產生獨一無二的函數名稱，這樣它們相互之間就不會衝突。同時，必須小心在意，對於每種類型只能建立一組函數，而不管實際需要多少個這種類型的堆疊。這種方法的一個例子在「第 17.5.4 節」描述。

第三種方法是使堆疊與類型無關，方法是讓它儲存 void * 類型的值。將整數和其他資料都按照一個指標的空間進行儲存，使用「強制類型轉換」把參數的類型轉換為 void * 後，再執行 push 函數，top 函數返回的值再轉換回原先的類型。為了使堆疊也適用於較大的資料（例如結構），你可以在堆疊中儲存指向資料的指標。

警告

這種方法的問題是它繞過了類型檢查（type checking）。我們沒有辦法證實傳遞給 push 函數的值正是堆疊所使用的正確類型。如果一個整數意外地壓入到一個元素類型為指標的堆疊中，其結果幾乎肯定是一場災難。

使樹模組與類型無關更為困難一些，因為樹函數必須比較樹節點的值。但是，我們可以向每個樹函數傳遞一個指向「由使用者編寫的比較函數」的指標。同樣，傳遞一個錯誤的指標也會造成災難性的後果。

17.5.3 名稱衝突

堆疊和佇列模組都擁有 is_full 和 is_empty 函數，佇列和樹模組擁有 insert 函數。如果需要向樹模組增加一個 delete 函數，它就會與原先存在於佇列模組中的 delete 函數發生衝突。

為了使它們共存於程式中，所有這些函數的名稱都必須是獨一無二的。但是，人們有一種強烈的願望，即在盡可能的情況下，讓那些和每個資料結構關聯的函數都保持「標準」名稱。這個問題的解決方法是一種妥協方案：選擇一種命名約定（命名規範），使它既可以為人們所接受又能保證唯一性。例如，is_queue_empty 和 is_stack_empty 名稱就解決了這個問題。它們的不利之處在於這些長名稱使用起來不太方便，且並未傳遞任何附加資訊。

17.5.4　標準函式庫的 ADT

電腦科學雖然不是一門古老的學科，但我們對它的研究顯然已經花費了相當長的時間，對堆疊和佇列的行為的各種方面已經研究得相當透澈了。那麼，為什麼每個人還需要自己編寫堆疊和佇列函數呢？為什麼這些 ADT 不是標準函式庫的一部分呢？

其原因正是我們剛剛討論過的三個問題。名稱衝突（name clash）問題很容易解決，但是，類型安全性的缺乏以及讓使用者直接操縱資料的危險性，使得用一種通用而又安全的方式編寫「實作堆疊的函式庫函數」變得極不可行。

解決這個問題就要求實作泛型（genericity），它是一種編寫一組函數，但資料的類型暫時可以不確定的能力。這組函數隨後用使用者需要的不同類型進行實體化（instantiated）或建立。C 語言並未提供這種能力，但我們可以使用 #define 定義近似地模擬這種機制。

程式 17.10a 包含了一個 #define 巨集，它的巨集體是一個陣列堆疊的完整實作。這個 #define 巨集的參數是需要儲存的值的類型、一個後綴（suffix），以及需要使用的陣列長度。後綴黏貼到「由實作定義的每個函數名稱」的後面，用於避免名稱衝突。

程式 17.10b 使用程式 17.10a 的宣告建立兩個堆疊，一個可以容納 10 個整數，另一個可以容納 5 個浮點數。當每個 #define 巨集被擴展時，會建立一組新的堆疊函數，用於操作適當類型的資料。但是，如果需要兩個整數堆疊，這種方法將會建立兩組相同的函數。

我們將程式 17.10a 進行改寫，把它分成三個獨立的巨集：一個用於宣告介面；一個用於建立操縱資料的函數；一個用於建立資料。當我們需要第一個整數堆疊時，所有三個巨集均被使用。如果還需要另外的整數堆疊，可以透過重複呼叫最後一個

巨集來實作。堆疊的介面也應該進行修改。函數必須接受一個附加的參數，用於指定進行操作的堆疊。這些修改都留作練習。

這個技巧使得建立泛型抽象資料類型（generic ADT）函式庫成為可能。但是，這種靈活性是要付出代價的。使用者需要承擔幾個新的責任。現在，他或她必須：

1. 採用一種命名約定，避免不同類型間堆疊的名稱衝突。

2. 必須保證為每種不同類型的堆疊只建立一組堆疊函數。

3. 在存取堆疊時，必須保證使用適當的名稱（如 push_int 或 push_float 等）。

4. 確保向函數傳遞正確的堆疊資料結構。

毫無疑問的是，用 C 語言實作「泛型」是相當困難的，因為它的設計遠早於「泛型」這個概念被提出之時。泛型是物件導向程式設計語言處理得比較完美的問題之一。

程式 17.10a 泛型陣列堆疊（g_stack.h）

```
/*
** 用靜態陣列實作一個泛型的堆疊。
** 陣列的長度在堆疊實體化時作為參數給出。
*/
#include <assert.h>

#define GENERIC_STACK( STACK_TYPE, SUFFIX, STACK_SIZE )         \
                                                                \
        static  STACK_TYPE  stack##SUFFIX[ STACK_SIZE ];        \
        static  int         top_element##SUFFIX = -1;           \
                                                                \
        int                                                     \
        is_empty##SUFFIX( void )                                \
        {                                                       \
                return top_element##SUFFIX == -1;               \
        }                                                       \
                                                                \
        int                                                     \
        is_full##SUFFIX( void )                                 \
        {                                                       \
                return top_element##SUFFIX == STACK_SIZE - 1;\
        }                                                       \
                                                                \
        void                                                    \
        push##SUFFIX( STACK_TYPE value )                        \
        {                                                       \
                assert( !is_full##SUFFIX() );                   \
                top_element##SUFFIX += 1;                       \
```

```
                    stack##SUFFIX[ top_element##SUFFIX ] = value;\
        }                                                        \
                                                                 \
        void                                                     \
        pop##SUFFIX( void )                                      \
        {                                                        \
                assert( !is_empty##SUFFIX() );                   \
                top_element##SUFFIX -= 1;                        \
        }                                                        \
                                                                 \
        STACK_TYPE top##SUFFIX( void )                           \
        {                                                        \
                assert( !is_empty##SUFFIX() );                   \
                return stack##SUFFIX[ top_element##SUFFIX ]; \
        }
```

程式 17.10b 使用泛型陣列堆疊（g_client.c）

```
/*
** 一個使用泛型堆疊模組
** 建立兩個容納不同類型資料的堆疊的使用者程式。
*/
#include <stdlib.h>
#include <stdio.h>
#include "g_stack.h"

/*
** 建立兩個堆疊，一個用於容納整數，
** 另一個用於容納浮點數。
*/
GENERIC_STACK( int, _int, 10 )
GENERIC_STACK( float, _float, 5 )

int
main()
{
        /*
        ** 往每個堆疊壓入幾個值。
        */
        push_int( 5 );
        push_int( 22 );
        push_int( 15 );
        push_float( 25.3 );
        push_float( -40.5 );

        /*
        ** 清空整數堆疊並列印這些值。
        */
        while( !is_empty_int() ){
                printf( "Popping %d\n", top_int() );
```

```
                pop_int();
        }

        /*
        ** 清空浮點數堆疊並列印這些值。
        */
        while( !is_empty_float() ){
                printf( "Popping %f\n", top_float() );
                pop_float();
        }

        return EXIT_SUCCESS;
}
```

17.6 總結

為 ADT 分配記憶體有三種技巧:「靜態陣列」、「動態分配的陣列」和「動態分配的鏈式結構」。靜態陣列對結構施加了預先確定固定長度這個限制。動態陣列的長度可以在執行時計算,如果需要陣列,也可以進行重新分配。鏈式結構對「值」的最大數量並未施加任何限制。

堆疊是一種「後進先出」的結構。它的介面提供了「把新值壓入堆疊的函數」和「從堆疊彈出值的函數」。另一類介面提供了第 3 個函數,它返回「堆疊頂部元素的值」但並不將其中堆疊中彈出。堆疊很容易使用陣列來實作,我們可以使用一個變數,初始化為 -1,用它記住堆疊頂部元素的索引。為了把一個新值壓入到堆疊中,這個變數先進行增值,然後這個值被儲存到陣列中。當彈出一個值時,在存取堆疊頂部元素之後,這個變數進行減值。我們需要兩個額外的函數來使用動態分配的陣列:一個用於建立指定長度的堆疊,另一個用於銷毀它。單向連結串列也能很好地實作堆疊。透過在連結串列的頭部插入,可以實作堆疊的壓入。透過刪除第 1 個元素,可以實作堆疊的彈出。

佇列是一種「先進先出」的結構。它的介面提供了「插入一個新值」和「刪除一個現有值」的函數。由於佇列對它的元素所施加的次序限制,用「循環陣列」來實作佇列要比使用「普通陣列」合適得多。當一個變數被當作循環陣列的索引使用時,如果它處於陣列的末尾再增值時,它的值就「環繞」到零。為了判斷陣列是否已滿,可以使用一個用於計數「已經插入到佇列中的元素數量」的變數。為了使用佇列的 front 和 rear 指標來檢測這種情況,陣列應始終至少保留一個空元素。

二元搜尋樹（BST）是一種資料結構，它或者為空，或者具有一個值並擁有零個、一個或兩個孩子（分別稱為左孩子和右孩子），它的孩子本身也是一棵 BST。BST 樹節點的值「大於」它的左孩子所有節點的值，但「小於」它的右孩子所有節點的值。由於這種次序關係的存在，在 BST 中尋找一個值是非常有效率的──如果節點並未包含需要尋找的值，則總是可以知道接下來應該尋找它的哪棵子樹。為了向 BST 插入一個值，需要首先進行尋找。如果值未找到，就把它插入到尋找失敗的位置。當從 BST 刪除一個節點時，必須小心防止把「它的子樹」同樹的其他部分斷開。樹的巡訪就是以某種次序處理它的所有節點。有 4 種常見的巡訪次序。「前序巡訪」先處理節點，然後巡訪它的左子樹和右子樹。「中序巡訪」先巡訪節點的左子樹，然後處理該節點，最後巡訪節點的右子樹。「後序巡訪」先巡訪節點的左子樹和右子樹，最後處理該節點。「層次巡訪」從根到葉逐層從左向右處理每個節點。陣列可以用於實作 BST，但如果樹不平衡，這種方法會浪費很多記憶體空間。鏈式 BST 可以避免這種浪費。

這些 ADT 的簡單實作方法帶來了 3 個問題。第 1 個問題是它們只允許擁有一個堆疊、一個佇列或一棵樹。這個問題的解決方案，是把「為這些結構分配記憶體的操作」從「操縱這些結構的函數」中分離出來。但這樣做導致「封裝性」的損失，增加了出錯機會。第 2 個問題是無法宣告不同類型的堆疊、佇列和樹。為每種類型單獨建立一份 ADT 函數使程式碼的維護變得更為困難。一個更好的辦法是用 #define 巨集實作程式碼，然後用目標類型對它進行擴展。不過，在使用這種方法，必須小心選擇一種命名約定。另一種方法是透過把「需要儲存到 ADT 的值」強制轉換為 void *。這種策略的一個缺點是它繞過了類型檢查。第 3 個問題是需要避免「不同 ADT 之間」以及「同種 ADT 用於處理不同類型資料的各個版本之間」出現名稱衝突。我們可以建立 ADT 的泛型實作，但為了正確使用它們，使用者必須承擔更多的責任。

17.7　警告的總結

1. 使用斷言檢查記憶體是否分配成功是危險的。

2. 陣列形式的二元樹節點位置的計算公式假定陣列的索引從 1 開始。

3. 把資料封裝於對它進行操縱的模組中，可以防止使用者不正確地存取資料。

4. 與類型無關的函數沒有類型檢查，所以應該小心，確保傳遞正確類型的資料。

17.8 程式設計提示的總結

1. 避免使用具有副作用的函數，可以使程式更容易理解。

2. 一個模組的介面應該避免暴露它的實作細節。

3. 將資料類型參數化，使它更容易修改。

4. 只有模組對外公布的介面才應該是公用的（公開的）。

5. 使用斷言來防止非法操作。

6. 幾個不同的實作使用同一個通用介面（common interface），可使模組具有更強的可互換性（interchangeable）。

7. 重用（reuse）現存的程式碼而不是對它進行改寫。

8. 迭代比尾部遞迴效率更高。

17.9 問題

1. 假定有一個程式，它讀取一系列名稱，但必須以反序（opposite order）將它們列印出來。哪種 ADT 更適合完成這個任務？

2. 在超級市場的貨架上擺放牛奶時，使用哪種 ADT 更為合適？我們既需要考慮顧客購買牛奶，也需要考慮超級市場新到貨一批牛奶的情況。

3. 在堆疊的傳統介面中，pop 函數返回「它從堆疊中刪除的那個元素」的值。在一個模組中是否有可能提供兩種介面？

4. 如果堆疊模組具有一個 empty 函數，用於刪除堆疊中所有的值，你覺得模組的功能是不是變得明顯更為強大？

5. 在 push 函數中，top_element 在儲存值之前先增值。但在 pop 函數中，它卻在返回堆疊頂部值後再減值。如果弄反這兩個次序，會產生什麼後果？

6. 如果在一個使用靜態陣列的堆疊模組中刪除所有的斷言，會產生什麼後果？

✍ 7. 在堆疊的鏈式實作中，為什麼 destroy_stack 函數從堆疊中逐個彈出元素？

8. 鏈式堆疊實作的 pop 函數宣告了一個稱為 first_node 的局部變數。這個變數可不可以省略？

✍ 9. 當一個循環陣列已滿時，front 和 rear 值之間的關係和堆疊為空時一樣。但是，「滿」和「空」是兩種不同的狀態。從概念上來說，為什麼會出現這種情況？

10. 有兩種方法可用於檢測一個已滿的循環陣列：(1) 始終保留一個陣列元素不使用；(2) 另外增加一個變數，記錄陣列中元素的個數。哪種方法更好一些？

11. 編寫陳述式，根據 front 和 rear 的值計算佇列中元素的數量。

✍ 12. 佇列既可以使用「單向連結串列」也可以使用「雙向連結串列」實作。哪個更適合？

13. 畫一棵樹，它是根據下面的順序，把這些值依次插入到一棵二元搜尋樹而形成的：20，15，18，32，5，91，-4，76，33，41，34，21，90。

14. 按照升冪或降冪把一些值插入到一棵二元搜尋樹將導致樹不平衡。在這樣一棵樹中尋找一個值的效率如何？

15. 在使用前序巡訪時，下面這棵樹各節點的存取次序是怎麼樣的？中序巡訪呢？後序巡訪？層次巡訪呢？

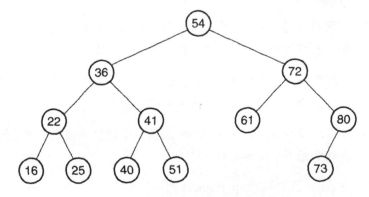

16. 改寫 do_pre_order_traversal 函數，用於執行樹的中序巡訪。

17. 改寫 do_pre_order_traversal 函數，用於執行樹的後序巡訪。

✍ 18. 二元搜尋樹的哪種巡訪方法可以以「升冪」依次存取樹中的所有節點？哪種巡訪方法可以以「降冪」依次存取樹中的所有節點？

19. destroy_tree 函數藉由釋放「所有分配給樹中節點的記憶體」來刪除這棵樹，這意味著所有樹節點必須以「某個特定的次序」進行處理。哪種類型的巡訪最適合這個任務？

17.10　程式設計練習

★ 1. 在動態分配陣列的堆疊模組中增加一個 resize_stack 函數。這個函數接受一個參數：堆疊的新長度。

★★ 2. 把佇列模組轉換為使用動態分配的陣列形式，並增加一個 resize_queue 函數（類似於「程式設計練習 1」）。

✍★★★ 3. 把佇列模組轉換為使用連結串列實作。

★★★ 4. 堆疊、佇列和樹模組如果可以處理超過一個的堆疊、佇列和樹，它們會更加實用。修改動態陣列堆疊模組，使它最多可以處理 10 個不同的堆疊。此時需要修改堆疊函數的介面，使它們接受另一個參數──需要使用的堆疊的索引。

★★ 5. 編寫一個函數，計算一棵二元搜尋樹的節點數量。可以選擇任何一種你喜歡的二元搜尋樹實作形式。

✍★★★ 6. 編寫一個函數，執行陣列形式的二元搜尋樹的層次巡訪。使用下面的演算法：

向一個佇列添加根節點。
while 佇列非空時：
　　從佇列中移除第 1 個節點並對它進行處理。
　　把這個節點所有的孩子添加到佇列中。

★★★★ 7. 編寫一個函數，檢查一棵樹是不是二元搜尋樹。可以選擇任何一種你喜歡的樹實作形式。

★★★★★ 8. 為陣列形式的樹模組編寫一個函數，用於從樹中刪除一個值。如果需要刪除的值並未在樹中找到，函數可以終止程式。

★★ 9. 為鏈式實作的二元搜尋樹編寫一個destroy_tree函數。函數應該釋放樹使用的所有記憶體。

★★★★★ 10.為鏈式實作的樹模組編寫一個函數,用於從樹中刪除一個值。如果需要刪除的值並未在樹中找到,函數可以終止程式。

★★★★ 11. 修改程式 17.10a 的 #define 定義,讓它擁 3 個單獨的定義。

　　　　a. 一個用於宣告堆疊介面

　　　　b. 一個用於建立堆疊函數的實作

　　　　c. 一個用於建立堆疊使用的資料

你必須修改堆疊的介面,把堆疊資料作為「顯式的參數」傳遞給函數(把堆疊資料包裝於一個結構中會更方便)。這些修改將允許一組堆疊函數操縱任意個對應類型的堆疊。

執行時環境

本章將研究由「某個特定的編譯器」為「某個特定的電腦」所產生的組合語言程式碼（assembly language code），目的是學習與這個編譯器的執行時環境（runtime environment）有關的幾個有趣的內容。我們需要回答的幾個問題是「我的執行時環境的限制是什麼？」以及「我如何使 C 程式和組合語言程式一起工作？」

18.1 判斷執行時環境

你的編譯器或環境和我們在這裡看到的肯定不同，所以你需要自己執行類似這樣的實驗，以便在你的機器上找出它們是如何運作的。

第一個步驟是從你的編譯器獲得一個組合語言程式碼清單（assembly language listing）。在 UNIX 系統中，編譯器「選項 -S」可以讓編譯器把每個原始檔案的組合語言寫到一個具有 .s 後綴的檔案中。Borland 編譯器也支援這種選項，不過它使用的是 .asm 後綴。請參閱相關文件，獲得其他系統的特定細節。

你還需要閱讀你的機器上的組合語言程式碼。你不一定要成為一個熟練的組合語言程式設計師，但你需要對「每條指令的工作過程」以及「如何解釋位址模式」有一個基本的瞭解。一本描述你的電腦指令集的手冊，是完成這個任務的絕佳參考材料。

本章並不講授組合語言，因為這不是本書的要點。你的機器所產生的組合語言很可能和本書的不一樣。但是，如果你編譯測試程式（test program），則這裡對組合語言的解釋，可能有助於你分析你的機器上的組合語言，因為這兩種組合語言程式實作了相同的原始程式碼。

18.1.1 測試程式

讓我們觀察程式 18.1 這個測試程式。它包含了各種不同的程式碼片段，它們的實作頗有意思。這個程式並沒有實現任何有用的功能，我們需要的只是觀察編譯器為它所產生的組合語言。如果希望研究你的執行時環境的其他方面，可以修改這個程式，使其包含這些方面的例子。

程式 18.1 測試程式（runtime.c）

```
/*
** 判斷 C 執行時環境的程式。
*/

/*
** 靜態初始化。
*/
int     static_variable = 5;

void
f()
{
        register int    i1, i2, i3, i4, i5,
                        i6, i7, i8, i9, i10;
        register char   *c1, *c2, *c3, *c4, *c5,
                        *c6, *c7, *c8, *c9, *c10;
        extern  int     a_very_long_name_to_see_how_long_they_can_be;
        double  dbl;
        int     func_ret_int();
        double  func_ret_double();
        char    *func_ret_char_ptr();

        /*
        ** 暫存器變數的最大數量。
        */
        i1 = 1; i2 = 2; i3 = 3; i4 = 4; i5 = 5;
        i6 = 6; i7 = 7; i8 = 8; i9 = 9; i10 = 10;
        c1 = (char *)110; c2 = (char *)120;
        c3 = (char *)130; c4 = (char *)140;
        c5 = (char *)150; c6 = (char *)160;
        c7 = (char *)170; c8 = (char *)180;
        c9 = (char *)190; c10 = (char *)200;
```

```
        /*
        ** 外部名稱。
        */
        a_very_long_name_to_see_how_long_they_can_be = 1;

        /*
        ** 函數呼叫 / 返回協定、堆疊幀（過程活動記錄）
        */
        i2 = func_ret_int( 10, i1, i10 );
        dbl = func_ret_double();
        c1 = func_ret_char_ptr( c1 );
}

int
func_ret_int( int a, int b, register int c )
{
        int     d;

        d = b - 6;
        return a + b | c;
}

double
func_ret_double()
{
        return 3.14;
}

char *
func_ret_char_ptr( char *cp )
{
        return cp + 1;
}
```

程式 18.2 的組合語言是由一台使用 Motorola 68000 處理器家族的電腦產生的。這裡對程式碼進行了編輯，使它看上去更清晰。這裡還去掉了一些不相關的宣告。

這是一個很長的程式。和絕大部分的編譯器輸出一樣，它沒有包含幫助讀者閱讀的註解。但不要被它嚇倒！我們將逐列解釋絕大部分程式碼。我採用的方法是分段解釋，先顯示一小段 C 程式碼，後面是根據它產生的組合語言。完整的程式碼清單只是作為參考而給出，這樣你可以觀察所有這些小段例子是如何組成一個整體的。

程式 18.2 測試程式的組合語言程式碼（runtime.s）

```
        .data
        .even
        .global _static_variable
_static_variable:
```

```
            .long   5
            .text

            .globl  _f
_f:         link    a6, #-88
            moveml  #0x3cfc,sp@
            moveq   #1,d7
            moveq   #2,d6
            moveq   #3,d5
            moveq   #4,d4
            moveq   #5,d3
            moveq   #6,d2
            movl    #7,a6@(-4)
            movl    #8,a6@(-8)
            movl    #9,a6@(-12)
            movl    #10,a6@(-16)
            movl    #110,a5
            movl    #120,a4
            movl    #130,a3
            movl    #140,a2
            movl    #150,a6@(-20)
            movl    #160,a6@(-24)
            movl    #170,a6@(-28)
            movl    #180,a6@(-32)
            movl    #190,a6@(-36)
            movl    #200,a6@(-40)
            movl    #1,_a_very_long_name_to_see_how_long_they_can_be
            movl    a6@(-16),sp@-
            movl    d7,sp@-
            pea     10
            jbsr    _func_ret_int
            lea     sp@(12),sp
            movl    d0,d6
            jbsr    _func_ret_double
            movl    d0,a6@(-48)
            movl    d1,a6@(-44)
            pea     a5@
            jbsr    _func_ret_char_ptr
            addqw   #4,sp
            movl    d0,a5
            moveml  a6@(-88),#0x3cfc
            unlk    a6
            rts

            .globl  _func_ret_int
_func_ret_int:
            link    a6,#-8
            moveml  #0x80,sp@
            movl    a6@(16),d7
            movl    a6@(12),d0
            subql   #6,d0
            movl    d0,a6@(-4)
```

```
        movl    a6@(8),d0
        addl    a6@(12),d0
        addl    d7,d0
        moveml  a6@(-8),#0x80
        unlk    a6
        rts


        .globl  _func_ret_double
_func_ret_double:
        link    a6,#0
        moveml  #0,sp@
        movl    L2000000,d0
        movl    L2000000+4,d1
        unlk    a6
        rts
L2000000:       .long   0x40091eb8,0x51eb851f


        .globl  _func_ret_char_ptr
_func_ret_char_ptr:
        link    a6,#0
        moveml  #0,sp@
        movl    a6@(8),d0
        addql   #1,d0
        unlk    a6
        rts
```

18.1.2 靜態變數和初始化

測試程式所執行的第一項任務是在靜態記憶體中宣告並初始化一個變數。

```
/*
**  靜態初始化。
*/
int     static_variable = 5;
```

```
        .data
        .even
        .global _static_variable
_static_variable:
        .long   5
```

組合語言的一開始是兩個指令，分別表示進入程式的資料區段（data section）以及確保變數開始於記憶體的偶數位址（an even address）。68000 處理器要求邊界對齊（boundary alignment）。然後變數被宣告為全域類型。注意，變數名稱以個底線開始。許多（但不是所有）C 編譯器會在 C 程式碼所宣告的外部名稱前面加一個底

線，以免與各個函式庫函數所使用的名稱衝突。最後，編譯器為變數建立空間，並用適當的值對它進行初始化。

18.1.3 堆疊幀

接下來是函數 f。一個函數分成 3 個部分：**函數序**（prologue）、**函數體**（body）、**函數跋**（epilogue）。「函數序」用於執行函數啟動需要的一些工作，例如「為局部變數（區域變數）保留堆疊中的記憶體」。「函數跋」用於在函數即將返回之前清理堆疊。當然，「函數體」是用於執行有用工作的地方。

```
void
f()
{
        register int    i1, i2, i3, i4, i5,
                        i6, i7, i8, i9, i10;
        register char   *c1, *c2, *c3, *c4, *c5,
                        *c6, *c7, *c8, *c9, *c10;
        extern   int    a_very_long_name_to_see_how_long_they_can_be;
        double   dbl;
        int      func_ret_int();
        double   func_ret_double();
        char     *func_ret_char_ptr();
```

```
        .text

        .globl  _f
  _f:   link    a6, #-88
        moveml  #0x3cfc,sp@
```

這些指令的第一條表示進入程式的程式碼（文本）片段，緊隨其後的是函數名稱的全域宣告（global declaration）。注意，在名稱前面也有一條底線。第一條可執行指令（executable instruction）開始為函數建立**堆疊幀**（stack frame）。堆疊幀是堆疊中的一個區域，函數在那裡儲存變數和其他值。link 指令將在稍後詳細解釋，現在只需要記住它在堆疊中保留了 88 個位元組的空間，用於儲存局部變數和其他值。

這個程式碼序列中的最後一條指令，把選定暫存器中的值複製到堆疊中。68000 處理器有 8 個用於操縱資料的暫存器，它們的名稱是從 d0 至 d7。還有 8 個暫存器用於操縱位址，它們的名稱是從 a0 至 a7。值 0x3cfc 表示暫存器 d2 至 d7、a2 至 a5 中的值需要被儲存，這些值就是前面提到的「其他值」。稍後你就會明白，為什麼這些暫存器的值需要進行保存。

局部變數宣告和函數原型並不會產生任何組合語言。但是，如果任何局部變數在宣告時進行了初始化，那麼這裡也會出現用於執行賦值操作的指令。

18.1.4 暫存器變數

接下來便是函數體。測試程式的這部分程式碼，其目的是判斷暫存器裡可以儲存多少個變數。它宣告了許多暫存器變數（register variable），每個都用不同的值進行初始化。組合語言透過顯示每個值在何處儲存來回答這個問題。

```
/*
**  暫存器變數的最大數量。
*/
i1 = 1; i2 = 2; i3 = 3; i4 = 4; i5 = 5;
i6 = 6; i7 = 7; i8 = 8; i9 = 9; i10 = 10;
c1 = (char *)110; c2 = (char *)120;
c3 = (char *)130; c4 = (char *)140;
c5 = (char *)150; c6 = (char *)160;
c7 = (char *)170; c8 = (char *)180;
c9 = (char *)190; c10 = (char *)200;
```

```
moveq    #1,d7
moveq    #2,d6
moveq    #3,d5
moveq    #4,d4
moveq    #5,d3
moveq    #6,d2
movl     #7,a6@(-4)
movl     #8,a6@(-8)
movl     #9,a6@(-12)
movl     #10,a6@(-16)
movl     #110,a5
movl     #120,a4
movl     #130,a3
movl     #140,a2
movl     #150,a6@(-20)
movl     #160,a6@(-24)
movl     #170,a6@(-28)
movl     #180,a6@(-32)
movl     #190,a6@(-36)
movl     #200,a6@(-40)
```

整數型變數首先進行初始化。注意，值 1 ～ 6 被存放在資料暫存器，但 7 ～ 10 卻被存放在其他地方。這段程式碼顯示了「最多只能有 6 個整數型值」可以被存放在資料暫存器。那麼其他不是整數型的資料又是如何呢？有些編譯器不會把「字元型變數」存放在暫存器中。在有些機器上，double 的長度太長，無法存放在暫存器

中。有些機器具有特殊的暫存器，用於存放浮點值。我們可以很容易地對測試程式進行修改，來發現這些細節。

接下來的幾條指令對「指標變數」進行初始化。前 4 個值被存放在暫存器，最後那個值被存放在其他地方。因此，這個編譯器「最多允許 4 個指標變數」存放在暫存器中。那麼其他類型的指標變數又是如何呢？同樣，我們也需要進行實驗。但是，在許多機器上，不管指標指向什麼類型的東西，它的長度是固定的。所以你可能會發現，任何類型的指標都可以存放在暫存器中。

那麼其他變數存放在什麼地方呢？機器使用的位址模式（addressing mode）執行間接定址和索引操作。這種組合工作頗似陣列的索引（下標）參照。暫存器 a6 稱為**帳指標（frame pointer）**，它指向堆疊幀內部的一個「參照」（reference）位置。堆疊幀中的所有值都是透過「這個參照位置」再加上一個偏移量進行存取的。a6@(-28) 指定了一個偏移位址 -28。注意，偏移位置從 -4 開始，每次增長 4。這台機器上的整數型值和指標都佔據「4 個位元組」的記憶體。使用這些偏移位址，我們可以建立一張映射表（map），準確地顯示堆疊中的每個值相對於帳指標 a6 的位置。

我們已經見到暫存器 d2 ～ d7、a2 ～ a5 用於存放暫存器變數，現在很清楚為什麼這些暫存器需要在「函數序」中進行保存。函數必須對任何將用於儲存「暫存器變數」的暫存器進行保存，如此一來，它們原先的值可以在函數返回到呼叫函數前恢復，這樣就能保留「呼叫函數」的暫存器變數。

關於暫存器變數，最後還要提一點：為什麼暫存器 d0 ～ d1、a0 ～ a1 以及 a6 ～ a7 並未用於存放暫存器變數呢？在這台機器上，a6 用作帳指標（frame pointer），而 a7 是堆疊指標（stack pointer，這個組合語言給它取了個別名 sp）。後面有個例子將顯示 d0 和 d1 用於從函數返回值，所以它們不能用於存放暫存器變數。

但是，在這個程式的程式碼裡面，並沒有明確顯示 a0 或 a1 的用途。顯而易見的結論是它們將用於某種目的，但這個測試程式並不包含這種類型的程式碼。要回答這個問題，則需要進行進一步的實驗。

18.1.5　外部識別字的長度

接下來的測試用於確定外部識別字（external identifier）所允許的最大長度。這個測試看上去很簡單：用一個長名稱宣告並使用一個變數，看看會發生什麼。

```
    /*
    **    外部名稱。
    */
    a_very_long_name_to_see_how_long_they_can_be = 1;
```

```
    movl    #1,_a_very_long_name_to_see_how_long_they_can_be
```

從這段程式碼似乎可以看出，名稱的長度並沒有限制。更精確地說，這個名稱未超出限制。為了找出這個限制，我們可以不斷加長這個名稱，直到發現組合語言程式把這個名稱截短。

警告

事實上，這個測試是不夠充分的。外部名稱的最終限制是連結器（linker）施加的，它很可能會接受任何長度的名稱，但忽略除了前幾個字元以外的其他字元。「標準」要求外部名稱至少區分前 6 個字元（但並不要求區分大小寫）。為了測試連結器做了些什麼，我們只要簡單地連結程式，並檢查一下結果的裝入映射表（load map）和名稱列表即可。

18.1.6 判斷堆疊幀佈局

執行時堆疊（runtime stack）保存了每個函數執行時所需要的資料，包括它的自動變數和返回位址。接下來的幾個測試將確定兩個相關的內容：堆疊幀的組織形式，函數呼叫／返回協定（protocol）。它們的結果顯示了如何提供 C 和組合語言程式的介面。

一、傳遞函數參數

這個例子從呼叫一個函數開始。

```
    /*
    **    函數呼叫 / 返回協定、堆疊幀
    */
    i2 = func_ret_int( 10, i1, i10 );
```

```
    movl    a6@(-16),sp@-
    movl    d7,sp@-
    pea     10
    jbsr    _func_ret_int
```

前 3 條指令把函數的參數壓入到堆疊中。被壓入的第 1 個參數儲存於 a6@(-16)：這個偏移位址顯示這個值就是變數 i10。然後被壓入的是 d7，它包含了變數 i1。最後一個參數的壓入方式和前兩個不同。pea 指令簡單地把它的運算元壓入到堆疊中，這是一種高效率的壓入「字面常數」的方法。為什麼參數要以它們在參數列表中的相反次序逐個壓到堆疊中呢？我們很快就能找到這個答案。

這些指令一開始建立屬於「即將被呼叫的函數」的堆疊幀。透過追蹤指令並記住它們的效果，我們可以勾勒一幅關於堆疊幀的完整圖形。如果需要從組合語言的層次追蹤一個 C 程式的執行過程，這幅圖可以提供一些有用的資訊。圖 18.1 顯示了到目前為止所建立的內容。圖中顯示「低記憶體位址」（lower memory address）位於頂部而「高記憶體位址」（higher memory address）位於底部。當值壓入堆疊時，堆疊向低位址方向生長（向上）。在原先的堆疊指標以下的堆疊內容是未知的，所以在圖中以一個問號顯示。

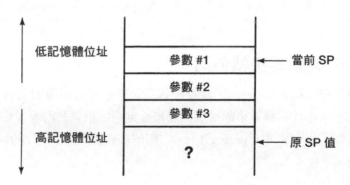

圖 18.1：壓入參數後的堆疊幀

接下來的指令是一個「跳轉副程式」（jump subroutine）。它把返回位址壓入到堆疊中，並跳轉到 _func_ret_int 的起始位置。如果「被呼叫函數」結束任務後需要返回到它的呼叫位置時，就需要使用這個壓入到堆疊中的返回位址（return address）。現在，堆疊的情況如圖 18.2 所示。

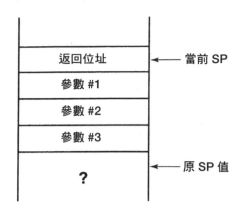

圖 18.2：在跳轉副程式指令之後的堆疊幀

二、函數序

接下來，執行流來到「被呼叫函數」（the called function）的函數序：

```
int
func_ret_int( int a, int b, register int c )
{
        int     d;
```

```
        .globl   _func_ret_int
_func_ret_int:
        link     a6,#-8
        moveml   #0x80,sp@
        movl     a6@(16),d7
```

這個函數序類似於我們前面觀察的那個。我們必須對指令進行更詳細的研究，以便完整地釐清整個堆疊幀的映射。link 指令分成幾個步驟。首先，a6 的內容被壓入到堆疊中。其次，堆疊指標的當前值被複製到 a6。圖 18.3 顯示了這個結果。

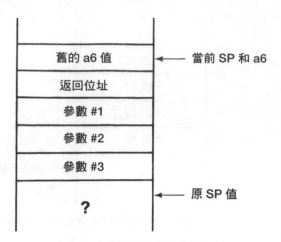

圖 18.3：link 指令期間的堆疊幀

最後，link 指令從堆疊指標中減去 8。和以前一樣，這將建立空間，用於保存「局部變數」和「被保存的暫存器值」。下一條指令把一個單一的暫存器保存到堆疊幀。運算元 0x80 指定暫存器 d7。暫存器儲存在堆疊的頂部，它提示堆疊幀的頂部就是暫存器值保存的位置。堆疊幀剩餘的部分必然是局部變數儲存的地方。圖 18.4 顯示了到目前為止我們所知道的堆疊幀的情況。

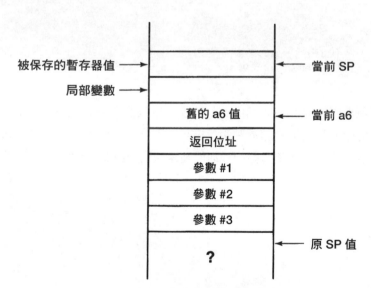

圖 18.4：link 指令之後的堆疊幀

函數序所執行的最後一個任務是從堆疊複製一個值到 d7。函數把第 3 個參數宣告為暫存器變數，這第 3 個參數的位置是從幀指標往下 16 個位元組。在這台機器上，暫存器變數在函數序中正常地透過堆疊傳遞並複製到一個暫存器。這條額外的指令帶來了一些開銷——如果函數中並沒有很多指令使用這個參數，那麼它在時間或空間上的節約，將無法彌補「把參數複製到暫存器」而帶來的開銷。

三、堆疊中的參數次序

我們現在可以推斷出為什麼參數要按參數列表相反的順序壓入到堆疊中。被呼叫函數使用幀指標加一個偏移量來存取參數。當參數以反序壓入到堆疊時，參數列表的第 1 個參數便位於堆疊中這堆參數的頂部，它距離幀指標的偏移量是一個常數。事實上，任何一個參數距離幀指標的偏移量都是一個常數，這和堆疊中壓入多少個參數並無關係。

如果參數以相反的順序壓入到堆疊中又會怎樣呢（也就是按照參數列表的順序）？這樣一來，第 1 個參數距離幀指標的偏移量就和壓入到堆疊的參數數量有關。編譯器可以計算出這個值，但還是存在一個問題——實際傳遞的參數數量和函數期望接受的參數數量可能並不相同。在這種情況下，這個偏移量就是不正確的，當函數試圖存取一個參數時，它實際所存取的將不是它想要的那個。

那麼在反序方案中，額外的參數是如何處理的呢？堆疊幀的圖顯示任何額外的參數都將位於前幾個參數的下面，第 1 個參數距離幀指標的距離將保持不變。因此，函數可以正確地存取前三個參數，對於額外的參數可以簡單地忽略。

> **提示**
>
> 如果函數知道存在額外的參數，在這台機器上，函數可以通過取最後一個參數的位址並增加堆疊指標的值來存取它們的值。但更好的方法是使用 stdarg.h 檔定義的巨集，它們提供了一個可移植的介面來存取可變參數。

四、最終的堆疊幀佈局

這個編譯器所產生的堆疊幀的映射，到此就完成了，它在圖 18.5 中顯示。

讓我們繼續觀察這個函數：

```
        d = b - 6;
        return a + b + c;
}
```

```
movl    a6@(12),d0
subql   #6,d0
movl    d0,a6@(-4)
movl    a6@(8),d0
addl    a6@(12),d0
addl    d7,d0
moveml  a6@(-8),#0x80
unlk    a6
rts
```

透過堆疊幀映射，我們很容易判斷「第 1 條 movl 指令」是把「第 2 個參數」複製到 d0。下一條指令將這個值減去 6，第 3 條指令把結果儲存到局部變數 d。d0 的作用是計算過程中的「中間結果暫存器」或臨時位置。這也是它不能用於存放暫存器變數的原因之一。

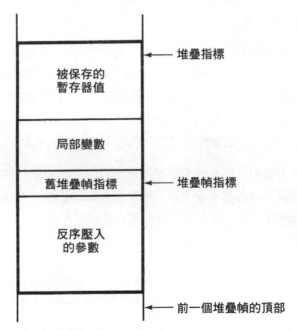

圖 18.5：堆疊幀佈局（layout）

接下來的 3 條指令對 return 陳述式進行求值。這個值就是我們希望返回給「呼叫函數」的值。但在這裡，結果值存放在 d0 中。記住這個細節，以後會用到。

五、函數跋

這個函數的函數跋以一條 moveml 指令開始，它用於恢復以前被保存的暫存器值。然後 unkl（unlink）指令把 a6 的值複製給堆疊指標，並把從堆疊中彈出的 a6 的舊

值裝入到 a6 中。這個動作的效果就是清除堆疊幀中返回位址以上的那部分內容。最後，rts 指令透過把返回位址從堆疊中彈出到程式計數器（program counter），進而從該函數返回。

現在，執行流從呼叫程式的地點繼續。注意，此時堆疊尚未被完全清理。

```
i2 = func_ret_int( 10, i1, i10 );
```

```
lea     sp@(12),sp
movl    d0,d6
```

當我們返回到呼叫程式之後執行的第 1 條指令就是把 12 加到堆疊指標。這個加法運算有效地把參數值從堆疊中彈出。現在，堆疊的狀態就和呼叫函數前的狀態完全一樣了。

有趣的是，**被呼叫函數**並沒有從堆疊中完全清除它的整個堆疊幀：參數還留在那裡等待**呼叫函數**清除。同樣，它的原因和可變參數列表有關。呼叫函數把參數壓到堆疊上，所以只有它才知道堆疊中到底有多少個參數。因此，只有呼叫函數可以安全地清除它們。

六、返回值

函數跋並沒有使用 d0，因此它依然保存著函數的返回值。第 2 條指令在從函數返回後執行，它把 d0 的值複製到 d6，後者是變數 i2 的存放位置，也就是結果所在的位置。

在這個編譯器中，函數返回一個值時把它存放在 d0，「呼叫函數」從「被呼叫函數」返回之後從 d0 獲取這個值。這個協定是 d0 不能用於存放暫存器變數的另一個原因。

下一個被呼叫的函數返回一個 double 值：

```
dbl = func_ret_double();
c1 = func_ret_char_ptr( c1 );
```

```
jbsr    _func_ret_double
movl    d0,a6@(-48)
movl    d1,a6@(-44)

pea     a5@
jbsr    _func_ret_char_ptr
```

```
        addqw    #4,sp
        movl     d0,a5
```

這個函數並沒有任何參數，所以沒有什麼東西壓入到堆疊中。在這個函數返回之後，d0 和 d1 的值都被保存。在這台機器上，double 的長度是 8 個位元組，無法放入一個暫存器中。因此，要返回這種類型的值，必須同時使用 d0 和 d1 暫存器。

最後那個函數呼叫說明了指標變數是如何從函數中返回的：它們也是透過 d0 進行傳遞的。不同的編譯器可能透過 a0 或其他暫存器來傳遞它們。這個程式的剩餘指令屬於這個函數的函數序部分。

18.1.7 表達式的副作用

第 4 章曾提到，如果像下面這樣的表達式（運算式）

```
 y + 3;
```

出現在程式中，它將會被求值但不會對程式產生影響，因為它的結果並未保存。接著我在一個註腳（footnote）裡說明它實際上可以以一種微妙的方式對程式的執行產生影響。

考慮程式 18.3，它被認為將返回 a+b 的值。這個函數計算一個結果但並不返回任何東西，因為這個表達式被錯誤地從 return 陳述式中省略。但使用這個編譯器，這個函數實際上可以返回這個值！ d0 被用於計算 x，並且由於這個表達式是最後進行求值的，所以當函數結束時，d0 仍然保存了這個結果值。所以，這個函數很意外地向「呼叫函數」返回了正確的值。

程式 18.3 一個意外地返回正確值的函數（no_ret.c）

```
/*
** 儘管存在一個巨大錯誤，
** 但仍能在某些機器上正確執行的函數。
*/
int
erroneous( int a, int b )
{
        int    x;

        /*
        ** 計算答案，並返回它。
        */
        x = a + b;
        return;
}
```

現在假定我們在 return 陳述式之前插入了這樣一個表達式：

```
a + 3;
```

這個新表達式將修改 d0 的值。即使這個表達式的結果並未儲存於任何變數中，但它還是影響了程式的執行，因為它修改了這個函數的返回值。

類似的問題也可以由除錯陳述式（debugging statement）引起。如果增加了一條陳述式

```
printf( "Function returns the value %d\n", x );
```

把它插入到 return 陳述式之前，函數也將不會返回正確的值。如果刪除了這條陳述式，函數又能正確執行。當你發現一條除錯陳述式也能改變程式的行為時，你心中的挫折感可想而知！

之所以可能出現這些效果，其罪魁禍首是原先存在的那個錯誤—— return 陳述式省略了表達式。這種現象聽起來好像不太可能，但令人吃驚的是，在一些老式的編譯器裡經常出現這種情況，這是因為當它們發現一個函數應該返回某個值（但實際上並未返回任何值）時，並不會向程式設計師發出警告。

18.2 C 和組合語言的介面

這個實驗已經顯示了「編寫能夠呼叫 C 程式或者被 C 程式呼叫的組合語言程式」所需要的內容。與這個環境相關的結果總結如下——**你的環境肯定在某些方面與它不同**！

首先，組合語言程式中的名稱必須遵循外部識別字的規則。在這個系統中，它必須以一個底線開始。

其次，組合語言程式必須遵循正確的函數呼叫／返回協定。有兩種情況：「從一個組合語言程式呼叫一個 C 程式」和「從一個 C 程式呼叫一個組合語言程式」。為了從組合語言程式呼叫 C 程式：

1. 如果暫存器 d0、d1、a0 或 a1 保存了重要的值，它們必須在呼叫 C 程式之前進行保存，因為 C 函數不會保存它們的值。

2. 任何函數的參數必須以參數列表相反的順序壓入到堆疊中。

3. 函數必須由一條「跳轉副程式」類型的指令呼叫，它會把返回位址壓入到堆疊中。

4. 當 C 函數返回時，組合語言程式必須清除堆疊中的任何參數。

5. 如果組合語言程式期望接受一個返回值，它將保存在 d0（如果返回值的類型為 double，它的另一半將位於 d1）。

6. 任何在呼叫之前進行過保存的暫存器此時可以恢復。

為了編寫一個由 C 程式呼叫的組合語言程式：

1. 保存任何你希望修改的暫存器（除了 d0、d1、a0 和 a1 之外）。

2. 參數值從堆疊中獲得，因為呼叫它的 C 函數把參數壓入在堆疊中。

3. 如果函數應該返回一個值，它的值應保存在 d0 中（在這種情況下，d0 不能進行保存和恢復）。

4. 在返回之前，函數必須清除任何它壓入到堆疊中的內容。

在組合語言程式中建立一個完全 C 風格的堆疊幀並無必要。你所要做的就是，呼叫一個能夠以正確的方式壓入參數，並當它返回時能夠正確地執行清理任務的函數。在一個由 C 程式呼叫的組合語言程式中，你必須存取 C 函數放置在那裡的參數。

在你實際編寫組合語言函數之前，你需要知道你機器上的組合語言。一些能夠讓我們明白「一個現有的組合語言程式是如何工作的」粗淺知識，對於編寫新程式來說是遠遠不夠的。

程式 18.4 和**程式 18.5** 是兩個「從 C 函數呼叫組合語言函數」以及「從組合語言函數呼叫 C 函數」的例子。雖然它們都是特定於這個環境的，但對於說明這方面的情況還是非常有用的。第 1 個例子是一個組合語言程式，它返回 3 個整數型參數的和。這個函數並沒有費心完成堆疊幀，它只是計算參數的和並返回。我們將以下面的方式從一個 C 函數中呼叫這個函數：

```
sum = sum_three_values( 25, 14, -6 );
```

第 2 個例子顯示了一段組合語言程式，它需要列印 3 個值，會呼叫 printf 函數來完成這項工作。

對 3 個整數求和的組合語言程式（sum.s）

```
|
| 對三個整數求和，並返回這個值。
|
        .text

        .globl    _sum_three_values
_sum_three_values:
        movl     sp@(4),d0      |Get 1st arg,
        addl     sp@(8),d0      |add 2nd arg,
        addl     sp@(12),d0     |add last arg.
        rts                     |Return.
```

程式 18.5 呼叫 printf 函數的組合語言程式（printf.s）

```
|
| 需要列印三個值，x, y 和 z。
|
        movl     z,sp@-         | Push args on the
        movl     y,sp@-         | stack in reverse
        movl     x,sp@-         | order: format, x,
        movl     #format,sp@-   | y, and z.
        jbsr     _printf        | Now call printf
        addl     #16,sp         | Clean up stack
        \&...
        .data
format: .ascii   "x = %d, y = %d, and z = %d"
        .byte    012, 0         | Newline and null
        .even
x:      .long    25
y:      .long    45
z:      .long    50
```

18.3 執行時效率

什麼時候一個程式在老式的電腦上會「太大」呢？當程式增長後的容量超過了記憶體的數量時，它就無法執行，因此它就屬於「太大」。即使在一些現代的機器上，一個必須儲存於 ROM 的程式必須相當小，才有可能裝入到有限的記憶體空間中[1]。

ROM（Read Only Memory，唯讀記憶體）就是無法進行修改的記憶體。它通常用於儲存那些在電腦上控制一些設備的程式。

但許多現代的電腦系統在這方面的限制大不如前，這是因為它們提供了**虛擬記憶體**（virtual memory）。虛擬記憶體是由作業系統實作的，它在需要時把「程式的活動部分」放入記憶體並把「不活動的部分」複製到磁碟中，這樣就允許系統執行大型的程式。但程式越大，需要進行的複製就越多。所以大型程式不是像以前那樣「根本無法執行」，而是「隨著程式的增大，執行效率逐漸降低」。所以，什麼時候程式顯得「太大」呢？就是當它執行得太慢的時候。

程式的執行速度顯然與它的體積有關。程式執行的速度越慢，使用這個程式就會顯得越不舒服。我們很難界定究竟在哪一點一個程式突然會被扣上一頂「太慢」的帽子。除非它必須對一些自身無法控制的物理事件做出反應。例如，一個操作 CD 播放器的程式，如果處理資料的速度無法趕上資料從 CD 傳送過來的速度，它顯然就太慢了。

18.3.1 提高效率

經過優化的現代編譯器，在從一個 C 程式產生有效率的目的碼（object code）方面，做得非常好。因此，把時間花在對程式碼進行一些小的修改，以便使它效率更高，常常並不是很划算。

> **提示**
>
> 如果一個程式太大或太慢，相較於鑽研每個變數，看看把它們宣告為 register 能不能提高效率，選擇一種效率更高的演算法或資料結構，這樣效果要更滿意。然而，這並不是說可以在程式碼中胡作非為，因為風格惡劣的程式碼總是會把事情弄得更糟。

如果一個程式太大，你很容易想到從哪裡著手可以使程式變得更小：最大的函數和資料結構。但如果一個程式太慢，你該從何處著手提高它的速度呢？答案是對程式進行效能分析（profile），簡單地說，就是測量（measure）程式的每個部分在執行時所花費的時間。花費時間最多的那部分程式顯然是優化的目標。程式中使用最頻繁的那部分程式碼，如果執行速度能更快一些，將能夠大大提高程式的整體執行速度。

絕大多數 UNIX 系統都具有效能分析工具（profiling tools），這些工具在許多其他作業系統中也有。圖 18.6 是其中一個這類工具的輸出的一部分。它顯示了在某個特定程式的執行期間，每個函數所耗費時間的名次以及它所耗費的時間（以秒為單位）。這個程式的總執行時間是 32.95 秒。

```
Seconds        # Calls        Function Name
-------        -------        -------------
  4.94          293426        malloc
  3.21          272593        free
  2.85          658973        _nextch_from_chrlst
  2.82          272593        _insert
  2.69          791303        _check_traverse
  2.57            9664        _lookup_macro
  1.35          372915        _append_to_chrlst
  1.23          254501        _interpolate
  1.10          302714        _next_input_char
  1.09          285031        _input_fliter
  0.91          197235        demote
  0.90          272419        putfreehdr
  0.82          285031        _nextchar
  0.79            7620        _lookup_number_register
  0.77           63946        _new_character
  0.65          292822        allocate
  0.57          272594        _getfreehdr
  0.51           34374        _next_text_char
  0.46          151006        _duplicate_char
  0.41            6473        _expression
  0.37            8843        _sub_expression
  0.35           23774        _skip_white_space
  0.34          203535        _copy_interpolate
  0.32           10984        _copy_function
  0.31          133032        _duplicate_ascii_char
  0.31             604        _process_filled_text
  0.31           52627        _next_ascii_char
```

圖 18.6：效能分析範例資訊

我們可以從這個列表中發現 3 個有趣的地方。

1. 在耗費時間最多的函數中，有些是函式庫函數。在這個例子裡，malloc 和 free 佔據了前兩位。我們無法修改它們的實作方式，但在重新設計程式時，如果能夠不用或少用動態記憶體分配，程式的執行速度最多可以提高 25%。

2. 有些函數之所以耗費了大量的時間，是因為它們被呼叫的次數非常多。即使每次單獨呼叫時它的速度很快，但由於呼叫次數多，所以總的時間不少。_nextch_from_chrlst 就是其中一例。這個函數每次呼叫所耗費的時間只有 4.3 微秒。由於它是如此之短，因此透過對函數進行改進「大幅度提高它的執行速度」的可能性非常之小。但是，就是因為它的呼叫次數非常多，所以它還是值得加以關注。加上幾個明智的 register 宣告稍微提高函數的效率，對程式的整體效能可能還是會有較大的改善。

3. 有些函數呼叫的次數並不多，但每次呼叫所花費的時間卻很長。例如，_loopup_macro 平均每次呼叫要花費 265 微秒的時間。為這個函數尋找一種更快的演算法，最多可以使程式的速度提高 7.75%[2]。

作為最後一招，我們可以對單個函數用組合語言重新編碼，函數越小，重新編碼就越容易。這種方法的效果可能很好，因為在小型函數中，C 的「函數序」和「函數跋」所耗費的固定開銷在執行時間中所佔的比例不小。對較大的函數進行重新編碼要困難得多，因此把時間花在這個地方效率不是很高。

效能分析常常並不能告訴你原先不知道的東西，但有時候它的結果可能相當出人意料。效能分析的優點在於，你會釐清自己正在花時間研究的那部分程式，可能會帶來最大程度的效能提高。

18.4　總結

我們在這台機器上研究的有些任務在許多其他環境中也是以這些方式實現的。例如，絕大多數環境都建立某種類型的堆疊幀，函數用它來保存它們的資料。堆疊幀的細節可能各不相同，但它們的基本思路是相當一致的。

其他一些任務在不同的環境中可能差異較大。有些電腦具有特殊的硬體，這些硬體用於保存函數的參數，所以它們的處理方式和我們所看到的可能大不一樣。其他機器在傳遞函數值時也可能採用不同的方式。

警告

事實上，不同的編譯器可能在相同的機器上產生不同的程式碼。在我們的測試機器上使用的另一種編譯器能夠使用 9～14 個暫存器變數（具體數目取決於一些其他情況）。不同的編譯器可能具有不同的堆疊幀約定，或者在函數的呼叫和返回上使用不相容的協定。因此，在通常情況下，你不能使用不同的編譯器編譯同一個程式的不同片段。

提高程式效率的最好方法是為它選擇一種更好的演算法。接下來的一種提高程式執行速度的最佳手段是對程式進行效能分析，看看程式的哪個地方花費的時間最多。把優化措施集中在程式的這部分將產生最好的結果。

---

[2] 事實上我們還需要注意第 4 點：malloc 的呼叫次數比 free 多了 20,833 次，所以有些記憶體被洩漏了。

18.5　警告的總結

1. 是連結器而不是編譯器決定外部識別字的最大長度。

2. 無法連結由不同編譯器產生的程式。

18.6　程式設計提示的總結

1. 使用 stdarg 實作可變參數列表。

2. 改進演算法比優化程式碼更有效率。

3. 使用某種環境特有的技巧，會導致程式不可攜（不可移植）。

18.7　問題

1. 在你的環境中，堆疊幀的樣子是什麼樣的？

2. 在你的系統中，有意義的外部識別字最長可以有多少個字元？

3. 在你的環境中，暫存器可以儲存多少個變數？對於指標和非指標值，它是不是進行了任何區分？

4. 在你的環境中，參數是如何傳遞給函數的？值是如何從函數返回的？

✍ 5. 在本章所使用的這台機器上，如果一個函數把它的一個或多個參數宣告為暫存器變數，那麼這個函數的參數在「函數序」中和平常一樣被壓入到堆疊中，然後再複製到正確的暫存器中。如果這些參數能夠直接保存到暫存器，函數的效率會更高一些。這種參數傳遞技巧能夠實作嗎？如果能，怎麼實作呢？

✍ 6. 在我們所討論的環境中,「呼叫函數」負責清除它壓入到堆疊中的參數。那麼,能不能由「被呼叫函數」來完成這項任務呢?如果不能,那麼在滿足什麼條件下它才能呢?

7. 如果說組合語言程式比 C 程式效率更高,那麼為什麼不用組合語言來編寫所有程式呢?

18.8　程式設計練習

★ 1. 為你的系統編寫一個組合語言函數,它接受 3 個整數型參數並返回它們的和。

★ 2. 編寫一個組合語言程式,建立 3 個整數型值並呼叫 printf 函數把它們列印出來。

✍★★ 3. 假定 stdarg.h 檔案被意外地從你的系統中刪除。請編寫一組「第 7 章」所描述的 stdarg 巨集。

附錄：部分問題與 程式設計練習的答案

本書的附錄部分節選了各章的 一些問題和程式設計練習的答案。對於程式設計練習，除了這裡給出的答案，應該還有很多其他正確的答案。

第 1 章：問題

1.2

宣告只需要編寫一次，這樣以後維護和修改它時會更容易。同樣，宣告只編寫一次，也消除了在多份複本中出現寫法不一致的機會。

1.5

```
scanf( "%d %d %s", &quantity, &price, department );
```

1.8

當一個陣列作為函數的參數進行傳遞時，函數無法知道它的長度。因此，gets 函數沒有辦法防止一個非常長的輸入列，進而導致 input 陣列溢出。fgets 函數要求陣列的長度作為參數傳遞給它，因此不存在這個問題。

第 1 章：程式設計練習

1.2

透過從輸入中逐字元進行讀取而不是逐列進行讀取，可以避免列長度限制（line length limit）。在這個解決方案中，如果定義了 TRUE 和 FALSE 符號，程式的可讀性會更好一些，但這個技巧在本章尚未討論。

解決方案 1.2 （number.c）

```c
/*
** 從標準輸入複製到標準輸出，並對輸出列標號。
*/

#include <stdio.h>
#include <stdlib.h>

int
main()
    {
    int ch;
    int line;
    int at_beginning;

    line = 0;
    at_beginning = 1;
    /*
    **  讀取字元並逐個處理它們。
    */
    while( (ch = getchar()) != EOF ){
        /*
        **  如果位於一列的起始位置，列印行號。
        */
        if( at_beginning == 1 ){
            at_beginning = 0;
            line += 1;
            printf( "%d ", line );
        }

        /*
        **  列印字元，並對列尾進行檢查。
        */
        putchar( ch );
        if( ch == '\n' )
            at_beginning = 1;
    }

    return EXIT_SUCCESS;
}
```

1.5

當輸出列（output line）已滿時，我們仍然可以中斷迴圈，但在其他情況下迴圈必須繼續。我們必須同時檢查每個範圍內已經複製了多少個字元，以防止一個 NUL 位元組過早地被複製到輸出緩衝區。這裡是一個修改方案，用於完成這項工作。

解決方案 1.5 （rearran2.c）

```
/*
** 處理一個輸入列，方法是把指定列的字元連接在一起。
** 輸出列用 NUL 結尾。
*/

void
rearrange( char *output, char const *input,
    int const n_columns, int const columns[] )
{
        int   col;             /* columns 陣列的索引 */
        int   output_col;      /* 輸出行計數器 */
        int   len;             /* 輸入列的長度 */

        len = strlen( input );
        output_col = 0;

        /*
        ** 處理每對行號。
        */
        for( col = 0; col < n_columns; col += 2 ){
                int   nchars = columns[col + 1] - columns[col] + 1;

                /*
                **   如果輸入列沒這麼長，跳過這個範圍。
                */
                if( columns[col] >= len )
                        continue;

                /*
                ** 如果輸出陣列已滿，任務就完成。
                */
                if( output_col == MAX_INPUT - 1 )
                        break;

                /*
                ** 如果輸出陣列空間不夠，只複製可以容納的部分。
                */
                if( output_col + nchars > MAX_INPUT - 1 )
                        nchars = MAX_INPUT - output_col - 1;

                /*
                ** 觀察輸入列中多少個字元在這個範圍裡面。
                ** 如果它小於 nchars，對 nchars 的值進行調整。
```

```
          */
          if( columns[col] + nchars - 1 >= len )
                  nchars = len - columns[col];

          /*
          ** 複製相關的資料。
          */
          strncpy( output + output_col, input + columns[col],
                  nchars );
          output_col += nchars;
      }

      output[output_col] = '\0';
  }
```

第 2 章：問題

2.4

假定系統使用的是 ASCII 字元集，則存在下面的相等關係。

\40 = 32 = 空格字元

\100 = 64 = '@'

\x40 = 64 = '@'

\x100 佔據 12 位元（儘管前 3 個位元為零）。在絕大多數機器上，這個值過於龐大，無法儲存於一個字元內，所以它的結果因編譯器而異。

\0123 由兩個字元組成，'\012' 和 '3'，其結果值因編譯器而異。

\x0123 過於龐大，無法儲存於一個字元內，其結果值因編譯器而異。

2.7

有對有錯。對：除了預處理指令之外，語言並沒有對程式應該出現的外觀施加任何規則。錯：風格惡劣的程式難以維護或無法維護，所以除了極為簡單的程式之外，絕大多數程式的編寫風格是非常重要的。

2.8

這兩個程式的 while 迴圈都缺少一個用於結束陳述式的右大括號。但是，第 2 個程式更容易發現這個錯誤。這個例子說明了在函數中對陳述式進行縮排的價值。

2.11

當一個標頭檔被修改時，所有包含它的檔案都必須重新編譯。

如果這個檔案被修改	這些檔案必須重新編譯
list.c	list.c
list.h	list.c、table.c、main.c
table.h	table.c、main.c

Borland C/C++ 編譯器的 Windows 整合式開發環境（Integrated Development Environment）在各個檔案中尋找這些關係，並自動只編譯那些需要重新編譯的檔案。UNIX 系統有一個名為 make 的工具，用於執行相同的任務。但是，要使用這項工具，你必須建立一個「makefile」，它用於描述各個檔案之間的關係。

第 2 章：程式設計練習

2.2

這個程式很容易透過一個計數器（counter）實作。但是，它並沒有像初看上去那麼簡單。使用 }{ 這個輸入測試你的解決方案。

解決方案 2.2 （braces.c）

```
/*
** 檢查一個程式的大括號對。
*/

#include <stdio.h>
#include <stdlib.h>

int
main()
{
        int ch;
        int braces;

        braces = 0;

        /*
        ** 逐字元讀取程式。
        */
        while( (ch = getchar()) != EOF ){
            /*
            ** 左大括號始終是合法的。
            */
            if( ch == '{' )
```

```
                        braces += 1;

            /*
            ** 右大括號只有當它和一個左大括號
            ** 匹配時才是合法的。
            */
            if( ch == '}' )
                if( braces == 0 )
                    printf( "Extra closing brace!\n" );
                else
                    braces -= 1;
            }

            /*
            ** 沒有更多輸入：驗證不存在
            ** 任何未被匹配的左大括號。
            */
            if( braces > 0 )
                printf( "%d unmatched opening brace(s)!\n", braces );

            return EXIT_SUCCESS;
    }
```

第 3 章：問題

3.3

宣告整數型變數名稱，使變數的類型必須有一個確定的長度（如 int8、int16、int32）。對於你希望成為預設長度的整數，根據它所能容納的最大值，使用類似 defint8、defint16 或 defint32 這樣的名稱。然後為每台機器建立一個名為 int_sizes.h 的檔案，它包含一些 typedef 宣告，為你建立的類型名稱選擇「最合適的整數型長度」。在一台典型的 32 位元機器上，這個檔案將包含：

```
typedef signed char int8;
typedef short int    int16;
typedef int          int32;
typedef int          defint8;
typedef int          defint16;
typedef int          defint32;
```

在一台典型的 16 位元整數機器上，這個檔案將包含：

```
typedef signed char int8;
typedef int          int16;
typedef long int     int32;
typedef int          defint8;
```

```
typedef int          defint16;
typedef long int     defint32;
```

你也可以使用 #define 指令。

3.7

變數 jar 是一個列舉類型（enumerated type），但它的值實際上是個整數。但是，printf 格式碼 %s 用於列印字串而不是整數。結果，我們無法判斷它的輸出會是什麼樣子。如果格式碼是 %d，那麼輸出將會是：

```
32
48
```

3.10

否。任何給定的 n 個位元的值，只有 2^n 個不同的組合。一個有符號值和無符號值僅有的區別在於它的一半值是如何解釋的。在一個有符號值中，它們是負值。在一個無符號值中，它們是一個更大的正值。

3.11

float 的範圍比 int 大，但如果它的位元數不比 int 更多，它並不能比 int 表示更多不同的值。前一個問題的答案已經提示了它們能夠表示的不同值的數量是相同的，但在絕大多數浮點系統中，這個答案是錯誤的。「零」通常有許多種表示形式，而且透過使用不規範的小數形式，其他值也具有多種不同的表示形式。因此，float 能夠表示的不同值的數量比 int 少。

3.21

是的，這是可能的，但你不應該指望它。而且，即使不存在其他的函數呼叫，它們的值也很可能不同。在有些架構的機器上，一個硬體中斷（hardware interrupt）將把機器的狀態資訊壓到堆疊上，它們將破壞這些變數。

第 4 章：問題

4.1

它是合法的，但不會影響程式的狀態。這些運算子都不具有副作用，並且它們的計算結果並沒有賦值給任何變數。

4.4

使用空陳述式（empty statement）：

```
if( condition )
        ;
else {
        statements
}
```

你可以對條件進行修改，省略空的 then 子句。它們的效果是一樣的。

```
if( ! ( condition ) ){
        statements
}
```

4.9

由於不存在 break 陳述式，因此對於每個偶數，這兩條資訊都將列印出來。

```
odd
even
odd
odd
even
odd
```

4.12

如果一開始處理最為特殊的情況，以後再處理更為普通的情況，你的任務會更輕鬆一些。

```
if( year % 400 == 0 )
        leap_year = 1;
else if( year % 100 == 0 )
        leap_year = 0;
else if( year % 4 == 0 )
        leap_year = 1;
else
        leap_year = 0;
```

第 4 章：程式設計練習

4.1

必須使用浮點變數，而且程式應該對負值輸入進行檢查。

```
/*
** 計算一個數字的平方根。
*/

#include <stdio.h>
#include <stdlib.h>

int
main()
{
        float   new_guess;
        float   last_guess;
        float   number;

        /*
        ** 催促使用者輸入，讀取資料並對它進行檢查。
        */
        printf( "Enter a number: " );
        scanf( "%f", &number );
        if( number < 0 ){
                printf( "Cannot compute the square root of a "
                "negative number!\n" );
        return EXIT_FAILURE;
    }

    /*
    ** 計算平方根的近似值，直到它的值不再變化。
    */
    new_guess = 1;
    do {
            last_guess = new_guess;
            new_guess = ( last_guess + number / last_guess ) / 2;
            printf( "%.15e\n", new_guess );
    } while( new_guess != last_guess );

    /*
    ** 列印結果。
    */
    printf( "Square root of %g is %g\n", number, new_guess );

    return EXIT_SUCCESS;
}
```

4.4

src 向 dst 的賦值可以蘊含（embed，內嵌）在 if 陳述式內部。

```
/*
** 從 src 中的字串向 dst 陣列準確地複製 N 個字元
** （如果需要，用 NUL 進行填充）。
*/
void
copy_n( char dst[], char src[], int n )
{
        int dst_index, src_index;

        src_index = 0;

        for( dst_index = 0; dst_index < n; dst_index += 1 ){
            dst[dst_index] = src[src_index];
            if( src[src_index] != 0 )
                src_index += 1;
        }
}
```

第 5 章：問題

5.2

這是一個狡猾的問題。比較明顯的回答是 -10 (2 - 3 * 4)，但實際上它因編譯器而異。乘法運算必須在加法運算之前完成，但並沒有規則規定函數呼叫完成的順序。因此，下面幾個答案都是正確的：

```
 -10 ( 2 - 3 * 4 ) or ( 2 - 4 * 3 )
  -5 ( 3 - 2 * 4 ) or ( 3 - 4 * 2 )
  -2 ( 4 - 2 * 3 ) or ( 4 - 3 * 2 )
```

5.4

不，它們都執行相同的任務。如果你比較吹毛求疵，使用 if 的那個方案看上去稍微臃腫一些，因為它具有兩條儲存到 i 的指令。但是，它們之間只有一條指令才會執行，所以在速度上並無區別。

5.6

() 運算子本身並無任何副作用，但它所呼叫的函數可能有副作用。

運算子	副作用
++、--	不論是前綴還是後綴形式，這些運算子都會修改它們的運算元。
=	包括所有其他的複合賦值運算子：它們都修改作為左值的左運算元。

第 5 章：程式設計練習

5.1

應該提倡的轉換字母大小寫的方法是使用 tolower 函式庫函數，如下所示：

解決方案 5.1a　（uc_lc.c）

```
/*
** 將標準輸入複製到標準輸出，
** 將所有大寫字母轉換為小寫字母。
** 注意，它依賴於這個事實：如果參數並非大寫字母，
** tolower 函數將不修改它的參數，直接返回它的值。
*/
#include <stdio.h>
#include <ctype.h>

int
main( void )
{
        int  ch;

        while( (ch = getchar()) != EOF )
                putchar( tolower( ch ) );
}
```

不過，我們此時還沒有討論這個函數，所以下面是另一種方案：

解決方案 5.1b　（uc_lc_b.c）

```
/*
** 將標準輸入複製到標準輸出，
** 把所有的大寫字母轉換為小寫字母。
*/
#include <stdio.h>

int
main( void )
{
        int  ch;

        while( (ch = getchar()) != EOF ){
                if( ch >= 'A' && ch <= 'Z' )
                        ch += 'a' - 'A';
                putchar( ch );
        }
}
```

這第 2 個程式在使用 ASCII 字元集的機器上運行良好。但在那些大寫字母並不連續的字元集（如 EBCDIC）中，它就會對「非字母字元」進行轉換，進而違反了題目的規定，所以最好的方法還是使用函式庫函數。

5.3

對位元的計數不使用 hard-coding（寫死），可以避免可攜性問題。這個解決方案使用一個位元，在一個不帶正負號的整數中進行移位，來控制建立答案的迴圈。

解決方案 5.3 （reverse.c）

```c
/*
** 在一個不帶正負號的整數值中
** 翻轉位元的順序。
*/

unsigned int
reverse_bits( unsigned int value )
{
    unsigned int  answer;
    unsigned int  i;

    answer = 0;

    /*
    ** 只要 i 不是 0 就繼續進行。這就使迴圈
    ** 與機器的字長無關，進而避免了可攜性問題。
    */
    for( i = 1; i != 0; i <<= 1 ){
            /*
            ** 把舊的 answer 左移 1 位元，
            ** 為下一個位元留下空間；
            ** 如果 value 的最後一位元是 1，
            ** answer 就與 1 進行 OR 操作；
            ** 然後將 value 右移至下一個位元。
            */
            answer <<= 1;
            if( value & 1 )
                    answer |= 1;
            value >>= 1;
    }

    return answer;
}
```

第 6 章：問題

6.1

機器無法做出判斷。編譯器根據值的宣告類型建立適當的指令，機器只是盲目地執行這些指令而已。

6.4

這是很危險的。首先，解參照一個 NULL 指標的結果因編譯器而異，所以程式不應該這樣做。允許程式在這樣的存取之後還能繼續執行是很不幸的，因為這時程式很可能並沒有正確執行。

6.6

有兩個錯誤。對「增值後的指標」進行解參照時，陣列的第 1 個元素並沒有被清零。另外，指標在越過陣列的右邊界以後仍然進行解參照，它將把其他某個記憶體位址的內容清零。

注意，pi 在陣列之後立即宣告。如果編譯器恰好把它放在緊跟陣列後面的記憶體位置，結果將是災難性的。當指標移到「陣列後面的那個記憶體位置」時，那個「最後被清零的記憶體位置」就是保存指標的位置。這個指標（現在變成了零）因為仍然小於 &array[ARRAY_SIZE]，所以迴圈將繼續執行。指標在它被解參照之前增值，所以「下一個被破壞的值」就是儲存於記憶體位置 4 的變數（假定整數的長度為 4 個位元組）。如果硬體並沒有捕捉到這個錯誤並終止程式，這個迴圈將繼續下去，指標在記憶體中繼續前行，破壞它遇見的所有值。當再一次到達這個陣列的位置時，它就會重複上面這個過程，進而導致一個微妙的無限迴圈。

第 6 章：程式設計練習

6.3

這個演算法的關鍵是當兩個指標相遇或擦肩而過時就停止，否則，這些字元將翻轉（reverse）兩次，實際上相當於沒有任何效果。

解決方案 6.3 （rev_str.c）

```
/*
** 翻轉參數字串。
*/
```

```
void reverse_string( char *str )
{
    char  *last_char;

    /*
    ** 把 last_char 設置為指向字串的
    ** 最後一個字元。
    */
    for( last_char = str; *last_char != '\0'; last_char++ )
            ;

    last_char--;

    /*
    ** 交換 str 和 last_char 指向的字元，
    ** 然後 str 前進一步，last_char 後退一步，
    ** 在兩個指標相遇或擦肩而過之前重複這個過程。
    */
    while( str < last_char ){
            char temp;

            temp = *str;
            *str++ = *last_char;
            *last_char-- = temp;
    }
}
```

第 7 章：問題

7.1

當 stub 被呼叫時，列印一條訊息，顯示它已被呼叫，或者也可以列印作為參數傳遞給它的值。

7.7

這個函數假定「當它被呼叫時」傳遞給它的正好是 10 個元素的陣列。如果參數陣列更大一些，它就會忽略剩餘的元素。如果傳遞一個不足 10 個元素的陣列，函數將存取陣列邊界之外的值。

7.8

遞迴和迭代都必須設置一些目標，當達到這些目標時便終止執行。每個遞迴呼叫和迴圈的每次迭代，必須取得一些進展，進一步靠近這些目標。

第 7 章：程式設計練習

7.1

Hermite Polynomials（厄密多項式）用於物理學和統計學。它們也可以作為遞迴練習在程式中使用。

解決方案 7.1　（hermite.c）

```
/*
** 計算 Hermite Polynomial 的值
**
** 輸入 :
**      n, x: 用於識別值
**
** 輸出 :
**      polynomial 的值 （返回值）
*/

int
hermite( int n, int x )
{
        /*
        ** 處理不需要遞迴的特殊情況。
        */
        if( n <= 0 )
            return 1;
        if( n == 1 )
            return 2 * x;

        /*
        ** 否則，遞迴地計算結果值。
        */
        return 2 * x * hermite( n - 1, x ) -
            2 * ( n - 1 ) * hermite( n - 2, x );
}
```

7.3

這個問題應該用迭代方法解決，而不應採用遞迴方法。

解決方案 7.3　（atoi.c）

```
/*
** 把一個數字字串轉換為一個整數。
*/

int
ascii_to_integer( char *string )
```

```
{
        int   value;

        value = 0;

        /*
        ** 逐個把字串的字元轉換為數字。
        */
        while( *string >= '0' && *string <= '9' ){
                value *= 10;
                value += *string - '0';
                string++;
        }

        /*
        ** 錯誤檢查：如果由於遇到一個非數字
        ** 字元而終止，把結果設置為 0。
        */
        if( *string != '\0' )
                value = 0;

        return value;
}
```

第 8 章：問題

8.1

其中兩個表達式的答案無法確定，因為我們不知道編譯器選擇在什麼地方儲存 ip。

ints	100	ip	112
ints[4]	50	ip[4]	80
ints + 4	116	ip + 4	128
*ints + 4	14	*ip + 4	44
*(ints + 4)	50	*(ip + 4)	80
ints[-2]	非法	ip[-2]	20
&ints	100	&ip	未知
&ints[4]	116	&ip[4]	128
&ints + 4	116	&ip + 4	未知
&ints[-2]	非法	&ip[-2]	104

8.5

通常，一個程式 80% 的執行時間用於執行 20% 的程式碼，所以其他 80% 的程式碼的陳述式，對效率並不是特別敏感，因此，使用指標獲得的「效率上的提高」抵不上其他方面的損失。

8.8

在第 1 個賦值陳述式中，編譯器認為 a 是一個指標變數，所以它提取儲存在那裡的指標值，並加上 12（3 和整數型的長度相乘），然後對這個結果執行間接存取操作。但 a 實際上是整數型陣列的起始位置，所以作為「指標」獲得的這個值，實際上是陣列的第 1 個整數型元素。它與 12 相加，其結果解釋為一個位址，然後對它進行間接存取。作為結果，它要嘛將提取一些任意記憶體位置的內容，要嘛由於某種位址錯誤而導致程式失敗。

在第 2 個賦值陳述式中，編譯器認為 b 是一個陣列名稱，所以它把 12（3 的調整結果）加到 b 的儲存位址，然後執行間接存取操作從那裡獲得值。事實上，b 是個指標變數，所以從記憶體中提取的後面 3 個字（word），實際上是從另外的任意變數中取得的。這個問題說明了指標和陣列雖然存在關聯，但絕不是相同的。

8.12

當執行任何「按照元素在記憶體中出現的順序，對元素進行存取」的操作時。例如，初始化一個陣列、讀取或寫入超過一個的陣列元素、透過移動指標存取陣列的底層記憶體「壓扁」（flatten）陣列等等，都屬於這類操作。

8.17

第 1 個參數是個純量，所以函數得到「值」的一份複本。對這份複本的修改並不會影響原先的參數，所以 const 關鍵字的作用並不是防止原先的參數被修改。

第 2 個參數實際上是一個指向整數型的指標。傳遞給函數的是指標的複本，對它進行修改並不會影響指標參數本身，但函數可以透過對「指標」執行間接存取修改「呼叫程式」的值。const 關鍵字用於防止這種修改。

第 8 章：程式設計練習

8.2

由於這個表格相當短，因此也可以使用一系列的 if 陳述式實作。我們使用的是一個迴圈，它既可以用於短表格，也適用於長表格。這個表格（類似於稅務指南這樣的小冊子）把許多值都顯示了不止一次，目的是為了使指令更加清楚。這裡給出的解決方案並沒有儲存這些冗餘值。注意，資料被宣告為 static，這是為了防止使用者程式直接存取它。如果資料儲存於結構而不是陣列中，程式會更好一些，但我們現在還沒有學習結構。

解決方案 8.2 （sing_tax.c）

```
/*
** 計算 1995 年美國聯邦政府對
** 每位公民徵收的個人收入所得稅。
*/

#include <float.h>

static  double  income_limits[]
        = { 0, 23350, 56550, 117950, 256500, DBL_MAX };
static  float   base_tax[]
        = { 0, 3502.5, 12798.5, 31832.5, 81710.5 };
static  float   percentage[]
        = { .15, .28, .31, .36, .396 };

double
single_tax( double income )
{
        int  category;

        /*
        ** 找到正確的收入類別。DBL_MAX 被添加到這個
        ** 列表的末尾，保證迴圈不會進行得太久。
        */
        for( category = 1;
            income >= income_limits[ category ];
            category += 1 )
                ;
        category -= 1;

        /*
        ** 計算稅。
        */
        return base_tax[ category ] + percentage[ category ] *
```

```
                    ( income - income_limits[ category ] );
}
```

8.5

考慮到程式實際完成的工作,它實際上是相當緊湊的。由於它和矩陣的大小無關,所以這個函數不能使用索引(下標)——這個程式是一個使用指標的好例子。但是,從技術上來說它是非法的,因為它將壓扁陣列。

解決方案 8.5　(matmult.c)

```c
/*
** 將兩個矩陣相乘。
*/

void
matrix_multiply( int *m1, int *m2, register int *r,
    int x, int y, int z )
{
        register int   *m1p;
        register int   *m2p;
        register int   k;
        int   row;
        int   column;

        /*
        ** 外層的兩個迴圈逐個產生結果矩陣
        ** 的元素。由於這是按照存在順序
        ** 進行的,因此可以透過對 r 進行
        ** 間接存取來存取這些元素。
        */
        for( row - 0; row < x; row += 1 ){
                for( column = 0; column < z; column += 1 ){
                        /*
                        ** 計算結果的一個值。
                        ** 這是透過獲得指向 m1 和 m2
                        ** 的合適元素的指標,在進行
                        ** 迴圈時,使它們前進來實作的。
                        */
                        m1p = m1 + row * y;
                        m2p = m2 + column;
                        *r = 0;

                        for( k = 0; k < y; k += 1 ){
                                *r += *m1p * *m2p;
                                m1p += 1;
                                m2p += z;
                        }
```

```
                              /*
                              **  r 前進一步，指向下一個元素。
                              */
                              r++;
                    }
          }
    }
```

第 9 章：問題

9.1

這個問題存在爭議（雖然我給出了一個結論）。目前這種方法的優點是「操縱字元陣列的效率」和「存取的靈活性」。它的缺點是有可能引起錯誤：溢出陣列；使用的索引超出了字串的邊界；無法改變「任何用於保存字串的陣列」的長度等。

我的結論是從現代的物件導向的技術引出的。字串類毫無例外地包括了完整的錯誤檢查、用於字串的動態記憶體分配，以及其他一些防護措施。這些措施都會造成效率上的損失。但是，如果程式無法執行，效率再高也沒有什麼意義。而且，較之設計 C 語言的時代，現代軟體專案的規模要大得多。

因此，在數年前，缺少顯式的字串類型還能被看成是一個優點。但是，由於這個方法內在的危險性，所以使用現代的、高級的、完整的字串類別（string class）還是物有所值的。如果 C 程式設計師願意循規蹈矩地使用字串，也可以獲得這些優點。

9.4

使用其中一個操縱記憶體的函式庫函數：

```
  memcpy( y, x, 50 );
```

重要的是不要使用任何 str--- 函數，因為它們將在遇見第 1 個 NUL 位元組時停止。如果你想自己編寫迴圈，那要複雜得多，而且在效率上也不太可能超出這個方案。

9.8

如果緩衝區包含了一個字串，memchr 將在記憶體中 buffer 的起始位置開始尋找「第 1 個包含 0 的位元組」並返回一個指向「該位元組」的指標。將這個指標減去 buffer，可獲得儲存在這個緩衝區中的字串的長度。strlen 函數完成相同的任務，不過 strlen 的返回值是個無符號（size_t）類型的值，而指標減法的值，應該是個有符號類型（ptrdiff_t）。

但是，如果緩衝區內的資料並不是以 NULL 位元組結尾，memchr 函數將返回一個 NULL 指標。將這個值減去 buffer，將產生一個無意義的結果。另一方面，strlen 函數在陣列的後面繼續尋找，直到最終發現一個 NUL 位元組。

儘管使用 strlen 函數可以獲得相同的結果，但一般而言，使用字串函數不可能尋找到 NUL 位元組，因為這個值用於終止字串。如果它是你需要尋找的位元組，則應該使用記憶體操縱函數。

第 9 章：程式設計練習

9.2

非常不幸！標準函式庫並沒有提供這個函數。

解決方案 9.2 （mstrnlen.c）

```
/*
** 安全的字串長度函數。
** 它返回一個字串的長度，
** 即使字串並未以 NUL 位元組結尾。
** 'size' 是儲存字串的緩衝區的長度。
*/

#include <string.h>
#include <stddef.h>

size_t
my_strnlen( char const *string, int size )
{
        register size_t  length;

        for( length = 0; length < size; length += 1 )
                if( *string++ == '\0' )
                        break;

        return length;
}
```

9.6

這個問題有兩種解決方法。第 1 種是簡單但效率稍差的方案。

```
/*
** 字串複製 (copy) 函數，返回一個
** 指向目標參數末尾的指標 ( 版本 1)。
*/

#include <string.h>

char *
my_strcpy_end( char *dst, char const *src )
{
        strcpy( dst, src );

        return dst + strlen( dst );
}
```

用這種方案解決問題，最後一次呼叫 strlen 函數所消耗的時間，不會少於省略那個字元串連接函數所節省的時間。

第 2 種方案避免使用函式庫函數。register 宣告用於提高函數的效率。

```
/*
** 字串複製函數，返回一個
** 指向目標參數末尾的指標，不使用任何
** 標準函式庫字元處理函數 ( 版本 2)。
*/

#include <string.h>

char *
my_strcpy_end( register char *dst, register char const *src )
{
        while( ( *dst++ = *src++ ) != '\0' )
                ;

        return dst - 1;
}
```

用這個方案解決問題，並沒有充分利用「有些實作了特殊的字串處理指令的機器」所提供的額外效率。

9.11

一個長度為 101 個位元組的緩衝區陣列，用於保存 100 個位元組的輸入和 NUL 結束字元。strtok 函數用於逐個提取（extract）單詞。

```
/*
** 計算標準輸入中單詞 the 出現的次數。
** 字母是區分大小寫的，輸入中的單詞
** 由一個或多次空白字元分隔。
*/

#include <stdio.h>
#include <string.h>
#include <stdlib.h>

char const    whitespace[] = " \n\r\f\t\v";

int
main()
{
        char buffer[101];
        int  count;

        count = 0;

        /*
        ** 讀入文本列，直到發現 EOF。
        */
        while( gets( buffer ) ){
                char    *word;

                /*
                ** 從緩衝區逐個提取單詞，
                ** 直到緩衝區內不再有單詞。
                */
                for( word = strtok( buffer, whitespace );
                    word != NULL;
                    word = strtok( NULL, whitespace ) ){
                        if( strcmp( word, "the" ) == 0 )
                            count += 1;
                }
        }

        printf( "%d\n", count );

        return EXIT_SUCCESS;
}
```

9.15

儘管沒有在規範（specification，規格）中說明，但這個函數應該對兩個參數都進行檢查，確保它們不是 NULL。程式包含了 stdio.h 檔案，因為它定義了 NULL。如果參數能夠通過測試，我們只能假定「輸入字串」已被正確地加上了結束字元。

```
/*
** 把數字字串 'src' 轉換為美元
** 和美分的格式，並儲存於 'dst'。
*/

#include <stdio.h>

void
dollars( register char *dst, register char const *src )
{
        int  len;

        if( dst == NULL || src == NULL )
            return;

        *dst++ = '$';
        len = strlen( src );

        /*
        ** 如果數位字串足夠長，
        ** 複製將出現在小數點左邊的數字，
        ** 並在適當的位置添加逗號。
        ** 如果字串短於 3 個數位，
        ** 在小數點前面再添加一個 '0'。
        */
        if( len >= 3 ){
            int i;

            for( i = len - 2; i > 0; ){
                *dst++ = *src++;
                if( --i > 0 && i % 3 == 0 )
                    *dst++ = ',';
            }
        } else
            *dst++ = '0';

        /*
        ** 儲存小數位，
        ** 然後儲存 'src' 中剩餘的數位。
        ** 如果 'src' 中的數字少於 2 個數字，
        ** 用 '0' 填充。然後在 'dst' 中添加 NUL 結束字元。
        */
        *dst++ = '.';
        *dst++ = len < 2 ? '0' : *src++;
        *dst++ = len < 1 ? '0' : *src;
        *dst = 0;
}
```

第 10 章：問題

10.2

結構是一個純量。與其他任何純量一樣，當「結構名稱」在表達式（運算式）中作為「右值」使用時，它表示儲存在結構中的值；作為「左值」使用時，它表示結構儲存的記憶體位置。但是，當「陣列名稱」在表達式中作為「右值」使用時，它的值是一個指向陣列「第 1 個元素」的指標。由於它的值是一個常數指標（constant pointer），所以「陣列名稱」不能作為「左值」使用。

10.7

其中有一個答案無法確定，因為我們不知道編譯器會選擇在什麼位置儲存 np。

表達式	值
nodes	200
nodes.a	非法
nodes[3].a	12
nodes[3].c	200
nodes[3].c->a	5
*nodes	{5, nodes+3, NULL}
*nodes.a	非法
(*nodes).a	5
nodes->a	5
nodes[3].b->b	248
*nodes[3].b->b	{18, nodes+2, nodes+1}
&nodes	200
&nodes[3].a	236
&nodes[3].c	244
&nodes[3].c->a	200
&nodes->a	200
np	224
np->a	22
np->c->c->a	15
npp	216
npp->a	非法
*npp	248
**npp	{18, nodes+2, nodes+1}
*npp->a	非法
(*npp)->a	18

表達式	值
&np	未知
&np->a	224
&np->c->c->a	212

10.11

x 應該被宣告為整數型（或無符號整數型），然後使用移位（shifting）和遮罩（masking）儲存適當的值。單獨翻譯每條陳述式，產生了下面的程式碼：

```
x &= 0x0fff;
x |= ( aaa & 0xf ) << 12;
x &= 0xf00f;
x |= ( bbb & 0xff ) << 4;
x &= 0xfff1;
x |= ( ccc & 0x7 ) << 1;
x &= 0xfffe;
x |= ( ddd & 0x1 );
```

如果你只關心最終結果，下面的程式碼效率更高：

```
x = ( aaa & 0xf ) << 12 | \
    ( bbb & 0xff ) << 4 | \
    ( ccc & 0x7 )  << 1 | \
    ( ddd & 0x1 );
```

下面是另外一種方法：

```
x = aaa & 0xf;
x <<= 8;
x |= bbb & 0xff;
x <<= 3;
x |= ccc & 0x7;
x <<= 1;
x |= ddd & 1;
```

第 10 章：程式設計練習

10.1

雖然這個問題並沒有明確要求，但正確的方法是為電話號碼宣告一個結構，然後使用這個結構表示付帳記錄結構的三個成員。

```
/*
**  表示長途電話付帳記錄的結構。
*/
struct PHONE_NUMBER {
    short area;
    short exchange;
    short station;
};

    struct LONG_DISTANCE_BILL {
    short   month;
    short   day;
    short   year;
    int     time;
    struct  PHONE_NUMBER  called;
    struct  PHONE_NUMBER  calling;
    struct  PHONE_NUMBER  billed;
};
```

另一種方法是使用一個長度為 PHONE_NUMBERS 的陣列，如下所示：

```
/*
** 表示長途電話付帳記錄的結構。
*/
enum  PN_TYPE{ CALLED, CALLING, BILLED };

struct LONG_DISTANCE_BILL {
    short    month;
    short    day;
    short    year;
    int      time;
    struct   PHONE_NUMBER  numbers[3];
};
```

第 11 章：問題

11.3

如果輸入包含在一個檔案中，它肯定是由其他程式（例如編輯器）放在那裡的。如果是這種情況，最長列的長度（the maximum line length）是由編輯器程式支援的，它會做出一個合乎邏輯的選擇，確定你的輸入緩衝區的大小。

11.4

主要的優點是當分配記憶體的函數返回時，這塊記憶體會被自動釋放。這個屬性（property）是由堆疊的工作方式決定的，它可以保證不會出現記憶體洩漏。但這種方法也存在缺點：由於當函數返回時被分配的記憶體將消失，因此它不能用於儲存那些回傳給呼叫程式的資料。

11.5

a. 用字面常數 2 作為整數型值的長度。這個值在整數型值長度為 2 個位元組的機器上能正常工作。但在 4 位元組整數的機器上，實際分配的記憶體將只是所需記憶體的一半，所以應該換用 sizeof。

b. 從 malloc 函數返回的值未被檢查。如果記憶體不足，它將是 NULL。

c. 把指標退到陣列左邊界的左邊來調整索引的範圍或許行得通，但它違背了「標準」中關於「指標不能越過陣列左邊界」的規定。

d. 指標經過調整之後，第 1 個元素的索引變成了 1，接著 for 迴圈將錯誤地從 0 開始。在許多系統中，這個錯誤將破壞 malloc 所使用的用於追蹤堆積（heap）的資訊，常常導致程式崩潰。

e. 陣列增值前並未檢查輸入值是否位於合適的範圍內。非法的輸入值可能會以一種有趣的方式導致程式崩潰。

f. 如果陣列應該被返回，它不能被 free 函數釋放。

第 11 章：程式設計練習

11.2

這個函數分配一個陣列，並在需要時根據一個固定的增值（a fixed increment）對陣列進行重新分配。增量 DELTA 可以進行微調，用於在「效率」和「記憶體浪費」之間進行平衡。

解決方案 11.2 （readints.c）

```
/*
** 從標準輸入讀取一列由 EOF 結尾的整數
** 並返回一個包含這些值的動態分配的陣列。
** 陣列的第 1 個元素是陣列所包含的值的數量。
*/
```

```c
#include <stdio.h>
#include <malloc.h>

#define        DELTA   100

int *
readints()
{
    int *array;
    int size;
    int count;
    int value;

    /*
    ** 獲得最初的陣列，大小足以容納 DELTA 個值。
    */
    size = DELTA;
    array = malloc( ( size + 1 ) * sizeof( int ) );
    if( array == NULL )
        return NULL;

    /*
    ** 從標準輸入獲得值。
    */
    count = 0;
    while( scanf( "%d", &value ) == 1 ){
        /*
        ** 如果需要，使陣列變大，然後儲存這個值。
        */
        count += 1;
        if( count > size ){
            size += DELTA;
            array = realloc( array,
                ( size + 1 ) * sizeof( int ) );
            if( array == NULL )
                return NULL;
        }
        array[ count ] = value;
    }

/*
** 改變陣列的長度，使其剛剛正好，
** 然後儲存計數值並返回這個陣列。
** 這樣做絕不會使陣列更大，所以它
** 絕不應該失敗（但還是應該進行檢查！）。
*/
    if( count < size ){
        array = realloc( array,
            ( count + 1 ) * sizeof( int ) );
        if( array == NULL )
            return NULL;
    }
```

```
    array[ 0 ] = count;
    return array;
}
```

第12章：問題

12.2

與不用處理任何特殊情況程式碼的 sll_insert 函數相比，這種使用「標頭節點」的技巧沒有任何優越之處。而且自相矛盾的是，這個聲稱用於消除特殊情況的技巧，實際上將引入用於處理特殊情況的程式碼。當連結串列被建立時，必須添加虛擬節點（dummy node）。其他操縱這個連結串列的函數必須跳過這個虛擬節點。最後，這個虛擬節點還會浪費記憶體。

12.4

如果根節點是動態分配記憶體的，我們可以透過只為「節點的一部分」分配記憶體來達到目的。

```
Node  *root;
root = malloc( sizeof(Node) - sizeof(ValueType) );
```

一種更安全的方法是宣告一個只包含指標的結構。根指標就是這類結構之一，每個節點只包含這類結構中的一個。這種方法的有趣之處在於結構之間的相互依賴，每個結構都包含了一個對方類型的欄位。這種相互依賴性（mutual dependence）就在宣告它們時產生了一個「先有雞還是先有蛋」的問題：哪個結構先宣告呢？這個問題只能透過其中一個結構標籤（structure tag）的不完整宣告（incomplete declaration）來解決。

```
struct DLL_NODE;

struct DLL_POINTERS {
    struct DLL_NODE *fwd;
    struct DLL_NODE *bwd;
};

struct DLL_NODE      {
    struct DLL_POINTERS  pointers;
    int  value;
};
```

12.7

在多個連結串列的方案中進行尋找，比在一個包含所有單詞的連結串列中進行尋找，效率要高得多。例如，尋找一個以字母 b 開頭的單詞，我們就不需要在那些以 a 開頭的單詞中進行尋找。在 26 個字母中，如果每個字母開頭的單詞出現頻率相同，這種多個連結串列方案的效率幾乎可以提高 26 倍。不過實際改進的幅度要比這小一些。

第 12 章：程式設計練習

12.1

這個函數很簡單，雖然它只能用於所宣告的那種類型的節點——你必須知道節點的內部結構。「第 13 章」將討論解決這個問題的技巧。

解決方案 12.1（sll_cnt.c）

```c
/*
** 在單向連結串列中計數節點的個數。
*/

#include "singly_linked_list_node.h"
#include <stdio.h>

int
sll_count_nodes( struct NODE *first )
{
        int   count;

        for( count = 0; first != NULL; first = first->link ){
                count += 1;
        }

        return count;
}
```

如果這個函數被呼叫時，傳遞給它的是一個指向連結串列中間位置某個節點的指標，那麼它將對連結串列中這個節點以後的節點進行計數。

12.5

首先，這個問題的答案是：接受一個指向「我們希望刪除的節點」的指標，可以使函數和「儲存在連結串列中的資料類型」無關。所以透過對不同的連結串列包含不

同的標頭檔，相同的程式碼可以作用於任何類型的值。其次，如果我們並不知道哪個節點包含了需要被刪除的值，那麼首先必須對它進行尋找。

解決方案 12.5 （sll_remv.c）

```
/*
** 從一個單向連結串列刪除一個指定的節點。
** 第 1 個參數指向連結串列的根指標，
** 第 2 個參數指向需要被刪除的節點。
** 如果它可以被刪除，函數返回 TRUE，否則返回 FALSE。
*/

#include <stdlib.h>
#include <stdio.h>
#include <assert.h>
#include "singly_linked_list_node.h"

#define FALSE   0
#define TRUE    1

int
sll_remove( struct NODE **linkp, struct NODE *delete )
{
        register Node*current;

        assert( delete != NULL );

        /*
        ** 尋找要求刪除的節點。
        */
        while( ( current = *linkp ) != NULL && current != delete )
                linkp = &current->link;

        if( current == delete ){
                *linkp = current->link;
                free( current );
                return TRUE;
        }
        else
                return FALSE;
}
```

注意，讓這個函數用 free 函數刪除節點，將限制它只適用於動態分配節點的連結串列。另一種方案是，如果函數返回真，由呼叫程式負責刪除節點。當然，如果呼叫程式沒有刪除動態分配的節點，將導致記憶體洩漏。

一個討論問題：為什麼這個函數需要使用 assert？

第13章：問題

13.1

    a.   VIII

    b.   III

    c.   X

    d.   XI

    e.   IV

    f.   IX

    g.   XVI

    h.   VII

    i.   VI

    j.   XIX

    k.   XXI

    l.   XXIII

    m. XXV

13.4

把 trans 宣告為暫存器變數可能有所幫助，這取決於你使用的環境。在有些機器上，把指標放入暫存器的好處相當顯著。其次，宣告一個保存 trans->product 值的局部變數（區域變數），如下所示：

```
register Product *the_product;

the_product = trans->product;
the_product->orders += 1;
the_product->quantity_on_hand -= trans->quantity;
the_product->supplier->reorder_quantity
    += trans->quantity;
if( the_product->export_restricted ){
        ...
}
```

這個表達式（運算式）可以被多次使用，但不需要每次重新計算。有些編譯器會自動為你做這兩件事，但有些編譯器不會。

13.7

它的唯一優點如此明顯，你可能沒有對它多加思考，這也是編寫這個函數的理由——這個函數使處理命令列參數更為容易。但這個函數的其他方面都是不利因素。你只能使用這個函數所支援的方式處理參數。由於它並不是「標準」的一部分，因此使用 getopt 將會降低程式的可攜性。

13.11

首先，有些編譯器把字串常數存放在無法進行修改的記憶體區域，如果你試圖對這類字串常數進行修改，就會導致程式終止。其次，即使一個字串常數在程式中使用的地方不止一處，有些編譯器也只保存這個字串常數的一份複本。修改其中一個字串常數，將影響程式中這個字串常數所有出現的地方，這使得 debug 工作極為困難。舉例來說，如果一開始執行了下面這條陳述式

```
strcpy("Hello\n", "Bye!\n" );
```

然後再執行下面這條陳述式：

```
printf("Hello\n" );
```

將列印出 Bye!。

第 13 章：程式設計練習

13.1

這個問題是在「第 9 章」給出的，但那裡沒有對 if 陳述式施加限制。這個限制的意圖是促使你考慮其他實作方法。函數 is_not_print 的結果是 isprint 函數返回值的負值，它避免了主迴圈處理特殊情況的需要。為了改進這個程式，請使用結構陣列進行重寫，其中每個元素包含一種類型（category）的函數指標（function pointer）、標籤（label）和計數值（count）。

解決方案 13.1 （char_cat.c）

```
/*
** 計算從標準輸入讀取的
** 各類字元的百分比。
*/
#include <stdlib.h>
#include <stdio.h>
#include <ctype.h>
```

```
/*
** 定義一個函數，判斷一個字元
** 是否為可列印字元。這可以消除
** 下面程式碼中這種類型的特殊情況。
*/
int is_not_print( int ch )
{
        return !isprint( ch );
}


/*
** 用於區別每種類型的分類函數的跳轉表。
*/
static  int(*test_func[])( int ) = {
        iscntrl,
        isspace,
        isdigit,
        islower,
        isupper,
        ispunct,
        is_not_print
};
#define         N_CATEGORIES  \
        ( sizeof( test_func ) / sizeof( test_func[ 0 ] ) )


/*
** 每種字元類型的名稱。
*/
char*label[] = {
    "control",
    "whitespace",
    "digit",
    "lower case",
    "upper case",
    "punctuation",
    "non-printable"
};


/*
** 目前見到的每種類型的字元數以及字元的總量。
*/
int count[ N_CATEGORIES ];
int total;

main()
{
    int  ch;
    int  category;

    /*
    ** 讀取和處理每個字元。
    */
```

```
while( (ch = getchar()) != EOF ){
    total += 1;

    /*
    ** 為這個字元呼叫每個測試函數。
    ** 如果結果為真，增加對應計數器的值。
    */
    for( category = 0; category < N_CATEGORIES;
        category += 1 ){
            if( test_func[ category ]( ch ) )
                count[ category ] += 1;
        }
}

/*
** 列印結果。
*/
if( total == 0 ){
    printf( "No characters in the input!\n" );
}
else {
    for( category = 0; category < N_CATEGORIES;
        category += 1 ){
            printf( "%3.0f%% %s characters\n",
                count[ category ] * 100.0 / total,
                label[ category ] );
        }
}

return EXIT_SUCCESS;
}
```

第 14 章：問題

14.1

在列印錯誤訊息時，檔案名稱和行號可能是很有用的，尤其是在 debug 的早期階段。事實上，assert 巨集使用它們來實作自己的功能。__DATE__ 和 __TIME__ 可以把版本資訊編譯到程式中。最後，__STDC__ 可以用在條件編譯中，用於在「必須由兩種類型的編譯器進行編譯的原始程式碼」中選擇 ANSI 和前 ANSI 結構。

14.6

我們無法透過給出的原始程式碼進行判斷。如果 process 以巨集的方式實作，並且對它的參數求值超過一次，增加索引值的副作用可能會導致不正確的結果。

14.7

這段程式碼有幾個地方存在錯誤，其中幾處比較微妙。它的主要問題是這個巨集依賴於具有副作用（增加索引值）的參數。這種依賴性是非常危險的，由於巨集的名稱並沒有提示它實際所執行的任務（這是第二個問題），這種危險性進一步加大了。假定迴圈後來改寫為：

```
for( i = 0; i < SIZE; i += 1 )
        sum += SUM( array[ i ] );
```

儘管看上去相同，但程式此時將會失敗。最後一個問題是：由於巨集始終存取陣列中的兩個元素，因此如果 SIZE 是個奇數值，程式就會失敗。

第 14 章：程式設計練習

14.1

這個問題唯一棘手之處在於兩個選項都有可能被選擇。這種可能性使得無法使用 #elif 指令來確定哪一個未被定義。

解決方案 14.1 （prt_ldgr.c）

```
/*
** 列印風格由預定義符號指定的分類帳戶。
*/

void
print_ledger( int x )
{
#ifdef   OPTION_LONG
#       define   OK     1
        print_ledger_long( x );
#endif

#ifdef   OPTION_DETAILED
#       define   OK     1
        print_ledger_detailed( x );
#endif

#ifndef OK
        print_ledger_default( x );
#endif
}
```

第 15 章：問題

15.1

如果由於任何原因導致打開失敗，函數的返回值將是 NULL。當這個值傳遞給後續的 I/O 函數時，該函數就會失敗。至於程式是否失敗，則取決於編譯器。如果程式並不終止，那麼 I/O 操作可能會修改記憶體中「某些不可預料的位置」的內容。

15.2

程式將會失敗，因為你試圖使用的 FILE 結構沒有被適當地初始化。某個不可預料的記憶體位址的內容可能會被修改。

15.4

不同的作業系統提供不同的機制來檢測這種重新導向，但程式通常並不需要知道輸入來自於檔案還是鍵盤。作業系統負責處理「絕大多數與設備無關的輸入操作」的許多方面，剩餘部分則由函式庫 I/O 函數負責。對於絕大多數應用程式，程式從標準輸入讀取的方式相同，不管輸入實際來自何處。

15.16

如果實際值是 1.4049，格式碼 %.3f 將導致綴尾的 4 四捨五入至 5，但使用格式碼 %.2f，綴尾的 0 並沒有進行四捨五入至 1，因為它後面被截掉的第 1 個數字是 4。

第 15 章：程式設計練習

15.2

「輸入列有長度限制」這個條件極大地簡化了問題。如果使用 gets，緩衝區的長度至少為 81 個位元組，以便保存 80 個字元加一個結尾的 NUL 位元組。如果使用 fgets，緩衝區的長度至少為 82 個位元組，因為還需要儲存一個 Newline。

解決方案 15.2 （prog2.c）

```
/*
** 將標準輸入複製到標準輸出，每次複製一列。
** 每列的長度不超過 80 個字元。
*/

#include <stdio.h>

#define  BUFSIZE 81 /* 80 個資料位元組加上 NUL 位元組 */
```

```
main()
{
        char    buf[BUFSIZE];

        while( gets( buf ) != NULL )
                puts( buf );

        return EXIT_SUCCESS;
}
```

15.9

字串不能包含 Newline 的限制,意味著程式可以從檔案中一次讀取一列。程式並不需要嘗試匹配錯列的字串(即跨越兩列、三列或更多列的情況)。這個限制意味著可以使用 strstr 函數尋找文本列。輸入列長度的限制簡化了解決方案。使用動態分配的陣列應該可以去除這個長度限制,因為當程式發現一個長度大於緩衝區的輸入列時,將重新為緩衝區指定長度。程式的主要內容用於處理獲得檔案名稱並打開檔案。

解決方案 15.9　(fgrep.c)

```
/*
** 在指定的檔案中,尋找並列印
** 所有包含指定字串的文本列。
**    用法 :
**        fgrep string file [ file ... ]
*/

#include <stdio.h>
#include <string.h>
#include <stdlib.h>

#define      BUFFER_SIZE  512

void
search( char *filename, FILE *stream, char *string )
{
        char  buffer[ BUFFER_SIZE ];

        while( fgets( buffer, BUFFER_SIZE, stream ) != NULL ){
                if( strstr( buffer, string ) != NULL ){
                        if( filename != NULL )
                                printf( "%s:", filename );
                        fputs( buffer, stdout );
                }
        }
}
```

```
int
main( int ac, char **av )
{
        char*string;

        if( ac <= 1 ){
            fprintf( stderr, "Usage: fgrep string file ...\n" );
            exit( EXIT_FAILURE );
        }

        /*
        ** 得到字串。
        */
        string = *++av;

        /*
        ** 處理檔案。
        */
        if( ac <= 2 )
                search( NULL, stdin, string );
            else {
                while( *++av != NULL ){
                    FILE*stream;

                    stream = fopen( *av, "r" );
                    if( stream == NULL )
                        perror( *av );
                    else {
                        search( *av, stream, string );
                        fclose( stream );
                    }
                }
            }

        return EXIT_SUCCESS;
}
```

第 16 章：問題

16.1

這個情況在「標準」並未定義，所以不得不自己嘗試一下並觀察結果。但即使它看上去會產生一些有用的結果，**也不要使用它**！否則你的程式碼將失去可攜性。

16.3

它取決於你的編譯器所提供的隨機數產生器的品質。在理想情況下,它應該產生一個隨機序列的 0 和 1。但有些隨機數產生器並沒有如此優秀,它生成的是交替出現的 0 和 1 序列——這看上去可不是很隨機。如果你的編譯器也屬於這種類型,你可能會發現,高階位元(high order bit)比低階位元(low order bit)更為隨機。

16.5

首先,一個 NULL 指標必須傳遞給 time 函數。但此處並沒有傳遞,所以編譯器將抱怨這個呼叫與原型不匹配。其次,一個指向時間值的指標必須傳遞給 localtime 函數,編譯器應該也能捕捉到這種情況。第三,月份應該是一個 0 到 11 的範圍,但此處它作為輸出的日期部分直接被列印。在列印之前它的值應該加上 1。第四,2000 年以後,列印出來的年份的樣子將很奇怪。

第 16 章:程式設計練習

16.2

除了「機率相等」這個要求之外,這個問題的其他部分非常簡單。這裡有個例子。普通情況下,你將把一個隨機數對 6 取餘數,產生一個 0 到 5 的值,將這個值加上 1 並返回。但是,如果隨機數產生器所返回的最大值是 32767,那麼這些值就不是「機率相等」。從 0 ~ 32765 返回的值所產生的 0 ~ 5 之間各個值的機率相等。但是,最後兩個值(32766 和 32767)的返回值將分別是 0 和 1,這使它們的出現機率有所增加(是 5462/32768 而不是 5461/32768)。由於我們需要的答案的範圍很窄,因此這個差別是非常小的。如果這個函數試圖產生一個範圍在 1 和 30000 之間的隨機數,那麼前 2768 個值的出現機率將是後面那些值的兩倍。程式中的迴圈用於消除這種錯誤,方法是一旦出現最後兩個值,就產生另一個隨機值。

解決方案 16.2　(die.c)

```
/*
** 透過返回一個範圍為 1~6 的值,
** 模擬擲一個六邊的骰子。
*/
#include <stdlib.h>
#include <stdio.h>

/*
** 計算將產生 6 作為骰子值的
** 隨機數產生器所返回的最大數。
```

```
*/
#define MAX_OK_RAND\
    (int)( ( ( (long)RAND_MAX + 1 ) / 6 ) * 6 - 1 )

int
throw_die( void ){
        static int is_seeded = 0;
        int value;

        if( !is_seeded ){
                is_seeded = 1;
                srand( (unsigned int)time( NULL ) );
        }

        do {
                value = rand();
        } while( value > MAX_OK_RAND );

        return value % 6 + 1;
}
```

16.7

這個程式從本質上來說是一個一次性程式（throwaway），這個不優雅的解決方案用於完成這個任務是綽綽有餘了。

解決方案 16.7 （testrand.c）

```
/*
** 測試 rand 函數所產生的值的隨機程度。
*/
#include <stdlib.h>
#include <stdio.h>

/*
** 用於計數各個數字相對頻率的陣列。
*/
int frequency2[2];
int frequency3[3];
int frequency4[4];
int frequency5[5];
int frequency6[6];
int frequency7[7];
int frequency8[8];
int frequency9[9];
int frequency10[10];

/*
** 用於計數各個數字週期性頻率的陣列。
*/
```

```
int cycle2[2][2];
int cycle3[3][3];
int cycle4[4][4];
int cycle5[5][5];
int cycle6[6][6];
int cycle7[7][7];
int cycle8[8][8];
int cycle9[9][9];
int cycle10[10][10];


/*
** 用於為一個特定的數字
** 同時計數頻率和週期性頻率的巨集。
*/
#define CHECK( number, f_table, c_table )                      \
                remainder = x % number;                        \
                f_table[ remainder ] += 1;                     \
                c_table[ remainder ][ last_x % number ] += 1

/*
** 用於列印一個頻率表的巨集。
*/
#define PRINT_F( number, f_table )                             \
        printf( "\nFrequency of random numbers modulo %d\n\t", \
            number );                                          \
        for( i = 0; i < number; i += 1 )                       \
                printf( " %5d", f_table[ i ] );                \
        printf( "\n" )

/*
** 用於列印一個週期性頻率表的巨集。
*/
#define PRINT_C( number, c_table )                             \
        printf( "\nCyclic frequency of random numbers modulo %d\n",\
            number );                                          \
        for( i = 0; i < number; i += 1 ){                      \
                printf( "\t" );                                \
                for( j = 0; j < number; j += 1 )               \
                printf( " %5d", c_table[ i ][ j ] );           \
        printf( "\n" );                                        \
}


int
main( int ac, char **av )
{
        int i;
        int j;
        int x;
        int last_x;
        int remainder;
```

```
/*
** 如果給出了種子，就為隨機數產生器設置種子。
*/
if( ac > 1 )
        srand( atoi( av[ 1 ] ) );

last_x = rand();

/*
** 執行測試。
*/
for( i = 0; i < 10000; i += 1 ){
        x = rand();
        CHECK( 2, frequency2, cycle2 );
        CHECK( 3, frequency3, cycle3 );
        CHECK( 4, frequency4, cycle4 );
        CHECK( 5, frequency5, cycle5 );
        CHECK( 6, frequency6, cycle6 );
        CHECK( 7, frequency7, cycle7 );
        CHECK( 8, frequency8, cycle8 );
        CHECK( 9, frequency9, cycle9 );
        CHECK( 10, frequency10, cycle10 );
        last_x = x;
}

/*
** 列印結果。
*/
PRINT_F( 2, frequency2 );
PRINT_F( 3, frequency3 );
PRINT_F( 4, frequency4 );
PRINT_F( 5, frequency5 );
PRINT_F( 6, frequency6 );
PRINT_F( 7, frequency7 );
PRINT_F( 8, frequency8 );
PRINT_F( 9, frequency9 );
PRINT_F( 10, frequency10 );

PRINT_C( 2, cycle2 );
PRINT_C( 3, cycle3 );
PRINT_C( 4, cycle4 );
PRINT_C( 5, cycle5 );
PRINT_C( 6, cycle6 );
PRINT_C( 7, cycle7 );
PRINT_C( 8, cycle8 );
PRINT_C( 9, cycle9 );
PRINT_C( 10, cycle10 );

return EXIT_SUCCESS;
}
```

第 17 章：問題

17.3

傳統介面和替代形式的介面很容易共存。top 函數返回堆疊頂部元素值，但並不實際移除它，pop 函數移除堆疊頂部元素並返回它。希望使用傳遞方式的使用者可以用傳統的方式使用 pop 函數。如果希望使用替代方案，使用者可以用 top 函數獲得堆疊頂部元素的值，而且在使用 pop 函數時忽視它的返回值。

17.7

由於它們中的每一個都是用 malloc 函數單獨分配的，逐個將它們彈出可以保證每個元素均被釋放。用於釋放它們的程式碼在 pop 函數中已經存在，所以呼叫 pop 函數比複製那些程式碼更好。

17.9

考慮一個具有 5 個元素的陣列，它可以出現 6 種不同的狀態：它可能為空，也可能分別包含 1 個、2 個、3 個、4 個或 5 個元素。但 front 和 rear 始終必須指向陣列中的 5 個元素之一。所以對於任何給定值的 front，rear 只可能出現 5 種不同的情況：它可能等於 front、front+1、front+2、front+3 或 front+4（記住，front+5 實際上就是 front，因為它已經環繞到這個位置）。我們不可能用「只能表示 5 個不同狀態的變數」來表示 6 種不同的狀態。

17.12

假定你擁有一個指向連結串列尾部的指標，單向連結串列就完全可以達到目的。由於佇列絕不會反向巡訪，而雙向連結串列具有一個額外的 link 欄位（連結欄位）開銷，因此它用於這個場合並無優勢。

17.18

中序巡訪可以以「升冪」存取一棵二元搜尋樹的各個節點。沒有一種預先定義的巡訪方法，能以「降冪」存取二元搜尋樹的各個節點，但我們可以對中序巡訪稍作修改，使它先巡訪右子樹然後巡訪左子樹，就可以實現這個目的。

第 17 章：程式設計練習

17.3

這個轉換類似鏈式堆疊，但是當最後一個元素被移除時，rear 指標也必須被設置為 NULL。

解決方案 17.3　（l_queue.c）

```
/*
** 一個用連結串列形式實作的佇列，
** 它沒有長度限制。
*/
#include "queue.h"
#include <stdio.h>
#include <assert.h>

/*
** 定義一個結構用於保存一個值。
** link 欄位將指向佇列中的下一個節點。
*/
typedef struct QUEUE_NODE {
                QUEUE_TYPE value;
                struct QUEUE_NODE *next;
} QueueNode;

/*
** 指向佇列第 1 個和最後 1 個節點的指標。
*/
static QueueNode *front;
static QueueNode *rear;

/*
** destroy_queue
*/
void
destroy_queue( void )
{
        while( !is_empty() )
                delete();
}

/*
** insert
*/
void
insert( QUEUE_TYPE value )
{
        QueueNode *new_node;

        /*
```

```
        ** 分配一個新節點，
        ** 並填充它的各個欄位。
        */
        new_node = (QueueNode *)malloc( sizeof( QueueNode ) );
        assert( new_node != NULL );
        new_node->value = value;
        new_node->next = NULL;

        /*
        ** 把它插入到佇列的尾部。
        */
        if( rear == NULL ){
                front = new_node;
        }
        else {
                rear->next = new_node;
        }
        rear = new_node;
}

/*
** delete
*/
void
delete( void )
{
        QueueNode *next_node;

        /*
        ** 從佇列的頭部刪除一個節點，
        ** 如果它是最後一個節點，
        ** 將 rear 也設置為 NULL。
        */
        assert( !is_empty() );
        next_node = front->next;
        free( front );
        front = next_node;
        if( front == NULL )
                rear = NULL;
}

/*
** first
*/
QUEUE_TYPE first( void )
{
        assert( !is_empty() );
        return front->value;
}

/*
** is_empty
*/
```

```
*/
int
is_empty( void )
{
        return front == NULL;
}

/*
** is_full
*/
int
is_full( void )
{
        return 0;
}
```

17.6

如果使用佇列模組，則必須解決名稱衝突問題。

解決方案 17.6 （breadth.c）

```
/*
** 對一個陣列形式的二元搜尋樹執行層次巡訪。
*/
void
breadth_first_traversal( void (*callback)( TREE_TYPE value ) )
{
        int current;
        int child;

        /*
        ** 把根節點插入到佇列中。
        */
        queue_insert( 1 );

        /*
        ** 當佇列還沒有空時 ...
        */
        while( !is_queue_empty() ){
                /*
                ** 從佇列中取出第 1 個值並對它進行處理。
                */
                current = queue_first();
                queue_delete();
                callback( tree[ current ] );

                /*
                ** 將該節點的所有孩子添加到佇列中。
                */
                child = left_child( current );
```

```
                if( child < ARRAY_SIZE && tree[ child ] != 0 )
                        queue_insert( child );
        child = right_child( current );
                if( child < ARRAY_SIZE && tree[ child ] != 0 )
                        queue_insert( child );
        }
}
```

第 18 章：問題

18.5

這個主意聽上去不錯，但它無法實作。在函數的原型中，register 關鍵字是可選的（optional），所以呼叫函數並沒有一種可靠的方法知道哪些參數（如果有的話）是被這樣宣告的。

18.6

不，這是不可能的。只有呼叫函數才知道有多少個參數被實際壓入到堆疊中。但是，如果在堆疊中壓入一個參數計數器，被呼叫函數就可以清除所有參數。不過，它先要彈出返回位址並進行保存。

第 18 章：程式設計練習

18.3

這個答案實際上取決於特定的環境。不過這裡的解決方案適用於本章所討論的環境。使用者必須提供經歷「標準類型轉換」之後的參數的實際類型。真正的 stdarg.h 巨集就是這樣做的。

解決方案 18.3　（mystdarg.h）

```
/*
** 標準函式庫檔案
** stdarg.h 所定義的巨集的替代品。
*/

/*
** va_list
**     為一個變數進行類型定義，
**     這個變數保存
**     一個指向參數清單可變部分的指標。
**     這裡使用的是 char，
**     因為作用於它們之上的運算並沒有經過調整。
```

```
*/
typedef char *va_list;

/*
** va_start
**      用於初始化一個 va_list 變數的巨集，
**      使它指向堆疊中第 1 個可變參數。
*/
#define va_start(arg_ptr,arg) arg_ptr = (char *)&arg + sizeof( arg )

/*
** va_arg
**      用於返回堆疊中下一個變數值的巨集，
**      它同時增加 arg_ptr 的值，
**      使它指向下一個參數。
*/
#define va_arg(arg_ptr,type)  *((type *)arg_ptr)++

/*
** va_end
**      在可變參數最後的存取之後呼叫。
**      在這個環境中，它不需要執行任何任務。
*/
#define va_end(arg_ptr)
```

Memo

Memo

Memo

Memo

Memo

Memo